9×9

一种设计方法

主编
（奥）迪特玛·埃伯勒
（Dietmar Eberle）
（德）弗洛里安·艾舍
（Florian Aicher）
译
《9×9》翻译组

东南大学出版社·南京
SOUTHEAST UNIVERSITY PRESS

目录

教席全体师生

Tobias Abegg | Daniel Abraha | Albert Achammer | Stephan Achermann | Martin Achermann | Nick Ackermann | Joël Adorian | Corinne Aebischer | Dominik Aegerter | Benno Agreiter | Christian Aguayo | Fabio Agustoni | Philippe Airoldi | Reem Al-Wakeel | Matthias Alder | Pun Alfred | Timothy Allen | Evran Alper | Jonas Altorfer | Karin Ammann | Desirée Amport | Deborah Andermatt | Fabiano Andina | Rahel Angst | Cyril Angst | Erkan Anil | Valentin Annen | Manuel Arnold | Martin Arnold | Roman Arpagaus | Claudio Arpagaus | Flurin Arquint | Marco Assandri | Gamze Atas | Alexander Athanassoglou | Cheuk Fan Au | Jean-Jacques Auf der Maur | Zoe Auf der Maur | Franziska Bächer | Hannah Bächi | Lutz Pablo Bachmann | Olivia Bächtold | Matthias Baer | René Bähler | Alcide Bähler | Catherine Bakkers | Sophie Ballweg | **Michèle Bär** | Runa Barbagelata Villafane | Marco Barberini | Sarah Barras | Emely Bauhofer | Chantal Baumann | Alexander Baumann | Adrian Baumberger | Simon Baur | Thomas Beekhuis | Mario Beeli | Andreas Beerli | Michael Beerli | Pawel Bejm | **Anouk Benon** | Isabelle Bentz | Lea Berger | Itamar Bergfreund | Philip Berkowitsch | Giorgia Bernasconi | Ruben Bernegger | Robert Berner | Jan Berni | Lucia Bernini | Tamara Bertone | **Krishna Bharathi** | Karin Bienz | Gregor Bieri | Sara Bieri | Sebastian Bietenhader | Emanuel Biland | Marco Bill | Elias Binggeli | Fabian Francesco Bircher | Simon Birchler | Martina Bischof | Stephan Bischof | Mario Bisquolm | Frederic Biver | Daria Blaschkiewitz | Davide Blasi | Daniel Blatter | Charline Blatter | Carmen Blättler | Philipp Bleuel | Benjamin Blocher | Eliane Blöchlinger | Fatima Blötzer | Simone Blum | Nadia Blumer | Katja Blumer | Franz Bohnacker | Jana Bohnenblust | Peter Boller | Raphael Bollhalder | Beni Bollmann | Gianni Bonacina | Annamaria Bonzanigo | Tiffany Bibi Borradori | Frédéric Borruat | Giulia Bosia | Anita Bossart | Marco Bosshardt | Misel Bozic | Philip Braem | Michèle Brand | Vesna Brandestini | Luca Branger | Julien Brassel | Alex Braun | Bob Braun | Leonie Braunschweig | Livia Breitenstein | Grégoire Bridel | Ivica Brnic | Michael Broggi | David Brückmann | Arno Bruderer | Jonas Brun | Jonas Bründler | Roman Brunner | David Robert Brunner | Lorenz Brunner | Ueli Oskar Brunner | Nils Büchel | Nicole Bucher | Antoinette Buchs | Valentin Buchwalder | Michael Buehler | Marc Buehler | Debora Buehlmann | Daniel Buergin | Daniel Bühler | Ole Bühlmann | Nicolas Burckhardt | Geraldine Burger | Joel Burger | Manuel Burkhardt | Lars Burkhardt | Patrick Thomas Burri | Ariel Burt | Isabelle Burtscher | Cosimo Caccia | Mihaela Caduff-Ene | Daniel Calvo Fernãndez | Sandro Camenzind | Gregorio Candelieri | Alessandro Canonica | Ursina Caprez | Marcel Carozzi | Jerome Carre | Rémy Carron | Rachelle Carroz | Simone Cartier | Filippo Cattaneo | Ria Cavelti | Fortunat Cavigelli | Sabrina Cervenka | Yong Cha | Stéphanie Chanson | Andre Chatelain | Stéphane Chau | **Dalila Chebbi** | Beining Chen | Ruizhi Cheng | Sylvie Chervaz | Tsz Tuen Cherry Cheung | Man Lok Christopher Choi | Julie Christ | Sasha Cisar | Geraldine Clausen | Aldo Coldesina | Flavia Conrad | **Sabrina Contratto** | Benjamin Cordes | Christian Cortesi | Caccia Cosimo | Utku Coskun | Valentino Crameri | Lucio Crignola | Eliane Csernay | Jimena Cugat Perez | Lorenz Dahinden | Gruber David | Sören Davy | Samuel Dayer | Rossella Dazio | Géraldine De Beer | Arthur De Buren | Marine De Dardel | Gino De Giorgio | Livio De Maria | Kerry De Zilva | Jonas Debatin | Anna Dechmann | Danny Deering | Janek Defínti | Christian Dehli | Fernando Del Don | Massimo Della Corte | Selin Demir | Anna Denkeler | Marco Lino Derendinger | **Stephan Derendinger** | Demian Derron | Gabriela Dévaud | Flavio Diethelm | Maximilian Dietschi | Emmanuel Claude Diserens | Raphael Disler | Jan Dlabac | Bettina Dobler | Timon Dönz | Carol Dörig | Kevin Constantin Dröscher | Louise du Fay de Lavallaz | Christoph Dubler | Olivier Dubuis | **Basil Düby** | Lou Dumont d'Ayot | Isabelle Duner | Nicolas Dunkel | Maximilien Durel | Svenja Egge | Deborah Eggel | Harry Egger | Marius Eggli | Christine Egli | Natascha Egli | Jonatan Egli | Jasmin Egloff | Andy Egolf | Viviane Ehrensberger | Miro Eichelberger | Tobias Eichenberger | Jan Eicher | Philipp Eigenmann | Josephine Eigner | Alana Elayashy | Benedikt Elmaleh | Maurin Elmer | Matthias Elsasser | Mira Elsohn | Roy Engel | Noemi Engel | Sebastian Engelhorn | Jann Erhard | Anil Erkan | Janine Erzinger | Ladina Esslinger | Alain Ettlin | Fojan Fahmi | Sacha Fahrni | Ivan Fallegger |

Mevion Famos | Riet Fanzun | Christina Farragher | Adelina Fasan | Daniel Fausch | Laura Favre-Bully | Sarah Federli | Deborah Patricia Fehlmann | Nina Feix | Bruno Felber | Nicolas Feldmeyer | Samuel Fent | Adrian Fergg | Vanessa Feri | Marco Fernandes Pires | Manuela Fernandez | Diego Fernandez | Manuel Fernandez | Andreas Feurer | Amélie Fibicher | Erik Fichter | Stefan Fierz | Simon Filler | Leandra Finger | Monika Fink | Maximilian Fink | Sara Finzi-Longo | Carsten Fischer | Valentin Fischer | Noe Fischer | Annina Fischer | Jens Fischer | Stephanie Fischler | Anna Flueckiger | Hans Flühmann | Luca Fontanella | Caspar Forrer | Kay Forster | **Susanne Frank** | Nils Franzini | Michael Frefel | Michelle Frei | Michel Frei | Nicole Frey | Sandra Frey | Andreas Friedli | Anna Friedli | Christina Friedrich | Jonas Fritschi | Maximilian Fritz | Noël Frozza | Sarah Fuchs | Daniel Fuchs | Noriaki Fujishige | Sabina Furger | Michael Furrer | Sandra Furrer | Rico Furter | Sandro Gämperle | Adrian Gämperli | Julian Ganz | Nicolas Ganz | David Ganzoni | Carlos Alberto Garcia Jaramillo | **Valérie Gass** | Reto Gasser | Alix Gasser | Roy Gehrig | Pascal Genhart | Eva Gentner | Flurina Gerber | Mirjam Gerth | Judith Gessler | Lea Gfeller | Deborah Giaccalone | Giulia Giardini | **Bartelomeus Gijzen** | Valentin Gillet | Kathrin Gimmel | Tommaso Giovannoli | Reto Giovanoli | Michaela Gisler | Giardini Giulia | Lea Glanzmann | Katharina Glomb | Maude Gobet | Markus Goetz | Patrick Goldener | Daniela Gonzalez | Felipe Good | Felix Good | David Gössler | Uwe Gottfried | Adriel Graber | Benjamin Graber | Nina Graber | Fatma Graca | Gregory Graemiger | Mara Selina Graf | Lukas Graf | Julien Graf | Marco Graff | Fabrizio Gramegna | Valentina Grazioli | Candelieri Gregorio | Livia Greuter | Sarah Greuter | Christian Grewe-Rellmann | Alexandra Grieder | Louise Grosjean | Lorine Grossenbacher | Lisa Grübel | Vera Gruber | David Gruber | Florian Grunder | Lea Grunder | Reto Gsell | Sascha Gsell | Sascha Gsell | Wen Guan | Michael Gugg | **Martina Guhl** | Lowis Gujer | Martina Guler | Mathias Gunz | Simone Gutknecht | Kristel Guzman Rocabado | Niklaus Gysi | Ann-Cathrin Gysin | Oliver Haab | Lion Haag | Reto Habermacher | Lena Hächler | Mahela Hack | **Raphael Haefeli** | Manuela Häfliger | Dimitri Häfliger | Steffen Hägele | Martin Haist | Frédéric Haller | Marco Haller | Demjan Haller | Quentin Halter | Kathrin Haltiner | Liliane Haltmeier | Nikolaus Hamburger | Olivier Hames | Naomi Hanakata | Oliver Hänni | Ueli Hartmann | Florian Hartmann | Carola Hartmann | Lejla Hasanbegovic | Jonas Martin Elias Hasler | Anja Hasler | Jonas Hässig | Dani Hässig | Andreas Haug | Andreas Haupolter | Martin Hauser | **Franziska Hauser** | Jules Hausherr | Gregor Haussener | Lorraine Haussmann | Stephan Haymoz | Patricia Hedinger | Nora Heeb | Daniel Heim | Christof Heimberg | Marco Heimgartner | Fabian Heinzer | Martin Heiroth | Nadja Heitz | Christoph Heitzmann | Kaspar Helfrich | Benjamin Heller | Jan Helmchen | Pascal Hendrickx | Benedikt Hengartner | Benedikt Henggartner | Jana Henschen | Rachel Herbst | Magdalena Hermann | Lukas Herzog | Andres Herzog | Arpad Hetey | Sebastian Heusser | Victor Hidayat | Christoph Hiestand | Johannes Hirsbrunner | Cyrill Hirtz | Doris Hochstrasser | Maja Karoliina Hodel | Marc Hodel | Marcel Hodel | Christian Hoene | Florian Hofer | Thomas Jörg Hofer | Celia Hofman | **Pascal Hofmann** | Hubert Holewik | Julian Holz | **Barbara Holzer** | Jan Honegger | Anas Honeiny | Oliver Hongler | Moritz Hörnle | Lea Hottiger | Angela Hottinger | Christine Hotz | **Marcus Hsu** | Timmy Huang | Christian Huber | Mara Huber | Holewik Hubert | Ruth Huegli | Lea Huerlimann | Kristin Hufschmid | Daniel Hug | Nina Hug | Nicolas Hugentobler | Niklaus Hunkeler | Marc Hunziker | Kevin Hüppi | Peter Hutter | Roger Huwyler | Naida Iljazovic | Samuel Imbeck | Melanie Imfeld | Mark Inderbitzin | Nicolas Indermitte | Nicole Ineichen | Martin Ineichen | Meryem Isik | Milena Isler | Marcel Jäger | Lisa Jäggli | Manuel Jakobs | Peters Jan | Jacob Jansen | Romina Janzi | Milan Jarrell | Jens Jaschek | Belen Jatuff | Simone Jaun | Aline Jean | Mélanie Jeannet | Florian Jennewein | Edward Jewitt | Sylwia Jezewska | Jie Ji | Weilan Jiang | Sven Joliat | Christian Jonasse | Vanessa Joos | Clara Jörger | Philippe Jorisch | Gopal Joshi | Marko Jovanovic | Julia Julen | Jakob Junghanss | Joni Kaçani | Simon Kaeslin | Mirjam Kägi | Peter Kai | Rabea Kalbermatten | Tim Kappeler | Kaspar Kappeler | Darius Karacsony | Nirvan Karim | Nadine Käser Cenoz | Andreas

Kast | Friederike Katz | Oliver Kaufmann | Andreas Kaufmann | **Peter Kaufmann** | Katharina Keckeis | Chris Joseph Keller | Severin Keller | Yannick Keller | Thomas Keller | Ming Fung Ki | Fabian Kiepenheuer | Dorothea Kind | Eva Kiseljak | Beatrice Kiser | Andreas Kissel | Lukas Kissling | Marco Thomas Kistler | Tobias Klauser | Samuel Klingele | Nora Klinger | Daniel Klos | Judith Klostermann | Dominic Knecht | Hermann Knoblauch | Philipp Kobi | Kirsten Koch | Adrian Kocher | Moritz Köhler | Lucie Kohout | Adrian König | Anastasia König | Amanda Köpfli | Jan Kovatsch | Benedikt Kowalewski | Nina Kozulic | Georg Kraehenbuehl | Nicolo Krättli | Stephan Krauer | Martin Kraus | Simon Kretz | David Kretz | Dylan Kreuzer | Nicole Kreuzer | Markus Krieger | Dimitri Kron | Steve Kronenberg | **Henrietta Krüger** | Michal Krzywdziak | Hannah Katharina Kuby | David Kuehne | Florian Kuehne | **Nora Küenzi** | Michael Kuenzle | Yagmur Kültür | Bianca Kummer | Aidan Kümmerli | Joos Kündig | Monica Küng | Jasmin Kunst | Tamino Kuny | Fabian Kuonen | Wing Chung Lai | Lai Shun Lam | Tibor Lamoth | Mario Lampert | Andreas Lamprecht | Fabian Landolt | Melissa Lätsch | Mathias Lattmann | Fabian Lauener | Oleksandra Lebid | Franziska Ledergerber | Soo Lee | Mireille Lehmann | Jasha Lehmann | Patricia Lehner | Peter Leibacher | Barnim Lemcke | Sandro Lenherr | Gérard Lerner | Katrin Leuenberger | Lorenz Leuenberger | Cherk Ga Leung | Matthias Leutert | Magdalena Leutzendorff | Olivier Levis | Leonie Lieberherr | Christian Liechti | Marlene Lienhard | Gusung Lim | Xiao Wei Lim | Jannick Lincke | Stefan Liniger | Andrea Linke | **Mario Lins** | Yanchen Liu | Lisa Lo | Irene Lo Iacono | Kushtrim Loki | Lisa Looser | Beat Loosli | Lukas Loosli | Piotr Lopatka | Gabriel Lopes Souto | Xiao Lu | Andri Luescher | Nik Luginbühl | Julien Lukac | Herzog Lukas | Max Lüscher | Chantal Lutz | Philipp Lutz | Tobias Lutz | Minh Ly | Géraldine Maag | Alex Madathilparambil | Lea Maeder | Maja Maerzthal | Carlo Magnaguagno | Hannes Mahlknecht | Stefan Maier | Joël Maître | Michèle Majerhus | Paul Majerus | Sofia Manganas | Sabrina Maniglio | Theo Manolakis | Vanessa Mantei | Graf Mara Selina | Hodel Marcel | Simon Marti | Daniela Marti | Moritz Marti | Andrin Martig | Luca Martino | Davide Massaro | Iris Mathez | Leo Mathys | Raphael Mätzener | Miriam Maurer | Rosanna May | Marc Mayor | Hashimoto Mayumi | Dorian Mc Carthy | Eva Mehnert | Dominique Meier | Philippe Meier | Annina Claudia Meier | Florian Meier | Andreas Meier | Meret Meier | Fabian Meier | Julian Meier | Andreas Meier | Patrick Meier | Julia Meierhans | Isabelle Meister | Alexander Menke | Nicolas Mentha | Meier Meret | Friederike Merkel | Yves Merkofer | Nicola Merz | Christopher Metz | Augusta Meyer | Anja Meyer | Thomas Meyer | Anna Meyer | Andrea Micanovic | Yvonne Michel | Sasa Aleksandar Mijatovic | Marius Mildner | Natascia Minder | Mirjam Minder | **Daniel Minder** | Giorgia Mini | Roman Miszkowicz | Anna Mölk | Aleksandra Momcilovic | Andreas Monn | Franziska Moog | Leander Morf | Meret Morgenthaler | Lorenz Mörikofer | Stefan Moser | Andrea Mosimann | Manon Mottet | Marko Mrcarica | Barbara Mueller | Michi Müllener | Claus Müller | Eva Müller | Elizabeth Müller | **Thomas Müller** | Nathanael Müller | Marius Müller | Tom Mundy | Claudia Müntener | Niklas Naehrig | Taichi Naito | **Marcello Nasso** | Christina Nater | Anna Nauer | Nicola Nett | Sebastian Neu | Lisa Neuenschwander | Nadine Neukom | Philipp Neves | Alexander Ni | Magnus Nickl | Isabelle Niederberger | Sara Nigg | Simon Nikolussi | Alessandro Nunzi | **Raphaël Nussbaumer** | Brigitte Odermatt | Katrin Oechslin | **Urs Oechslin** | Julia Oehler | Philipp Oesch | Oliver Offermann | **Patrycja Okuljar** | Kevin Olas | Fabio Orsolini | Hannes Oswald | Sebastian Oswald | Theresa Pabst | Caroline Pachoud | Clarence Dale Pajarillaga | Lilian Pala | Alexis Panoussopoulos | Fabrice Passaplan | Achille Patà | Daniela Pauli | Axel Paulus | Enrico Pegolo | Fiammetta Pennisi | Demian Peper | Leander Peper | Alejandro Pérez Giner | Baudilio Perez Pereira | Patrick Perren | Myriam Perret | Xavier Perrinjaquet | Luca Pestalozzi | Chiara Pestoni | Kai Peter | Jan Peters | Palle Petersen | Vesna Petrovic | Nora Peyer | Dario Pfammatter | Sebastian Pfammatter | Hanae Pfändler | **Markus Pfändler** | Karin Pfeifer | Stephan Pfeiffer | Andreas Pfister | Franziska Pfyffer | Tan Phan | Nathalie Pietrzko | Lambrini Pikis | Elena Pilotto | Gregor Piontek | Jan Pisani | Larissa Pitsch | Saskia Plaas | Andreas Pluess | Michael

Pluess | Seraina Poltera | Petros Polychronis | Alexander Poulikakos | Malgorzata Praczyk | Michael Prager | Lea Prati | Vincent Prenner | Norman Prinz | Androniki Prokopidou | Konstantin Propp | Vincent Protic | Jakob Przybylo | Cordula Puestow | Rachel Püntener | Ferdinand Rabe von Pappenheim | Corsin Raffainer | Ladina Ramming | Luc Ramponi | Benedict Ramser | Judith Rauber | Cati Rauch | Luciano Raveane | Nadia Raymann | Corinne Räz | Lukas Redondo | Christoph Reichen | Chantal Reichenbach | Fionn Reichert | Oliver Reichling | Fabian Reiner | Michael Reiterer | Karin Renggli | Nicole Renz | Marcella Ressegatti | Robby Rey | Samuel Rey | Jannik Richter | **Florian Rickenbacher** | Simon Rieder | Berit Riegger | Maximilian Rietschel | Elisa Rimoldi | Morten Ringdal | Micha Ringger | Urs Ringli | Florian Ringli | Christian Rippstein | Tanja Risch | Raphael Risi | Daniela Risoli | Timon Ritscher | Sebastian Ritter | David Ritz | Thomas Rodemeier | Christopher Rofe | **Stefan Roggo** | Sarah Rohr | Nina Rohrer | Juan Rojas Rico | Nicolas Rolle | Rina Rolli | Gereon Rolvering | Michele Roncoroni | Stefan Roos | Armin Roost | Luca Rösch | Pascal Rosé | Martina Roser | Tibor Rossi | Arturo Roth | Nicolas Rothenbühler | Katrin Röthlin | Kathrin Röthlisberger | Francine Rotzetter | Albulena Rrudhani | Marceline Ruckstuhl | Nicolas Rüegg | **Sylvia Rüegg** | Noëmi Ruf | Tom Rüfli | Andres Ruiz Andrade | Lars Rumpel | Corinne Ruoss | **Nicolas Rüst** | Silvio Rutishauser | Elisabeth Rutz | Gabriela Rutz | Rowena Rutz | Annemarie Ryffel | Ella Ryhiner | Lino Saam | Andreas Sager | Yannick Sager | Tobias Saller | Anna Salvioni | Artai Sanchez Keller | Tobias Saner | Marchet Saratz | Christian Sauer | David Sauser | Katarina Savic | Stéphanie Savio | Alexia Sawerschel | Emil Schaad | Mirko Schaap | Niklaus Schaedelin | Roman Schafer | Tabea Schäfer | Rafael Schäfer | Stefanie Schäfer | Erich Schäli | Yannic Schaub | Angelika Scheidegger | Jakob Schelling | Stephanie Schenk | Mirjam Schenk | Samuel Scherer | **Claudia Schermesser** | Katharina Schielke | Pierre Schild | Gian-Andrea Schild | Caroline Schillinger | Tiziana Schirmer | Severine Schlaepfer | Stephanie Schleh | Jachen Schleich | Robin Schlumpf | Delphine Schmid | Chasper Schmidlin | Véronique Schneider | Silvia Schneider | Corina Schneider | **Martina Schneider** | Daniel Schneider | Eveline Schneider | Andreas Schneller | Flavio Schnelli | Rafael Schnyder | Desiree Schoen | Ekaterine Scholz | Katrin Schöne | Nik Schönenberger | Philip Schönenberger | Patrick Schori | Andrea Schregenberger | **Ulrike Schröer** | Benjamin Schulthess Rechberg | Anina Schuster | Angela Schütz | Wieland Schwarz | **Jacqueline Schwarz** | **Dieter Schwarz** | Caroline Schwarzenbach | Daniel Schweiss | Ernst Florian Schweizer | Eckart Schwerdtfeger | Danile Schwerzmann | Jonathan Sedding | Annika Seifert | Andrea Seiler | **Miriam Seiler** | Yves Seiler | **Veronika Selig** | Tatsiana Selivanava | **Gerrit Sell** | Jules Selter | Ariane Senn | Luca Sergi | Elena Sevinc | Harald Christian Seydel | Mario Sgier | Roger Sidler | Valentina Sieber | Gabrielle Siegenthaler | Felix Siegrist | Björn Siegrist | Paul Siermann | Dominik Sigg | Fabio Signer | Daniel Sigrist | **Pia Simmendinger** | Mara Simone | Frederic Singer | Maria Skjerbaek | Aleksandra Skop | Fortesa Softa | Rina Softa | Katrin Sommer | Mario Sommer | Thomas Sonder | Gianna Sonder | Lukas Sonderegger | Nino Soppelsa | David Späh | Fabian Spahr | Florian Speier | Kerstin Spiekermann | Basil Spiess | Nicola Stadler | Cornel Staeheli | Nicola Staeubli | Lena Stäheli | Raphael Stähelin | Matthias Stalder | Ina Stammberger | Stefanie Stammer | Matthias Stark | Nina Stauffer | Verena Stecher | Angela Steffen | Henry Stehli | Petra Steinegger | Urban Steiner | Jared Steinmann | Christopher Stepan | Beat Steuri | Sebastian Stich | Juerg Stieger | Lorenzo Stieger | Fabio Stirnimann | Kaspar Stöbe | **Heidi Stoffel** | Magdalena Stolze | Michel Stössel | **Frank Strasser** | **Dorothee Strauss** | Annina Strebel | Selina Streich | Alexander Stricker | Lisa Stricker | **Mathias Stritt** | Leopold Strobl | Florian Stroh | Silvan Strohbach | Louis Strologo | Larissa Strub | Yves Stuber | Matthias Stücheli | Allegra Stucki | Reto Studer | Michael Stünzi | Florian Stutz | Chang Su | Anja Summermatter | Thomas Summermatter | Soley Suter | Christian Suter | Daniel Sutovsky | Madlaina Sutter | Christian Szalay | Bernardo Szekely | Darius Tabatabay | Nora Tahiraj | Alana Tam | Iso Tambornino | Okan Tan |

Marco Teixeira | Gnanusha Thayananthan | Thomas Theilig | Chantal Thomet | Louis Thomet | Benjamin Thommen | Till Thomschke | Simon Thuner | Dimitri Thut | Andreas Thuy | Mi Tian | Patricia Tintoré Vilar | Sämi Tobler | Simone Tocchetti | Gabriella Todisco | Thomas Toffel | Tobias Tommila | Boriana Tomova | Theodora Topliyski | Matthew Tovstiga | Julian Trachsel | Simon Trachsel | Thai Tran | Felix Tran | **Gabriela Traxel** | **Eberhard Tröger** | Kathrin Troxler | Fabian Troxler | Maja Trudel | Deborah Truttmann | Kristina Turtschi | Dila Ünlü | Cristina Urzola | Viola Valsesia | Jean-Paul van der Merwe | Françoise Vannotti | **Piroska Vaszary** | Lucie Vauthey | Nicolas Vedolin | Rafael Venetz | Matteo Villa | Nina Villiger | Vladimir Vlajnic | Jana Voboril | Oliver Vogler | Bettine Volk | Gregor Vollenweider | Tessa Vollmeier | Fabrizio Thomas Völlmy | Jessica von Bachelle | Isabel von Bechtolsheim | Simon von Gunten | Anna-Marie von Knobloch | Simon von Niederhäusern | Nadine Mireille Vonlanthen | Thierry Vuattoux | Pablo Vuillemin | Aline Vuilliomenet | Milena Vuletic | Martina Wäckerlin | Nicolas Waelli | Nils Wagner | Oliver Wagner | Loo Wai | Pascal Anyl Waldburger | Martina Walker | Nic Wallimann | Patrick Walser | Renate Walter | Oliver Walter | Sonja Walthert | Jessica Wälti | Yueqiu Wang | Yeshi Wang | Céline Wanner | Jan Waser | Corinne Weber | Florian Weber | Christian Weber | Philip Weber | Moritz Weber | Micha Weber | Nadine Weger | Karin Wegmann | Corinne Wegmann | Michael Wehrli | Georg Weilenmann | Sandro Weiss | Florian Wengeler | Katharina Wepler | Vanessa Werder | Anouk Wetli | Kimberley Wichmann | Tobias Wick | Fabian Wicki | Nadja Widmer | Elisabeth Kristin Wiesenthal | Marcus Wieser | Nicolas Wild | Rhea Iris Winkler | Matthias Winter | David Winzeler | Luisa Wittgen | Martin Wolanin | Marcel Wolf | Paul Wolf | Lukas Wolfensberger | **Andrea Wolfer** | Lorenz Wuethrich | Yangzom Wujohktsang | Tobias Wullschleger | Marco Wunderli | Nicole Würth | Eva Wüst | Martina Wüst | Thomas Wüthrich | Delia Wymann | Helen Wyss | Li Andrew Xingjian | Bing Yang | Lai Man Yee | Guillaume Yersin | Jason Yeung | Han Cheol Yi | Dao Yu | Laura Zachmann | Raymond Zahno | Giacomo Zanchetta | Frederik Zapka | Andrea Zarn | Simon Zehnder | Leonie Zelger | Florentin Zellweger | Zhiyu Zeng | Kathrin Zenhäusern | Diana Zenklusen | Feng Mark Zhang | Zhou Zheng | Yuda Zheng | Viviane Zibung | Jonas Ziegler | Michèle Ziegler | Melanie Ziegler | Daniel Zielinski | Martin Zimmerli | Katrin Zimmermann | Christoph Zingg | Sebastian Ziörjen | Ding Ziyue | Eva Zohren Alewelt | Alexandre Zommerfelds | Noemi Zuest | Rafael Zulauf | Katrin Zumbrunnen | Barbara Zwicky | Christina Zwicky

中文版序言

源自20世纪80年代中期的东南大学建筑学院与瑞士苏黎世联邦理工学院（ETH）建筑学院的交流已逾30年，其间，聚焦于建筑设计教学理念与方法层面的研究与交流影响尤为深远。ETH建筑学院前院长迪特玛·埃伯勒（Dietmar Eberle）教授长期执教二年级建筑设计工作室，集近20年教学成果，结合其丰富的理论知识和实践经验，凝练出针对建筑设计入门教学的基本理念与方法体系，于2017年成书于《9 × 9：一种设计方法》。

本书中文版的出版由衷感谢埃伯勒教授的信任和支持。相识多年，深知他主持的二年级设计教学在ETH的影响，教案引进的念头由来已久。与教授初识于1999年ETH校园，彼时我也在东南大学执教二年级，因而对其教案和教学颇为关注。教授于2012年出版了首版教材《从城市到建筑：一种设计理论》（*From City to House: A Design Theory*），读来也对自己的教学和研究启发良多。2016年去教授的教席和研究所做访问学者，深度参与到教学和研究活动中，全方位地进行学习和交流，其间谈及教材，教授提到升级版的《9 × 9》即将推出。该教材自德、英版本出版后广获好评，当时尚在ETH求学的郑钰达校友也积极向母校推荐引入该教材。

经过深入沟通，2018年，埃伯勒教授从ETH荣休后即同意受邀前来东南大学，主持建筑学专业二年级建筑设计教学改革。基于本书的教学内容和方法，带领由青年教师组成的教学小组开展中国本土化教学实践。作为教材同步引进，教授决定将《9 × 9》中文版的翻译与出版工作，委托给东南大学建筑学院和东南大学出版社。东南大学建筑学院在组织了“9 × 9”教学团队的基础上，同步组织“《9 × 9》翻译组”，对本书开展翻译工作。

特别感谢本书作者之一、长期与教授合作的香港大学贾倍思教授对我们教学和翻译工作的大力支持，感谢建筑学院一同参与的朱渊、史永高、黄旭升、郭药、王逸凡等各位老师，经历将近两年的共同努力，终于圆满完成了翻译工作；也特别感谢陈震、甘羽、王家鑫、王佩瑶、吴剑超、刘馨卉、张卓然、万洪羽、赖柯帆、张鑫、廖若微、常胤、郭欣睿、丁瑜等同学在翻译工作中的贡献和协助；感谢在 ETH 曾直接受教于教授的东南大学建筑学院张旭老师和在瑞士的郑钰达校友等，通过与德语和英语版本的同时校译，进行中文版翻译的校对工作。

感谢东南大学出版社戴丽副社长在教材版权引进和发行中给予的支持和指导，感谢东南大学出版社编辑在编校审核工作中付出的大量心血。

本项翻译工作也受“2021 年江苏省高校国际化人才培养品牌专业建设项目（建筑学）”的支持。

最后，感谢每一位参与“9 × 9”实验教学的老师和同学们，你们在翻译工作的并行中，同步互动的学习与努力，让翻译工作更为顺利地展开。

“9 × 9”教学组 /《9 × 9》翻译组

鲍莉

2022.6

前言

“文学通过场景展开构思。因为文学总是具体的，它在场景中思考，而不在概念中探寻。”著名的瑞士文学评论家彼得·冯·马特（Peter von Matt）如是写道。他始终强调这个意义重大且独有的特征，并指明“文学通过场景进行构思，而不是将想法转译到场景之中。在这一点上，文学既优于又同时劣于哲学，这也是为何两者难以互相替代的原因”。他所说的文学与哲学之间的关系甚至可以更加全面地适用于文学与科学之间的关系：两者都在讨论关于世界的问题，并用不同的方式去阐述不同的内容，它们是不可替换的，对于我们认知世界具有无可替代的意义。

建筑学是如何进行思考的呢？与文学相同，尽管有其限制，它依然可以被归为艺术，并与科学区别开来。它是通过场景展开构思的吗？尽管氛围和情绪被视作是建筑的一部分已有时日，但依然未能切中要害。那么建筑学是通过概念展开构思的吗？尽管建筑学具有很强的分析性与概念性的特点，但这依旧不能完全涵盖它。在这两种状态下，很重要的内容却被我们忽视了。事实上，建筑学是通过具体的事物展开思考与行动的，用迪特玛·埃伯勒（Dietmar Eberle）教授的话说，即物质性的现实（physical reality）。

建筑学在建筑中表达自我，这是一种与社会语境的具体对话。对人文学科、科学技术知识与艺术鉴赏的理解均对建筑学有所贡献。然而建筑本身就是它自己，所有这些知识都被融合进一个具体架构中以形成一个独一无二的设计。在2 000多年前对这一话题最早的基本讨论中，维特鲁威（Vitruvius）将建筑定义为“融合”，即建筑师交付的必须是一个综合体。这是一个充满挑战的任务，单凭天赋很难实现。因此需要指导、帮助和教育。教育不是理论，而是实践。这种实践能够呈现出老师和学生之间知识的差异，从而以此为前提对各自的问题进行反思。在直觉和艰苦训练的相互作用下，由学生们的好奇心驱使，知识的全面渗透得以推进。这使得教育不再是一个僵化的、理论学派的建构，而成为一场生动的、充满生机的活动。根据这一主题，这种情况很像是一个人通过穿越其间去感受一个房间；它一步一步地发展，并最终使得这个开端呈现出一种别样的光景。

当教育被理解为一种实践时，那也是因为它源自实践和教师的经验。整个职业生涯的实践可以被浓缩为非常个人化的见解。就迪特玛·埃伯勒教授的实践而言，他的职业生涯始于与现代主义的交战（译者注：1970 年代）。通过亲临建筑工地、去往事件发生之处及人群汇集场所，他给出了自己的主张，其中包含具体事物、物质性现实与现实生活。借鉴这一经验，他教学的核心建立在两个方面的内容之上，即场所的语境与时间。

我们都很熟悉以下状况：来到一个陌生的地带或不熟悉的城市会对定位感到非常吃力。人们通过集中注意力牢牢记住建筑立面、活动和氛围，从而试图理解一个地方的结构。如果能够辨别方向，那么放松和适应就会应运而生。这是教授设计方法的途径。几乎是与此同时，人们开始熟悉一些重要的类别：场所、结构、表皮、计划与材料。

同时这也描述了构建这一设计方法的顺序：从场所到材料。这五个步骤是将每一个新的部分与之前的部分进行合并后完成，从而形成四个组合练习，这样一共形成九个主题。这是“9 × 9”这一术语的第一个变量。那么其他呢？每个主题通过九个独立的步骤逐一展开。首先是对主题的介绍，然后是一篇由客座作者撰写的深入文章，并通过呈现九个术语的关联激发性来圆满结束。接下来，是实际教学的任务，先是分析，接着是城市和建筑层面的设计推进，通过平面图、模型和最终图像（或影像视频）来呈现。

客座作者们的文章在这份出版物里占有相当的重量，他们都是对理论怀有特殊热情的建筑师。维托里奥·马格纳哥·兰普尼亚尼（Vittorio Magnago Lampugnani）的职业生涯使他注定成为场所主题的专家。弗里茨·诺伊迈耶（Fritz Neumeyer）关于建筑理论的写作围绕结构主题展开。而这两者（场地与结构）之间的关系吸引着安德拉斯·帕尔菲（András Pálffy），他赋予其一些非同寻常的特质。“一个建筑的表皮立面能够揭示出它灵魂的什么内容呢？”亚当·卡鲁索（Adam Caruso）问道。米诺斯拉夫·史克（Miroslav Šik）向我们展示了在不同学派中立面、结构和场地之间的互相作用。斯尔瓦尼·马尔福（Silvain Malfroy）的研究是关于功能计划的类型与由场所决定的设计之间的相互作用。埃伯哈德·牧勒格尔（Eberhard Tröger）以更近距离的视角观察了材料与氛围之间的关系。最终，迪特玛·埃伯勒教授从日常生活的角度对建筑创作进行了评估。

本书的主体部分是迪特玛·埃伯勒教授关于他职业生涯的问答，然后介绍了他的主要关注点与介入方法。阿德里安·迈耶（Adrian Meyer）为实践与教学之间的相互启发带来了一抹亮色。马塞洛·纳索（Marcello Nasso）提供了关于埃伯勒的教学方法究竟意味着什么的见解。最后的章节始于贾倍思对当今师生互动理论的分析，接着是米歇尔·兰扎（Michele Lanza）和马塞洛·纳索之间关于建筑和电子媒介结构的对谈。阿诺·莱德勒（Arno Lederer）关于未来形势的个人看法将这本书引入尾声。出版方希望借此机会向本书的所有作者表示衷心的感谢。

这本书不仅要感谢上述那些提到名字的人们。事实上，这些教学都是关于一个只能通过日常实践被证实的主题展开的。因此，我们需要感谢许多人的帮助，尤其是研究所的助理们，他们帮助并确保了这些内容的实现。特别要感谢我的助教弗兰齐斯卡·豪泽（Franziska Hauser），帕斯卡·霍夫曼（Pascal Hofmann），马蒂亚斯·思特里特（Mathias Stritt）和斯蒂芬·罗戈（Stefan Roggo），特别感谢他们在教学过程中的理解与总结，以及为准备和完善教学材料的努力。最后，感谢前助手马塞洛·纳索，他为本书的筹备做了大量的工作。

弗洛里安·艾舍（Florian Aicher）

迪特玛·埃伯勒（Dietmar Eberle）

建筑和建筑教育

访谈：弗洛里安·艾舍（F. A.）与迪特玛·埃伯勒（D. E.）
奥地利，卢斯特瑙
2016. 9. 24&26

F.A.| 建筑教育一方面是指导未来的建筑师，另一方面也是对建筑学构成原则的总结。这两者是相互关联的，因为原则可以指导教学，所以从它们开始是有意义的。

为了避免在基础上越陷越深，从特征描述入手可能是有所助益的，正如35岁的勒·柯布西耶（Le Corbusier）所说的“建筑轮廓和外形是建筑师的试金石”，现如今，这可以是一个很好的起点。

当轮廓和外形映入眼帘时，“形式”这个词也随之进入脑海。《杜登词典》对“形式”的定义是：“用来展现某物的塑性造型；一种与内容相对应的，包含着某物的方法或手段（Plastische Gestalt, in der etwas erscheint; einem Inhalt entsprechende Art und Weise, in der etwas vorhanden ist）。”其同义词包括：建造方式、排列布置、铸造、规章制度、呈现（Bauweise, Anordnung, Ausprägung, Verfassung, Performance）。（译者注：英译版此处引用了《牛津词典》对形式的定义：“某物的可见形状或结构；艺术作品中有别于其内容的风格、设计和配置。”同义词包括：结构，配置，布局，秩序和系统。）在哲学上，每个物体都是形式和材料的综合。自从宇宙大爆炸以来，每种造型生成都是材料与物质的重组。设计便是一种永无止境的物质转变。

当下，“建筑轮廓和外形是建筑师的试金石”又意味着什么呢？

D.E.| 当然，建筑学和建筑学教育是两件不同的事情。对我而言，非常基本的一点就是，建筑是去寻找一种造型。最终，我们将社会关系及社会需求赋予某种形态。我会先去了解造型的概念，在这里，依然呈现出对形态的创造。

我将造型 / 形态区分为三种尺度。尺度也可以被表达为距离。根据距离的不同，对建筑也有不同的感知差异。

首先是整体形式，或者可以说是轮廓、形式、建筑整体。当我们从100米开外观察建筑时，一般来说建筑物会被视为一个整体、一个轮廓。而随着距离的变化，50米开外，我开始观察建筑物的建造秩序和几何性原则。10米之处，材料、表面和细节将变得清晰可鉴。

从表面上看，对我而言所有这些都与形式概念交缠在一起。每一段距离，形式都展现了其独特的一面。涌现出不同的主题，概念的叠合或许会令建筑物更加醒目，或许不会。但试图用“形式”囊括所有则是一种不可接受的简单化。

当然，建筑学和建筑学教育是两件不同的事情。对我而言，建筑学非常基本的目的：寻找一种造型。

我们可以这样延伸理解：这三个层级必须由远及近依次从远距离、中距离和近距离观察——如是，形式整体才能被深刻和完整地予以理解。

以下说法应是无异议的共识：设计能力是建筑学教育的极致目标。建筑师必须能够运用设计在这三个尺度来上呈现自己的作品。这仍然是建筑学教育的中心任务。我同意勒·柯布西耶的观点并且坚持认为：关注这三个层次的每一个以及整体综合的，就是设计。

在我看来，如今盛行的对最后一个层级——表面和材料的片面强调，影响了建筑所应具有的雕塑性。

F.A.❙ 因此，设计应该以某种方式满足三个层级及尺度的要求，以便层级之间能够相互映照：大尺度反映在小尺度中，小尺度也在大尺度上显现。

D.E.❙ 我们教学中不同的练习总是表达这三个尺度。没有哪个层级是被优先考虑的，所有层级在推进过程中都是平行且相似的——这就是设计深化的方式。说到底，这涉及不同距离尺度间的连续性，而这也正是鉴证优秀建筑之道。连续意味着一个事物与另一个紧密相连。学生需要学习精通所有层级。

F.A.❙ 教学体系的第一步是理解尺度的三个层级，分别对应 100 米、50 米和 5 米这三个距离。

D.E.❙ 不同的视点可以使我们观察建筑的不同方面，从总体概况到细枝末节。我们认为下列五个类别足以表达建筑的复杂性：

1. 场所：博尔诺夫（Bollnow）把其比喻为建筑物的栖息地。
2. 结构：指承重结构和交通结构。
3. 表皮：室内外之间的边界，尤指立面。

4. 计划：用途或空间的使用计划。

5. 材料：指空间的内表面，包括技术设备。

F.A. 建筑的交相作用的五个类别，与三种距离相互对应——在这种情况下，其中的时间维度值得关注。

D.E. 这是对建筑物实际使用情况进行充分分析的结果，并且也得到了充分的实证。每个类别都带有各自的生命周期。

建筑物与公共空间的关系是什么？体量、连接、出入口——简而言之，建筑在场地中的城市关系。这是存续时间最久，也是对我们的城市有长期影响的层面，这种影响可持续上百年之久。

结构稳定性、交通组织和安全性是至关重要的内容，并且也不大会因时而变。我们提出百年标准，因为在某些国家或地区必须保证建筑物的结构稳定至少 100 年。

由于技术或美学原因，建筑表皮和立面会频繁更新。在技术手段的必要支持下，外观的推陈出新越来越快。对于这些建筑组件而言，50 年以上的年限是没有必要的。

关于计划，建筑的使用方式，如今持续的时间不会超过一代，即大约 25 年。每代人的价值观都会发生变化，基础性的技术设施也会发生变化。比如，加热系统最多在 20 年后就会被更换。

然后是材料：建筑室内，内部使用界面等。这些是由趋势、时尚和品位决定的，更新换代时间不会超过 10 年。

F.A. 这主要是根据具体的经验标准来区分建筑。但是，这里还隐含了一个层级顺序。它有规范性价值吗？

D.E. 绝对有！我们今天的价值观源于我们对资源有限的认识，瑞士建筑师斯诺兹（Snozzi）告诉我们，建筑总是会造成资源的浪费。因此，我们必须通过创造持久的东西来阻止资源的浪费。使用年限成为质量的一个量度。时间的维度建立了可持续性。就建筑设计而言，使用年限应该被优先考虑。可持续性是证明建筑决策有效性的一个标准。

F.A. 这是对建筑理念的重新定义，50 年前，很难想象场所会被置于建筑设计的首位。

D.E.▎ 那时我们仍然认为，建筑设计源于对使用的计划安排。因此，场所几乎不起任何作用。我们从中学到了什么？有什么是作为场所被留下来？我们对它们满意吗？那时的功能计划早已被人们遗忘，但是场所，外部空间，建筑物之间的空间却一直被保留下来。我们对此满意吗？偏于功能并从使用方式出发设计结果，就是遗留下大块的城市综合体并毁坏了整个区域的肌理。设计的优先级被错误地排序，我们现在正在改变它。在我看来，现在已经达成共识：场所优先。最终建筑物对场所的贡献决定了建筑的品质。今天，我们会因为场所区位恰当而保留一栋过时的甚至技术性问题多多的建筑。而且我们正在远离那些技术上可靠而落址不当的建筑，这就是现实。

依我所见，目前已有此共识：设计应场所优先，建筑物对场所的贡献最终决定了建筑的品质。

F.A.▎ 3 个层级，5 种类别，这就是我们设计教学模式的设置依据。然后，通过引入一个阶段来将这5种类别进一步地联系在一起。这样就有了数字9。

D.E.▎ 通过各个类别间重复而独一的不同交叉，我们能获取更高的丰富性和更密集的知识。目标是以一种系统的方法尽可能长地维持建筑的价值。当我们基于生活质量考虑、谈论资源的使用时，这尤为重要。城市、村庄或乡野的位置对于获得正确的氛围至关重要，氛围这一术语也同样适用于建筑之间如何相互契合的逻辑。

F.A.▎ 整个教学计划可以比作是一个从基本概念到一系列复杂性的概念化过程。设计不是单一维度的一个个训练，而是渐进式的、反复确定的发展过程。这是非常具有挑战性的，甚至让人怀疑这是否可教？

D.E.▎ 建筑学的实践与钢琴家的艺术实践并没有什么不同。钢琴家必须做什么？一方面，他们必须掌握技术。这意味着每天都要练习。另一方面，不断增强他实际所需要掌握的音乐知识，反复练习对此至关重要，练习为个人的理解和灵感创造了空间。听起来像勘探一样固执。但事实如此。并且我坚持这样的观点。

F.A.| 一个新的关键词：手工技艺。我们用厨房烹饪来比对"形式生成"。制作一桌佳肴，必须有满足足够数量和质量要求的食材。然后以混合、弯折、捏合等不同的方式进行加工。食材在经历了这个加工过程之后，最后呈现出的是全新的样貌。建筑不也是如此吗？那么建筑的原料成分又是什么呢？

D.E.| 如果要谈论正在建造的事物，则必须首先明确只有一小部分能称得上是建筑。与艺术品相反，功能用途是建筑物的中心焦点，这在路斯（Loos）之前就已经被认为是非常重要的。

在前面提到的基本类别中，最后一个类别最接近我们。在这里，材料的质量和对材料的掌握起着实质性的作用。这使我们回溯建筑的起源，回到手工技艺。从前如是，未来亦然。我不认为将手工技艺与建筑分离是未来的可行之路。我从不通过认知概念来衡量建筑，而是通过建筑的物质实现来加以判定——这在建筑教育中也是至关重要的。

F.A.| 这可以追溯到您成为建筑师的起点。

D.E.| 的确如此！我的建筑方法纯粹是匠人的方法。一开始只是"我们建了"。为什么要这样开始？因为我们认为当时接受的建筑教育是不涉及材料这个层级的，材料是无关紧要的。因此，退出这样的建筑体系，进入工艺体系，全身心投入建筑工地！在我职业生涯的前十年，我连年夏日在建筑工地度过，冬天回到办公室。那些年的夏天真是绝佳的礼物！建筑就是生活。那个时候是自然而然的实践与理论的互动。每种实践都有理论背景，就像理论是受实践启发的一样。身与心投入，对我来说不是问题。我认为理所当然的是：建筑必须将理论留置身后，它应更具实践性，建筑必须经历物质化的实现。

F.A.| 这是非常有效的方法，是您早年间的典型方法。回到那时，无须言说的就是，通过心手相连的合作使之有效。

D.E.| 建筑无法仅由一个人独自完成，它从来不是，现在也更加不可能由个人创造。与艺术天才相比，工匠技艺始终强调这种合作团结。建筑工人、客户、建筑主管部门都是建筑创作的一部分。

而建筑师身处其间，所能做的独特贡献就是提出指导性的概念。他们为其他人提供明确的方向。通过设计可明确建筑物的定位。

为了深化其实践性的优势，现场设计也需要一定的形式与理念。后来，我逐渐明白工业建筑过程也是如此。如果忽视设计，那么对于生产也就无从了解，因而会不知所措。设计的整体概念就由局部概念所替代，这导致了应用艺术或建筑建成的过程变成了一个工作性、组织性、多方参与的过程。

F.A.| 建筑的过程也绝不会纯粹是个人的事，这也是建筑为什么是艺术中最具有社会现实性的地方。

D.E.| 建成环境始终具有社会性，即便环境本身是非社会的，它也带有社会性。

回到当下，对我们依然重要的一方面是手工技艺知识，另一方面是了解最终使用该建筑物的人。可以是预判的也可以通过用户直接的参与。我一直说，作为一名建筑师，我代表所有不在场的人。他们是在整个场地文脉中的未来用户、邻居或是原住居民。我们完全违背了以前神圣不可侵犯的建筑理念，因为我们不认为那些想法能够与普通人产生对话。

F.A.| 文脉——那是一个场所语境，但不仅仅是物质地点。

D.E.| 当将本地知识、感知、感受、方法和价值观与当前相对“客观化”的技术知识联系起来时，建筑便是成功的。对我来说，每个山谷、每个地区都有其独特的在地性，这一事实仍然是决定性因素。这意味着建成环境不是第一位的，而是在这个文脉语境中人们的心态精神。文化价值要比建筑物本身的价值持久也重要得多。

与此相反，现在的景观就是以过去 50 年规划思想带来的文化性破坏为特征的。

F.A.| 您的言论是决断性的：反对，抵抗。通过做什么？建筑！

D.E.| 简而言之，我们关注人们的个人生活。我们与人群生活在一起，与人们一起寻找解决问题的方法……

F.A.| 就像您曾经说过的那样，建筑的目标是实现一个可用和宜居的世界。

听起来很接地气。

D.E.| 确实可以那样看。地形、方位、植被、气候、动物、植物——今天这些东西仍然被忽略得太多了。但是于我而言，最关键的方面是人们心目中的文化认同。

我有自己的方式来实现我的想法。在最初的十年中，我拒绝为房地产开发商、市政当局和公司工作。我只为使用那些建筑物的人设计建造。我想直接与建筑建成后的使用者交谈。

F.A.| 现在您的作品遍及全球。这如何与您之前的想法相统一？有什么是从最初保留至今的？发生了什么促使您从地域实践者到全球设计者的这一路转变？

D.E.| 我自身的背景是一种具有特定特征和价值的文化——奥地利布列根兹森林农民失去的世界（lost world）。要点在于节俭、节约、正确使用材料、社会责任感和社群意识。

当我在世界范围建造时，我只在客户确信这些价值观有助于解决他们问题的情况下进行。中国人来找我们，问我们能给他们带来什么——吸引他们的是我的文化赋予我的价值观，并询问我们会为他们提供哪些解决方案。

我不希望我的手法（译者注：德文原文为"handschrift"，英文意为"handwriting""manuscript"）在巴黎、北京或波尔图能被识别出来。我希望地方的文化特征与我们公司的知识理念相吻合。当然，与之不同的是，人们在1990年代迫切寻找的标签（译者注：指后现代符号式、标签式风格）实际上是我们没有的东西。我们期待在不同的情境下做出不同的设计。

F.A.| 由此，我们可以假设：设计意味着令人愉悦的、美丽的、会带来恒久的美。

D.E.| 我完全赞同美的设计——我还要补充一点：美也是处于一个地域和时间的维度之中。在我的职业生涯中，我还没有发现一个无关时间与场所的美。一个城市有一个城市的准则，每个都不一样。如果我们不仔细观察，我们就会得到这样的印象：一切都是一样的。我更相信鲁道夫斯基（Rudofsky）的多样化的、没有建筑师的建筑集合。

F.A.| 因此，美和品味是与环境紧密联系在一起的，正如我们所见，环境不仅是物质的，更是文化的——集体情感和传统习俗。你曾经说过传统习俗可以衡量美。

D.E.| 是的，的确如此。传统习俗无法全球化，它们是处于一定的文化、地域和时间限定之中。也无法被通用化，不总是适用于所有地方。它们是有限制的，因此不能任意使用。在特定的应用区域，传统就是设定标准建立起建筑的一致性和有效性。对于那些理解能力强的人，我要说：传统是衡量美的标准。但我并不是说传统就是美。

F.A.| 这听起来还是有点平淡过时。是什么将传统与平庸的、千篇一律的设计区分开来？

保罗·瓦兹拉维克（Paul Watzlawick）曾经说过：
“人不能没有交流。”我们有意识地去教授：如何对话。

D.E.| 这不是我感兴趣的现象，我甚至不想谈论它。超越文化认同的，时尚、潮流而夸张概念，贬损智识的形式主义，是如此肤浅，以至于根本不应该去做。

当我们以场所为出发点开始我们的教学时，就意味着设计是产生于物体和环境的对话中。这是基本的，环境及二者的对话是无处不在的。保罗·瓦兹拉维克曾经说过：“人不能不交流。”我们有意识地教授：如何对话。

我希望看到我一生对这个专业的贡献是对传统的进一步发展，对奥地利冯拉尔堡传统的发展。它是关于形式的：一种联系——创造一些连贯的、结论性的、有效的东西。设计必须要自我发展，它不是我从其他地方发现，然后拿来用的东西。设计的产生，是将不同要素结合成一个整体，而不是拼凑在一起，当然，它和秩序相关。这种联系使其成为我们自己独特的设计，并且它会比其各个部分拼凑之和更加不同。

F.A.| 传统和集体记忆也是如此。然而，这些都是非常缥缈的东西，而建筑是你可以触碰的东西。这就是阿尔多·罗西（Aldo Rossi）想要与他的类型建立联系的地方——把生活体验融进建筑石材中去。

D.E.| 我对类型这个术语是存疑的，我确实明白不同的文化发展出不同的内在特质，这些特质存在于集体记忆或惯习中。将传统习俗从抽象状态中分离出来，并将其移植到具体的地方，这是很重要的。根据这种理解，类型在这些条件下是有意义的。巴塞罗那有一套标准，斯德哥尔摩有另一套标准。

我所反对的是“原始类型”的概念，如洛吉耶（Laugier）的棚屋原型。那是一种理想化、天真的思维游戏。

F.A.| 然后你就设定了传统的另一种超越日常现代性的时间范畴。

D.E.| 每个人都渴望寻求一种确定的熟悉感来给自己定位。传统习俗能够提供这些，这就是为什么它们很重要。然而，它们不是无关时间与场所、绝对有效的，而是依赖于文脉语境的。创设熟悉感可以使传统成为建筑的一部分，而这正是建筑首先该做的。有什么能反驳这一点呢？在面对预期将至的激进变化，确保品质总是不会错的吧？

F.A.| 有些甚至需要新的传统。

D.E.| 对我来说，这听起来像是在创造新的山脉。令人精疲力竭！我表达了对传统的渴望，然后沧海一粟般从中选取令人愉悦的一些局部，就称之为“新”。我不认为这种新的传统真的有任何未来。特别是当从事实质上是关乎传统的工作时，应与创建一个完全相同的拷贝毫无关联，创建复制和推翻传统性质是一样的。

F.A.| 手工技艺、社区社群、传统习俗——这些带来了可持续的概念。这就是今天的客户——尤其是国际客户，来找你的原因吗？

D.E.| 即使在全球范围内，我们也需要这三种尺度的指导：地方的传统、我们的价值观及其地区的背景，还有今天的工程知识。当我们考虑到这些，结果就会是可持续的。可持续性还必须结合不同的方面：生态、社会和经济。

F.A.| 关于经济可行性的话题：当国际客户来找你时，他们寻找的是经济可行，而不是美吗？经济性是否因此陷入声名狼藉的境地？

D.E.| 我完全是从积极的一面去看待这个的！出于这个视角，就是使用过的资源再回收的关系；而从另一个角度来看，则是试图去整体把握——这是一种广义的理解。生命周期成本是对投资、运营和处置成本的计算。最终，这一切都是关于我们如何在减少资源使用的同时获得更高的使用价值和更好的文化接受度？这是经济还是美？

我会说美的通常也是经济的。在欧洲，美代表着长期有效的价值观，这意味着它是与长期有效性相关的。这正是传统给予我们、有社会和文化接受度的，表现为他们是受欢迎的。这就是美如何成为经济驱动力的原因，也是如何确保持久性和可持续性的原因。

F.A.| 美作为经济和可持续发展的驱动力——这与当前的主流观念有什么不同，后者似乎以提高技术效率为标志？

D.E.| 我认为这种对技术的信仰是一种典型的德式现象。对此已有过很多不同的声音，然后它并不可持续，（这些技术设备）在今天更多的是一种累赘，而非对建筑的解放。我们回溯到 19 世纪机械时代的概念，解决上一个问题然后引发下一个问题，连串的问题与解决方案加剧了技术方法的复杂性。技术可以提高效率值，但无助于建立价值本身。这就是评估发挥作用的地方。突然之间，问题来了：我们的世界会因为一项强加于现有的技术之上的新技术而变得更宜居吗？这个新技术还需要我们为其提供能源、检修、维护和维持。从新的、不断前进的事态发展中可以看出，知识正在取代机械和动力机械，软件正在取代硬件。至少需要通过交互、对话以及反馈，才能对部件进行正确的细分和效率提升。

F.A.| 从早年到当下这些观念有连续性，但也有重估和转变。建筑学是如何应对的？

D.E.| 现在思考时间性空间（temporal spaces）对我来说比一开始更有意义。这与一个事实有关，即“合乎时代精神”作为现代性的中心主题已经退幕了。我们不能把自己从过去中分离出来去为新人类创造一个新的世界——那是行不通的。

我的转变是在从业的最初几年，起初我们相信使用者是衡量品质最重要的标准，如今则用路人取代了使用者。路人认为一栋建筑不过是他们周围环境的一部分。这个建筑很重要，但周围的其他建筑同样重要。

在 20 世纪，我们提出的问题是：房子可以如何改善个体生活环境？21 世纪我们要追问的是：房子对公共空间会有何贡献？这是一个从个体到社群的转变：这意味着建筑需要与环境更多地对话，更具文脉性（语境感）和更少的个体雕塑性。

最终，就是围绕着一个问题：一栋建筑的价值能维持多久？这似乎是一个经济问题，但它的答案实则取决于美。

F.A. 那么我们现在应该如何思考我们开始对话时引用的柯布西耶的那句话呢？

D.E. “凡物可以长存者，轮廓确于其间。”这句话是柯布西耶的宣言之一，洋溢着狂飙突进运动（译者注：德语原文为“Sturm und Drang”，是指 1760 年代晚期到 1780 年代早期德国新兴资产阶级城市青年所发动的一次文学解放运动，也是德国启蒙运动的第一次高潮。其中心代表人物是歌德和席勒）的意味。但也可能来自先哲马库斯·维特鲁威·波利奥（Marcus Vitruvius Pollio）、安德烈亚·帕拉迪奥（Andrea Palladio）、卡尔·弗里德里希·辛克尔（Karl Fredrich Sohinkel）、密斯·凡·德·罗（Mies van der Rohe）以及之后的其他人。无论是革命性的还是保守性的论调，轮廓形态都是试金石，当学生们内化了这一点，他们的设计就会令人信服，无论其形态是直是曲。

建筑

迪特玛·埃伯勒

1 个人见解

要求教师定期回顾总结自己的工作已是全球的普遍做法。这是因为教育应有长远影响并确保其在时光流逝中的地位。对建筑教育而言，这尤为必要，因为它是教授努力寻求庇护与安全、确证与自我表达的一门学科，是最古老的人类活动之一。

我们上一次的总结呈现在约10年前的《从城市到住宅——一种设计理论》（*From City to House — A Design Theory*）中。自那时以来，学科变迁愈演愈烈，从中还能总结出什么？《9×9》是我们深化和最新的修订版，它与认清建筑正处于一种悖论状态的认识紧密相关。

一方面，救世主、风格偶像不断在创造词汇，例如“网络建筑”“时代建筑”“云建筑”。环顾四周，建筑无处不在。建筑展览具有吸引观众的磁力，建筑是新中产阶级不能忽视的标配，建筑也是政党讨论的固定议题。

与之鲜明对比的另一方面是压制甚至蔑视建筑。适用性差、技术结构缺陷、规划和成本控制造成的损失会被提起诉讼；所谓“专家受众”的流行品味的评判还会成为指控政治腐败的补证。建筑成为一场开放的游戏。“人人都是艺术家”的口号被“人人都是建筑师”取代。

将这种现象归因于媒体的生产显然过于简化。的确，建筑领域一直处于变化之中。我们这一代人以前，若计划建造一栋建筑物，通常可以找一位结构工程师和一些优秀的工匠来完成。至20世纪末，这份名单增长为：现场工程师、能源专家、消防安全专家和外部空间设计师。工业化建材的销售员则替代了工匠。如今，名单包括声学工程师、灯光设计师、建材专家、平等保障官、审计师，以及现在不可或缺的专家中的专家：项目开发商、施工规划人员、项目经理、监理、当然不要忘记了——律师。而这不仅是指有很高要求和令人几乎无法理解的法律条文的大型建筑。

如果继续推演这种发展，结果显而易见：离内部崩塌越来越近了。该怎么办？看似矛盾的答案是：建筑师的设计能力必不可少。经验证明这是未受数字化威胁的少数技能之一。具有远见卓识的项目开发商相信设计——当然,是基于建筑的业主、投资者和开发商的回应。换句话说,专业知识被高估了,中介被高估了。需要的应该是合理的基本常识、个人判断和承担责任的意愿。

设计能力的基石——最早的建筑学文献就已提出——历久弥新。这是由全面专业的知识补充的。然而,这些知识必须被整合到建筑始终具有的独特学科特征能力中:协调和融合。因此,设计能力首先是将不同的部分整合起来的能力,而这与数字计算机的图形艺术和可视化的幻象关系不大。

设计能力才是核心竞争力:越复杂的建筑生产过程越需要它。同时,相反类型的建筑也在发声:从所处环境中生长出来的小项目备受瞩目。"社会转向"的核心就是关注文脉。它们是灵活而直接地适应变化的小公司,是利益相关者共同行动的"草根运动",是地方性的标准设定,是生长于光鲜的大都市之外的项目。

判断依然是:尊重建筑专业知识有益于提升建筑品质,而建筑师对项目参与的边缘化,会损害建筑品质。定义不清的所谓经济利益或功能使用往往成为一切争论的终结。但是,越来越清楚的是,比尔·克林顿(Bill Clinton)发表他无可辩驳的声明"都是经济问题,蠢货"的时代已经到了尽头。逆转显而易见:新的一代正重拾建筑中曾经不言而喻的事情——它是所有艺术中最具社会性的。以新组织形式来实践的社会参与的增加彰明较著。看吧,十年前难以想象的事情现在正在发生——毕业生又能找到工作了,日常工作。

因此,对十年后的展望是:建筑拥有未来!作为一门经典的整合知识和能力的学科,它处在有利位置,因为跨学科广受重视。准确无误、明确的危机的标志是失去自我定义精神的迹象。更重要的是:要从根本上加强和促进建筑的综合,超越单纯的知识整合。

2 手工艺与建筑

新媒体的虚拟世界不只是图像生产。信息的传播——通过新媒体和传统的媒体——已经达到了新高度。最疯狂的摩天大楼会以最快的方式进入寻常客厅。现今这个世界流行着坊间的明星或建筑大师,他们窃窃私语着少数内部人士所宣称的怪诞诡奇的未来——一个纯精神的虚拟世界。一些人甚至喜欢扮成自主创造者、独立艺术家、自己思想领域的主宰的角色。

有鉴于此，必须明确：建筑不是艺术。艺术声称要创造另一个自主的世界，而建筑与这个世界息息相关，它的紧要任务是设计一个实用宜居的世界。这导致了对公众的巨大责任，可分为四个基本方面：文化贡献、实用价值、经济可行、使用寿命。

对于这些方面，责任意味着要面向我们生活的真实世界。建筑是一项物质性实践，与具体事物相关。这一点上手工艺也是如此，尽管有乌托邦的构想，离开具体事物无法想象建筑。当然，手工艺时代的高峰时期，也意识到其自身的物质周期性。更何况近年来的“社会转向”也证实了这一联系。

信息爆炸和信息处理能力的滞后导致了难以解决的不协调现象。手工艺能清楚地意识到过度需求和个人限度之间的紧张关系，并以合作和经验知识回应。这不能描述为信息的积累，而是集成，包括评估、分类和关联的开启。这种知识的物质维度是显而易见的，与纯信息储存不同，其品质在神经学中不言而喻。这样的实证知识整合了理解、体验、主动性和网络化。因此，它既能动态地处理信息，又能提供复杂、负责任的解决方案。手工艺总能提供这种整合，因而现在与现代技术结合也毫无问题。所以，实证知识将变得愈加重要。

以下描述将会使得建筑师的职业肖像变得更为丰满：经验知识和责任会导致通用技能越来越重要；权衡各种需求、合理使用资源、尝试替代方案——这些需要一个全局视角；建筑师还要对不在场的公众负责；社会维度需要得到加强；将初步计划包括进来（关键是项目开发）的努力是值得欢迎的；建筑师和生产者之间的交流也需要改进，而数字化媒介有可以提供完美的工具。总而言之，弥合与建筑实践的差距非常重要。

3　美作为一种文化维度

当然，艺术与建筑的区别并不意味着建筑美学已经过时。对建筑来说，美不是从属的，而是必不可少的——建筑是社会艺术。汉斯 – 格奥尔格 · 加达默尔（Hans-Georg Gadamer）强调：“对美的认定不能根据物体特有的可识别特征，而是依据主观观点——在想象和理性的和谐平衡中，对生活感知的增长。这是对我们整体心智力的激发，是一场开放的游戏。”据此，建筑在把美展现在人们的生活中发挥了重要作用。

建筑是最能塑造人的环境。这种影响总是发生在场所中。场所和对场所的理解是建筑发展的核心出发点。这意味着要拓展场所的地形和物质维度，将文化维度纳入其中。其不仅包括历史，还包括生活在那里并塑造了现在场所面貌的居民的态度和思想。建筑师要追溯场所的源流，进行评估分析，用以设计——这是建筑与之对话的文脉。

这种对话不是单向或机械的过程，而须全情投入，才能成事。意大利哲学家路易斯·帕莱松（Luigi Pareyson）指出："一个人只有明确立场，或曾明确立场，才能理解其他立场。"必须平衡个人的倾向和利益、客户的愿望、社会和公众的关切，以及项目的未来意义。雅克·赫尔佐格（Jacques Herzog）最近强调说："如果没有这种连接和对实现项目的不遗余力，我们想象的建筑将不会成为现实。"

建筑首先要在感知层面上得到社会认可并具文化价值。建筑的意义在于它对公众的贡献，包括让从未进入这个建筑的所有人有所感知。公众的偏好塑造了建筑，因此集体认同高于个人品位。所以，挑战在于应对这种深深植根于本地习俗的集体情感。在这样的语境下，浸润于传统习俗的匿名建筑因此变得非常重要。

从这一点出发意味着要秉持对个人品位以及对比例、体量、材料等做出神圣判断的学术规则保有同样的距离。要优先考量日常行为、方法、价值观共同创造的独特的地方性身份认同。习俗是美的度量衡。它的目的是不言而喻的务实，而不是壮观。这样的品质具有很高的价值，因为它会持续很久。美激发了文化上的认可，这赋予不动产比任何技术创新都更多的价值。 对美的投资会有所回报，因为它确保了地产的长久性。建筑物的真正意义最终将取决于它对公共生活长期和持久的贡献。

4 资源和时间

提到文化资源的同时一定会提及自然资源。我们处理这些资源的方式只能称为过度开发——即使考虑到警告的声音听上去并不总是一致。对技术可行性的信念占领了世界最偏远的角落，而其反作用正在抵消技术干预的积极影响。建筑在这一发展中发挥了相当重要的作用；在高度发达的社会中，大约半数的一次能源需求被用于建筑物的建造和维护。对舒适度的高需求与资源的大量使用相关。这种方式没有未来，对于发展中国家来说也不是一个可行的模式。这样持续下去将导致全球崩溃。

通过决定材料使用、建造方法和由此产生的运营成本，建筑师对资源使用有很大的影响力。这就是为什么建筑师对促成一次变革如此重要的原因。最前沿的看法已经发生了巨大变化。仅专注建造阶段节能的偏颇观点已被全生命周期所取代；对建筑的系统性考量替代了技术干预。与 20 世纪建筑对技术的信赖相比，无名的住宅类型如何优化利用当地资源重新受到关注。同时，实践也证明了摆脱这种超前的技术运用，更可以着眼于节约资源和提高生活品质。无论采用哪种方式，目标应是建造在社会和文化上有价值、致力于关注和节约使用有限资源的建筑。

从这个角度看，建造也是资源管理。每个案例中的资源使用都要根据所需品质高效设计。不断压缩的技术创新周期与持久实用的结构形成鲜明对比。如果谈及品质，对当今建筑的最高要求是持久性。这不同于出于技术原因而关注 30 至 35 年投资回收期的观点，这样的经济计算得出的结论是拆除，而这对下一代毫无价值，同时还阻断了未来可能的创新。本身就很有争议的存量建筑的完全更新不能通过这种拆建的方式进行。

打破仅仅将建筑视为满足实用性的单一看法不可回避。如果建筑的价值来自社会和文化认可，源于持久性和美的建筑内在价值将取代满足使用的首要目标。基于耐久性的资源保护与基于美丽经济的内在价值和生态适应性是一致的。评价建筑时，两者臆想的利益冲突需要通过纳入时间量度范畴来重新认识。一个世纪或更长的使用寿命使得初期建造成本的比重变得很轻。重点是关注点要从建造成本转移到更长久的持续价值上。更高的品质标准和建设投资能保证未来的价值。这是建筑赋予的价值增量。

威廉・巴勒斯（William S. Burroughs）在他精彩纷呈的人生走向尽头时说，人类的最后资源是时间。即使其他事物全都消逝，时间依旧存在。现在就开始认真对待这些资源——创建持久的事物并给予它们成熟的时间——这是对认真使用自然资源的明智的补充。

5 作为整体的建筑和技术子系统

看待建筑的方式有很多。如果将文化背景包括在内并以持久性为前提，则须考虑以下五个方面：

场所，建筑的文脉——地形、气候、基础设施、文化、思想，是一个持续远超 100 年时间的系统。

承重结构体和场地的开发有超过 100 年的寿命。

建筑的表皮，包括立面和屋顶，使用寿命约为 50 年。

建筑计划的变化快于预期，经验表明大约 25 年后建筑计划就会变更。

材料、表面、有效使用界面，以及受制于机械和日常磨损的技术设备，使用寿命很少超过 10 年。

显然，时间维度是衡量的尺度。公共场所的影响最具持续性，使用和设备排在最后。这是对以前认为有效的设计价值的重新认识，其结论是：

– 公共空间赋予建筑物特定的品质和特质。

– 建筑的价值取决于对用途转化的开放性程度。

– 结构是先决条件，包括坚固的承重结构、构件的可分性以及满足要求的竖向分布。

– 室内——建筑内部和技术设备——有自己相对独立的满足用户需求的使用周期。

所有这些方面都有助于创建有价值的建筑。但是，要有所区别。一方面是建筑的公共影响，另一方面则是私人影响；一方面是为了耐久和稳定，另一方面则追求灵活和可变。这种区别不仅存在于建筑的内部和外部之间，建筑内部也可以分为公共和私密。前者是传统的建筑领域，后者越来越成为设计和室内建筑的领域。

6 设计能力

建筑的品质取决于以上五个方面的融合。建筑师真正的核心能力是造型能力，将各个方面整合一体，正如阿尔伯蒂（Alberti）所说："各部分的协调被如此充分地实现，以致没有什么能被去掉、添加或改变，否则只会破坏整体。"

建筑是综合性创造，要整合文化价值、使用价值、经济效益、存续寿命，这可以称为维特鲁威实用、经济、美观的抽象三原则的当今版本。面对具体情况，阿尔伯蒂说："结论是，对于公众的服务、安全、荣耀和装饰，我们需要建筑师；我们受惠于建筑师带来的闲暇时的惬意、舒适和健康，工作时的帮助和效益；以及两种情况下兼备的安全和尊严。"换句话说，物质现实中的建筑就像使用者可感知的身体一样真实存在。

时间维度可以在建筑中呈现。从场所出发表明时间存在于历史中——独特、多层级、在地的历史。欧洲城市中大量具体而丰富的形式源自多元价值观、技术发展、社会变迁的物化。相比之下，没有什么比卫星城基于单一原则而整体预设的场所更无趣了。

透过丰富的历史，城市演进的多样性得以呈现。这从视觉上证实了约瑟夫·弗兰克（Josef Frank）所言："我们的时代就是我们所知的全部历史时代，仅此思想即可作为现代建筑的基石……人有哥特的骨骼和古典的皮肤，而骨骼并不比皮肤更真实。"时代在此以两种方式体现，正如弗兰克论及的通过建筑类型反映出的历史时代。这些类型构成了建筑学科的历史，这对建筑师的创造力至关重要。

弗兰克也谈到我们的时代。任何设计都始于当下。他回溯过去，放眼未来。设计创新能力就是要见证这种衔接，这是原真性的支撑。而且，由于它关乎建筑的物质现实，实现是关键，这就需要建筑技术的应用。其合乎逻辑的结果就是要牢固掌握最新的建造技术。

因此，建筑是一种综合创造，它反映场地状况，立足于当代与之对话，自身的学科性很强。将不同的、或许相互冲突的部分联系起来，建筑就成为整体，用森佩尔（Semper）的话说，把他们打结为"万物的最初连接"。

7 方法

教学有一个前提：建筑可教。这听起来自相矛盾，且不可否认有些刺激——毕竟，每一个设计都是高度特定和个性化的。然而，保有此前提让我们接受了它们的相互作用，正如弗里德里希·席勒（Friedrich Schiller）在他的《人的审美教育》（*On the Aesthetic Education of Man*）中所指出的。

他谈及游戏。游戏需要玩家有规则的互动。规则与玩家的自由相矛盾，但若游戏因缺乏规则而瓦解，自由又何处安放？这种无法解决的矛盾只能在游戏中解决：通过自由发挥，玩家确认规则，这些规则仅在游戏中才重要。席勒总结说："人只有游戏时才是一个完整的人。"

由此可以推论：教育与建筑师的发展并不矛盾。相反，它为他们提供工具，教会他们游戏结构和规则。这样可以确保此处采用的方法，该方法须有三要素：系统性、层级性和同时性。系统性确保可靠，层级性提供秩序，同时性实现发展。

系统性是指每个方案都依照规定方法进行。方案根据五个类别按照步骤依次研究和推进，再加上这五个类别之间的综合，共九个步骤。每个方案都如是展开，且要基于特定的城市环境和实际场地的踏勘。

层级性是指这五个类别及其综合需依照精心制定的顺序进行，这是对其重要性的排序，也是从分步到综合之路。场所是出发点，每一步逐渐深化。项目的复杂性在增加，但其结构化的秩序不变。仅仅一代人以前，场所优先还是不可想象的，那时认为建筑要追随功能和使用。这种转变表明了价值的重塑，即建筑与社会、文化、空间文脉的整合具有绝对优先性。

同时性是指设立层级——从简单的基本概念到复杂的交互整合，能让之后每步都可以回溯出发点。这样，一方面任务的复杂性不断提高，另一方面基本概念也逐步精进。方案进展中，分析和设计、小组工作和个人工作交替进行。这种不同方面的同时存在促进了每一步想法和行动的推进发展。

任务以两种不同方式展开有助于提高活力：一方面，分析建筑的场所，以及反之，分析场所中的建筑，其中要考虑规模的变化；另一方面，要考虑三种不同城市文脉下的变化。

当然，教学至少要让学生掌握学习材料。钻研知识可以提升个体的技能。因此，它又是手工艺——当然是不寻常的手工艺——手工艺的模式：每个音乐家都知道铺向成功的道路就是实践、实践、再实践。鉴于此，我们也要反复经过任务和练习的历练。但是，这还不够：音乐家必须研究音乐文本，研究其他人如何阐释它、它的来源以及能用它在今天表达什么。同样，研究现在和过去对某个主题的看法——理论和话语也非常重要。

教什么也应该要评估。当然，本教案有很多不同的层级，评价标准问题可能是一个难题。因此，只能是一个宽泛的答案。

首先是确定任务是否完成及完成程度，这可以与其他同学的工作相比较。这是可以量化的。另一个标准是任务进行和完成的强度。最后，这与想法的独创性有关。当然，后两项评价是基于软指标的——这没有把问题变得更容易，但是我们都已经知道严格与宽容思想是可以共存的。

显然，对后两项的评估不能用公式，而要回到前面多次提及的内容：文脉和体验。对各主题的教学在工作室进行，老师和学生在半年时间每周见面。无论是小组的还是单独的，这些会面都是项目必需的，是或多或少的教学相长的过程。但是，从结构上讲，这绝不是一个单向的因果体系。经历过这样教学要求的学习，可以增强学生对趋势、能力以及参与奉献的认识。

实践与教学

阿德里安·迈耶

1960年代初，山雨欲来。我所受的建筑教育就像弹球游戏中的球一样动荡不定，其教学大纲也是如此。当时的学说集中于大师，并源于现代主义概念起初的不稳定。面对新兴文化进程的不断发展，一成不变的信条令人生厌。阿尔多·罗西的《城市建筑学》（*L'architellura Della Città*）动摇了希尔伯塞默（Hilberseimer）的现代城市概念，文丘里（Venturi）的《复杂性和矛盾性》（*Complexity and Contradiction*）冲破了1932年以来“国际风格”的教条束缚。凯鲁亚克（Kerouac）吹响了垮掉的一代（Beat Generation）的号角，特吕弗（Truffaut）和戈达尔（Godard）沉迷于新浪潮（Nouvelle Vague）的忧郁影像，迪伦（Dylan）直言不讳地嘲讽那些越南灾难的“战争大师”。

我的信息天线已处于接收状态，但不准备走现代主义的老路。

除了如同建筑学的拉丁语课之外，必须有其他方法。这些方法要能孕育希望——建筑是一种启蒙，而非仅是语法规则。饥饿的幼狼不想总是享用脚边唾手可得的猎物——它宁可寻觅踪迹，在迷雾中寻找失落的脚印。但是一个人实际上被强制灌输接受现代主义宣传部长柯布西耶和现代主义国防部长格罗皮乌斯（Gropius），该怎么办？相反，我们本想知道柯布西耶的新建筑五点的教条与他设计后期的雅乌尔住宅（Maisons Jaoul）、朗香教堂（the Chapel in Ronchamp）、飞利浦馆（Philips Pavilion）之间的关系。或者为什么格罗皮乌斯如此激烈地声讨鲁道夫·施瓦茨（Rudolf Schwarz）战后所谓对现代主义的背叛，以至于密斯·凡·德·罗站在了科隆的教堂建筑师和城市规划师的那一边？抑或是，阿尔托（Aalto）的作品与阿斯普朗德（Asplund）和莱韦伦兹（Lewerentz）的北欧古典主义有何联系？

对于这些，没有任何回应或是有用的争论和真正进一步的讨论。在这些对当前教学的最初怀疑中，对历史观的争论中，以及来自建筑电讯派、维也纳运动、十次小组的新陈代谢、粗野主义、结构主义的多重影响下，我开始进入质疑领域的冒险之旅——后历史文学之旅。质疑教条的现代主义固然好，但还能相信什么道路呢？好奇的刚入门者，现在怎么办？现在你在哪里，疑惑茫然。你不参与或受到任何影响。每个动作都与其他动作相互抵消。作为所谓新的元语言，后现代主义悄然兴起。

尽管有韦尔施（Welsch）和利奥塔（Lyotard）的哲学支持，它仍是泥足巨人，寻找着典型的弑父之法。

这当然没有影响我跟随辛克尔，森佩尔和之后几代人的脚步去多感受些谦卑。

产生现代主义理论的历史从何而来，除此之外的道路又通向何方？这本来能支持我勇于思考，在影响历史的尘土飞扬中找到多一些的视角。现在，这个立足点——对疏离理论的现代主义捍卫者的绝对拒绝——没有了。我当时的精神状态就像一个徒步旅行者，想要在穿着居家拖鞋、没有补给的情况下攀登马特洪峰。浑身湿透、剧烈颤抖，我很快返回了大本营。

我多了一些耐心，少了一些坚决拒绝，决定沿着历史的建筑教育权威的艰难道路，研究理论，并探索“从何而来”和“走向何处”。

在从一神论世界到多神论世界失败的开始之后，我开始更务实地研究这个问题。我的叔叔，一个德国建筑师，保罗·伯纳茨 (Paul Bonatz) 和保罗·施密特黑纳 (Paul Schmitthenner) 的斯图加特学派的拥护者，给了我一本汉斯·多尔加斯特（Hans Döellgast）描绘住宅的书。精彩的小幅草图和水彩激发了我对这种建筑写作的特殊形式的好奇心。然后我发现了门德尔松（Mendelsohn）的快速墨线和卡尔（Kahn）的宽粉笔。在这里我发现了一个使头、腹、手都全心投入的世界，整个宇宙展现在我面前，弥补了我长久以来的不足。我想，一些绘图和实践就足以至少发现一些建筑的重要根源。看似轻松的阿尔贝托·贾科梅蒂（Alberto Giacometti）的草图和“画作”使我完全迷失了方向。我无法想象贾科梅蒂的精力和坚韧，以及他如何努力看清事物的本质、它们的真实面貌。在所有超现实主义时期之后，在他父亲去世和第二次世界大战时期巴黎的思想危机之后，他作品的头和形体越来越抽象。在找寻本质时，他用石膏、黏土和青铜找到了自己极其精妙的表现方式。他的探索伴随着纠缠不休的怀疑：“我在绘画上看不到什么更深的。这里没有空间。人必须创造它，但是它根本不存在。”（1949 年前后）①

① Alberto Giacometti: *Werke und Schriften. Entweder Objekte, oder Poesie, sonst nichts*, Verlag Scheidegger & Spiess, Zürich, 1998, p.227.

然后，他赤手空拳摆弄湿黏土，逐渐去除，直到可以说它不再是一个人像的状态，而开始接近他自己的内在形象。所有这些都伴随着从失败获得的知识，如果有相应的知识积累的话。

在我至少明白了毫无积累导致一无所获之后，我开始了努力和鼓舞人心的学习、探索的岁月。

我学会了通过绘图和思考立足于建筑环境进行设计和建造。我着迷于这样的建筑——依照目的、基于建筑的艺术并将难以说明的和充满想法的东西视为值得追求。在理性和情感的两极之间，建筑设计找到了与城市——这个更大的尺度——的联系。

在纽约和费城，我从欧洲移民建筑师萨里宁（Saarinen）、卡尔、诺依特拉（Neutra）、密斯·凡·德·罗的观点中学习。拥有极简艺术和观念艺术收藏的美术馆和博物馆成为我的视觉学校。回国后，我至少知道了我还有多少未知。

学生开始打破世界各地大学的现有体系。对资本主义的批评使建筑学院的传统设计课程陷入瘫痪。在1960年代末，社会学争论也威胁要占领现在是ETH（苏黎世联邦理工学院）建筑的“可疑”领域。可以说，由此产生的理论真空吸引了机敏的具有左派思想的阿尔多·罗西从米兰来到苏黎世。

这个富有魅力的萨满人为ETH的教学带来了新的活力。他将自己在教学中探讨城市和建筑学术本质的理论方法与他成功的建筑实践相结

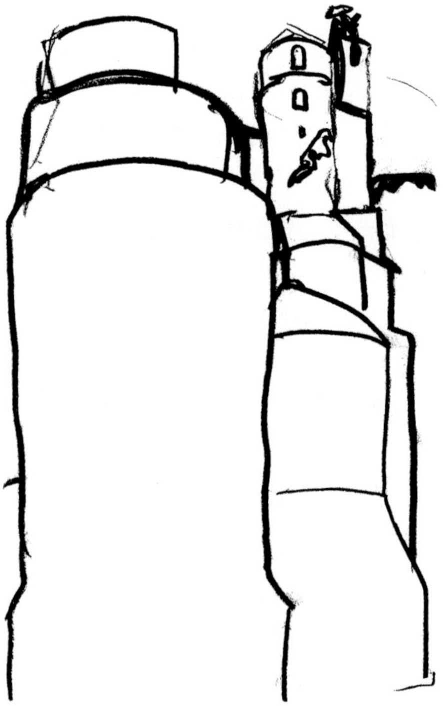

路易斯·I.卡尔，扶壁塔素描
法国阿尔比圣塞西尔大教堂，
1959

合。可以这么说，他通过自己的建筑验证了城市建筑符号（类型）学的理论。他冒着提出一种理论主张却失算于现实的风险，增强了他作为教师、建筑师和理论家的信誉。在充满不确定性的动荡时期，这正是每个人都在寻找的——不是为了意识形态，当然也是原因之一，而是出于一个思考、行动和教学的建筑师的沉稳姿态。

那是一个从建筑的教条现代主义过渡到尚未命名的新形势的时代。很有影响力的伯纳德·霍伊斯利（Bernhard Hoesli）很早就意识到由此带来的机遇："使教师和学生确定方向的锚定点变化了，处在他们那里，我们可以看到多种趋势。要变天了。"②

争论往往是矛盾的，雅各布斯（Jacobs）、文丘里、米切里希（Mitscherlich）、罗西等人的第一波现代主义批评退潮了，又因《拼贴城市》（*Collage City*）和《癫狂的纽约》（*Delirious New York*）的反响而重新恢复。反思性现代主义的时代以古典、教条、表现的形式开始了。

现在我确信要与我的合伙人乌尔斯·伯卡德（Urs Burkard）一起投入到建筑的冒险中。如今，冒险仍在继续——这样的作品出现了，一种结合了经典激进主义的理论基础，且自信地经受住了各种新主义不断变化的设计方法。

然后，突然之间，我从设计和建造的白日梦中被唤醒。我站在洪格堡（Honggerberg）山上，在那里践行路斯的"学过拉丁语的石匠"的定义，不知道刚才发生了什么。在众多学生期望的面孔背后，隐藏着许多问题：（建筑）从何而来？为什么？如何做？走向何方？现在，你不能仅仅与那些绝对正确的大师共舞。不能。而总要在进入圣殿前，好好地踏掉鞋上的水泥粉尘。我喜欢为历史和理论、力学和结构这道菜加些实际建造的无情现实的料。设计课程由此而来，我从未寻求过对它的接受。在维也纳也是如此。我从 ETH 退休后，维也纳工业大学里我的一些学生不得不剪裁并拼接一万五千块纸板材料的砖，将自己的穹隆设计制作为一个一人大小的模型，以了解其力学结构。

一只脚在教学上，另一只在实践上。然而，实践受到越来越强的暴风雨的袭击。建筑师的职业要求是变化的，并且根据需要的能力会被重新评估。相比之下，建筑学校像是庇护港，让船舶航行演习，并承担损失。作为教师的建筑师有一种特权去了解各自体系中的冲突和问题，不是将其视为威胁，而是对自己设计能量的增强。

我不认为学校是瞬息万变世界中的孤立宇宙，相反，它参与了与之相关的紧张关系的讨论。我认为学校是一个"充满活力的领域"，作品

② Ákos Moravánszky, Judith Hopfengärtner: *Aldo Rossi und die Schweiz. Architektonische Wechselwirkungen*, gta Verlag, Zürich, 2011, p. 80.

从中诞生，其中的佼佼者会有前无古人的品质。学校是灵感落地和转化的实验室。教学是思想交流之船，重要的文化培育之地，其境况应是既不能完全脱离实践，也不能完全由实践固有的实用主义所决定。

一个人经过多年的学习，才能学会如何把项目放在一个更大的整体关系中——我们称之为城市，而规避设计工作中专业惯例的危险。正是与城市的关系，而非仅仅对对象本身的考虑，才产生了设计的必要意义。在已经变得模糊不清的城市整体中，不是每项建筑任务都是例外，不是每项任务都需要与众不同。我反对不必要的形式复杂，这并不意味着我们要跨越自然存在的界限，不必背负教条的负担而重新评价“现代主义传统”，或寻找“令人着迷的明确性”和“毫无意义的功能主义”之间的微妙界线。

教学还要适度，将不同层次的知识和经验联系起来。它应该引起在网络和复杂结构中的思考。教学与实践有着令人兴奋的联系。研究成果——我认为包括科学理论研究和实践建筑师的“现场研究”——都是在学校的思想实验室中发展而来的。与实践不同，这个实验室创造的往往是纸上项目。它们得益于一种特殊的不加掩饰的状态，不必首先提供其能够有效建造的可靠证据。因此，它们还具有有益的半衰期。可以参与当前的发展，打破过于常规的进程，并通过加减来改变进程。可以说，理论水平和科学研究是大学中持续而意义深远的要素，而靠近实践是自立于未来建筑学院的虽不唯一却必不可少的前提。

作为一名实践的建筑师，我能察觉到天气形势，作为教师，我将这些气象数据带进课堂。路易斯·卡尔（Louis Kahn）是一位伟大的建筑师和有影响力的老师，他说：“学校始于一位树下之人，他不知道自己是老师，他将见识分享给其他人，他们也不知道自己是学生。学生思考他所讲的，觉得能在这个人身边真好。他们希望自己的孩子也能聆听这样的人讲话。很快，房间建造起来并成为最早的学校。建立学校符合人的渴望。”③由此，对我来说曾经且仍然非常重要的是，师生平等的建筑教育的自由应该像独立学习者的自由一样存在。

③Vincent Scully Jr.: Louis I. Kahn: *Makers of Contemporary Architecture*, George Braziller, 1962.

设计方法：观察与洞见

弗兰齐斯卡·豪泽，
马塞洛·纳索

从 1999 年至 2017 年，迪特玛·埃伯勒教授在苏黎世联邦理工建筑系每年为 50 至 70 名二年级学生教授课程“建筑与设计 II”。18 年间，他和约 50 名助教教授了 1 000 多位准建筑师。

和任何课程一样，这门课处于一个不断行进发展的过程，很多人参与其中，但它一直基于根本的思考。作为理论和实践的互动，下文勾勒了埃伯勒课程的基本思想。

课程组织和结构

学生会在这次教学中体验集中地点的共同学习。二年级伊始，每位学生在绘图室都会配有个人绘图桌，学生可以在授课时间之外在这里思考和工作。

二年级是建筑教育中的关键环节，学生只在大学学了一年，还没有多少把三维构想转化为平面或模型的经验。设计课程让学生直接面向建筑，尝试让他们在智识和实践层面接触建筑学科。课程的目的是使建筑学学生在持续的场所考察中，敏锐感受触觉和现象学经验，并教他们依照一定方法的设计。

学期初，八至十二名学生组成六个小组。每个小组配一名助教。在（每周）两天的课程中，他们陪伴并指导这些学生两人一组或独立完成学习。

每周两整天在教授工作室的课程历时一整个学年，秋季和春季两个学期皆为十三周。在此期间，针对建筑设计的不同主题和方面，要进行七至九项练习。每学期最后的期末练习要综合所学技能，将其整合应用到建筑设计方案中。

所有练习都基于真实场地。每年课程首先集体完成必要的基础工作，例如 1∶500 的建筑场地及其周围环境的场地模型，以及各种基础图纸。在秋季学期，目标是对场地既有建筑的改建、扩建和提升。对现状的详细分析是各个练习的重要部分。在春季学期，建筑场地假设被清空，学生仍然在已经熟悉的场地上设计新建筑。每个练习都包括城市层级上对场所的分析和建筑层级上的设计练习。

通过对城市空间的深入分析，学生可以客观地认识建筑场地。他们的分析工具包括城市漫步、视频记录、城市历史研究、基础设施调查，以及各个建筑场地周围街道的人眼视角的序列记录。学生汇总成果并向全班汇报。

练习中的设计部分，学生两人一组，分步骤完成各项主题。设计方案成果以一幅或两幅 A0 格式的图纸呈现，学生在全班面前向教授和助教汇报。A0 的排版内容是安排好的：概念文本、平面、图像或模型照片。模型放在 A0 图纸旁边，以三维方式展示设计。

埃伯勒教授在绘图室与学生讨论，但他并不亲自坐在绘图桌旁修改个人方案。每个练习结束都有一次整体评图。这些评图过程像是研讨会。埃伯勒教授不是在理论上评价不同个案，而是深入探讨每个方案，直接基于设计讨论建筑主题，从而将他理论和实践上的经验传递给学生。

课程进程

每个练习的起点都是附近的具体建筑场地。教席每年会选择苏黎世的三个特定建筑场地来讨论：其一位于中世纪的老城区，其二位于苏黎世经济大发展奠定城市形态基础时期的区域之一，其三位于城市现代文脉或郊区中。在第一学期，学生每个练习都要从一个建筑场地轮换到另一个建筑场地，熟悉所有三种文脉环境。

选择这三个历史时期——中世纪、大规模建设时期——因为它们代表了苏黎世和很多其他中欧城市发展的重要时期。

基于建筑场地，进行场所、结构、表皮、计划、材料各建筑主题的分项练习，一种分析和设计方法也由此习得。

通过抽象的度量——密度、高度、排列、尺度，并通过感官体验环境氛围、社会背景和建成肌理形态的材料质感来理解邻里环境，构建了这种过程导向的设计方法的基础。

各个场地的建筑密度以及公共设施的占比是显示各个区域之间差异的基本特征。作为整体的城市的品质与各个区域的组成及其密度息息相关。重要的不是单个情形，而是不同区域与集合的变化和混合。

对学生而言，讨论文脉总要始于在城市中漫步到建筑场地。穿越城市的漫步，帮助学生建立起理解设计的理论方法与实际体验建筑场地之间的关联。

如果我们观察一下欧洲的城市结构，那么很显然，中世纪自然生长的老城区和以相似的建筑类型为特征的奠基时期的区域，多是由匿名建筑塑造的，而非个别建筑师的个人作品。

据此，埃伯勒教授特别提到建筑师和文化哲学家伯纳德·鲁道夫斯基（Bernard Rudofsky）1964年出版的《没有建筑师的建筑》（*Architecture Without Architects*）一书，这也是作者于纽约现代艺术博物馆展览目录的名称。埃伯勒教授指出：

> 这些匿名建筑物背后是集体记忆，是我们不同的文化。我们发现这种集体记忆作为当今建筑设计的资源至关重要。这些匿名建筑中蕴藏着非常丰富的经验和知识。正是集体记忆中存在的这些知识，而非著名设计师，才是我们非常重视的资源。我们不应低估，由于社会劳动分工下的职业学术化，许多这种知识已经消失了。
>
> 于是，我们需要回答并重新表述自问的核心问题——是怎样的工作和思维方法塑造了这些建筑，从而加深对当代建筑的认知。如果想得到其他结果，我们需要不同的途径和思考建筑的方法。
>
> 在20世纪，考察建筑都是从其内部组织而外的，而在21世纪，我们更感兴趣的问题是建筑对场所公共空间的贡献。如果在20世纪我们的思考是由内而外；我认为，在21世纪，我们必须更多地由外（公共空间）而内地思考。这种方法将创建我们所追求的社会、经济和生态上的可持续性，这也是21世纪建筑的任务。

方法和练习的结构

迪特玛·埃伯勒

在埃伯勒教授的教学中，建筑物被理解为五个完全不同生命周期的建筑主题的叠加。

这些建筑主题是：

场所

结构

表皮

计划

材料

建筑设计依据的是与场地文脉持续对话的这五个主题及其相互联系。这些主题是系统性相关的，而且在意义和价值上形成了以可持续性为主要标准的层级。场地的存续时间最长，表面材料最短暂。学生依次学习和研究这五个建筑主题。这些练习补充以四个附加任务，每个任务都需要结合先前学过的技能。随着这五个主题的逐步展开，复杂性也不断提高。最后一个主题实现综合，从而形成完整的建筑设计。

逐步叠加的进程用以掌握建筑的整体复杂性，从而为建筑的耐久性创造先决条件。

练习 1　场所

场所在历久性排序中位于首位。它是关于在公共空间的关联布局中确定合适体量的想法。背后的信念是建筑的体量及其周围环境的密度形成了营造该场所氛围的基础。如何将这个体量概念尽可能紧密地与场地和地形整合，并提升和创造公共空间？

练习 2　结构

接下来是对结构主题的详细研究。所选体量采用哪种承重结构体系、建造方式、垂直交通体系？城市层级和建筑场地文脉中有哪些结构形式？

练习 3　场所　结构

在分别研究了场所和结构，并将它们各自理解为设计的一个步骤后，我们在此阶段将它们结合起来。从场地的体量概念出发，现在应该设计相应的承重结构和合适的流线系统，作为一种定义建筑类型的方式。

练习 4　表皮

如何表达体量？如何表达门窗洞口？表皮有多少比例的洞口？这些界面以及内部、外部之间连接的界面如何设计、实现和建造？此时要将建筑表皮赋在先前练习中设计的体量上。

练习 5　场所　结构　表皮
（设计方案，秋季学期结束）

在现代主义以前，表皮在古典方式下被理解成一个自治体系。尽管它主要由与结构相同的材料构成，并与结构有直接联系，但立面却直接与相邻的街道及其面对的公共空间相关。在这个意义上，立面主要受场所影响，满足结构要求是次要任务。

戈特弗里德·森佩尔（Gottfried Semper）在他的《实践美学》

1	2	3	4	5	6	7	8	9
场所		场所		场所		场所		场所
	结构	结构		结构		结构		结构
			表皮	表皮		表皮		表皮
					计划	计划		计划
							材料	材料

课程结构（埃伯勒教授）

（*Practical Aesthetics*）中主张将承重砌体墙与表面覆层明确分开。他认为表面是衣服，因此是支撑结构的包裹物。

> 在所有日耳曼语中，“墙”(wand）一词 [其词源和基本词义与 gewand (衣服) 相同] 直接暗示着它的古老起源和可见的空间围护类型，用以支撑、固定或维持该空间围护的支架与空间或空间的划分没有直接关系。它们与原始的建筑思想无关，从一开始就不是决定形态的元素。
>
> 在所有日耳曼语中，“墙”(wand）一词 [其词源和基本词义与“衣服”（wand）相同] 直接暗示着它的古老起源和可见的空间围护类型，用以支撑、固定或维持该空间围护的支架与空间或空间的划分没有直接关系。它们与原始的建筑思想无关，从一开始就不是决定形态的元素。

Gottfried Semper: *Style in The Technical and Tectonic Arts; Or, Practical Aesthetics. A Handbook for Technicians, Artists, and Friends of the Arts.* Translated by Harry Francis Malgrave and Michael Robinson. Getty Publications, Los Angeles, 2004. Volume One, Chapter 4, Textiles: B. Technical/Historical, p. 167ff and p. 248.

埃伯勒教授的教学遵循森佩尔对“结构框架”和“空间围护”的划分，将结构和表皮区分为不同的体系。

> 很遗憾，戈特弗里德·森佩尔在 19 世纪提出的明确的建筑各个元素的概念，在 20 世纪被功能主义理论取代。20 世纪的功能组织方法更有效，并且显然可以更快地解决城市人口增长的问题。但是，正如我们现在所知，这个解决方案只在短时期有效。
>
> 迪特玛·埃伯勒与马塞洛·纳索的访谈

练习 6　计划

对于位于场地上已经确定了结构和立面设计的建筑，能设计什么样的计划——使用或功能？如何排布空间并最有效地使用？

练习 7　场所　结构　表皮　计划

在很大程度上，结构决定了建筑，因此将其放在计划前面。对于计划，必须认为可以灵活使用的建筑的开放性是由对结构的整体、精确的设计所决定的。因此，计划可以独立于结构之外被理解，建筑物可以轻松应对不同时期的不同用途，从而留下那些历史的印记。

阿尔多·罗西早在 1966 年《城市建筑学》（*The Architecture of the City*）中就指出，结构和表皮首先是由场所决定的，而非计划或功能。

> 这种理论产生于对城市现实的分析，而这种城市现实与下面的观念相互冲突：由预先注定的功能本身来控制建筑体，从而简单地将问题看作是为一定的功能提供形式。实际上，形式在被构成之时就已超越了其所必须服务的功能；它们的出现就像城市本身一样。从此意义上看，建筑物与城市实在也是一体的，建筑体的城市特征比设计方案的意义更大。分别考虑城市和建筑并且仅从对应的角度来解释功能组织的做法，会使讨论回到狭隘的功能主义城市见解上去。这种见解是消极的，因为它仅仅视建筑物为应付功能变化的构架，为体现已定功能的抽象容器。

年长一代的伊尼亚齐奥·加尔代拉（Ignazio Gardella）的提示可以表明意大利思维多么强调形式相对于计划的自主性：

> 我们必须更多地谈论形式，而非形式的功能；最终，还是关于形式的概念；但拉斐尔（Raphael）在给巴尔达萨雷·卡斯蒂利奥内伯爵（Count Baldassare Castiglione）的信中已经阐述了这一点。

Aldo Rossi: *The Architecture of the city*, translated by Joan Ockman and Diane Ghirardo, MIT Press, Cambridge, 1982.

Ignazio Gardella: *L'architettura secondo Gardella, Ein Gespräch zwischen Antonio Monestiroli und Ignazio Gardella,* Laterza, Mailand, 1997.

练习 8　材料

表面的品质决定了建筑物的氛围，其对邻近的范围具有决定作用。对于城市中的行人而言，这首先是指街道层面，以及建筑与街道之间的界面。他们的目光集中在交接处：从街道到住宅门，接着是入口、交通系统和入户门，直到房间内表面：包括服务设施和现代设备、瓷砖和自流平地面、各样墙纸或抹灰的壁龛和墙、用贵重木材制成的饰面、箱子、橱柜和门、精心锻造的灯具和栏杆、拾级而上的实木或石材台阶，这个范围无穷无尽。

练习 9　场所　结构　表皮　计划　材料

（设计方案，春季学期结束）

如果我们观察苏黎世老城区和大发展奠基时代地区的街景，很快就会发现，它们总是铭刻着一层入口的印记。从入口到楼梯间的空间序列必须被精心设计，因其能定义身份特性。这样，应该注意一层的特征通常与上层不同。这种特征、身份很大程度上是通过材料而形成。

通过最后一个主题——材料，我们将这五个建筑主题整合为功能组织上的开放建筑或整体建筑。材料作为整体融合在街区中、定义公共空间，从而能可持续地营造新场所。

练习步骤和本书结构

面对场所并与之对话的相关设计方法体现在不同层级上。针对场所和设计任务的要求，是以设计方案的形式作为回应的。对于每个主题，这个过程都逐步进行。学生对相应主题的学习都有相似的组织结构。

新主题始于客座讲座的导入。练习的任务书以简短的文字介绍该主题,然后给出相关术语和解释,接着是分析部分的任务,最后是设计任务。

论文：如同对课程新主题的引介是客座嘉宾及埃伯勒教授的演讲，在教材中是论文。作者以他们的个人视角在当代建筑理论或实践的背景下探讨相应的主题。

术语部分选择的基本是该主题的相关表述。旨在加深对此主题领域的理解，并鼓励更深入地探索。

分析是练习的第一部分，针对城市层级，分组进行，为设计工作做准备。在场所、结构、表皮的练习中，通过与周围中世纪、大规模建设时期、现代主义时期的邻里关系呈现出三个建筑场地的主要特征。对计划主题，以较小的分组分析选定建筑。评估单个建筑的类型特征，相互比较，并比较经验、生态和经济指标。要研究体量的紧凑度、可用面积与建筑面积的比、建筑表皮的洞口比例等。对材料主题的分析包括方案相关的材料属性和设计案例研究。材料的物理和现象学品质都很重要，但首先要将材料作为与用户的交界面研究。

任务是每个练习的实践部分。整年课程的核心归根结底在于通过动手制作对建筑进行实践和经验的学习。所有知识和经验都要基于直接参与精确制定的任务。遵循这些主题,可以实现作为整体的建筑的复杂性。

内容和目标

练习要完成的任务内容如下:

概念文本是书面草图。与演讲的即时性不同，书面语汇被限定为固定形式。概念能提高设计的理论精度。文本的另一个优点是，它可以保存口语，存储在书籍、图书馆和网络中，因此可以使这些存储的概念、理论和历史成为可及。

平面以图纸方式表达设计概念，是必须要训练的最重要的专业技术。像语言一样，设计图可以通过剖面图和投影图来定义、记录和传达想法和概念。可以使用水平和垂直剖面以不同比例表示复杂的形体、结构和构造。除图纸本身外，还必须训练空间想象力。

模型通过触觉的方式在各个尺度上推进设计。它可以模拟和控制现有或虚拟的现实。 我们教席非常重视模型。埃伯勒教授指出，只有模型才能直接面对尺度问题（长度、宽度和高度），只有大比例模型才能像建成作品的图像一样展现所有尺度。

图像和照片记录室内外空间情景和氛围，如同绘画和灭点透视曾经所做的那样。基于模型的视觉表达技术是一种工具，捕获尚未实现的情境氛围。

在概念中有意识及准确地斟酌书面语汇、在平面中纯熟地用图形表达、三维模型的精准制作、以图像训练有素并正确地使用可视化工具，最终会使非常个人化的故事和设计的独特特征融汇到所有主题中，从而成为建筑的一部分。方法不是对个性的限制，而是个性表达的工具。

方法论的手段并不禁止个人腔调，并且归根结底甚至没有品位问题。正相反，很显然，这种个人腔调是每个建筑、每个时代固有的。我坚信，方法欢迎我们的品位。

Ernesto Nathan Rogers: *Esperienza dell'architettura*, 1958.

来到以色列的班级旅行
2015 SS*

来到摩洛哥的班级旅行
2014 AS*

巴斯普林森，海滨大道（厦门），2009 © Bas Princen

1
场所

1 场所

在古德语中“ort”（英语：place）一词的原意是指某物（尤指武器或道路）的最末端的那个点。这一点向外突出且能够被辨识。例如，屋顶的封檐板（德语：ortgang）就是屋顶尽头的那个地方。

与此相关但又殊为不同的理解是，“place”被认为是一个地点（location），或者说区域（area）：这是一个因其范围被限制并且易于界定，从而使自身得以区别和独立于周围环境的场地（site）。场所也有类似于中心的东西，这样的场所（place）是一个人与事件共同作用的场所（locale），德语表述是“ortschaft”。在这一概念中，“场地”（ort）与“创造”（schaffen）结合在一起，表达“场所营造”这样的含义。当人与地彼此连接，“身份”（identity）方得以建立。

人如何抵达场所？

在马丁·海德格尔（Martin Heidegger）看来，场所是与物紧密联系的。人是在与他人以及物的联系中存在——这种关联是一种日常实践，而既非置身事外的观察也非貌似客观的算计。人与物之间总存在着或亲近或疏远的关系，正是这种关联使得物之间有如此多样的联系。正是这种“事件特性”（Guzzoni 2009,108f.）塑造了场所。一个物的专属空间就是场所，这种场所源自诸事物之间关系的编织。在这一意义上：“物形成场所，诸场所彼此连接而成为空间。”（Führ 2000, 161）

海德格尔在他的演讲《筑·居·思》（Building, Dwelling, Thinking）中以桥为例说明了这一点。“桥轻松而有力地飞架于河流之上。它不只是把现有的河岸连接起来了。在桥的跨越中，河岸才作为河岸而显露出来。桥特别地使两岸相互贯通。通过桥，河岸的一边与另一边对峙。（河岸也并非作为坚固陆地的无关紧要的边界线而沿河流延伸。）桥与河岸一道，总是把河岸后方风景的一种又一种广阔的视野带向河流。它使河流、河岸和陆地进入相互邻近的关系之中……桥让河流保持着自己的轨道，同时也为人们提供道路，使他们得以往来于两岸。桥以各种不同的方式护送着……桥以自己的方式把大地和天空、圣灵和人类聚集于自身……因此，桥并非首先站到某个位置上，相反，从桥本身而来才首先产生了一个位置。”（《诗・语言・思》霍夫施塔特译，1971, 354-356）

那么，是不是只有桥（构筑物）这样的东西才能形成场所呢？这样想会忽略物及其位置之间的相互作用。尽管这座桥把这一地点从沿河区分出来。“就像不同的陆地边缘地带一样，河岸也不是沿着河流延伸”，海德格尔解释道，“但是只有那种本身就是一个位置的东西才能为一个场所设置空间。”海德格尔强调人们如何与创造场所的事物互动。每个场所必须自由容纳，必须对这样的地点开放。

20 世纪 70 年代，克里斯蒂安・诺伯格－舒尔茨（Christian Norberg-Schulz）特别关注场所这个话题，并以“场所精神”（genius loci）这一概念转移了重点。场所是场所精神的基础，它是各具体事物的总和。诸事物之间的相互作用赋予场所以气氛和灵韵。反过来，这又给了人们一个支点，成为一个人们可以“彼此联合并获得认同感，作为一个有意义的地方来体验”的场所。捕获这种场所精神是事物间达致和谐的前提，但是究竟在何种程度上这种捕获本身便是设计则尚难定论。理解“场所精神”是一种尝试，一种方法，有些设计让场所精神得到巩固，也有些设计削弱了场所精神。场所精神给了场所一个历史的维度；对场所精神的感知依赖于观察者感官的发展，依赖于他们的文化和社会背景。习俗和知识塑造个人的理解力。

场所是特殊的、独特的、具体的、人格化的。建筑理论家尤哈尼・帕拉斯玛（Juhani Pallasmaa）阐述了场所与人自己身体的关系。他将身体作为场所的核心，并指出：“没有任何身体可以与其对空间中某一处的占据相分离，也没有任何空间可以隔绝于感知主体关于自我的潜意识形象。”（2005, 40）

媒介让我们疏离了真正的场所，对其无动于衷，从而也使这样的场所深处危险之中。马克・奥格（Marc Augé）这样来描述非场所的特点：“非场所性的空间既不创造独特的身份，也不创造关系；而唯有孤独和其相似。”（1995, 103）

场所中的建筑

维托里奥·马格纳哥·兰普尼亚尼

1

建筑总是属于某个场所——因为它总是在某处被建造出来，或者意图如此。即便是那些只画未建的建筑项目，也首先是针对一个特定的场所。只有在最罕见的情况下，才会出现激进的、纯粹的、非场地性的建筑乌托邦。

建筑不满足于简单地占据其给定的场所。它还会对场地产生影响。它与已经在那里的事物发生关系，干扰和改变先前存在的关系。它改变了这个场所，有时甚至重建一个新的场所。

要做到这一点，建筑必须从一开始在设计阶段就解决场所的问题。它必须介入场所，调查并诠释场所，调整、强化、浓缩、改造，或者消解它。建筑必须尽可能地丰富这个场所。

定义

在德语中，场所（ort）是出发点或到达点，是边界，是工具上的突出之处，是空间的分界点或是它的某一部分，或者中产阶级社区的居住广场；它也是一个广场、一个地点、一个地区、一个城镇、一个村庄，或一个城市。在古德语中，这个词的意思是一个点或者尖角，在任何情况下这个点在空间中可以被精准确定，且没有可感知的表面面积。

希腊单词“topos”，最初的意思是场所，既表示一个可以被精确定位的点，也表示通过其边界定义自身的空间性。它的含义也延伸到“主题”、“常用语”、一种刻板的措辞、一种语言图像、一种范式、一种母题。在古典修辞学中，它是一种用来进行论证的常规观点。

普遍的观点

拉丁语“locus”也指一个点、一个位置、一个空间、一个场所，或一个特定的地点；它也指一个附近地区、地形、领土、面积、领域，以及土屋或住所。同时，它代表会计、调查对象、起源、出生、等级、职位、时期、时刻、机会、可能性、场合、情况、条件、环境，或关系。在古罗马神话中，“genius loci”字面上的意思是“场所精神”，是一种监视宗教场所如寺庙和宗教空间以及乡村、城市、广场、建筑物和建筑物中的各个房间的保护性的精神，它后来用来表示一个场所的精神品质和气氛。

意大利语的“luogo”和法语的“lieu”都源自拉丁语“locus”，在很大程度上与之对应；“endroit”最初类似于“这里”（here）或“那里”（there），强调一个场所的个性和特殊性。英语中的“place”一词由希腊语“plateia”和拉丁语“platea”演化而来，指的是一块带有人类印记的空间。

物理场所，认知空间

这些定义的广度，甚至是相对的差异都指向了它们对象的复杂性。这种复杂性也适用于建筑的场所，这个场所包含从开放的乡村到高度密集的城市，也可以占据一个位于两者之间的看似无限的场所。它是由它的位置、它的大小、它的轮廓、它的边界、它的地形、它的土壤结构、它的环境，以及它与这些环境的联系来定义的。

对戈特弗里德·威廉·莱布尼茨（Gottfried Wilhelm Leibniz）而言，几何位置或者分析位置指的是场所的几何描述，直到被约翰·本尼迪克特·利斯廷（Johann Benedict Listing）的拓扑结构所取代；几何位置这个词的物理描述致力于各种经验科学。它的物质特质可以使某个场所变得特别甚至独特，或者变得正常，平淡无奇或常见。无论哪种方式，它都将围绕在空间中划定的一个点，围绕的是一个场所——一个物理场所。

除了这些清晰的、具体的、物质的、经验上可以观察到的、客观上可以测量的因素之外，一个场所也是人类感知、知识和记忆融合的文化

保罗·塞尚，蒙塔尼圣维克多瓦，布面油画，1887

Source: Philip Conisbee/Denis Coutagne (eds.),
Cézanne in Provence, exhibition catalogue,
Washington et al. 2006,
Fig. 69

建构。它来自个人或社会群体对它的解释。艺术家，尤其是诗人和画家，学者，特别是历史学家，是这一过程的推动者：他们发现场所，并用各种联系巩固这种文化建构，而这种联系最终被许多人所接受和分享。例如，因1336年弗朗西斯科·彼特拉克（Francesco Petrarc）的崛起（尤其是诗人写给人文主义者博尔戈圣塞波尔克罗的迪奥尼吉神父的信）而闻名的法国普罗旺斯的温都克斯山（Mont Ventoux）；保罗·塞尚（Paul Cézanne）据以创作数以百计画作的圣维克多利亚山；一直到1968年马丁·路德·金（Martin Luther King）被种族主义者枪击的田纳西州孟菲斯的洛林汽车旅馆（已改建和改造成国家民权博物馆）。但是，一个人的童年记忆也能够赋予居住空间的某些部分情感和意义：它们通常只属于那个人，仍然是一种个人现象。然而，某种可以被模糊但又恰当地描述成身份认同的东西产生了。

一切场所都是人类建造

能够在不论是社会还是个人层面上唤起意义的场所都是人类的产物，这确定而显然。但是，不光是认知场所，连物理场所也是如此，实际上这种物理场所的所有方面都无不如此。因为那些无论是河流与湖泊，还是草地与森林都主要是人工形成，这一点其实与房屋、桥梁、街道、广场和城市的人工性并无二异。这些人为的形式乃是基于许多动机而来，包括意识形态的、政治的、经济的，尤其是功能性的。它们可以源于地形、土壤成分、当地可利用的建筑材料或气候等地理条件；它们可以是人口统计、医学、卫生、法律和技术方面的信息；它们可能与当地的传统、仪式、习惯、思想、文化条件或贸易关系有关。很少（但有时仍然）是出于审美动机。通常，设计的驱动力是不同的：美学是结果，甚至可能是一个副作用，但通常是意图的一部分，尽管是顺便的。

这些动力和效用对于一个场所的构成而言，从来不是一蹴而就的，不同的要素所带来的影响也绝不会等量齐观。有时是意识形态目标塑造了人类的栖息地；有时是功利主义甚至是文化因素。但是，它们大多时候都同时一致地起作用，而很少单打独斗、各自为政。形式都是不同影响作用下的共同产物。

形式可以通过规划、设计、使用、护理和保护来达成，也可能源自忽视和放任。它可以是有意的，也可以是无意的。它可以以各种形式出现，从改变一个场所的激进干预，到难以识别的点，直到最不为人见的细化。不同场所的形式，其强度和意图是不同的，但纵然有这种种差异，它们在每个场所中都起着作用。

因此，每个场所无论就其物质形态还是精神层面无不源自人类的创造；而人居环境中的每个部分都是场所，尽管它们彼此存在差异：乌里湖西岸的瑞士阿尔卑斯山上的一片草地，由世代居住于此的高山农民形成，它固然是一个场所，但是迥然不同于巴黎古城中一个晚期文艺复兴时期的城市广场所具有的场所感。雪堡（Seelisberg）的高山牧羊人的工作几乎完全是实用性的；然而，在这种功能需求以外，法国建筑师还以不朽为目标。但是，如果如传说中所说的，在惠特里（Rütli）草地上，瑞士最早的三个州——乌里（Uri）、施维茨（Schwyz）和下瓦尔登（Unterwalden）州结成了“惠特里同盟”（Rütlischwur），那么草地不仅将成为与孚日广场相匹配的场所，甚至可以拥有比亨利四世建筑风格精致的皇家广场更强烈的认同感。

加拿大地理学家爱德华·雷夫（Edward Relph）在其1979年的著作《地方与无地方》(*Place and Placeness*）中反对（至少是潜在地反对）那种无所不在的场所的观点，并坚持认为某些（城市）场所不仅看起来一样，而且给人感觉也一样，并且提供各种相同的较弱的（如果不是完全不存在的）体验。十年前，米歇尔·福柯（Michel Foucault）已经假设他的异托邦（在所有场所之外的场所）有种广泛的无地方感。法国社

史蒂文·斯皮尔伯格执导影片《幸福终点站》剧照，2004

会学家和文化哲学家米歇尔·德·塞都（Michel de Certeau）在其 1980 年的《日常生活实践》（*L'Invention du Quotidien*）的第一卷《实践的艺术》（*Arts de Faire*）中提出了非场所的概念。民族学家兼人类学家马克·奥日（Marc Augé）在他 1992 年出版的《非空间：关于人类学超现代的介绍》（*Non-Lieu. Introduction à une antropologie de la surmodernité*）中提到非场所。他用这个词来描述单一功能的城市和郊区空间，例如购物中心、火车站、机场和高速公路。他认为这些空间是无历史的，不交流的，并且缺乏识别性。但是，这种情况似乎并非不可逆转：由于购物中心能够提供良好安全，它最终成为相对弱势的城市和郊区居民的社交聚会场所；火车站最终成为无情商业化但多功能的聚会场所，并且史蒂文·斯皮尔伯格（Steven Spielberg）2004 年执导的欢快而忧郁的电影《幸福终点站》（*The Terminal*）揭示了一种潜在的、家庭的，几乎像家一样的机场品质。因此，在某些情况下，非场所可以转变回场所。

面对场所的建筑

任何建设活动都是对具体的人类产物和社会认知建构的冲击。无论是有意还是无意，它都要去面对那些已经在这里工作或工作过的人的产物、思想和梦想。这种面对必须是尽可能地有意识的，尽可能尊重对方的。

它可以采取非常不同的，甚至是对立的形式。可以说，有些民居似乎是从景观中生长出来的，因为建造它们的石头和它们所处的场地中的石头是相同的，还顺应着它们所依附的斜坡的形式；还有其他一些民居，以强烈的决心将自己叠加到原有的景观上，用砖块或粉刷等看起来异域的材料建成，有着巨大的立方体量。20 世纪初弗兰克·劳埃德·赖特（Frank Lloyd Wright）的草原住宅使用了自然环境的材料和颜色，它们依偎在自然环境中，有着风车状的平面；而 20 世纪 50 年代初，路德维希·密斯·凡·德·罗（Ludwig Mies van der Rohe）在伊利诺伊州普兰诺市的范斯沃斯别墅，像一个纯粹的钢和玻璃的抽象雕塑悬浮在林间空地上方约一米半的位置，其富有冲击力的体量在福克斯河沿岸如画的风景中傲然挺立。这类试图与场所形成对比的建筑，和那些对场所进行批判性模仿的建筑一样，都通过移情的作用强烈地介入场地。两者都可以同样避免阿道夫·路斯（Adolf Loos）在他题为《建筑》（*Architecture*）的精彩文章中所感叹的“不和谐”。

建筑与场所的冲突在城市中比在景观中更为明显和复杂，因为在那里，建筑是人类以最有意识和最强烈的方式塑造的，并具有最强烈的意义。在这里，与场地所建立的关系也在模仿和断裂的极端之间游移。

在他 1892 至 1893 年的塔塞尔酒店（Hotel Tassel）中，维克多·霍查（Victor Horta）在布鲁塞尔的一块空地上建造了一座城市住宅，这座住宅采用了相邻建筑的凸窗，这种元素在不断变化的重复中形成了沿街面，并将其转变为活泼的新艺术风格立面中一个典雅的突出部分。另一方面，在 1903—1904 年建于巴黎富兰克林街（Rue Franklin）的自宅中，奥古斯特·佩雷（Auguste Perret）打破了 19 世纪晚期巴黎联排别墅的建筑惯例，在立面上用钢筋混凝土和陶瓷替代了以往的石头，穿透前面的外墙去开放后面的房间，并给它们提供更多的光线，降低楼层的高度，并使这座十层楼高的建筑（与它相邻的七层建筑相比）高耸入云，远远超过传统的最大屋顶高度。两位建筑师虽然采取的方式各有不同，但都是基于对这些特定场所的审慎细心而又带有批判性的介入。

当然还有其他案例。1924 年，当格里特·托马斯·里特维尔德（Gerrit Thomas Rietveld）将他的施罗德宅（Haus Schroder）建在乌得勒支的一排建筑物旁边时，他选择了完全不同的规模和完全不同的建筑语言，他无情地漠视了其（亚）城市和建筑环境，而只关心如何将他以前，作为激进的风格派（De Stijl）画家之一，在家具设计中进行的具有基本几何形状和原色的形式主义实验转移到建筑上来。他对场所无感，而这个建筑恰好展现出这种无动于衷。

格里特·里特维尔德
乌德勒支的施罗德宅，1924

Source: Frank den Oudsten, archives

作为设计实验的两种城市建筑

对场地是适应还是对比，这两种态度之间的微妙平衡至为复杂，并在城市建筑中得以表现。因为即便建筑委身屈服于这个场所，它仍然会导致一定程度的断裂，并创造出某种新的功能和空间环境。但另一方面，即使它努力创造一些不同寻常的新东西，也无可避免地会将自己与现有环境或多或少地直接相联。

佛罗伦萨广场（Piazza della Santissima Annunziata）是对城市环境采取温和（富有创造力）方法的最杰出例子之一。佛罗伦萨广场始建于 14 世纪初，后来在 1419 年至 1445 年间，这座位于佛罗伦萨新圣母教堂前的原本毫不起眼的广场，获得了一个优雅的东立面。这个立面采用了育婴堂（Spedale degli Innocenti）的凉廊的形式，菲利波・布鲁内莱斯基（Filippo Brunelleschi）正是用这种形式创造了一些早期文艺复兴的经典建筑。即便他的学生弗朗西斯科・德拉・卢纳（Francesco della Luna）在后来的建设过程中对原始设计做了改动（这一点被老师强烈批评），也几乎没有削弱柱廊完美的构图。这一作品启发了安东尼奥・迪・图奇奥・马内蒂（Antonio di Tuccio Manetti），这个人是一个人文主义者、建筑师、布鲁内莱斯基的传记作家，他和米凯罗佐・迪・巴托洛梅奥（Michelozzo di Bartolommeo）和莱昂・巴蒂斯塔・阿尔伯蒂（Leon Battista Alberti）共同设计了这个教堂内的穹顶门廊。

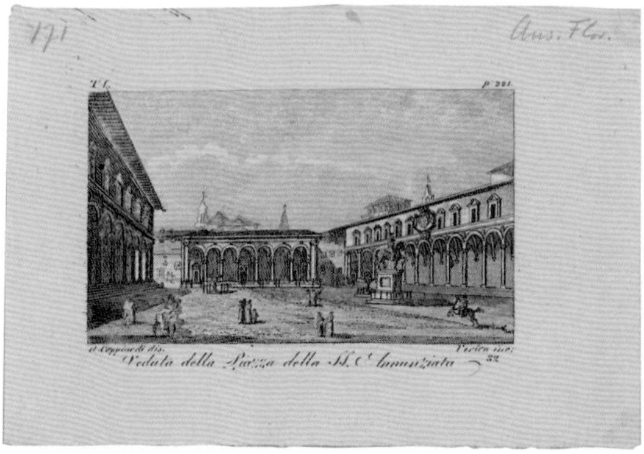

佛罗伦萨广场
from Vol. 1
Vedute pittoresche della Toscana, 1827
© Art History Institute in Florence, Max-Planck-Institute

Photo: Dagmar Keultjes

大约一个世纪后，老安东尼奥·达·桑加洛（Antonio da Sangallo the Elder）和巴乔·德·阿格诺（Baccio d’Agnolo）[实际上是巴托洛米奥·德·阿格诺·巴格里奥尼（Bartolomeo d’Agnolo Baglioni）]一起受奥迪丁·德·瑟维·迪·玛丽亚[Ordine dei Servi di Maria（Order of the Servants of Mary）]委托对佛罗伦萨广场进行改造设计。这次的团队也是设计佛罗伦萨新圣母教堂的那个团队。安东尼奥·达·桑加洛决定给广场一种整体感，所以他将一系列住宅建筑用拱廊的元素连接起来，这大概会是布鲁内莱斯基原本就想要的。然后，他做了一件前所未闻的事情：设计这些拱廊的时候，他照搬了布鲁内莱斯基设计的凉廊，更是在1516至1525年之间在广场西侧建立了布鲁内莱斯基凉廊的镜像。换句话说，文艺复兴晚期最伟大和成功的建筑大师之一，甘居次席，去帮助完成这个布鲁内莱斯基曾经可能有过构想但却只做了一个局部的广场。

圣母玛利亚凉廊直到1720年才完工，与桑加洛的图纸略有差异。同时，乔瓦尼·巴蒂斯塔·卡奇尼（Giovanni Battista Caccini）在教堂的正面增加了一个柱廊，并把它和马内蒂的顶篷合在一起：这也受到布鲁内莱斯基做法的启发。为了使三个拱廊的拱门高度相同，教堂前面拱廊（与另两座建筑不同，此处没有楼梯）的柱子被拔高了一些。因此，在三个世纪的进程中，来自不同时期的不同建造者创造了一个和谐的开放空间，他们齐心协力共同完善了一个早先提出的想法。

布鲁内莱斯基的佛罗伦萨育婴堂拱廊完成后约70年，和桑加洛将它作为一个空间构成来最终完成前的30年，一个全新的独特场所——位于维格瓦诺的杜卡莱广场（Piazza Ducale in Vigevano）在令人吃惊的短短3年中一下子建立起来，并且坚定地将自己植入到城市肌理。它是为米兰公爵卢多维科·斯福尔扎（Ludovico Maria Sforza），又叫伊尔摩洛（il

维格瓦诺杜卡莱广场，摄于2015年

Moro）而建造的。安布罗基奥·达·柯特（Ambrogio da Corte）负责财务，安布罗基奥·费拉里（Ambrogio Ferrari）负责技术，多纳特·布拉孟特（Donato Bramante）和莱昂纳多·达·芬奇（Leonardo da Vinci）可能是这个项目的设计师，或者至少是为这个项目提供了想法。作为提契诺（Ticino）周边的一个小镇的新社交中心（也是通向毗邻的一个城堡的高贵入口，这个城堡同时被改造成斯福尔扎的居所），一个现代广场将要在莱昂·巴蒂斯塔·阿尔伯蒂的《建筑论——阿尔伯蒂建筑十书》（*De re aedificatoria,* 1443—1452），以及这一著作的源泉——维特鲁威的《建筑十书》（*Ten Books on Architecture*）的指导下建立。以此把它作为古代场所的阐释和延续，让斯福尔扎立足未稳的新王朝的尊贵地位合法化。最晚在 1489 年，卢多维科有了一个大胆的计划。市场街以南的建筑和街对面的市政厅于 1492 年开始拆除。1494 年，一个长 135 米宽 40 米的长方形广场建成开放，广场周边围绕着连续的拱廊和完全统一的两种色调的立面，上面绘有虚幻的建筑母题。为了营造一种封闭的感觉，通向广场的街道也以同样的方式被做成拱廊。

为了达成形式上的理想方案，决定了还必须对公共广场上的建筑进行以下干预措施，来进一步加强这个理念：那个深深地伸入广场并通往上面的城堡及其侧边的一个坡道被移平；广场的西南角封住；广场西侧和北侧街道的交叉口，最开始是用凯旋门的图案强调的，现在被整合到规整的拱廊当中；最后，广场狭窄东端的新大教堂由西班牙主教、数学家和军事工程师胡安·卡拉穆埃尔·洛布科维茨（Juan Caramuely Lobkowitz）设计了一个凹形立面，将罗马大道融入巴洛克式视错觉绘画中。

在维格瓦诺，这一新的场所（广场）的创造是对一种古老的、理想主义的场所（罗马广场）的参照，同时也是对高密度城市肌理的粗暴介入。这一带着政治和艺术色彩的“暴力”行为，其结果本身成了一个强大的主题，成为各地广场建设的典范：从马德里的马约尔广场（1580—1619）到巴黎皇家广场（现在的孚日广场，1605—1612），再到 18 和 19 世纪兴建的无数纪念碑广场。杜卡莱广场的基本形式确定和指导了以后的诸多修改，包括新的大教堂立面的设计建设。而之前被设计成城市广场和宫殿广场的这个地方，后来被改造成一个独特的教堂广场，但是在空间上它仍然遵循了项目初始的简洁逻辑。

建筑作为场所的创造

建筑与场所对抗的强度以及是否成功，不能用这种联系是否导致形成建筑对场所适应或对比来衡量，而在于它是否加强、澄清和丰富了场所，以及建筑本身是否也受益于场所，是否变得更加密集和丰富。因为正如前面的城市建筑实例所表明的那样，并不总是先有一个给定的环境——受建筑的制约的农村或城市环境。相反的情况也会发生——特定类型的建筑塑造了环境。

有些建筑由于其用途、位置、规模和优秀的形式，成为城市发展的锚点和催化剂。它们的寿命超过了一代又一代的建筑，被各种各样的社会系统所嬗用，不断改变着它们的功能和意义，但是由于它们的建筑形式，它们始终保持着可识别性。此外，它们的影响扩散到环境中，并经常影响周边区域的发展。

古罗马圆形剧场就是这种现象的一个例子。帝国崩溃后，它失去了用途；此外，在整个欧洲，以及小亚细亚和北非，城市被摧毁，人口减少。尽管如此，这些伟大的古代建筑遗迹依然存在。在尼姆市（Nimes），西哥特人把圆形剧场改为一个堡垒，成为一个可以容纳大约 2 000 居民的小聚落；城市的其余部分则被遗弃了。阿尔勒剧院（Theater of Arles）也是如此。在卢卡（Lucca），椭圆形的古罗马建筑完全融入中世纪的城市肌体，用作住宅和商业空间；竞技场也被部分重建。1838 年，工程师兼建筑师洛伦佐·诺托里尼（Lorenzo Nottolini）设计了一个重新打开内部广场的方案，并随后实施。在佛罗伦萨，被拆除的圆形大剧场的轮廓在如今的街道上仍然可以辨认出来，可以在取代它的建筑物的平面图上找到。

安东尼·拉夫赫里，《罗马辉煌鉴》中绘制的罗马斗兽场，1602

罗马大斗兽场（Colosseum）在罗马尤其具有象征意义。公元1世纪维斯帕西恩（Vespasian）皇帝填平了尼禄（Nero）在帕拉廷山（Palatine）、埃斯奎林山（Esquiline）和凯埃利乌斯山（Caelius）之间的山谷中建的一个人工湖之后，大斗兽场工程就动工了；到公元80年提图斯（Titus）统治时期这个不朽的作品才落成。435年，最后一批角斗士在那里角斗；而以野生动物为诱饵则持续到523年才停止。从那以后，这座建筑就废弃了，直到10世纪，它变成了一个小定居点，以前的竞技场被用作广场。在12世纪初，它被纳入了扩张的罗马贵族弗兰吉帕尼（Frangipani）的堡垒和住宅体系中，但后来他不得不把它的一部分让给阿妮巴尔蒂（Annibaldi）和奥尔西尼（Orsini）。之后，这个建筑被用作奥维多大教堂（Cathedral of Orvieto）、威尼斯宫（Palazzo Venezia）、坎塞莱里亚宫（Cancelleria）和法尔内塞宫（Palazzo Farnese）的采石场。

教皇西斯图斯五世（Pope Sixtus v）想要把这个废墟变成一个大型的羊毛纺纱厂，以此来促进罗马的经济发展。在他的授命下，1590年

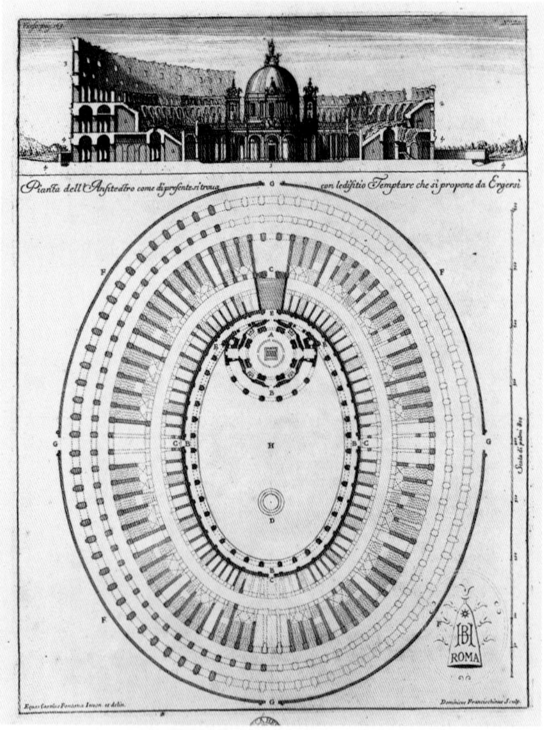

卡洛·丰塔纳，将罗马斗兽场改造成集中式平面教堂的建议，1707

多梅尼科·丰塔纳（Domenico Fontana）设计了一个方案，在一层设置车间，二层设置工人住宅。1707年，卡洛·丰塔纳（Carlo Fontana）（与多梅尼科没有关系）提议将罗马大斗兽场改造成一个集中式平面教堂前面的广场；1744年，先前的竞技场被奉为烈士纪念碑。与此同时，巨大的古代遗迹长满了植被，看起来就像壮观的山脉；植物学家一直在研究自17世纪中叶就生长在那里的特殊物种。1800年前后，露天剧场的修复工作开始进行，最初是清理碎片和污垢，1870年加里波第（Garibaldi）的军队占领罗马后，又将植被移除。当时，教会对这个场所的阐释不得不屈服于国家，国家在政治上主导的修复工作对建筑造成了很大的影响。周边城区的重建主要是在法西斯政权的统治下进行的，它使自己屈从于巨大结构的主导地位。

值得注意的是，在古罗马圆形剧场的例子中，虽然有各种各样的方案来重新使用和改造它们，其中一些已经实施了，但很少考虑到拆除，更别提真正地实施了。所谓人们出于功利和经济方面的考虑而不愿放弃如此巨构，这种解释只是部分事实。另一部分是对物化的创造性劳动和手工劳动的尊重，对成就、规模和形式的尊重，对其神秘的意义层次的尊重。简而言之，尊重建筑本身。

事实上，建筑有一种与生俱来的能力，它可以拥有自己的生命，并且凭借它的存在创造场所：这种存在不仅是在视觉上、经济上、功能上，而是更多地体现在它的居民、使用者和访客的意识中。形式、事件、情感和意义都被堆积在深不可测的层次中;使用的变化总能带来新的内涵。在历史的进程中，唯一不变的是场所和建筑，它们超越了最初的目的，获得了自己的自主价值。这种价值与建筑的形式和真实性密切相关；如果其中一个丢失，其价值也会随之消失。这就是为什么被拆除的广场、街道和建筑被恢复到原来的状态后，通常只是作为一个视觉性的舞台背景：赖以成就建筑的事件和意义的那种精神实质，不可挽回地消失了。这样的复刻被认为是一个空的舞台布景。

作为资产的场所

对建筑而言，处理它与场所的关系并非一个理所当然的问题：自20世纪初以来，都有过和有着为了纯粹的抽象而放弃处理场所的努力。然而，建立建筑与场所间的紧密关系在今天绝对是当务之急，甚至比过去更为重要：景观和城市，以及属于它们或介于它们之间的，比如河流、湖泊、草地、森林、田地、花园、公园、村庄、村落、道路、运河、桥梁和企业都必须得到保护和维护。它们是我们文化遗产的重要组成部分。为不断加强这些场所而进行的工作,必须谨慎、负责、细致,且富有创新性。

然而，对场地进行持续的建设，不能被视作仅仅是代际之间的契约范围内的一种义务，或是对我们的环境、文化和历史所做的一种让步。更重要的是它可以贡献于新的项目。因为如果一个场所是一个有特点的空间，那么设计工作就可以连接或至少修饰这种特点。因此，思考、绘画和建造的任务一定不能从零开始，不能完全由自身来定义它们自己，而应该有一个锚点。只有思想狭隘或极度缺乏安全感的建筑师才会将这种锚点视为独裁、操纵或限制。对其他人来说，与场所的对抗提供了富有成效的宝贵刺激，无论它是普遍的还是特殊的，抽象的还是具象的，前卫的还是传统的，也不管它们是想要脱颖而出还是融入场所。

没有一个真正优秀的建筑师会让自己被将要在此建造的场所局限住或是控制。但也没有真正优秀的建筑师会忽视场所。当理查德·诺伊特拉（Richard Neutra）在阿尔卑斯山建造核电站时，他的反应与海因里希·特泽诺（Heinrich Tessenow）不同；卡洛·莫利诺（Carlo Mollino）的反应不同于伊格纳齐奥·加德拉（Ignazio Gardella）；保罗·施米特纳（Paul Schmitthenner）不同于路易斯·威尔岑巴赫（Lois Welzenbacher）；鲁道夫·奥尔加蒂（Rudolf Olgiati）和爱德华多·盖勒纳（Edoardo Gellner）不同，但是他们都对场所有所回应。他们的建筑仍然保持独立。他们的创作者身份也仍然清晰可辨。但他们的项目变得更复杂、更丰富，而且更好。

每一个将要重建的场所都需要一个新的建筑，一个提高场所的活力甚至让它说话的建筑。每一个建筑都需要一个可以自我衡量的场所，在这个场所，它可以更大胆地建立那个需要由它来创造的文化新领域。

1

特性 (Identity) 来自拉丁语的"Identity"(写法一样):构成一个独特个体本质的特征的总和。表示与自己或他人的一致性,两个事物的同一性,逻辑上:a=a。心理学将个体的身份定义为个人成熟度的发展,使得一个人像成人一样行为。这就是身份的形成方式。不管它是后天形成的,就像今天经常批判性地认为的那样,还是说它是(先天形成的)存在之核心,这都是一个鸡生蛋、蛋生鸡的问题:它与我们的日常生活并不完全相关。

场所精神 (Genius Loci) 拉丁语:一个"地方"所具有的精神。在古代,人们认为宗教场所的气韵或气氛会影响该地区及其居民。现代时期则给所有的场所都赋予了精神,自英格兰花园的发展以来这种现代认识尤其明显,亚历山大·波普(Alexander Pope)就将其归于"场所精神"。场所精神具有自己的性格,它经久不衰且与时俱进。对于像路易斯·威尔岑巴赫这样的建筑师来说,这是最大的灵感。从 1970 年代中期开始,克里斯蒂安·诺伯格-舒尔茨成为研究场所精神最重要的理论家,他说从人类学上讲,它通过提供方向、认同和意义给人以生存的立足点。

图一底现象 (The Figure-Ground phenomenon) 根据格式塔心理学,当形式与均质背景有足够的区别时,形式便被视为图形。城市图形、城市空间和建筑可以使用图底分析进行研究和设计。积极空间和消极空间的相互作用可以揭示出多样的见解。1748 年,詹巴蒂斯塔·诺利(Giambattista Nolli)描绘了罗马的公共建筑空间,这一平面图今天被以他的名字来命名。在古典城市中,具有图形性质或关系的外部公共空间很普遍,相比之下,现代城市则为建筑物的图形所主导。在 21 世纪,创建更加明确的城市空间图形的努力在增多。

公共空间 (Public Space) 在日常用语中,公共空间是指所有人均可访问的区域。"公共"可以用"涉及公共性"和"代表所关注的人的整体"来表达。"公共的"的反义词是"私人的"——属于一个人、一个实体或一小群人的东西。这些私人区域不对公众开放,相反,公共空间上的私人开发也受到限制。在以财产为基本要素的公民社会中,只有当空间是公共财产时,这个空间才是完全公共的。

场地 (Topology) 源于古希腊语"topos":场所、空间,以及主题或主旨。场所是关于地质对象的相对位置,区域特征的研究。另:场所理论。根据托马斯·瓦莱纳(Tomas Valena)的说法,场所(topos)是类型(type)的反义词。类型描述了一般性和理念性,而场所则定义了唯一性、特殊性、个体性。地理和历史是这些独特场地特有的事实。设计的独特性是通过类型和场所的辩证关系体现出来的。

罗西平面 (Rossi Plan) 这个术语可以追溯到建筑师阿尔多·罗西(1931—1997)。在 1972—1974 年间,他在苏黎世联邦理工学院任教期间,整个苏黎世市中心的底层布局得到了发展。从那时起,一个城市或社区的底层平面图就被称为罗西平面图。这种表现方法有助于区分和理解城市肌理中结构、建筑类型和形式之间的相互作用。这种表现方法有助于区分和理解城市肌理中的结构、建筑类型和形式之间的相互作用。罗西平面不仅是一种分析工具，还是将新设计融入既有环境中的直接手段。

比例 (Scale)　爱尔兰的海岸有多长？严格来说，这个问题无法回答：它取决于比例尺。我从鸟瞰图看 [像是美国白骨顶（一种鸟）还是秃鹫？]，还是作为徒步旅行者，或通过放大镜？每一个客体都与许多事物相联系。大图与焦点和细节一样重要——这是引起尺度变化的原因。就建筑物的处所而言，分母较高的比例是有用的，通常为 1∶2 000 或更高。建筑本身通常按照 1∶100 和 1∶50 的比例（施工图的平面）进行绘制。之于细部做法，1∶20 到 1∶1 都比较常见。

上下文（Context, 中文通常译作“文脉”）　来自拉丁语“contexere”：像织物一样编织在一起，连接或连接创造出新的东西。设计也是如此，每一个单独的事物都是一个关系网络中的一部分，它从这个网络中接受和给予意义。在 20 世纪 70 年代，系统论和生态学强调语境对于每个个体元素的中心意义。对于已建成的建筑物及其周围环境尤其如此。因此，若仅就建筑物自身而言，无法赋予其完全的合理性。

本土 (Vernacular)　源自拉丁文“vernaculum”：本土的。英语：普通的东西，每天出现的东西。乡土建筑：日常建筑，大众的，无名的。1964 年由伯纳德·鲁道夫斯基（Bernard Rudofsky）提出的“没有建筑师的建筑”。从 20 世纪 30 年代开始，对日常美国文化的发现，可以在美国流行音乐和罗伯特·文丘里（Robert Venturi）的“（城市商业）大街几乎就是不错的”中看到。在 20 世纪 60 年代后期，伊凡·伊里奇（Ivan Illich）宣称本土价值观是“芝加哥男孩”工业时代的社会政治选择。

场所

这次作业的主题是场所。出于练习的目的，这将限于城市空间。空间由物质元素（如地理、建筑、外部空间和交通等）和社会元素（如社会互动、经济、文化、心理和居民习俗）构成。

城市层面

本练习的主题是作为场地及其特定背景，将仔细研究是什么创造了一个地方的特征。须客观地记录和分析现场情况，收集各种事实，同时评估和记录场地环境的氛围。

成果要求

每个场地上的项目工作将以一个小组练习的形式进行。

要完成的内容包括：

— 基础图纸

基础图纸应根据课程指南在所有三个比例上制作，并用作进一步的设计工作的基础。

图底关系图 1:5 000

周边总平面 1:1 000，包括建筑的屋顶平面图、地形和植被

场地底层平面图 1:500，包括开放空间和研究范围内的底层占地情况

— 场地模型

必须为每个场地制作比例为 1:500 的场地模型。设计范围和现存建筑物必须作为插入模型可以被整合在一起。

建筑屋顶的高度和样式以及植被的高度和范围必须到现场进行调研，并在模型上展示出来。

等高线必须以合理的增量单位进行设置。

模型必须标出北向。

— 视频

在作业的这一部分中，将在视频中记录场地的周围环境。重要的是要捕捉那个场所的特色。学生事先明确定义的三个城市空间以及建筑相关现象，也必须被检查。

要求

- 地籍图
- 来自城市漫步的发现

目标

目标是识别、理解并能够表达一个地方的特征。在此基础上进行多方面的阐释。

三个比例的平面图用作起草和设计练习的基础。

通过使用图像和声音，视频可以从一个新的角度来体验和表达这个地方。

图底关系图显示了已建空间和未建空间的关系，使我们能够得出关于三个建筑场地的结论。建筑和空地的互补呈现使街区结构更清晰，并使开放空间作为自主的城市元素成为可能。

以模型来工作，对于剖析设计任务是至关重要的：制作场地模型意味着要仔细研究建筑的体量关系。

视频使用图像和声音，可以从新的角度来体验和表达这个地方。

戈登·马特-克拉拉克
圆锥相交，巴黎，1975年

©2017，ProLitteris, Zurich

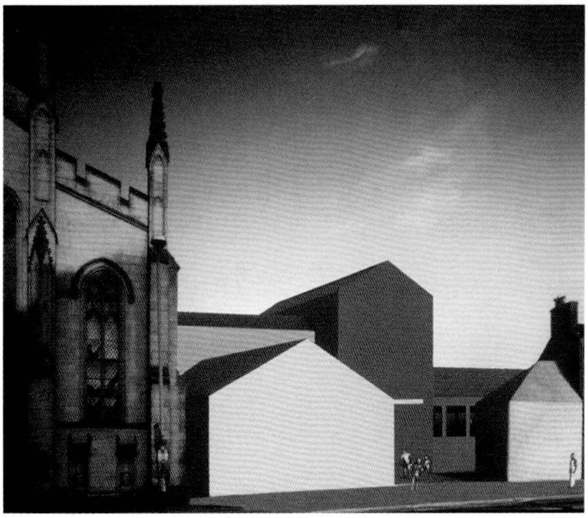

邓迪市艺术中心

©David Chipperfield Architects

场地模型

建筑层面

任务是在城市环境中为建筑或建筑群设计一个体量。关注的重点是场所感。关键的设计因素是现有建筑和城市发展脉络。增加的体量应该改变城市的肌理，从而改善现有的状况。

成果要求

两人一组来展开工作。设计增加的体量必须以图形方式包括在平面图中，并以拼贴画的形式放进照片蒙太奇中。演示文稿必须是 DIN-AO 平面并包括以下内容：

- 图底关系图 1:5 000
- 周边总平面图：包括屋顶透视和地形
- 场地底层平面图：包括开放空间和底层的肌理关系
- 照片蒙太奇显示了前后地点的对比
- 书面的设计说明
- 包括现有建筑和增加体量的最终设计模型，1:500

要求

- 图底关系图 1:5 000
- 周边总平面图 1:1 000，包括屋顶透视和地形
- 场地底层平面图 1:500；包括开放空间和底层的背景足迹
- 每个地点现有建筑物的照片
- 场地模型 1:500
- 来自城市漫步的发现
- 对漫步中的发现进行分析
- 制作笔记本Ⅰ + Ⅱ

目标

在任务的第一阶段，重点是与场地建立联系。在这里，重点是建筑体量对场地的影响。对城市环境的每一点干预都会产生空间变化。这些干预措施必须改善城市环境，否则无法证明其合理性。在场地模型的基础上进行增加体量的设计研究，有助于准确估计城市肌理的变化。体量模型主要是表达设计概念的一种方式，对城市区域的透视图表现则是对设计进行评价和发展的进一步手段。

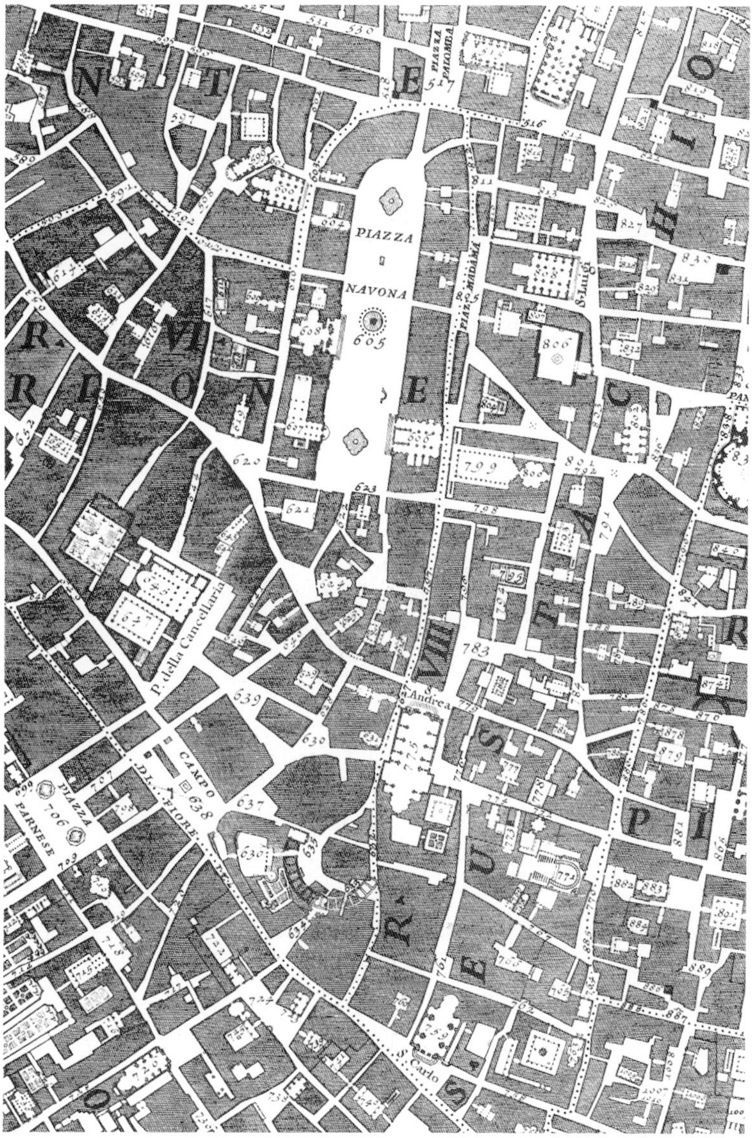

詹巴蒂斯塔·诺利，
罗马地图，1748年，局部

图底关系图　总平面

中世纪

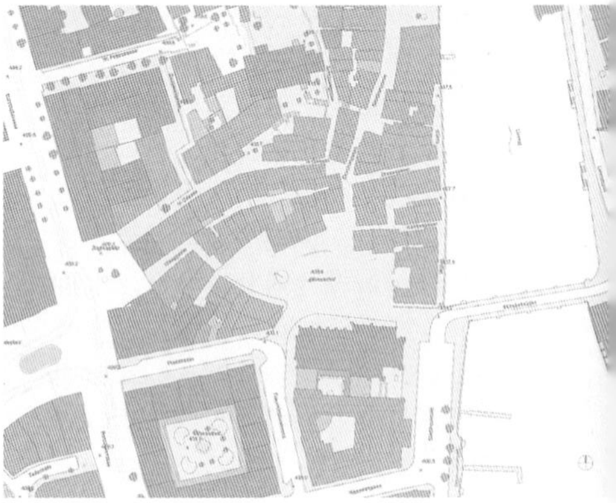

大规模建设时期

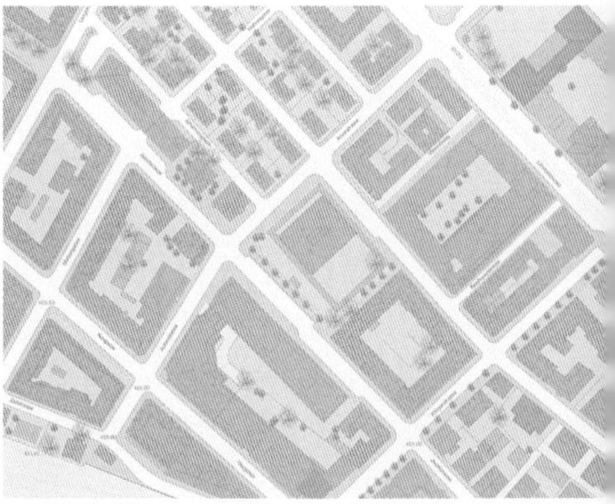

现代主义时期

底层平面

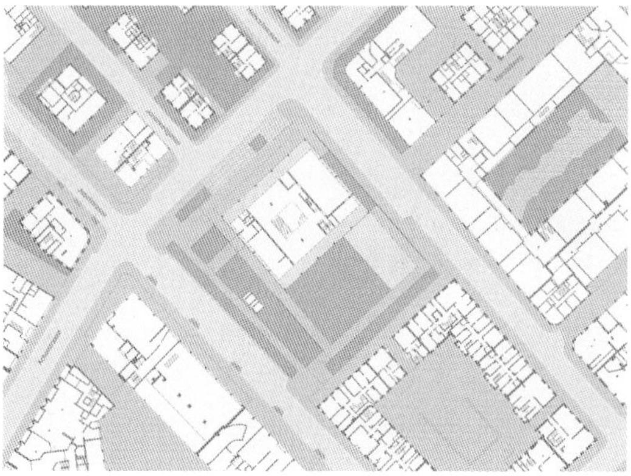

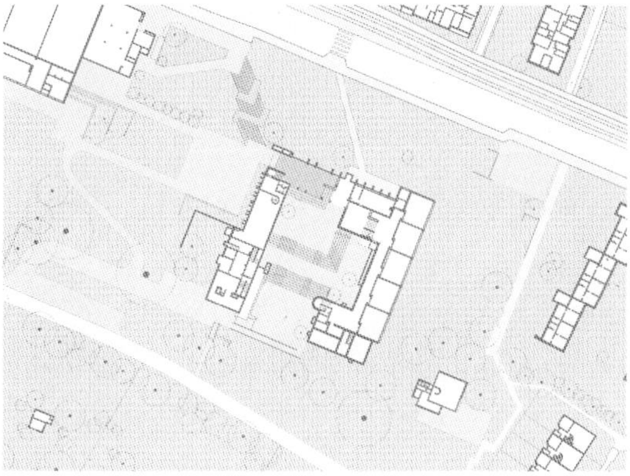

场地模型

中世纪

大规模建设时期

现代主义时期

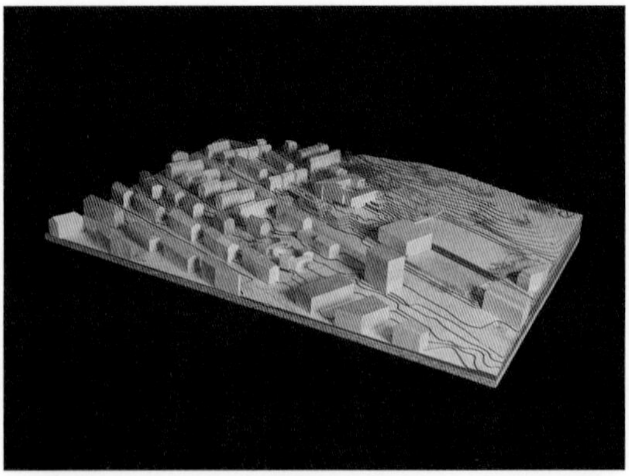

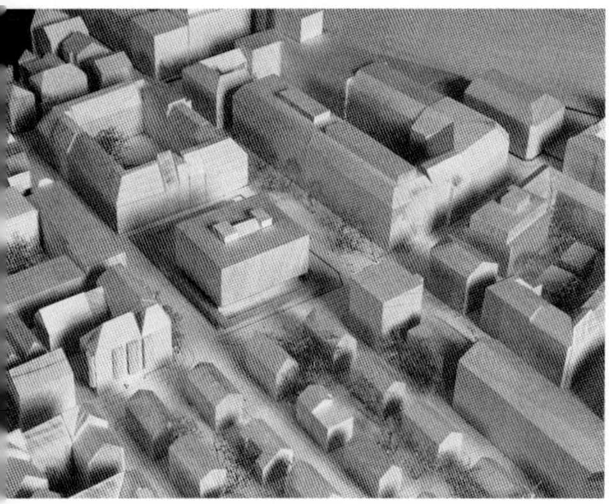

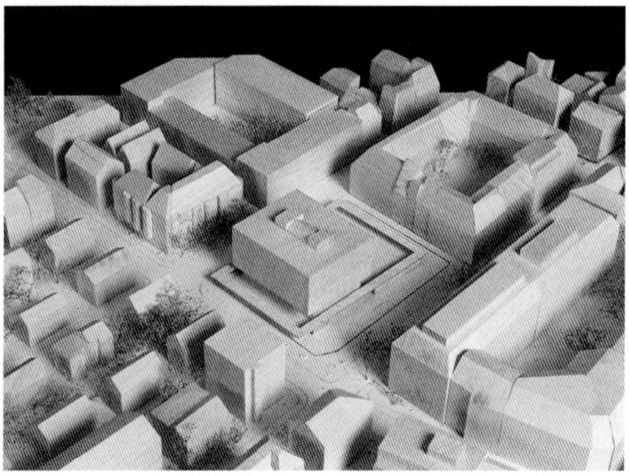

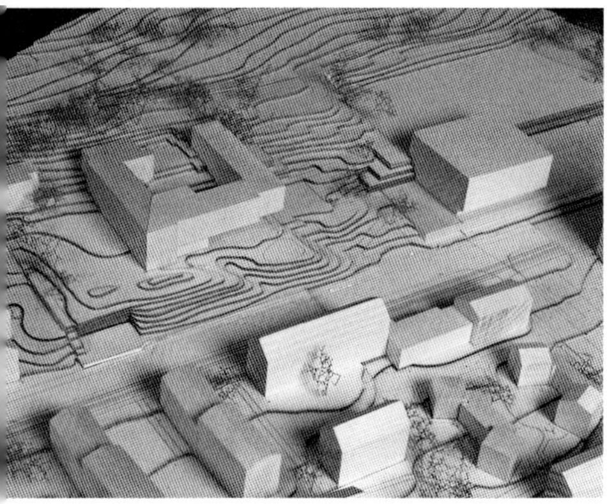

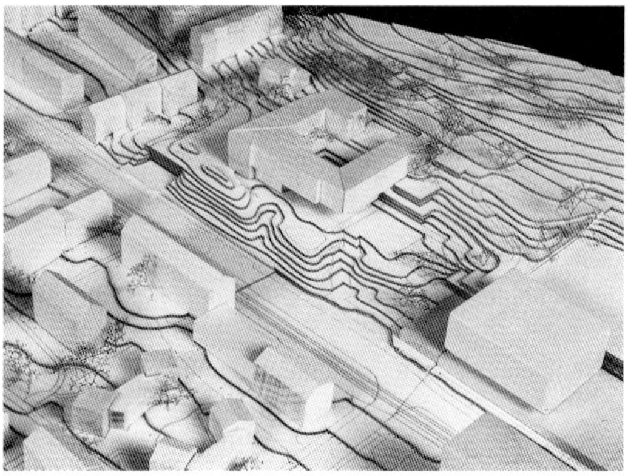

场地模型

中世纪

大规模建设时期

现代主义时期

OPEN

1

1

1

中世纪
城市步道

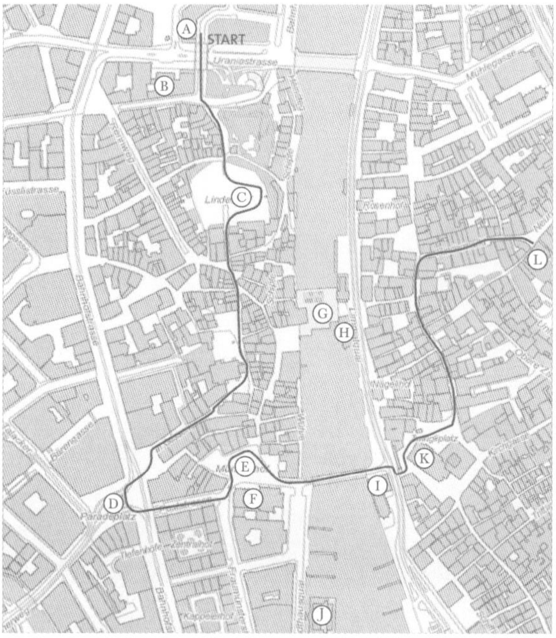

A. 办公室
B. 乌拉尼亚天文台
C. 林登霍夫（山地公园）
D. 阅兵广场
E. 建筑地点–明斯特霍夫
F. 佛洛蒙斯特（苏黎世圣母大教堂）
G. 市政厅
H. 市政府
I. 赫尔姆豪斯（博物馆）
J. 弗劳恩巴德
K. 格罗斯敏斯特（苏黎世大教堂）
L. 城市模型

大规模建设时期
城市步道

A. 利马广场
B. 利马特莱森城市住区
C. 费兹加斯
D. 工业区联合会堂
E. 利马校舍和体育馆
F. 设计博物馆
G. 建筑场地–时尚与设计学院
H. 伦琴广场
I. 底层生活电影院和小酒馆的公寓楼

现代主义时期
城市步道

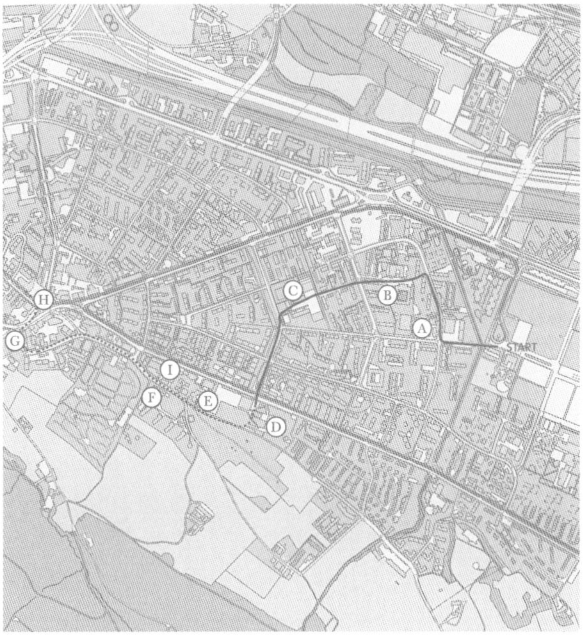

A. 希尔岑巴赫综合体
B. 希尔岑巴赫学校综合大楼
C. 拉特斯维尔斯–格拉特维尔斯大街绿地
D. 圣加路斯天主教堂
E. 普罗色特伊校舍和幼儿园
F. 建筑工地–斯特特巴赫校舍
G. 施瓦门丁广场
H. 施瓦门丁乡村中心

中世纪

Anastasia König
Amanda Köpfli
2015 AS

Okan Tan
Thierry Vuattoux
2015 AS

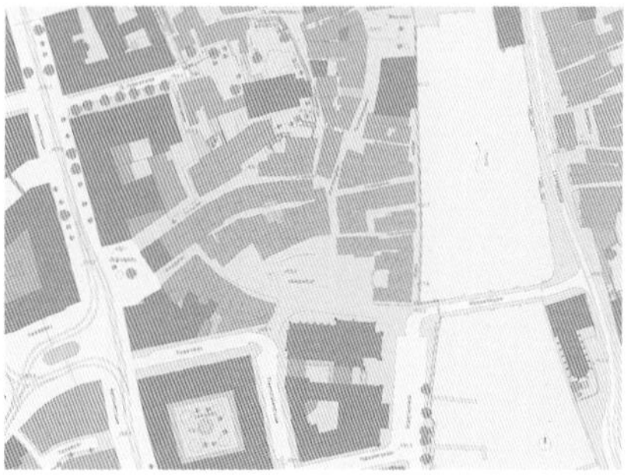

Nicola Merz
Sebastian Pfammatter
2016 AS

大规模建设时期

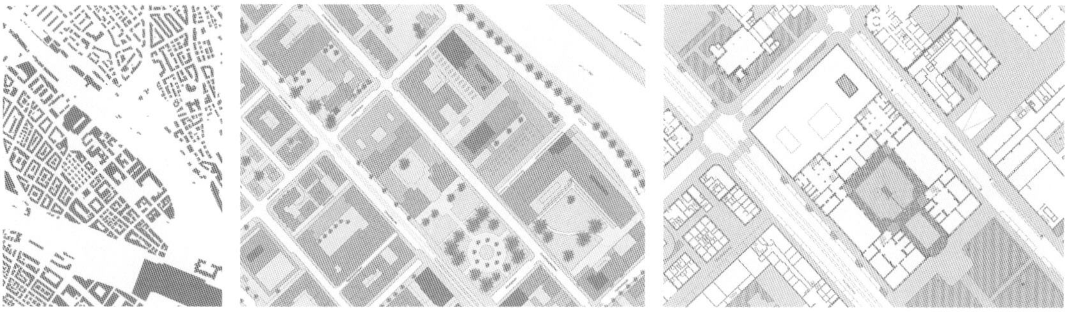

Maximilian Fritz
Valentina Grazioli
2013 AS

Stefan Fierz
Max Lüscher
2015 AS

Julian Holz
Milan Jarrell
2016 AS

现代主义时期

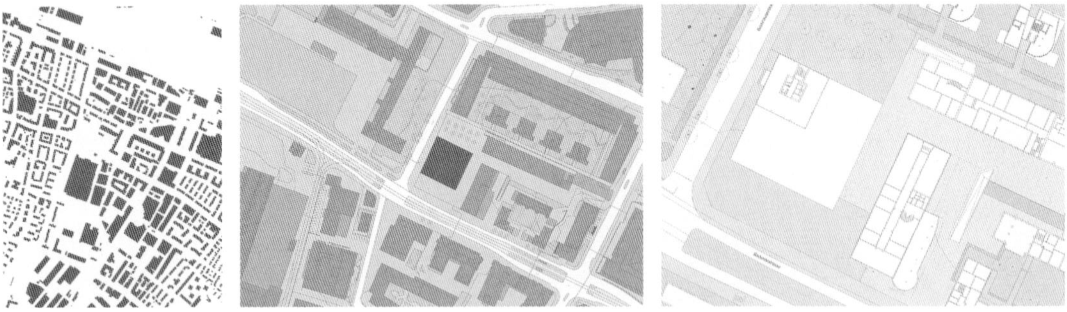

Kushtrim Loki
Han Cheol Yi
2012 AS

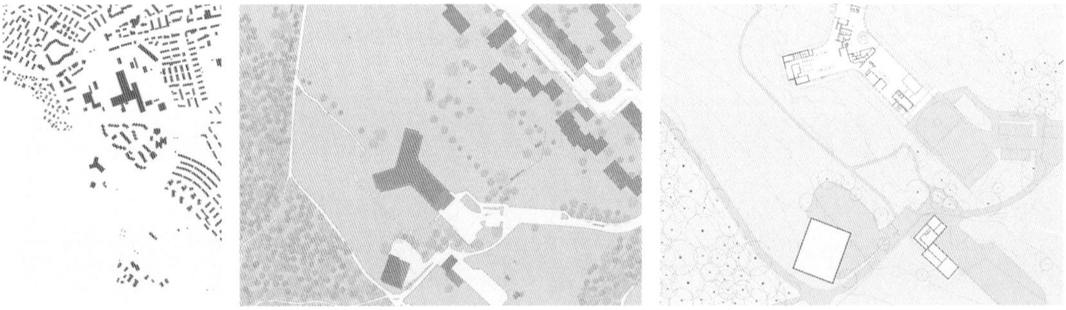

Mevion Famos
Manon Mottet
2015 AS

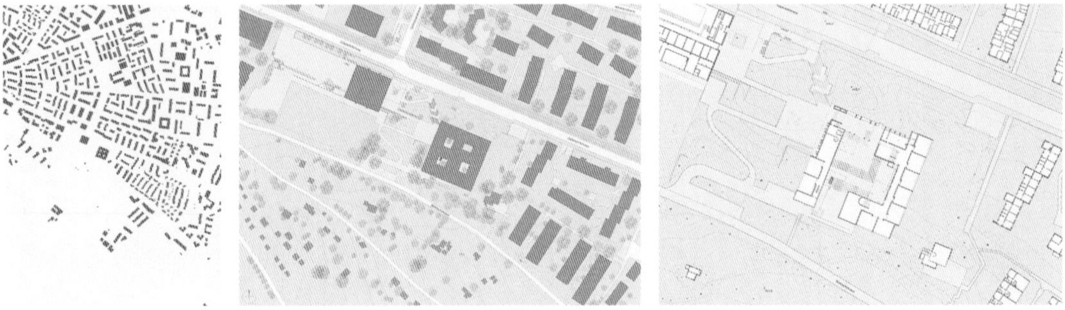

Utku Coskun
Janek Definti
2016 AS

中世纪

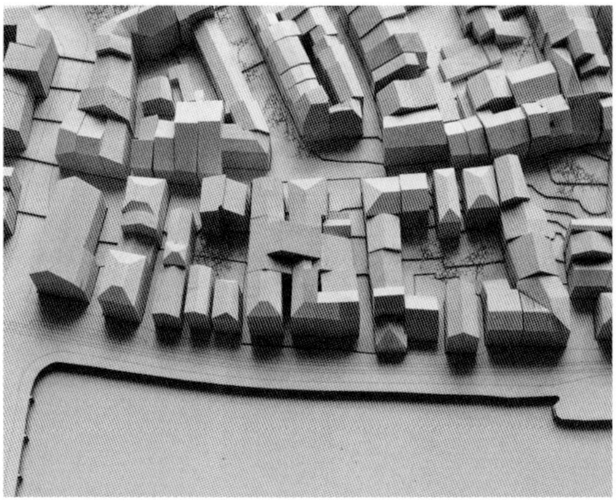
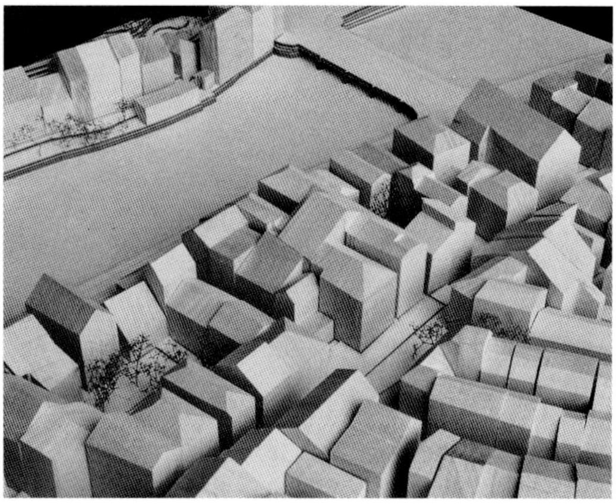

Nils Franzini
Enrico Pegolo
2016 AS

Rafael Zulauf
2012 AS

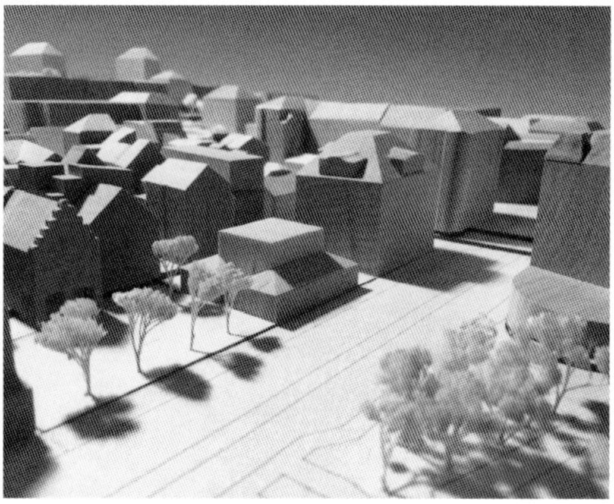

Okan Tan
Thierry Vuattoux
2015 AS

大规模建设时期

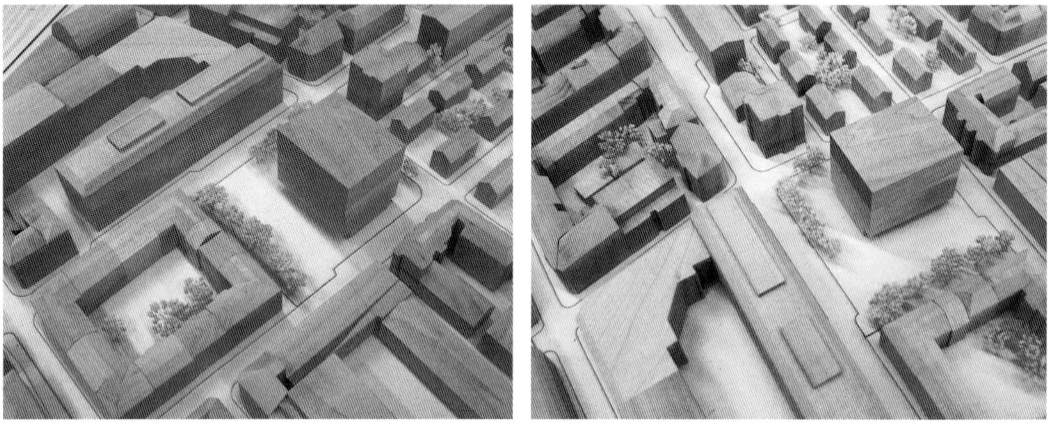

Monica Küng
Yueqiu Wang
2012 AS

Philipp Lutz
lean-Paul van der Merwe
2010 AS

Stefan Fierz
Max Lascher
2015 AS

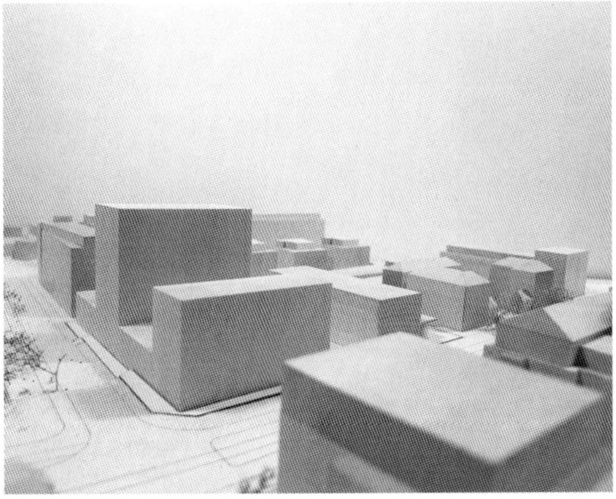

Lea Gfeller
2012 AS

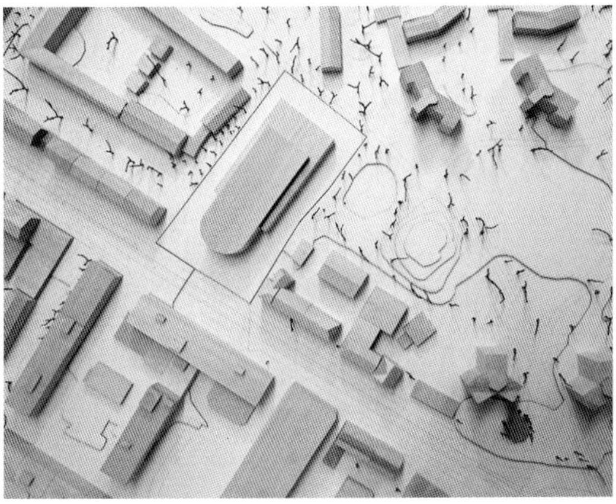

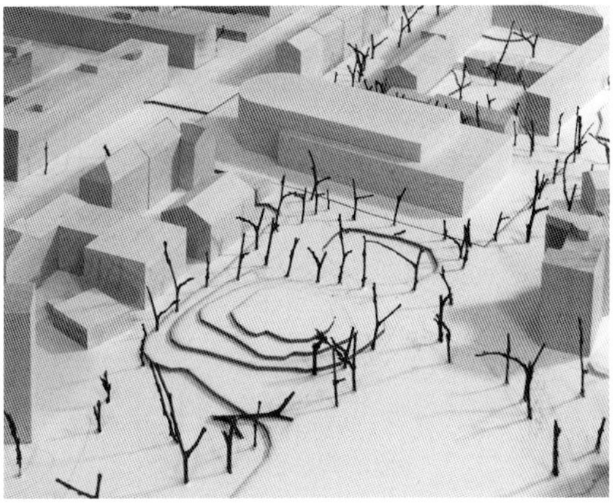

Stefanie Schäfer
Caroline Schwarzenbach
2014 AS

现代主义时期

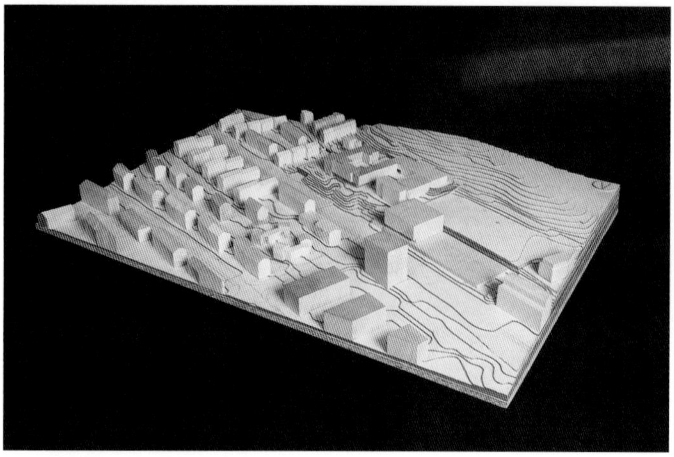

Alessandro Canonica
2016 AS

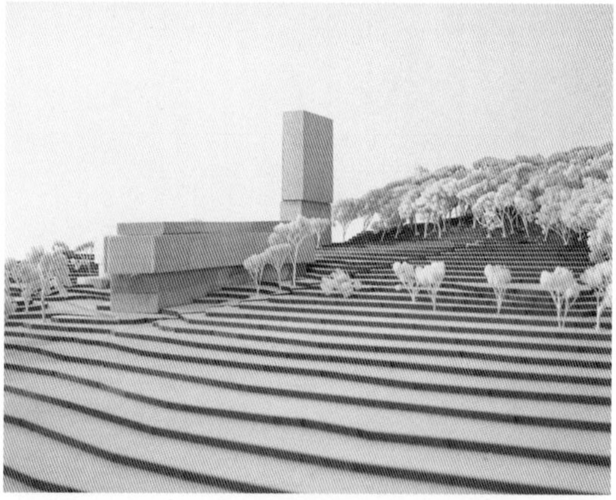

Mevion Famos
Manon Mottet
2015 AS

中世纪

Claudio Arpagaus
Valentin Buchwalder
2011 AS

中世纪

Martin Achermann
Nicole Bucher
2014 AS

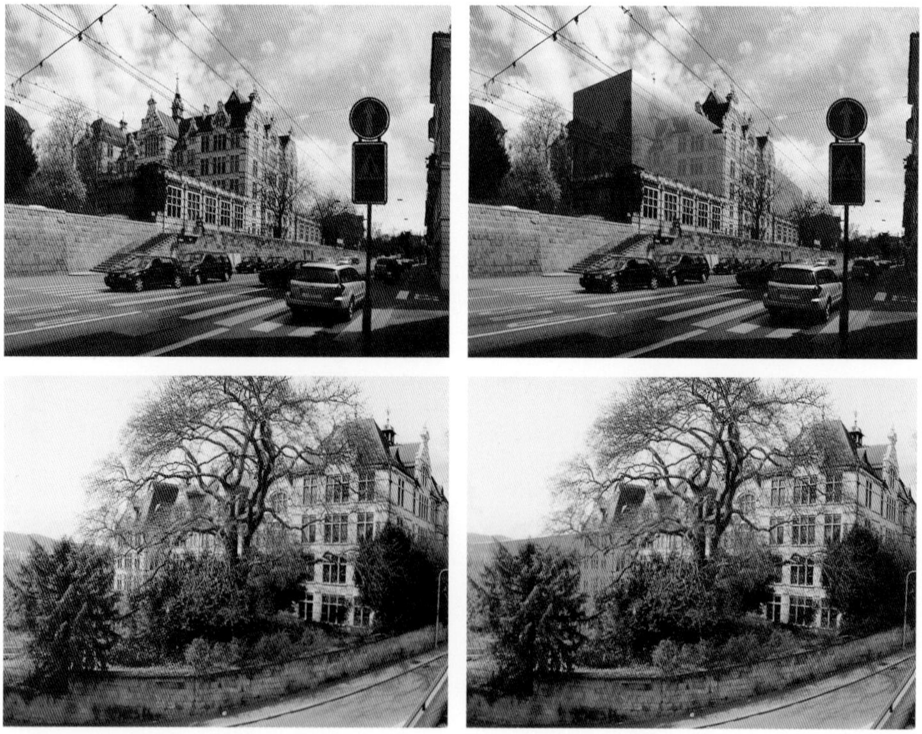

Andrin Martig
2008 AS

Okan Tan
Thierry Vuattoux
2015 AS

大规模建设时期

Florian Hartmann
Christoph Hiestand
2009 AS

Luciano Raveane
Tibor Rossi
2010 AS

Theresa Pabst
2007 AS

现代主义时期

Marco Derendinger
Fabian Heinzer
2013 AS

Alexandra Grieder
Johannes Hirsbrunner
2014 AS

Fabio Orsolini
Lambrini Pikis
2009 AS

乔治・艾尔尼, 2876–3, 班德拉, 2007 © Georg Aerni

2
结构

2 结构

结构是一种系统，它根据明确的规则把有限的要素组织起来。结构是联系性的，因为虽然结构系统的诸要素各有特点，但结构本身则是一个整体。结构自带秩序，并因此拥有一种根本性力量，虽非亘古不变，但也效力久远。

20世纪中叶，结构成为一个被称作“结构主义”的学派的核心命题。这一学派以确实而科学的秩序取代了存在主义者们信奉的那种决断主义，并经由语言学［诺姆·乔姆斯基（Noam Chomsky）］和人类学［列维·斯特劳斯（Lévi Strauss）］与建筑发生关联。十次小组（1955—1981）对国际主义风格的反对，可以显示出这些早期结构主义者的某些倾向［乔治·坎迪利斯（Georges Candilis），德·卡罗（De Carlo），凡·艾克（van Eyck）］。通过模数来建立秩序是结构主义的重要特征。到了20世纪60年代，一支被称为结构主义的相对独立的学派在荷兰形成，他们聚焦于城市和建筑问题，以阿尔多·凡·艾克，赫尔曼·赫兹伯格（Herman Hertzberger），皮特·布洛姆（Piet Blom）为核心。在那些巨构建筑的鼓吹者［弗里德曼（Friedman），康斯坦特（Constant），舒尔茨·费利茨（Schulze Fielitz）］眼中，结构居于至高无上的地位。当然，这有时是从技术而言（如建筑电讯派），有时则只是一种乌托邦式的想象（如Superstudio超级工作室）。

即使这个建筑流派的影响非常有限，但自那时起，结构的概念便成为建筑术语的重要组成。

例如，当我们说建筑结构，它便描述了建造秩序和空间秩序的相互作用，而后者则分为主要用途和次要用途。正是通过把空间区分为服务的与被服务的，路易斯·卡尔让人们注意到这样一个事实，即用于结构支撑的空间正在减少，而用于设备性能的空间则日益增加。

建筑的承重结构必须与其空间结构取得内在的契合或者说一致性。决定这种关系的，既有主要结构构件和技术构件的构件尺寸与彼此间距，也有有效空间的大小和比例。格网和模数有助于这种一致性的达成。建筑结构和场地规划是决定建筑寿命长短的关键要素。在建筑用途不断变化且建筑立面也难以持久的情况下，如果先期构想得当，建筑结构的服务时限当可有效维持。

结构可以产生巨大影响的另一个领域是在城市层面。阿尔多・罗西以萨维里奥・穆拉托里（Saverio Muratori）的形态学研究为基础，在制定这一领域的标准中起了关键作用。城市被理解为由各种类型的建筑外部空间形成的系统——类似于模块化所创造的秩序。因为建筑在类型、时代、功能上的差异，城市的发展模式也会各具特色。封闭式结构当然不同于开放式结构。它既可能是老城区或郊区地段的自然生长，也可能是指带状发展或一个独立发展的住宅群或建筑物群。

尽管发展模式多种多样，建筑与开放空间的关系（也就是建筑密度）仍然是城市的决定性特征。以图解方式来表达的图底关系，使建筑与空间的连接特征更为显明清晰。建筑群体、开放空间、独立的建筑物，它们之间的关系应保持平衡——建筑的平面轮廓应与开放空间的形状等量齐观。过分考虑其中任一要素，都会让整个城市面临问题——无论是因为建筑密度太高而丧失公共空间，还是密度过低而导致外部空间过剩，都是不好的。

论建筑师对理论的使用与滥用

弗里茨·诺伊迈耶

2

1 观察，惊奇，思考

为了更形象地说明建筑的实践与理论之关系，我想从一幅图画开始。它值得我们花些心思。我们会意识到它似有一些隐秘的动机。这是一幅细腻迷人的钢笔淡彩，它描绘了但泽（Danzig，如今的格但斯克，Gdansk）附近的马尔伯克（Malbork）城堡，作者是一位 22 岁的建筑学生弗里德里希·吉利（Friedrich Gilly），这是他 1794 年的旅途画作之一。其时，他正陪同父亲（普鲁士国家建筑师大卫·吉利）前往这个由条顿骑士团（Teutonic Order）在 13 世纪后期建造的城堡，目的是为这个已沦为废墟的城堡要塞的可能用途做出评估。此行之结论以及这对父子从这座建筑中发现的非比寻常意义都并非本文重点，因此无须详细讨论。我们关注的焦点是吉利那幅关于马尔伯克城堡餐厅的绘画。

在我知识所及范围，这张画应是年轻建筑师的最为杰出的素描自画像之一。这张画有什么独到之处呢？那就是吉利用他自信的笔触，勾勒了哥特式的肋拱，并以一种照相式的精确透视，在画纸上传达了这个大厅空敞宏大的空间氛围。吉利对马尔伯克城堡其他大厅的描绘中，往往充斥着骑士的盔甲、条幅和各式各样的家具。但是，这座他最为钟爱的餐厅，却是空空荡荡。在这里，空间本身就足够了，或者说，这整个空间似乎就只为画中那位年轻人存在——看，这画中唯一的人站在前景，斜靠在中央的柱子上，一条腿搁在另一条腿上，仰望着拱顶。在这个孤单的人影中，吉利看到了自己，他体悟着，使这个空间完全为他一个人所占有。在其 1796 年对马尔伯克城堡的记述中，对于这一空间的凝视是极为特别的。在这些文字中，他盛赞了“骑士们的古代餐厅中的光辉之拱”。每一组拱都始自花岗岩柱顶并向上发散开来，而位于餐厅中间的这三个花岗岩柱，皆分别切割自一整块石头。值得注意的是吉利在看向这些带肋的拱顶时产生的联想，不妨摘引如下：“这些拱顶就像古代火箭一样，从柱头向空中升起，并在拱冠处交替汇聚。”[①]

在这里，重力似乎已被克服，物质也被超越。而吉利把它与古代火箭所作的精彩对比，则把这种宏伟的建构性转译为一幅生动的图画。那些常常被比拟为树枝的哥特式结构，似乎化为烟花，并在吉利的眼中越

① 弗里德里希·吉利：“对马尔伯克城堡（在普鲁士西部的条顿骑士团的城堡）的印象，该建筑的画由皇家建筑管理局主管吉利先生于1794年绘制。” in: *Friedrich Gilly—Essays on Architecture.* Published by the Getty Center for the History of Art and the Humanities, translated by David Britt, 1994, pp. 109–110.

发奇异：拱顶的肋骨彼此相对，沿着各自的拱线像火箭一般升向天穹，就像是向着那些肋拱顶端的“交替点”爆炸，形成一个个星形的图案。

在这张钢笔淡彩画中，吉利似乎已经将自己置于一种建筑师的白昼梦境之中。他斜靠在餐厅的柱子上，像是靠在一棵树旁，出神地望向天空，凝视着屋顶上那些枝杈一般的拱肋，正是这些让他想起了漫天的烟花。吉利那刺进永恒的凝视，似乎要在梦境中穿越屋顶，直抵无穷之地。此时，仿佛肋拱间已没有了横梁的干扰，似乎这整栋建筑完全化身为理想化了的结构线条，矗立于空间当中。

身为“国家建筑师”，他的父亲戴维·吉利（David Gilly）毫不迟疑地提出要拆除中央宫殿，以便用它的石材修建一个大谷仓。与他父亲不同，吉利对这栋建筑充满热情，为它那“真正令人叹为观止的劲猛”②所打动。他并以此为起点，幻想自己超越了实体的建筑，进入一个几乎非物质的转瞬即逝的宏伟之物，而那烟火则以其闪亮的曲线划过夜空，成为这栋大厦的脚手架；一个飞速出现却又稍纵即逝的现象——用今天的说法，便是一个建筑“事件”。

② 同上，p109。

但是到了20世纪，对许多年轻建筑师而言，能够激起他们幻想的似乎唯有技术上的奇迹，而不再是那些具有历史意义的纪念性建筑。确实，在20世纪初的现代建筑师看来，历史建筑几乎没有任何可以激发思考的潜力。取而代之的是已然一箭冲天的现代工业技术体系——不仅有工程师所掌握的结构和机器，还有对技术和科学的驾驭以及对进步的许诺；所有这些宛若烟花闪耀苍穹，赋予建筑师以想象的翅膀。

这个哥特大厅“大胆的结构”之于弗里德里希·吉利的意义，于密斯·凡·德·罗而言，便是他1922年对建造中的摩天大楼的描绘所体现的。正如吉利故意忽略掉拱肋上那些阻塞空间的横梁，从而将建筑物变成一种壳体结构，密斯也剥去了摩天大楼的石材立面，而以玻璃表皮代之。令密斯称奇不已的是钢结构框架能够如此纤细，直冲云霄，这促使他产生了这个不寻常的设计。在他1922年对这个位于弗里德里希大街车站的玻璃高层方案的阐述中，开篇一句便揭示了其中的奥秘：“摩天大楼只有在建造过程中才显示出大胆的建造上的想法，以及高耸的钢骨架呈现的压倒性的印象。”③但是，这个崇伟的形象，当那些“建筑被砖砌的立面围起……便被彻底摧毁，荡然无存了”④。以建筑的方式保持这种图景是密斯土建/结构建造—美学（Rohbau-Ästhetik）的意图，被称之为“表皮与骨架建造法”（Haut-und-Knochenbauweise）。但是后来，密斯在美国的一栋高层建筑中与之告别，并诉诸建筑体外表的横梁、

③ 密斯·凡·德·罗，无标题地出现在：*Frühlicht*, Hochhäuser，1922，p.122。

④ 同上。

壁柱来象征建筑的结构框架。

1923年，勒·柯布西耶在《走向新建筑》（*Towards a New Architecture*）中以极具批评性的一章——“视而不见的眼睛”，要求世人必须学习欣赏这种新技术下诞生的建筑奇迹。他用这一标题无情嘲笑了那些目光短浅或是视而不见的同行们：他们仍然沉浸在过去的建筑中无法自拔，却完全无视我们已经身处一个由远洋轮船、飞机、汽车等构成的现代世界。与他们相反，柯布西耶把跟上时代步伐当作新建筑应该承担的义务，并在新的时代精神引领下进行不可阻挡的建筑革命。什么才可以代表这种新时代精神呢？在柯布西耶看来，便是那些机器一般的、白色的、“漂浮”的建筑，飞行器一般，似乎随时要从地面腾空而起。“国际风格”更是将这种美学铸为现代建筑的正统。即使在今天，它仍然被怀旧地视为唯一真正的建筑语言，尤其是对那些把自己认作现代建筑师的人而言。

自柯布西耶起，我们经历了一轮又一轮的建筑革命，它们无不以时代精神（zeitgeist）——或者更准确地说是诸时代精神（复数形式zeitgeisten）——为旗号，也因此难免恣意任性而又变幻莫测。从最初的机器时代到我们如今的“电子时代”，建筑的价值似乎不可避免地面对被重估的要求，而技术上的进步一直便是这些重估当中更受认可的规范性条件，并成为进行这种重估的必要性来源。在过去的一个世纪，技术之进展定义了时代之高度，而建筑必须紧追慢赶，以抓住时代的脉搏。当激情燃尽，一种后革命时代的疲态终于到来。现在，建筑似乎因过多的所谓创新冲动而麻痹，因对陈腐的乌托邦理想的持续反流咀嚼而厌腻不堪，因无休止地对奢华的追求还有对新奇独特的试验而耗尽生命。一直以来，今天亦然，城市必须不厌其烦地让自己成为现代建筑师的试验场，这在如今的任何地方都显而易见。很难想象，这种令人郁闷的现状，却肇始于一个世纪前各种向往美好世界的多姿多彩的建筑梦。

建筑师喜欢做梦。为什么不呢？当然，假如他们能够真正地脚踏实地，并恪守密斯的这句名言：“即便我们双脚必须紧固大地，但也总想把头颅伸向云端。”⑤只是，幻象迟早总会破灭。当你把建筑的根基抛离太远，需有人紧紧跟随——这样的人，需要能够把建筑师从乌托邦式的梦想中拉回，因为他已经来到建筑的边缘，甚至是已经远远越过了建筑；这样的人，自己坚定地站在大地之上，并让建筑重新植根于现实当中。

⑤ Fritz Neumeyer: *Das kunstlose Wort. Mies van der Rohe: Gedanken zur Baukunst,* dom Publishers Berlin, 1986.

弗里德里希·吉利的命运与此类似。吉利关于马尔伯克城堡的绘画获得了好评，这促使了大幅面铜版画的出版，由弗里德里希·弗里克（Friedrick Frick）用凹版腐蚀制版的方法根据吉利的原作来蚀刻。可惜吉利于1800年8月去世，他生前只看到了第一批画作的制作发行。其他画作的出版一直延续至1803年才告完成，在这过程中，弗里克篡改了吉利的画作。

吉利不仅没看过完整的印制画作，也没有机会在画集的前言中发表自己的见解。弗里克重写了马尔伯克城堡的历史，并转移了关注重点：根据弗里克在前言中的介绍，他必须要重新进行一次建筑测绘，因为吉利的画作“不仅只是些速写，而且还掺入了一定程度的想象”[6]。吉利的感性描绘不再能够满足出版商对于“历史准确性”的要求。[7]建筑研究者和科学家纠正了这位浪漫主义的梦想家，并任命自己为这位热情艺术家在理论方面的监护人。

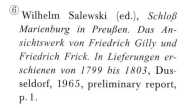

⑥ Wilhelm Salewski (ed.), *Schloß Marienburg in Preußen. Das Ansichtswerk von Friedrich Gilly und Friedrich Frick. In Lieferungen erschienen von 1799 bis 1803*, Dusseldorf, 1965, preliminary report, p. 1.

⑦ 同上。

马尔伯克城堡，普鲁士餐厅。弗里得里希·吉利，1794年，画着自己倚靠柱子样子的钢笔淡彩画

弗里克出版的餐厅蚀刻版画毫不掩饰地说明了这一篡改过程。虽然观看视角与吉利的画一致，但吉利不再倚靠柱子上，沉浸在他自己的思考中。似乎是采用了蒙太奇的手法，他的身体被向前挪动了一步，远离了圆柱，而身姿几乎保持不变。现在，吉利站在房间中央，他不再靠在柱子旁听任自己的幻想，而是必须聆听一位博学的理论家的讲解。后者以一个老师引导他学生视线的姿势，伸出手臂和食指，清楚地指示学生什么才是值得仔细察看的，这真是严格恪守了柯布关于“视而不见的眼睛”的格言。现在，我们不知道吉利是否仍然会震惊于所见，但可以确定的是，弗里克毫不含糊地承担起一个出版商和建筑史学家的角色，以追求历史准确性为目标，以指导艺术想象力为己任。在这种理论上的“入侵”面前，吉利再也无力为自己辩护了。

由弗里德里希·弗里克表达的同一个房间

Schloss Marienburg in Preussen. Das Ansichtenwerk von Friedrich Gilly und Friedrich Frick. Published in sections from 1799 to 1803

在弗里克其他的马尔伯克出版物图稿中，我们也可以很明显地看到，那种现代的、解释性的、科学的、理论化的方式——它们倾向于对事物本身的礼赞，此时已经悄无声息地压倒了艺术化的想象。借助系统化的，以及解剖学般的严谨和模块化的分析，建筑被分解为不同的建筑元素并加以归类，这多少类似于迪朗（Durand）在他的大纲中对设计方法的说明。这种系统的思想修正了建筑师那些不着边际的乌托邦，将建筑拉回具体的现实——在这种现实中，如果不将各个部分有意识地结

带有顶棚的餐厅剖面图。来源同上

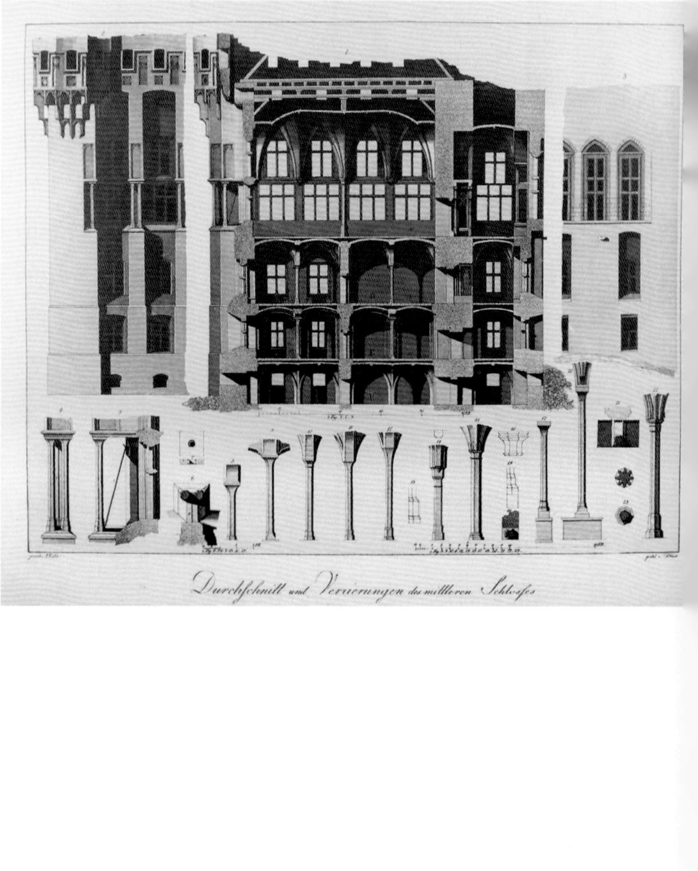

成一个和谐的整体，就不可能存在建筑。根据现代的说法，这种设计方法要求我们去回溯设计过程，通过系统而有意识的分解和分析，来组装建筑部件，完成设计甚至是建造。

对于建筑和建筑师而言，理论到底会有什么功用？恐怕很难有什么比这两幅马尔伯克堡餐厅的画作之间的比较说得更清楚了。以维特鲁威关于理论的“证明和解释”之功能来看，这个例子正是传达了理论的实践意义。理论要求我们在最初的惊喜之后更加仔细地观察，而不是在情绪中想象自己物我两忘，然后飞向另一个维度，让自己迷失方向。用尼采的话说，理论必须“勇敢地停留在表面”：它必须耐心地解决具体现象，而不能躲避在被理想化了的过去或是未来的世界。对于尼采（Nietzche）来说，这种所谓的理想主义，根本就是面对现实时的怯懦。

为了理解我们看到了什么，以及可以如何去看，我们需要理论。理论需要冷静的、分析性的观察，以及对知识及其适用条件的了解。理论应该着重解释而不是去把事物浪漫化，它应该有助于避免错讹。理论的任务不是建立真理，而主要是避免自我欺骗。对于建筑理论而言，这就意味着对自我负责，既不被艺术狂想所牵引，也不为思想潮流所裹挟；而是要启发自我，提升建筑判断力。同时，这种观念体现在建筑活动的各个环节和层面：从设计构思，到建筑施工，再到作品阐释。如果有人谈论建筑理论的学术问题，那么他的任务就是训练建筑师关于建筑的思想；为了自己和自己的学科。

餐厅天花板下方仰视。来源同上

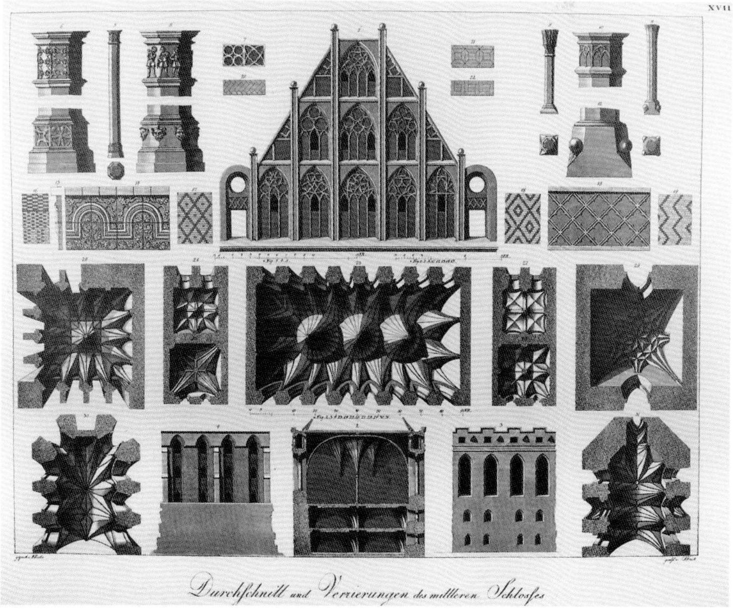

所有这些听起来都很好，因此应该理所当然地唤起对理论和理论家的信心与同情。但是，当理论家自己是梦想家和浪漫主义者时，会发生什么呢？他们是否会以理论的名义，尤其是以美学理论的名义，不顾眼前所见的真实建筑（假如建筑曾经入过他们法眼的话），而是让自己沉溺于那看似超越建筑其实是与建筑无关的想象中？

在这种情况下，我们就要有个建筑师来帮助理论家，这样的建筑师必须对建筑具有深刻而根本的认识，他会将马尔伯克堡的图像上下颠倒过来，撼动那个只关注抽象命题的象牙塔，他会让理论家睁开“视而不见”的双眼，看见真实的建筑学问题与状况。历史上，这种建筑师确实时不时会存在的。

阿道夫·路斯便是一位这样的建筑师。在其写于 1909 年的《建筑学》（*Architektur*）一文中，他生动雄辩地证明，唯有那些与我们的普遍生活相关的具体需求才是建筑的根本所在，而绝非他那个时代维也纳浮华的艺术潮流。建筑是一种社会性的艺术。正是在这个意义上，路斯说：“艺术家只需让自己开心，而建筑师则必须服务于整个社群。”[8]对建筑的这种理解早在文艺复兴时期便已出现，这从阿尔伯蒂的认识可见一斑，他坚持建筑应承担起服务都市生活和城市发展的责任。

[8] Adolf Loos: *Architektur* (1909), in: ibid., *Trotzdem*, Innsbruck 1931, p. 101.

也是从这个角度出发，路斯指出了以下内容：“房子必须让所有人感到舒心。这使它有别于一件艺术品，因为艺术品不必取悦任何人。”而且他还认为：“艺术品的创作是艺术家的私事，但房屋不是。”[9]这种观点鲜明地反对了一种倾向，那就是假美学上的理论和概念之名，行建筑上的做作和学究之实，因为它们只会带来形式上的任意性和“精神上的虚荣”，而两者都不应在建筑这里有任何立足之地。

[9] 同上。

在这一点上，密斯·凡·德·罗和路斯持有相似的立场。1923 年，他发表了著名的宣言式文字《建造》（*BAUEN*），其中便申述了对那些仅由艺术理论（例如“风格派”运动）催生的先锋派建筑的不满。他并以一句返祖式的呼吁结束了这个宣言：“把建筑从关于审美的思辨游戏中解放出来吧，让它回到它只应该成为的样子，那就是‘建造’（房子）！”其实，在原始手稿上这句话是：“（要）把它还原成它一直以来的样子。”[10]

[10] Mies van der Rohe: “BAUEN”, in: *G* No. 2, September 1923, p.1. Handwritten version in: Fritz Neumeyer: *Das kunstlose Wort. Mies van der Rohe: Gedanken zur Baukunst*, DOM Publishers Berlin, 1986, p. 300 f.

在我们这一代人中，则是汉斯·科洛霍夫（Hans Kollhoff）以类似于路斯和密斯的热情，把建筑形式和建筑质量重新归结到建造本身。然而，也正由于他倡导建筑的建造感以及设计中的建构思想，从而再次肯定了那种作为连接艺术的机械技艺之于建筑的重要性，他在理论家和建筑同行中很难得到共鸣，同道者寥寥无几。

在吉利的时代，那些把自我陶醉的臆断当作理论的人被称为“理论人”和“哲理家”。在20世纪的建筑理论界中，这种人不仅数目膨胀，而且种类繁多。到了现在的建筑理论界,则更是供不应求了。究其原因，今天以媒体为中心的建筑秀需要商标效应，而一种哪怕不切实际也在所不惜的奇观异象无疑是创造商标的捷径；但仅此是远远不够的，它还必须要有各种伪哲学以及光怪陆离的新奇概念的加持，却不管这些哲学和概念早已离建筑万里。此时，空洞无物和不知所言也并非缺陷，因为所有那些主题上的游移和方向上的含混，恰恰可以被包装成对建筑学未知领域的创造性征服。可怜的建筑学，它总是急不可耐地攀附新贵，却已感受不到历史的呼吸。

我们知道，理论新潮层出不穷，理论寿命大大缩短。因此，艺术理论和建筑理论每隔十来年都会迎来一个新的“转折”：从“语义转折”“语言转折”“图像转折”和“空间转折”，到最近提出的“材料转折”。

似乎有一种迫切的需求，要理论为那些日新月异的“创新”潮流来提供解释，使其显得更令人信服。然而，这常常只不过是一种狂热的举动，目的在于给别人一种坐拥自己独特理论的印象。在一个理论潮流盛行的时代，建筑师几乎必须通过这样的方式，来确保他们被视为时代精神的代表。

这种对理论的夸张式需索，是先锋派自说自话传统中的经典戏码。现在的问题是，那种通过对社会学、哲学、混沌理论、量子物理学、生物学（或者其他任何学科）的引用，为各种号称激进的创新性艺术提供理论合法性的做法，是目前最流行的讨论方式。这种跨学科的杂技式表演，可谓既无所不包而又空无一物，不过这也正是那些理论家们避免对真正的建筑学施加显著影响的不二法门。

2 建筑是一门社会性的、受功能制约的艺术。它必须服务于某种生活上的目的，并承担起为人在这个世界提供庇护的任务。因此，它必须考虑到人类的聚居形式，并为它们提供恰当的建造形式和空间表现。这就是建筑形式的意义，任何一种自称为建筑理论的理论都不能忽视这种目的的特殊性。任何一种建筑理论，若因任何哲学的名义而无视这种根本状况，都会忽视其目标，并因此丧失存在的理由。

在所有艺术形式中，建筑距离那种纯粹的理论或美学思辨最远。建筑的首要目的并非要去创作什么美学展品来证明现代性，也不是把哲学思想进行三维物化。它也不应醉心于奇观的塑造，仿佛建筑最重要的任务便是脱颖而出并引人注目一样。在建筑中，美学与使用是分不开的。人们建筑房屋的首要目的不是作为雕塑或“图像”，而是作为居住和休闲的场所。正如瓦尔特・本雅明（Walter Benjamin）恰如其分地指出的那样：“建筑是以双重方式被接受的：通过使用和感知。或者，更好的说法是：触觉和视觉。”⑪

⑪ Michael W. Jennings, Brigid Doherty and Thomas Y. Levin (eds.): “Walter Benjamin: The Work of Art in the Age of Its Mechanical Reproducibility,” *The Work of Art in the Age of Its Technological Reproduci-bility, and Other Writings on Media,* trans. Edmund Jephcott, et al., The Belknap Press, Cambridge/London, 2008, p. 40.

2

这里的触觉，意指当我们在占据和使用一个空间的状态下，对自我在其中的存在所进行的物理感知；而这显然不同于视觉感知，也就是那种当我们身处建筑物内或是站在建筑物前沉思时所产生的感知活动。视觉感知，本雅明称之为“凝视”，与那种因使用而产生的触觉感知是完全对立的。在触觉感知的过程中，我们的注意力并不完全聚焦在视觉观察，我们对建筑的态度就像本雅明所说的那样，处于一种“分神”状态，因为当我们在使用一个建筑时，不光眼睛而是所有其他感官也都在起作用。

因此，建筑作为一种有美学意义的实用物，人们既会以一种自觉、聚焦的方式来欣赏它，也会以一种不自觉、放松、随意的方式来感知。后一种相对随意而松散的状态，同时包含了（对空间的）感觉和使用，且深受我们精神状态的影响。这种触觉性的感知也应在建筑美学和理论中有自己的位置，因为与其他艺术相反，建筑实践的根本目的并非诱发感觉——制造一种审美体验。

3 现在，让我们回到建筑师对于理论的使用和滥用的问题上来。很明显，理论与实践的关系不是单向的，理论家与建筑师的关系亦然。两者都需要对方；且重要的是知道在什么时候谁需要谁。

在尼采的名篇《生活中对历史的使用和滥用》（译者注：中文出版物通常把它译为《历史的用途和滥用》）中——我的标题也正来源于此，情况也是类似的。尼采认为，没有记忆，人类就无法生存。然而，若永不忘却，只是活在对过往的记忆中，同样无法生存。因此，所有历史哲学类理论的本质在于：一个人必须在适当的时候记忆，并且能够在适当的时候遗忘。基本上，理论家和建筑师之间的关系没有太大的不同。他们只需要在适当的时候相互接近，而且在正确的时机彼此远离。

那么，理论究竟于建筑（师）何用？马克・安托万・洛吉耶（Marc-Antoine Laugier）回答了这一问题。他是最早的现代思想家之一，在其出版于 1753 年的著作《建筑论》（*Essai sur l'architecture*）中，洛吉耶旨在使建筑摆脱一切冗余，并给出建筑中不可动摇的定律。关于建筑师为何需要理论，他这么写道："仅仅知道如何做是不够的，最重要的是学会思考。一个艺术家应该能够为他所做的一切做出解释，为此，他需要坚定的原则来决定他的判断是否正确，并为他的选择寻求理据。唯有如此，他才能够判断一个东西是好是坏，不是只凭直觉，而是理性，并作为一个具有丰富美学经验的人来做出判断。"[12]

[12] Marc-Antoine Laugier, *An Essay on Architecture*, Hennessey & Ingalls, Los Angeles, 1977, p. 1.

这种通过理论来达到自我启示的说法远远超出了对知识的需求。它指出，对于建筑师来说，仅仅知道如何去做是不够的；他们首先必须要能"基于思考"来知道为什么要这样做，而且，考虑到我们这个时代过于专注建筑本身，我们可能还想加上一条：它是在哪里建造。最后，根据洛吉耶的说法，建筑师还必须熟悉建筑的"美的方式"，即作为一种具有美学意义的实用物，它如何作用于我们的感官。这样，建筑理论便包含了两方面的思考逻辑：精神创造和手工生产的逻辑，以及人的五感在社会文化领域中的感知和接受逻辑。

建筑理论不仅要教会建筑师去思考"关于"建筑的事物，而且在某种意义上也要进入建筑"本身"来进行思考。就像音乐家在音乐中思考和感受，画家在图像中思考和感受一样，建筑师也应该能够到建筑"本身"中来思考和感受。

满足这些要求的核心问题在于认识到，作为一门艺术，建筑的本质和现象具有非常特殊的特征，正是这些决定了建筑相比其他艺术和技术学科时显示出的独特性。什么是建筑？如何才能是建筑？这两个关于本质和结果的问题事关建筑的学科性所在，关系到建筑的自我概念界定。任何想要自称建筑师的人都不能忽视它们。

建筑思维，就像所有的思维一样，是通过语言符号来完成的。没有语言和概念上特指某样事物的能力，思想是不可能形成的，个人也无法思考。建筑理论是关于建筑物的系统思想，它因而"言说"，或者说更是在"书写"建筑。毕竟，没有文字，建筑作为一种独立的类型，要进行对自身的反思是难以想象的。没有这种媒介，也是绝不可能谈什么建筑理论的。

写作对建筑（师）的重要性远不只是一种文学兴趣。对建筑师来说，以文字来写作其实是必不可少的。作为思想和实践工作的一部分，它帮助建筑师推进设计的发展过程。从最初的设计概念到关于将要施建的具体方案的描述，都会从中受益。

一般来说，建筑师与文字或理论没有特别紧密的联系。他们很少写

⑬ Vitruvius, *The Ten Books on Architecture*, Harvard University Press, Cambridge. Humphrey Milford, Oxford University Press, London, 1914, p.5.

理论内容的书，如果写的话，也主要是基于自己的作品来发展。正如维特鲁威所说，自古以来，理论最直接的用途之一，就是建筑师可以“以他的论文来留下更为持久的记忆”[13]。从维特鲁威时代一直到今天，自我解释和自我美化的愿望便驱使着建筑师们通过写作来解决建筑中各种各样的问题，并因此自称为理论家。但是另一方面，那些自己并没有什么拿得出手的实际作品的建筑师，只好完全依赖语言操弄和媒介生产来立足，但这种方式的前景难免可疑堪忧。在理论倾向严重、后结构主义盛行的 20 世纪 90 年代，一些年轻的学院建筑师似乎相信，模型制作再加上哲学话语将可以产生他们的第一本“建筑师”作品集。但是，就如任何智力活动都是关于思想，建筑也有它自己的性质：它不是图像设计，即便有了理论的加持也不行，就更不要说仅靠建筑理论了。

维特鲁威已经区分了“技艺”和“理性”并因此指出建筑学的内在冲突与矛盾，而这源自其兼顾的特性，即它要融合筑造和艺术这两个不同的领域。因为建筑既是需要习得的体力劳作，又是仰赖思想的智力活动。事实上，建筑是科学与艺术、逻辑与美学、实用与美观的统一。这也是为什么在建筑的理论思考中，这些对立的双方既可相互联系，但也会彼此对抗的原因所在。

换言之，美学上的主张可以通过技术和功能的观点来证明，反之亦然。建筑师总是利用这两种选择，他们往往会“聪明”地将逻辑与美学、建造与形式相结合，作为自我美化（self-objectification）策略的一部分。艺术可能以科学的面目出现，而真正的科学则反倒成了艺术观点。用这样的方式为自己的建筑寻求理论上的正当性，那是最为有效了。

但是，作为一个专业，建筑理论自身应为这种抽象的理论化负起主要责任。建筑理论总是喜欢在探索新颖、无限、跨学科意识的幌子下，去参照和引用来自不同意识形态、理论和学科的那些应时而生的规范性（seasonal normativity）表述，可是在面对自身的实际状况和问题时，其理论和形式的作用却非常有限。

不夸张地说，在建筑学中，任何无稽之谈都可以找到某种理论来宣扬，你只需用学术光环把它笼罩即可。当一个人不清楚自己在说什么，而其他人也因此不能理解这个理论时，这种光环就产生了。神秘的事物有着巨大的魔法潜力，因为任何理论，只要能使业主处于一种为预期之事献身的状态，那么他们相信这种理论的意愿也会非常地强烈。

所以，即便对某个理论一无所知，而且对它与建筑学的关联也不甚了了，却还是可以对它深信不疑并加以使用。在这方面，最好的例子恐怕莫过于西格弗里德·吉迪翁（Sigfried Giedion）在其《空间、时间和建筑》（*Space, Time and Architecture*）一书中的某些论述了。这部关于现代建筑史的经典著作出版于1939年，至今已再版无数。在这部书中，吉迪翁借用了"空间—时间"这一物理学概念，希望以此来证明作为一个理论家，他已站在时代的高点。他同时希望从爱因斯坦划时代的相对论中导出一些结论，为建筑学所用——至于我们会如何去理解它，就另当别论啦。

埃里希·门德尔松（Erich Mendelsohn）于1920年在波茨坦附近的特列格拉芬山的山上建造了著名的爱因斯坦塔——一个天文台和天体物理研究所，并且因此与爱因斯坦保持着联系，于是在1941年，他把吉迪翁新书的部分摘录寄给了爱因斯坦，其内容很可能是"新的空间概念：透视"一章。我忍不住在这里要把爱因斯坦1941年11月13日的回信抄录如下，它目前保存在柏林艺术图书馆的门德尔松家族物品收藏区：

> 亲爱的门德尔松先生：你寄给我的《空间、时间和建筑》一书的节选促使我做出以下回应：
> 说出点新东西不难，
> 只要敢胡说八道。
> 少见的是，
> 新奇之谈好像还挺合理。
> 谨致问候
> A. 爱因斯坦
> 又及，这是一坨聪明的狗屎，
> 没有任何理性基础。

理论家设法通过跨学科的努力将建筑提升到当时的科学高度，为此不惜任何代价去加入对话以求得关注，让建筑获得一种现代性、客观性和规范性的地位。爱因斯坦的这个丝毫谈不上鼓励的评论针对的正是这样一种现象，也理当让我们有所警醒。先撇开思想潮流不谈，那种试图从自己知之甚少的学科领域来尝试、演绎、推论出自己建筑论断的做法，不仅显得愚蠢，而且简直是自负到放肆。

然而，因为那种规范性建筑理论所遭遇的危机而产生的现代多元主义，却又造成了另一种局面，即建筑对理论的依赖比以往任何时候都更为强烈，除非你奉行一种拒绝理论的“怎么都行”的态度。在这种多元化的开放环境中，没有立场基点，没有判断方向，将很难行事。而当代建筑理论忽视建筑学独立的问题，一味借取其他学术领域和思维方式［参见迈克尔·海斯（Michael Hays）的《构建新议程：1993—2009年建筑理论》（*Constructing a New Agenda Architectual Theory* 1993—2009），普林斯顿版，2010年］，并且固执地拒绝去明确其研究主题，也让它于事无补。这样下去，建筑终将化为乌有，要么包罗万象，要么一无所是，建筑理论也会降格为一种“进口”业务，所有其他的思想流派都可以向这里输出，或者说排放。

但跨学科思想不是一条单行线，建筑理论不能仅仅是吸收它学科的成果，首要也是最重要的是对建筑学——作为一种内在文化机制——的存在条件和诸多可能进行系统反思。如果说建筑真的可以被理解为一种“脚本化空间”［德里达（Derrida）］，那么这个脚本便是一本宏大的人性之书，所有集体的和个人的经验都作为隐含的知识被保存其中。事实上，从跨学科的角度来看，建筑绝不是仅能从其他领域吸纳，它显然也可以向其他领域进行输出，但这一事实似乎已经被彻底遗忘了。

自柯布西耶以来，现代建筑师们已经获得了许多“眼睛”。如今，那双曾经“视而不见的眼睛”已经注意到了一切：轮船、飞机、现代艺术、电影、电子媒体和虚拟空间。在这个过程中，各种各样的东西都可能被建筑师用作参考，但是于建筑而言更为根本的形式问题，对大多数建筑师来说却仍然迷雾重重。

2015年马里恩堡城堡餐厅内部视角

Photo © Fritz Neumeyer

建筑理论教育的任务之一，是帮助建筑师意识到自己学科的连续性。为此，要把全部的历史都纳入视野，而非局限在 20 世纪而已，这样建筑学才能成为一个珍视自身遗产但又向未来开放的学科。作为一种知识形式，建筑蕴含着经由历史积淀而成的文化智慧。我认为，今天建筑理论最重要的任务，是转化并利用我们曾经拥有的敏锐和已被遗忘的知识，推进“建筑文化”。这项任务并不新奇。卡米诺·西特（Camillo Sitte）早在 1889 年就勾勒出了这幅图卷。当时他说，因为古老的美是无法保存的，所以理论上的探知至少应该记录下它的“基因”。[14] 谁也说不准，但这可能有助于在未来的某个时候铺平前进的道路。只要我们，无论是建筑师还是理论家，仍然对过去的建筑感到钦佩和惊叹，我们就不应放弃这种希望。

⑭ Camillo Sitte: *Der Städtebau nach seinen künstlerischen Grundsätzen*, Vienna, 1889, 3rd edition (Carl von Graeser), p.16.

系统 (System)　源于希腊语的“systema”：一个整体由许多单独的部分组成，例如，太阳系。总体上有这些意思：整体的，有意义的，功能有序的规则，按照一致的原则把大量的知识转化为一个完整的知识体系，一种教育建筑。目的是消除知识的分化，使它的复杂性、动态性和自我组织性直观可见。系统的互补方面则是部分，部分有赖于系统来赋予意义。

部分 (Part)　与系统互补：部分和元素是系统的基本单元，它们相互联系创造出一个整体。没有部分的系统是无法想象的，就像没有玩家的游戏一样。部分重新可以确认其自主性以及游戏的规则。玩家的自由度以及游戏角色的自主性都会与整体进行互动，这就像建筑是构成城市的部分，而城市也对建筑施加影响。

支撑结构 (Supporting Structure)　来自拉丁语“structura”：组装，建造类型；这里指的是支撑性建筑构件。在静力学中，支撑结构被定义为由所有建筑构件组成的整体以及为了平衡和抵御结构力所需的基础；结构体系则是各承重部件的布置和相互作用。它始终是在一个系统中诸要素相互依赖而形成的交织体，最终都把垂直力传导到水平地面。

消防 (Fire Protection)　建筑使用者的人身安全是消防的核心：随着时间的推移，消防的具体细节会发生巨大的变化。消防设计要将建筑物划分为不同的防火分区，决定各分区的平面形状，确定其应急出口和逃生路线，并对材料的选择以及建造方式都有重大影响。每个国家都编制了大量的消防指南规则和条例，在瑞士则是由各行政区的火险协会制定。这些指南规定了所有的平面设计和实施方面的要求。

场地规划 (Site Development)　为了使用建筑物，其内部和外部必须可以到达，并提供充足的供应。任何人居场所的场地设计除了要考虑公用设施和废品处理设施外，还包括与公共铁路和街道网络的接入与整合。物业开发是指为使物业获得建筑许可证并被认为是可开发的，所必须依法采取的全部措施。这包括道路通道、污水系统连接以及水和能源的供应。建筑交通指的是为每个房间提供到达的通道，以及为每个建筑部分提供疏散通道；它是一个水平和垂直连接系统，包括走廊、楼梯和电梯。

空间 (Space)　随着19世纪关于风格的讨论逐渐减少，空间成为建筑理论的中心话题，尤其是对奥古斯特·施马索夫（August Schmarsow, 1855—1956），他关注的是空间感的历史。空间已经成为建筑的主要媒介，在三维空间中被限制和测量。在《隐藏的维度》（*The Hidden Dimension*）中，E.T. 霍尔（E. T. Hall, 1966）仔细观察了空间中的人，并重申了海德格尔的哲学，即对人来说，空间不是一个对象，因为人一直都被置于空间中。人类的场所和事物相互联系才形成了空间。

秩序 (Order)　生活就是秩序。热力学定律指出，创造生命的关键性能量是高度有序；另一种选择是熵或热死亡。高度有序意味着差异、分化和智力上的理解。根据物理学家沃纳·海森堡所言，知识就是秩序。建筑开启了生活的进程，有序地将有价值与无价值的、有意义与徒劳的事物分开。秩序随处可见：规章制度指导建筑材料的混合和节点的连接，这些都有公认的技术规则、尺寸规则和特殊建筑条例。矫枉过正也是存在的。几何秩序是建筑的中心，通过数字的形式加以强化。规则是创造秩序的尝试。反义词：崩溃，分散，混乱。

结构主义 (Structuralism)　一种认为所有现象都是由一个基本结构连接起来的思想流派。起源于语言学［20 世纪初的费尔迪南·德·索绪尔（Ferdinand de Saussure）］，结构主义在战后的许多科学领域成功演化成存在主义。例如，结构社会学强调社会系统的秩序，它塑造个人的行为，并使他们更接近彼此。对于建筑学来说，从 20 世纪 50 年代开始，结构就成为对经典现代主义进行的批判中的一个关键概念，与时间和空间建立密切关系的考虑取代了曾经看似无限的创作自由。结构构建秩序，确保对其使用者的约束和自由。建筑领域的结构主义发端于荷兰，其中的阿尔多·凡·艾克，赫尔曼·赫兹伯格，皮特·布洛姆等人尤为出名。N. 约翰·哈布拉肯（N. John Habraken）是一位理论先驱，他所提出的“结构与填充”原则，描述了用户参与的可能性。

构成主义 (Constructivism)　一种把世界的构成侧面置于中心考虑的思想流派，这种构成既可以是“在头脑中”建构的知识、社会性意义上建构而成的角色或性别，也可以是诸多元素根据一定逻辑关系建构而成并服务于特定功能的具体建筑。这些元素一方面是基本几何形式，另一方面是高技术结构。与地点或历史的任何联系都将被拒绝。这场运动的高潮是 1915—1935 年的俄国构成主义。这可以在塔特林第三国际纪念碑塔的模型中看到，那些悬浮的房间或为立方体、四面体、圆柱体和半球，安置在一个颇富动感的结构框架中。

2

结构

一个结构是由不同元素组成的排列，这些元素表现出的模式可以被看作是元素之间的秩序，也可以被看作是一个整体。人居地区是结构化的，会越来越复杂和密集。城市是高度结构化的集群。

单个建筑、建筑群和外部空间构成了城市的结构肌理。不同的时代、文化和建造任务有利于建筑结构的形成，而且会在很长一段时间内都对结构发挥作用。然而，单体建筑也是有结构的，它的支撑结构和交通结构都有长久的影响。相比之下，建筑的使用模式则没有那么长久。

为了可持续的发展，建筑结构应该满足使用方式的变化，并适应场所的结构。

城市层面

这次练习的重点是邻里街区的结构、建筑场地，以及既有建筑。目的是发现和证明它们所遵循的结构规则，并帮助定义各种结构性主题。重点是把对一个地段的理性分析与个人的看法联系起来，然后找到一种合适的表达方法。对现有建筑物的分析将为接下来完成建筑层面的任务奠定基础。

成果要求

项目工作将分组进行，每组一个场地，并在展示会中汇报。

每组必须完成的内容包括：

周边场地的结构分析
- 历史发展
- 地形结构
- 发展结构
- 交通基础设施 / 公共交通 / 私人交通
- 功能分布
- 公共和私人室外空间
- 公共和私人绿地

对既有建筑分析
- 关于建筑与建筑师的基本信息
- 支撑结构概念
- 建造 / 材料 / 工程
- 交通结构概念
- 消防疏散概念

调研和研究任务
- 图底关系的图解表达 1:5 000
- 街区平面图 1:1 000
- 场地平面图 1:500
- 既有建筑的平面
- 地籍图
- 城市调研的发现
- 过程笔记 I+II

目标

只有对一个地区的结构进行了详细的分析，才能理解它。知识越全面，决策就越公正。决策不再是武断、纯粹主观的，而是建立在有根据的分析基础上，因此是可以理解的。

鲁迪·沃尔蒂，供水结构二十一号，数码冲印

Lena Hächler
Patrizia Hedinger
2015 AS

建筑层面

这项作业的研究重点是静力结构，静力结构是创造建筑空间的主要系统。结构赋予建筑以秩序。不同尺寸的通道和房间单元均按此秩序布置。这些元素的良好结合可以创造出有趣的空间品质。

成果要求

两人一组完成这个练习，以 A0 图幅进行成果表达，内容包括：

- 各层平面图和剖面图 1:200/1:250
- 三张室内透视照片
- 文字说明
- 结构的剖切模型 1:50

要求

- 分析成果
- 过程笔记 I+II

目标

本练习的目标是让你理解一个建筑需要结构上的秩序。因此，力学结构、空间结构、交通流线，以及室内外空间的联系与转换都必须相互协调，整体有序。在剖面图和平面图（典型的表达方式）中，应该可以辨认出你所选定的秩序。在模型中，则要表现出空间方面的质量、问题与解决方案。难点在于如何正确选择一个合理的支撑结构来组织不同大小的跨度（包括交通体系）。

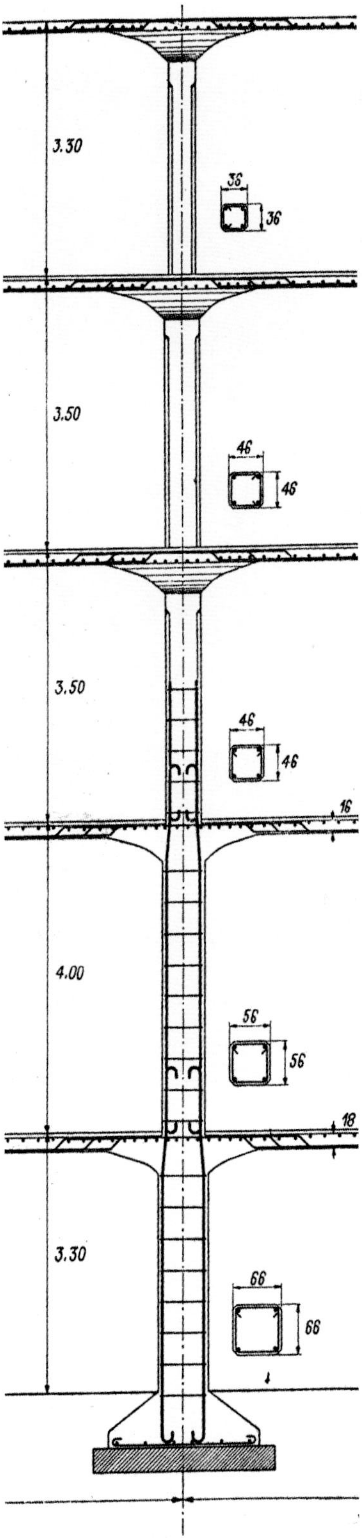

罗伯特·梅拉特，蘑菇状屋顶，梅拉特系统

罗伯特·梅拉特，联邦粮仓
1912年，阿尔特多夫(德国)

中世纪

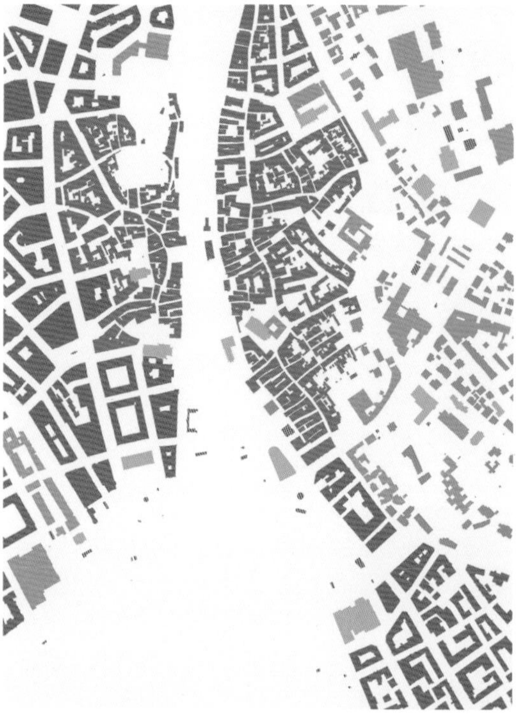

城市结构

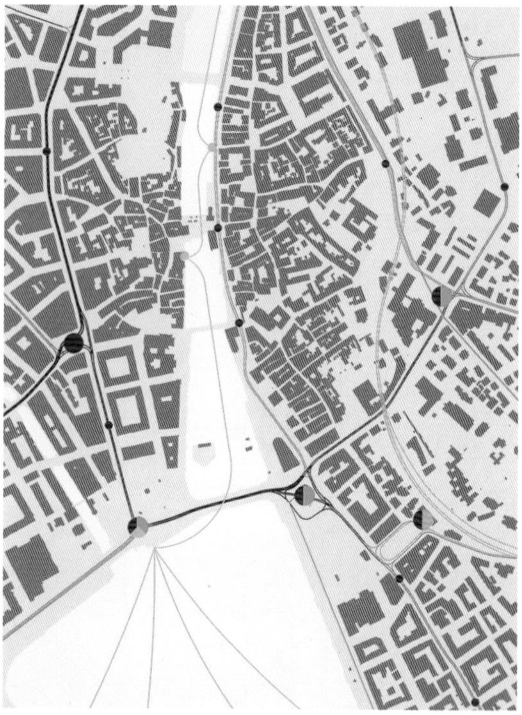

交通状况

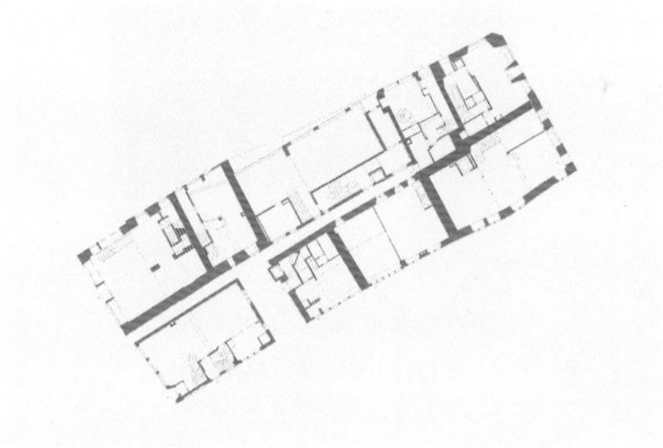

支撑结构

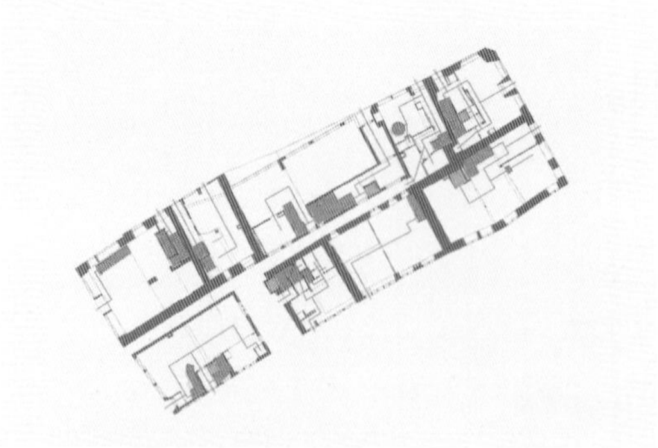

交通体系

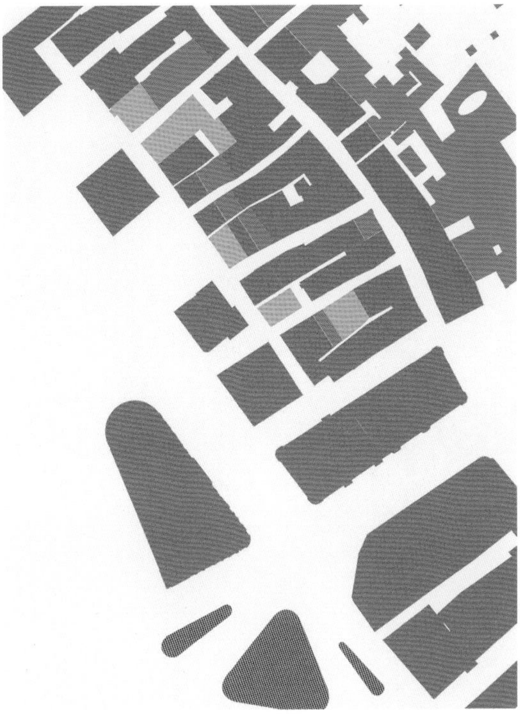

功能分布

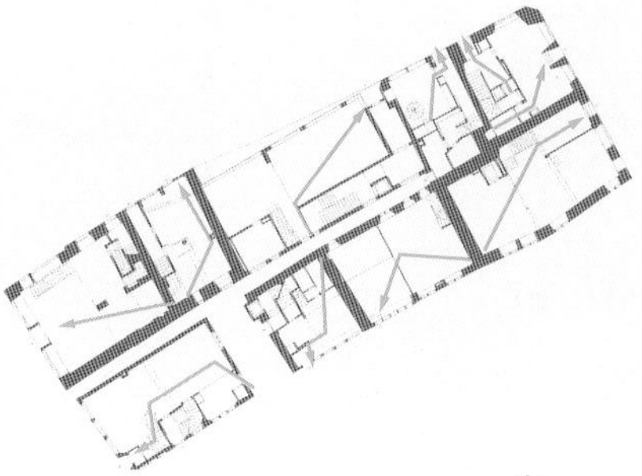

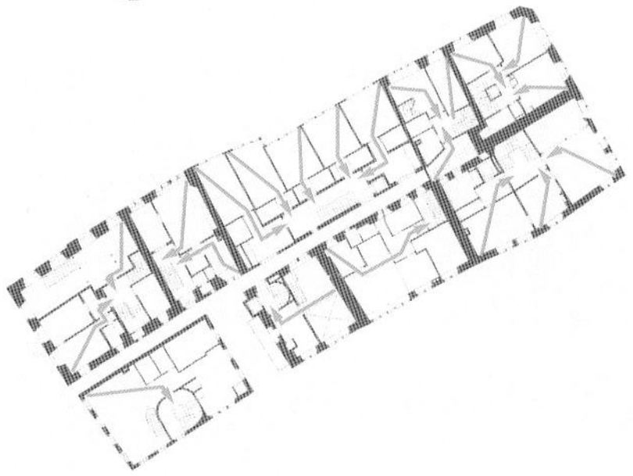

疏散路线

大规模建设时期

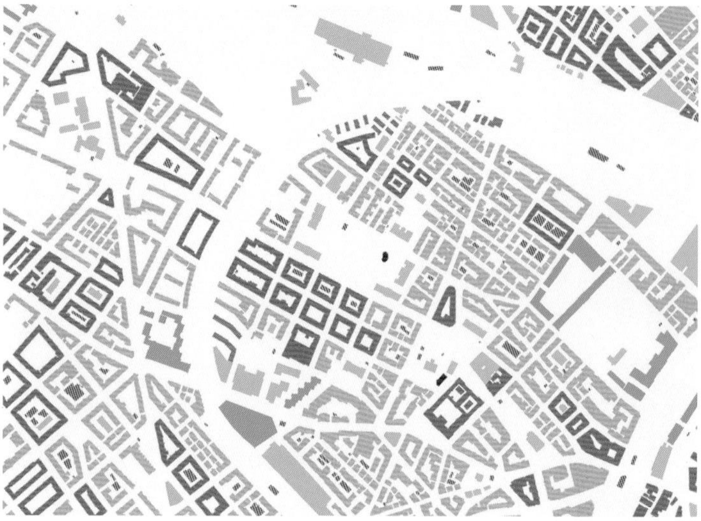

城市结构

交通状况

功能分布

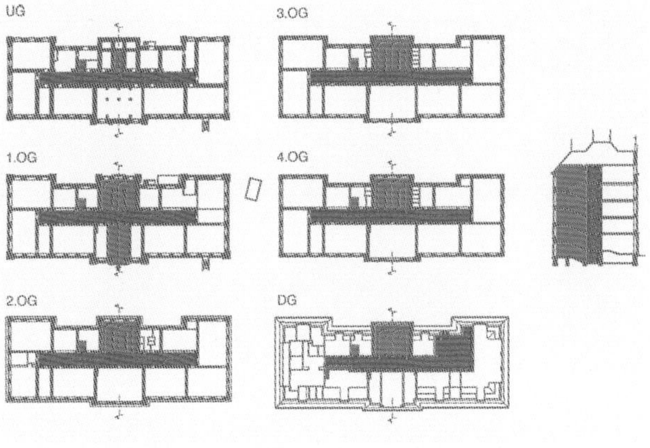

交通体系

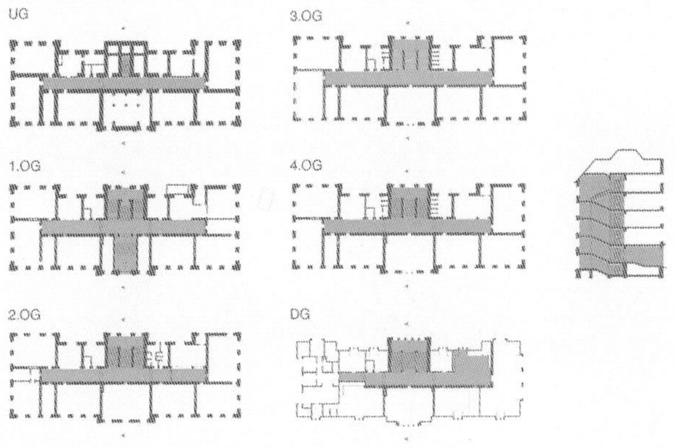

疏散路线

现代主义时期

城市结构

交通状况

功能分布

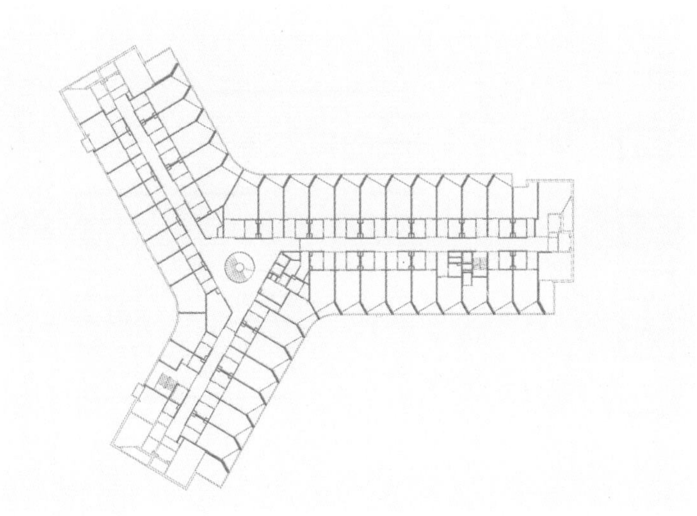

支撑结构

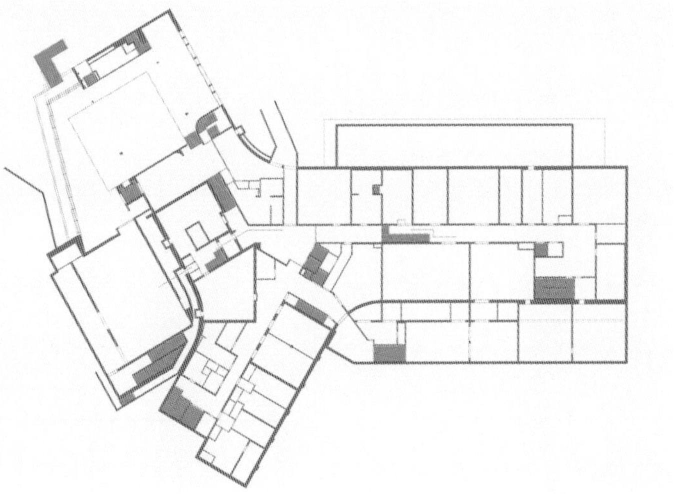

交通体系

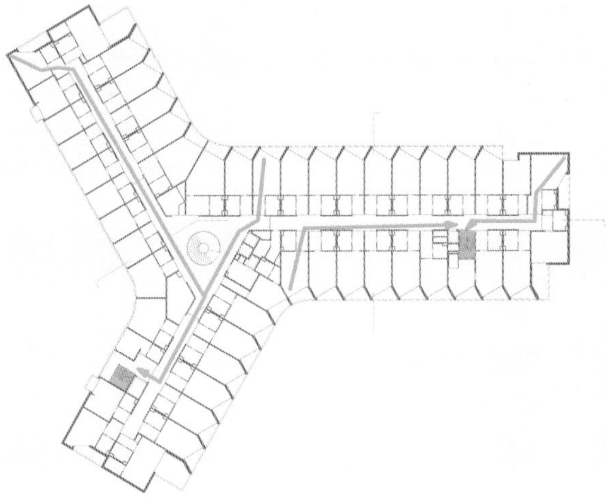

疏散路线

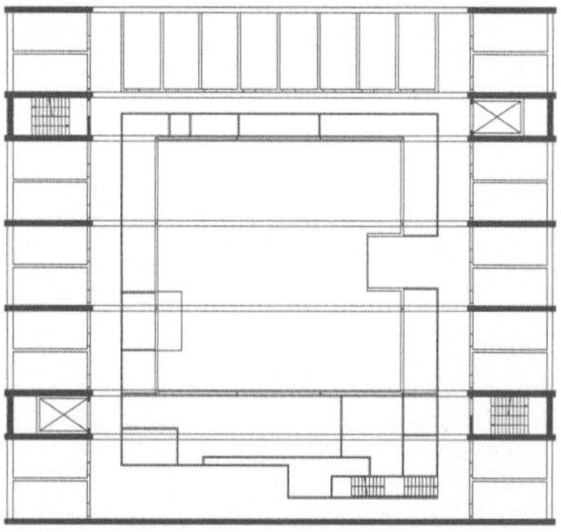

Mario Sommer
Andrea Zarn
2008 AS

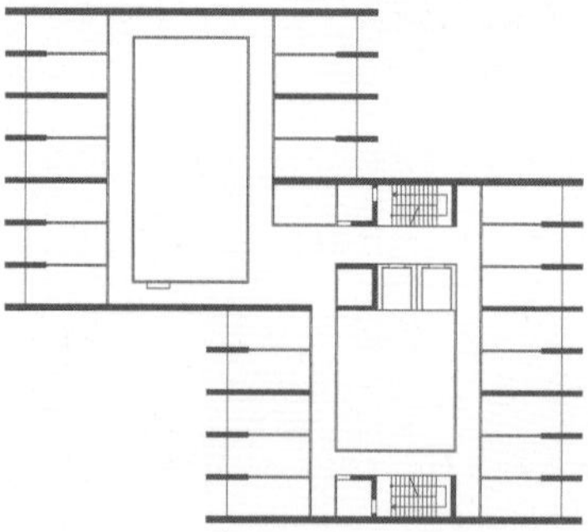

Norman Prinz
Konstantin Propp
Katrin Sommer
2009 AS

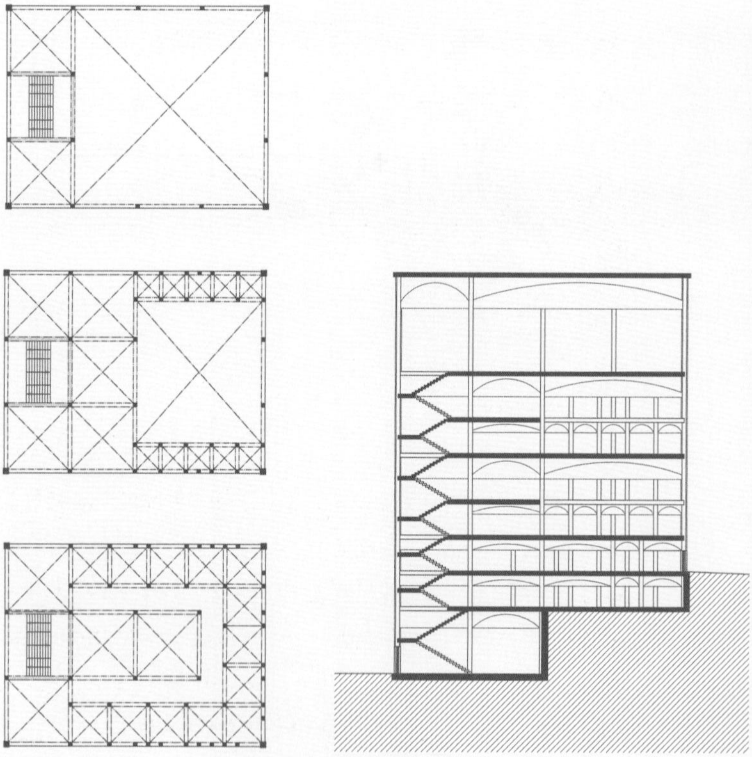

Tabea Schäfer
Pablo Vuillemin
2013 AS

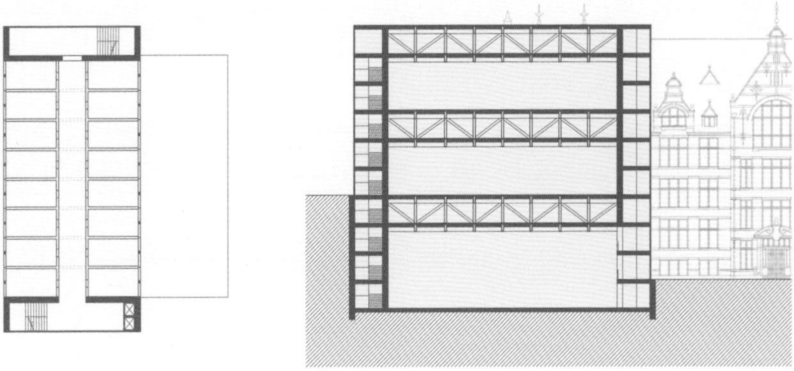

Paul Wolf
Alexandre Zommerfelds
2013 AS

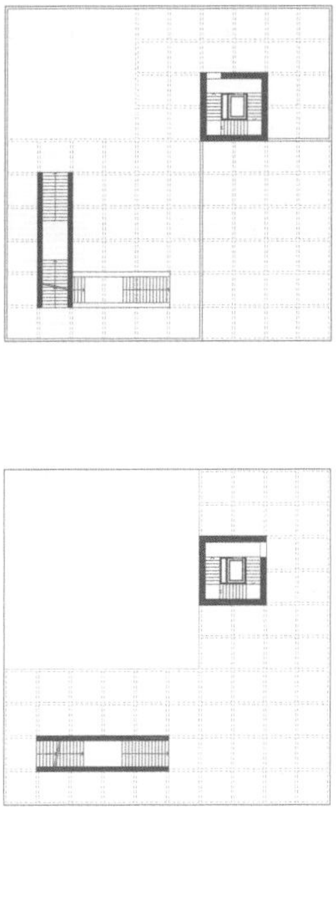

Julian Trachsel
Jan Waser
2009 AS

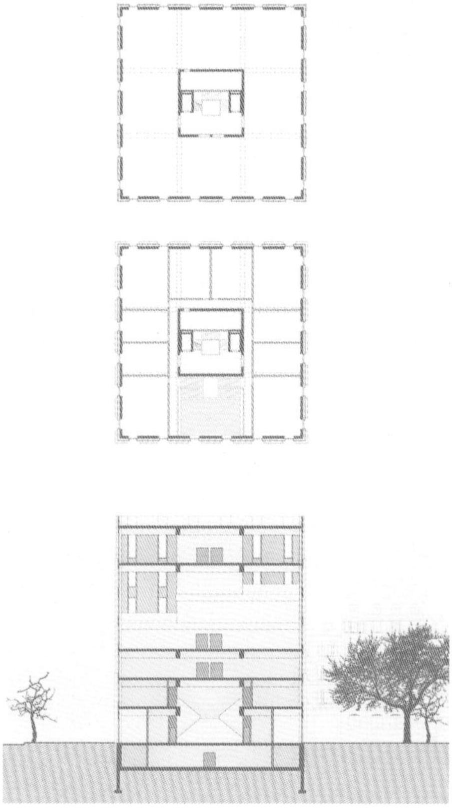

Alfred Pun
2014 AS

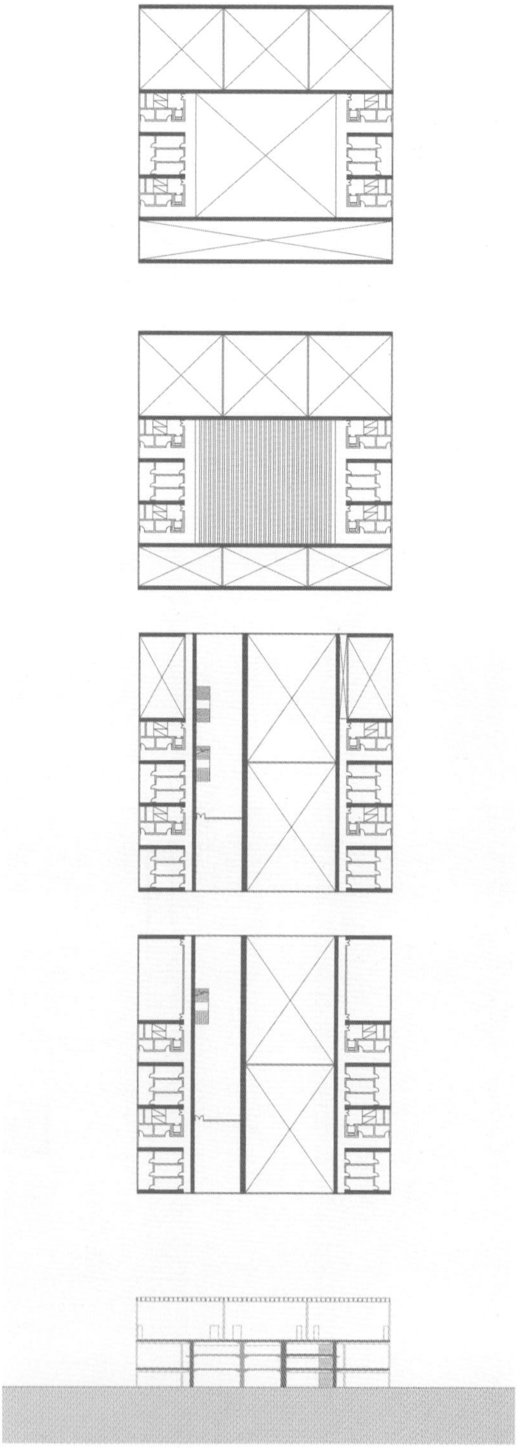

Alexander Poulikakos
Feng Mark Zhang
2014 AS

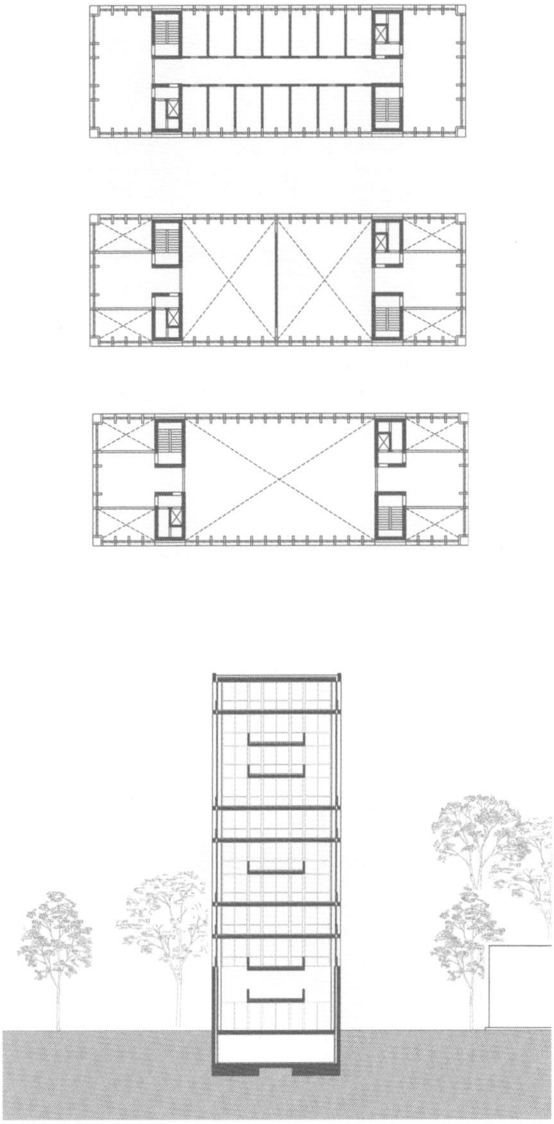

Magdalena Hermann
2016 AS

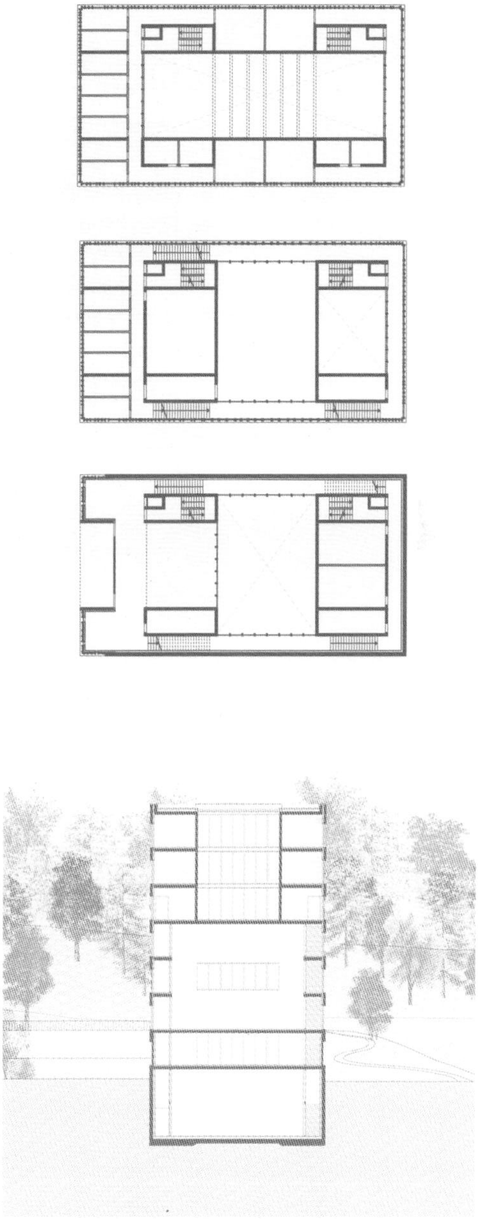

Samuel Dayer
2016 AS

2

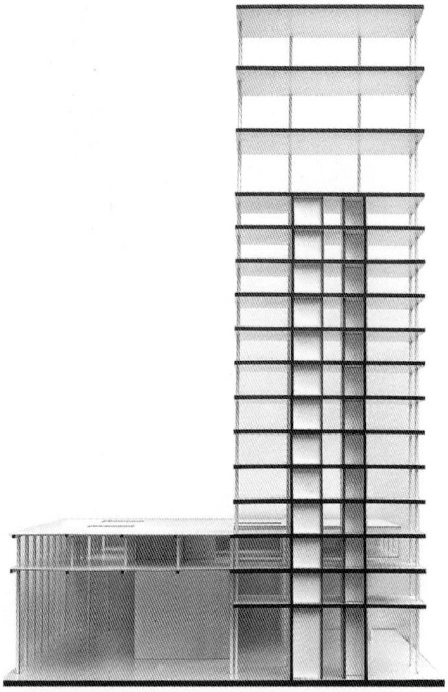

Andreas Monn
Leopold Strobl
2012 AS

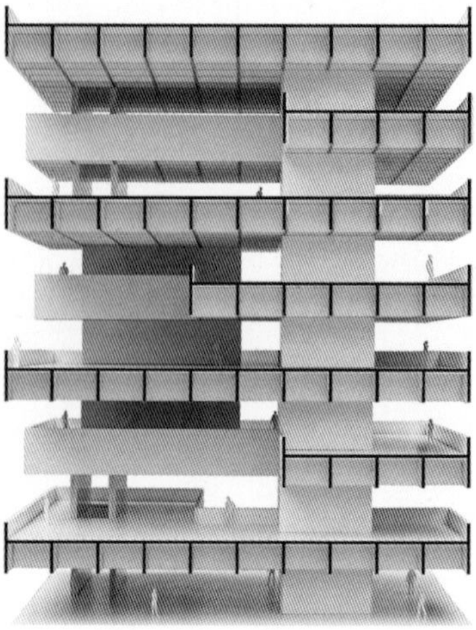

Julian Trachsel
Jan Waser
2009 AS

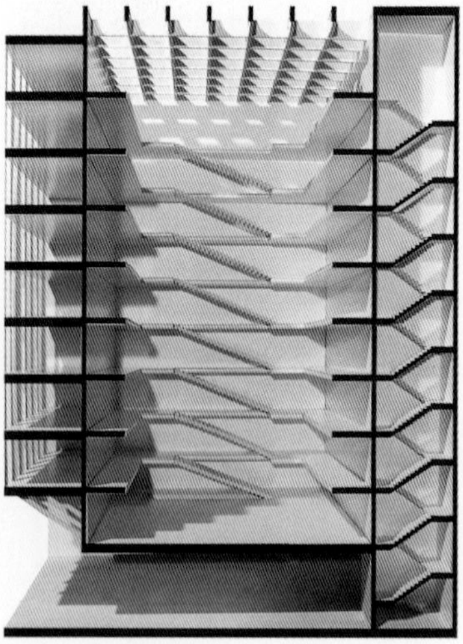

Katharina Glomb
Kirsten Koch
Magdalena Leutzendorff
2009 AS

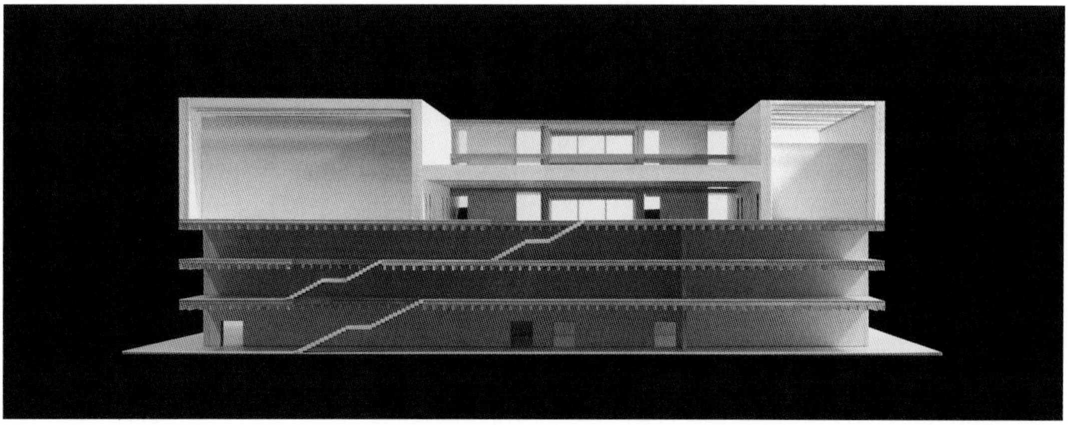

Alexander Poulikakos
Feng Mark Zhang
2014 AS

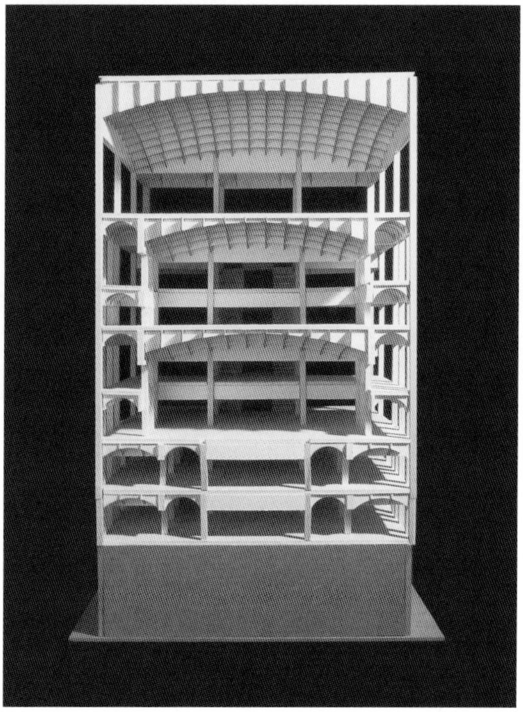

Tabea Schäfer
Pablo Vuillemin
2013 AS

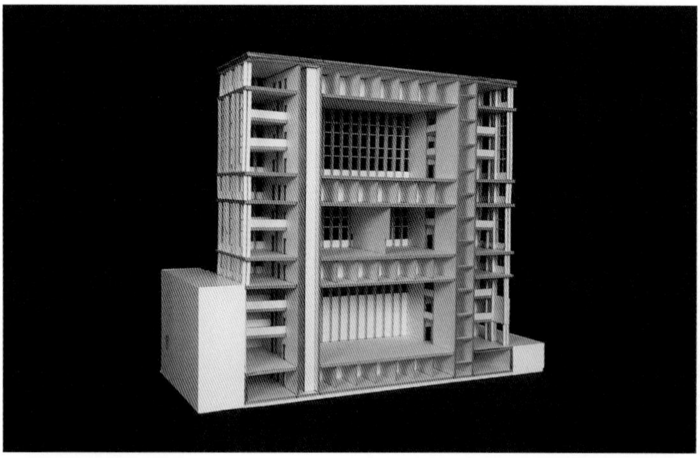

Magdalena Hermann
2016 AS

Timothy Allen
Thierry Vuattoux
2015 AS

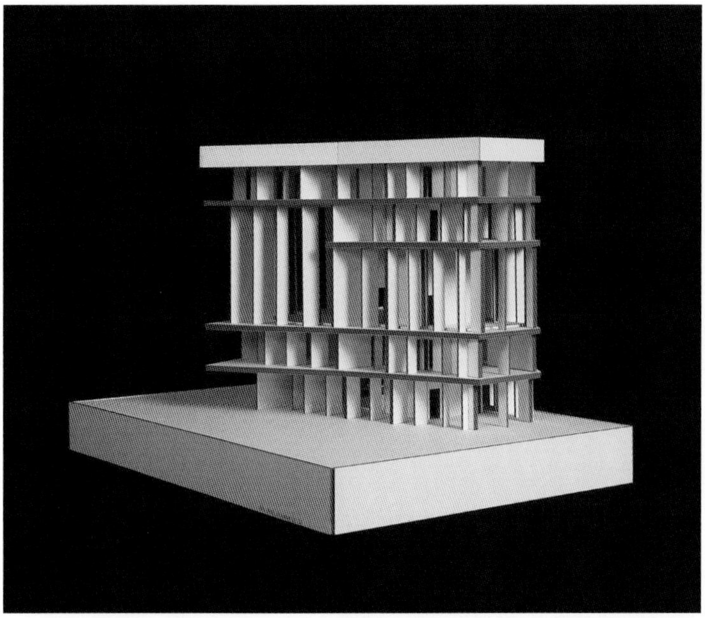

Samuel Dayer
Louise du Fay de Lavallaz
2016 AS

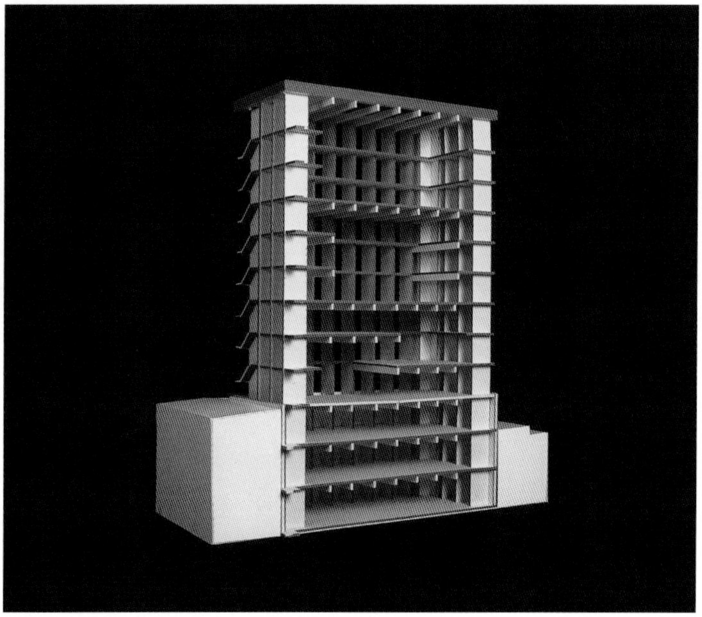

Milan Jarrell
2016 AS

Lorenz Brunner
Leander Peper
2012 AS

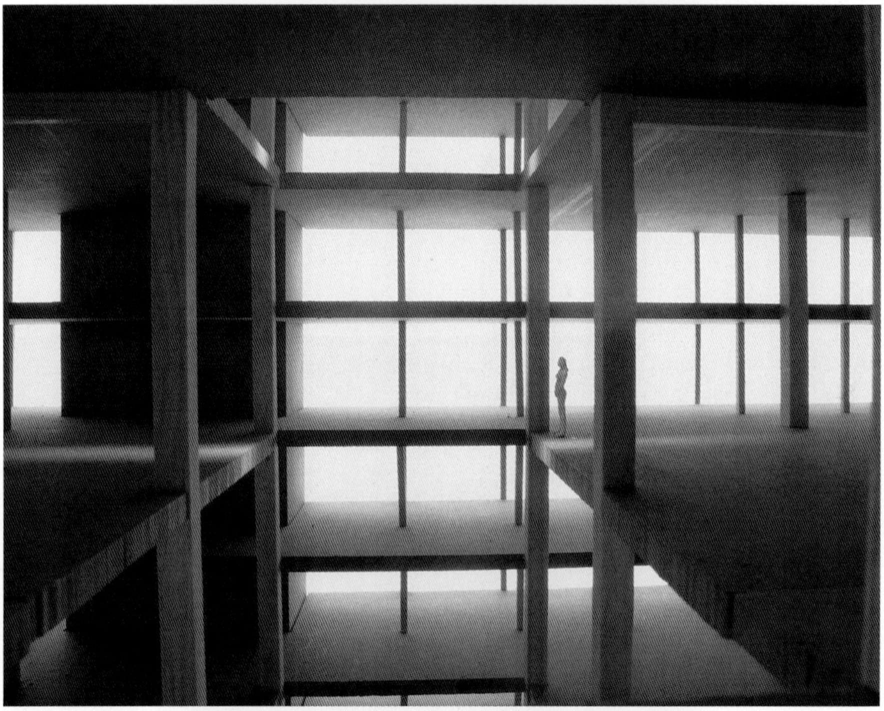

Mahela Hack
Jonas Martin Elias Hasler
2013 AS

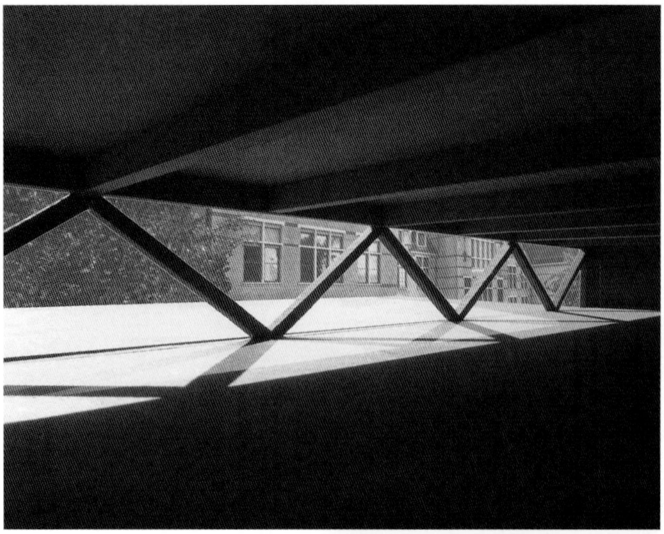

Paul Wolf
Alexandre Zommerfelds
2013 AS

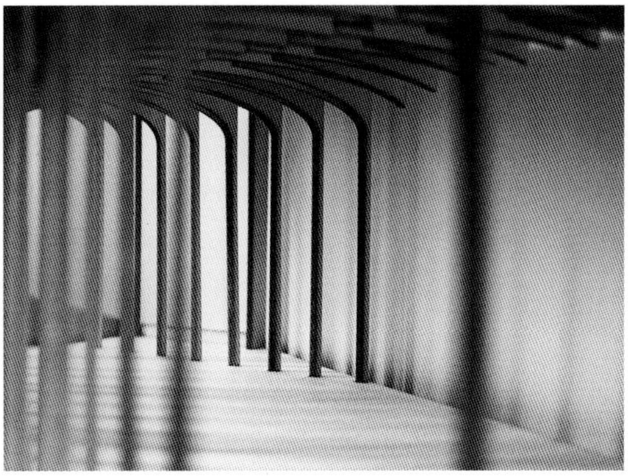

Beining Chen
Androniki Prokopidou
2014 AS

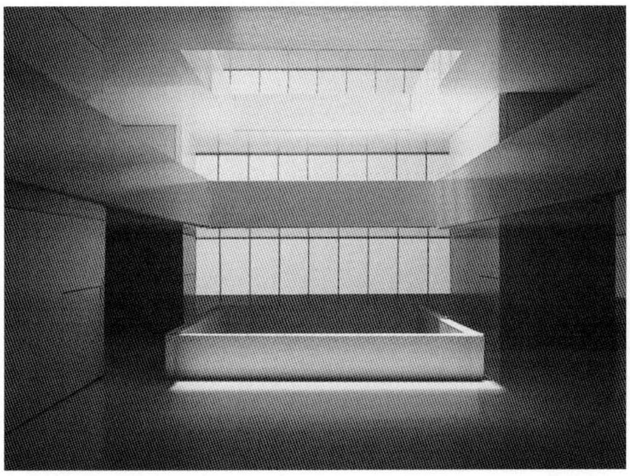

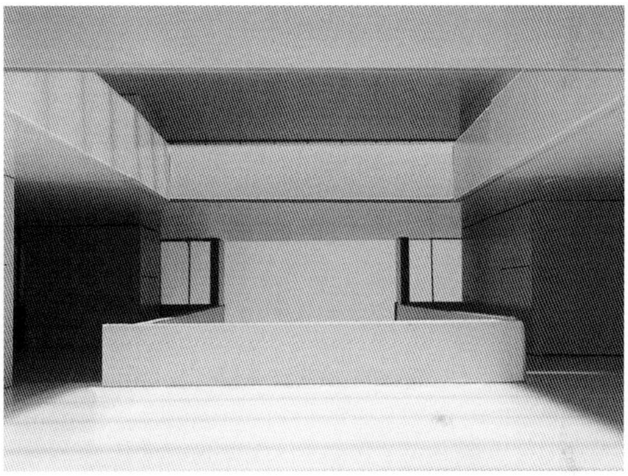

Maximilien Durel
2015 AS

Pablo Vuillemin
2013 AS

Lena Hächler
Patricia Hedinger
2015 AS

Andreas Monn
Leopold Strobl
2012 AS

巴斯·普林森，水库（混凝土水库），2005 © Bas Princen

3

场所
结构

3

场所结构

场所是一片场地，它有一定的范围，可以被定义，具体而实在；它具有多种物质性的属性特征。结构则是一个具有内在联系的系统，但同时也有一定的开放性。乍看上去，场所和结构似乎毫无关联，甚至相互抵触，然而当进一步仔细观察时，则会发现它们相互交织且密不可分。场所自身便蕴涵着或清晰或晦暗的结构性，而结构则展示了场所的生命痕迹。一个生动的场所总是与光线变化、交通路径和时间流逝密切相关；而支撑结构则至少反映出它所立足的那片场所。

在城市的演化中，场所和结构相互作用，彼此渗透：正是它们的共同成长塑造了城市。在战后时期，意大利关于城市的建筑话语中经常谈论“场所”与“结构”之间的互相“污染”（contamination）。在语言学中，“污染”一词意指把两个既有词合并而创造出新的词语。例如，“汽车旅馆”（motel）这个词由“宾馆”（hotel）和“机动车”（motor）组合而成，是一个合成词，模糊而不纯粹。而这种混搭组合的情况在城市里也从未间断。特定的场所与普遍的结构之间形成一种新的组合，这样的组合既非简单的复制，亦非纯然的断裂。

城市建设背后的诸多力量同样也有这种交叠。城市是一个建筑 / 结构体（gebilde），得益于特别的创造意志（gestaltungswillen），并且通过它形成了具有普遍效力的结构（strukturen）。“城市建筑因此而被人们所期待……它是塑造城市的一种手段，但这种明显的手段却成了目的。因此城市自身便是其目的所在。”阿尔多 · 罗西如是说，而关于城市的建筑，“除了城市存在于城市中”（1973，145），没什么好说的了。时间性的结构巩固了这个场所的品质，于是，场所因结构而显明。

（由此看来）理解城市的结构便尤为关键，这样才能以适当的方式与这个场所建立联系。

这在公共空间和私有空间的关系方面尤为明显。两种空间的分布以及二者之间的过渡共同塑造了城市的结构特征。但结构并不是独立的系统；相反，它是在相互联系的城市环境中来展现自己。罗西发展了巴洛克建筑师詹巴蒂斯塔·诺里（Giambattista Nolli）的平面图绘制方法，并将它运用于他在苏黎世联邦理工学院的教学中，以底层平面图（的形式）来呈现一个城市，由此说明了彼此之间以及局部与整体之间的结构关系。

可以确定的是，（在结构与场所的关系方面）这些示例都并未以偏概全或是失之偏颇。固然，承重结构在许多方面受到场所的影响，并通过场所获得其特性所在；但支撑结构——有时也包括接近和进入建筑的部分（译者注：accessstructure，指坡道、踏步、平台等与基地相连接但又不属于建筑主体的部分）——反过来也会影响到场所。两者之间的作用并非单向的映射；相反，有着多种不同的可能有待发掘。当这种关系比较薄弱时，这种相对性就变得格外有意义。设计的质量取决于能够在多大程度上建立结构与场所之间的这种相互关系。

场所和结构之间的相互作用是很微妙的，而研究这一关系对于设计方法至关重要。城市的不同演变类型反映了它们不同的发展过程：在古城或是威廉风格区等具有强烈特征的地方，可以清晰地看到在不同阶段的城市发展中，后续建筑的类比性结构显而易见；而在现代城市中，那些开放住区则往往包含了对古典城市结构的引用。

建造与场所

安德拉斯·帕尔菲

实际的建造往往被抽象的理念所支配。在这种理念下，物质法则成为需要绝对遵循的要旨。于是，连接（组成）的设置逻辑以及结构上的清楚明晰至关重要；而与此相比，那些形式方面的追求则显得迂腐不堪了。当一种堪称完美的结构构型被暴露在外，强烈地呈现于眼前，以至于其力学关系取代了关于形式的感知，前述那种物质法则的霸权就尤其会堕入一种带有神秘色彩的时髦当中。然而，将内在的力的传递完全外化为形式上的表达，则与脱离结构来谈论建筑造型的方式无异，都是不可行的。建筑永远存在结构与形式两个方面，且二者无法彼此替换。

无论结构与形式哪一个在设计中占据主导地位，二者的关系都无法如此解决。对于建造的这两种不同理解（形式优先与结构优先）在建筑史上平行发展，因而并不能说它们独属于某个特定时代。

这两种方式的并存，在现代主义的发展初期，尤其是奥托·瓦格纳（Otto Wagner）和奥古斯特·贝瑞（Auguste Perret）的作品便表现得非常清楚。只是瓦格纳倾心于层叠建造（layered），而贝瑞则更喜欢实体建造（monolithic）。在现代主义行将盛行之前，虽然这两位建筑师仍深受古典主义的影响，但他们已经在利用当时新兴的技术手段来实现自己的建筑理念，尽管二者的起点与立场多有不同。如果说工业革命带来的技术进步，尤其是玻璃和钢结构的应用，被贝瑞与瓦格纳作品中沉重的古典主义立面所掩盖，就像那些林立在维也纳环形大道（Ringstrasse）上的众多建筑一样，那么这些新的技术与材料也都构成了他们作品中可见且重要的部分。因此，无论是在瓦格纳还是贝瑞那里，这些作品都可以认为是开启了地域性现代主义。

与此同时，工业化装配生产所提供的诸多可能也认可并支持了这两种建造理论的进一步发展。预制混凝土结构便拷贝了实体建造体系，而批量化生产的钢框架结构的使用则直接催生了新条件下的层叠（复合）建造。

无论建筑是以工业还是手工的方式建造完成，也无论其建造耗时长短，都不会改变其“通用常数”（universal constant），事实上，直到今天这个“通用常数”的有效性也几乎没有任何改变，但它同时也衍生了许多错误的认知。

对于由材料属性差异而产生的过渡和边界处理，需要以构件功能上的需求为准。构造细部既可以设计成敞开式的也可以是隐蔽式的，常常会有多种不同可能。而装饰性设计也往往从这些过渡性处理开始，并发展出一套叙事性的表现形式。正因如此，那些把装饰的消亡归因于现代建筑诸原则的观点，就显得非常片面了。毕竟这一现象的产生更多基于文化层面的考虑，而非技术方面的原因。

19 世纪，在钢结构桥梁的建造中，结构设计被推至主导地位，而各种美学考虑则相形见绌。

然而，对美的追求是与生俱来的，它们蕴含在对手工艺的赞赏和由专业技术所带来的独特痕迹中。在这种情况下，最终成品的品质固然需要留心，但更为重要的是因制造而生的氛围以及那种不可复制的特征。工艺美术运动的这一主张在现代主义中仍得到延续，而在后者追求结构

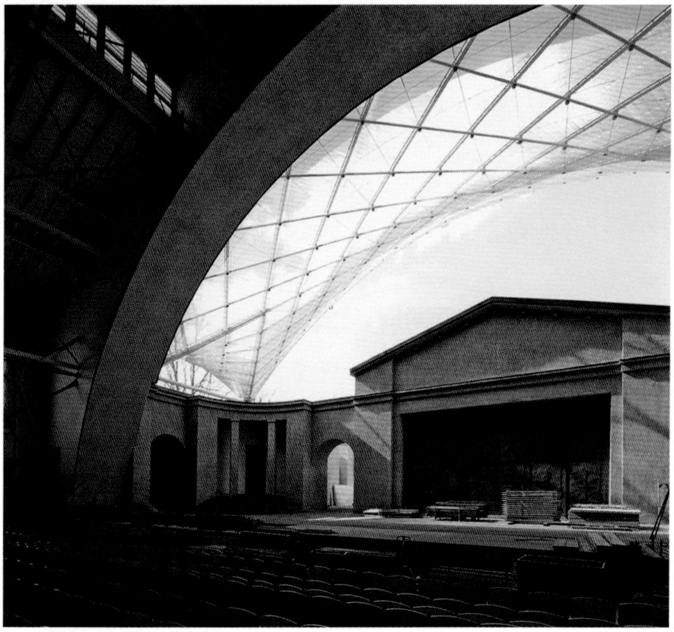

贾博尼格&帕尔菲建筑事务所（Jabornegg & Pálffy），
奥伯阿默高耶稣受难复活剧（2003—2008），
露天舞台的可变顶棚

Photo © Ivan Nemec

逻辑清晰易读的情况下，这种观点就更为重要了。

在现代主义的历史进程中，那些彰显自身的连接与节点方式很快便成了美学上的追求目标，它们的造型轮廓与安装方式从本质上而言都有固有的形式特征，而这些形式特征也属于装饰的范畴。

然而，现代建筑中也有一种始终在规避这些原则的美学追求，密斯·凡·德·罗的作品便是此中的代表。钢构件彼此融合，没有可见的连接点；连接件被藏匿到背景中，形式的建造性于是被凸显出来。把建筑约减至根本是这种设计策略的主要目标，因此它重在清晰地传达建筑上的概念，而非详尽地表现技术上的组构。无论使用何种材料，密斯的建筑都深刻地传达了一种特别的现代主义的意向，但是这种现代主义又总是被赋予一种古典主义的气质。在密斯的作品中，这已经成为一个定律。

"给形式以内涵，赋意义予形式。"密斯的这句话直接将人们从图像表征引向空间本质，这里，感知的主要对象并非各种构成要素，而是一种整体的空间效果，也就是空间意义。

另一方面，勒·柯布西耶认为建造中所体现的结构性是结构体系（système de structure）中的一个本质性元素，旨在追求各结构构件及其机能的普适性。这种认识将建筑视作一种结构性的整体，而非建造过程的任意叠加。建造在此成为概念的支撑部分，同时，它也相应地将自己整合到概念之中。

建造有一种潜能，它可以视特定的环境来确定建筑所表现出的体量和尺度。建造可以显现力的承载与传递，也可以将其隐匿。通过建造，可以表达一栋建筑是如何建成的，当然也可以让建筑远离这样的表现。

如今，技术上的可能性持续拓展着建造实施环节的可能性，然而不可否认的是，建造却仍然像过去那样，受到诸多二元对立思维的限制。

这里有许多需要被重新协调的"二元对立"：那些总是用新的理论概念来阐释的新的社会需求，其实与尊重传统工艺及其新的潜能的观点相对立；而创造新概念和新形式的愿望，则与谨守当下的建筑实践及相关理念的做法相抗衡。当然，这种种矛盾不应该带来无序的任意性和偶然性，大众需要始终意识到这些矛盾的存在且尝试去理解与解决，进而提出具体可行的观点与诉求。

对于建造的思考往往被局限在建筑轮廓之内，因此变得与建筑本体紧密相关，而忽略了建筑外围的环境要素。

当然，这种自证式的逻辑只是一种表象。建筑并不止步于其空间外皮，于是对于环境的参照成为建筑不可或缺的基础。经由这种参照，建筑才能融入环境，并在这一认识下呈现建筑自身的意义，虽然它仍旧是充满着对立与矛盾。

此时，居于感知核心的不再是那个物体一般的孤立存在，而是一种介入环境的真实潜力。但是，这些（聚焦于自身的）努力也为建筑带来了一种自主性和特殊性，唯有在非常有限的条件下才能被重复。因为一旦脱离环境，复制很快便会沦为机械的套用，那些原本的意义则很难去挖掘或分辨了。

在这一点上，建造成为促成转变的决定性时刻，此时也不妨为持续建设积累想法。当然，这一任务的复杂性并不是新出现的，建筑史上，由于各种各样的原因而出现的诸多变化已经说明了这一点。除此之外，在多方权衡的情况下进行设计需要了解传统的建造形式，包括复合式的或实体性的,以便使过去已有的空间模式能更好地适应当下的空间诉求。

环境的延续与转变一直存在紧张关系，但是这一传统如今已被现代主义及其对新事物（或者说对形式上的剧烈变化）的关注逐渐抹去。因此，所谓历史，更多地意味干预与修复的矛盾并存；如果再加以保鲜与封存，很容易便让人联想到整形手术。

对场地而言，不同历史时期的状况各不相同且多有矛盾，当它们被压缩到当下同时呈现，这种冲突便被极端化了。此时，必须要基于美学上的单纯考虑来协调不同历史事实争相表现的愿望。从中，我们可以明白这样一个道理：真正的自由不仅容纳新的设计，还延续老的肌理。

要达成在类型学上非常独到，但同时又非常契合既有环境的设计，有一个前提不可或缺，那就是要兼顾空间质量的塑造以及建筑意义的传达，此二者缺一不可。从这个角度看，就建筑的功能、形式、材料而言，准确恰当地处理这些要素是能否实现有意义的设计的决定性参照，而不论各种行动、情节的格式如何。

在此基础上，功能、空间品质和构造逻辑可以被提炼成一种语言，应用在截然不同的建造与场所的对话中。

然而，正是在这里我们可以清楚地认识到，不论是否成功融入一栋建筑或环境，我们常常生发的对于建造真实性的渴求以及由此而来的诸多原则，可能都并无太大意义。建造并非要去塑造什么绝对的氛围，而是不可避免地总被日常条件和固有矛盾所影响，并且必须不断调整以适应当下的诸多可能。

3

底层平面 (Ground Floor) 建筑物的底层平面图，通常指在建筑物离地高度 1 米处做水平向剖切后所得平面。露台（Parterre），一层（Rez-de-Chaussée）= 街道标高（street level）。通常，该平面与上面的楼层具有不同的用途，但又由承重结构和交通系统连为整体。底层平面是建筑垂直性和场地水平性的交汇处，也是住宅私密性与城市公共性的交汇处。由于建筑与城市在底层平面处交融，所以如何表现底层平面对于——比如说阿尔多・罗西的城市研究方法便特别重要。

道路 / 街道 / 道路 (Way/Street) 来源于“移动、让自己远离”。和它密切关联的词是“weaving”，意为“走动，联结在一起”。街道（street），来源于拉丁词“strata”，意为“鹅卵石小径”；或拉丁词“strenere”，意为“扩展，覆盖”。与它相关的词有“strew”，意为“散布，覆盖，分散”。（道路的）延伸与连接所具有的线性特征，与城市的表面肌理向共同作用（而形成城市）。路径，或道路，物质化为具体的街道，它们互相交织而形成网格，使一个区域得以被结构化，这在城市中的密集区域体现得尤为明显。这样的结构有各种各样的表现形式，在古代、中世纪、初建时期的城市，以及美国乃至更多的城市中均有存在，我们可以依据几何特征对它们加以区分。

广场 (Square) 这是一片在住区中为公共活动所保留的场地，它们往往被建筑环绕。它通常用于文化、经济及政治用途。在古代，古希腊城邦的居民在露天市场聚集；在中世纪，毗邻市政建筑的市场被优先考虑用作广场；在文艺复兴和巴洛克时期，广场的表现性上升至主导地位（译者注：这里是说与之前的实用性为主相比，文艺复兴和巴洛克时期则更重其表现性，即对于权力、宗教、文化、地位的传达。固然，它常常通过几何构图来达成，但是周边建筑的立面和形体也发挥了重要作用）。在 19 世纪的城市扩张计划中，广场和公园往往成为一种几何手段，用来建立城市道路系统的结构关系，有时这甚至已经表现出一种装饰性效果，在这种情况下，它们还会起到强化城市视觉通廊的作用。这种由奥托・瓦格纳等提出的理性主义规划应对方法，迥异于那种都市建筑学或卡米诺・西特（Camillo Sitte）的主张：蜿蜒狭窄的小道以及以广场为核心的扩展，就像在有机城市结构中见到的那样。

粒度 (Granularity) 粒度描述了一个群组中单个元素的大小，例如，在颗粒级配曲线中的砾石尺寸。元素的尺度级配影响着群组的特性，粒度则影响着元素参与对话的能力。因此要关注分布平衡。在用于讨论城市发展的时候，该术语指的是研究对象的大小及其相互之间的关系。研究对象往往是建筑物，但也常常是用途。欧洲的城市常常在建筑规模和用途上都呈现一种混合的状态（除了工业区），因此直至 20 世纪中期，都被认为拥有复杂的粒度。

图底关系图 (Figure–ground Diagram) 在白色底图上，以黑色图块表示实体的城市地图。黑色通常代表建筑体量，白色则表达建筑之间的外部空间。这是对以黑色表现的厚重实体与以白色表现的城市空间之相互关系最直观有力的表现。该平面的反转（图底反转），即以白色表示建筑区域，则强调了城市公共空间的结构关系。

标准化 (Standardization)　工业革命的关键一步是19世纪英国螺纹的标准化。复杂的经济建立在交换的基础上，这意味着可比性和标准化是这种经济的基础。在德国，DIN标准是一个重要的里程碑。瑞士使用的标准则是SIA 400。大量的规范和标准反映了现代时期建造的复杂性。标准借助量化（如T30）来体现客观性，它们以应用为导向，反映技术状态，规范生产及实现方式。标准化对建筑设计有着重大影响，毕竟当创造力受到限制时，标准化自然会遭受质疑。

等级 (Hierarchy)　源自希腊语“神圣”（hieros）和“指导”（arche）。实际上这一“圣规”，通常指顺序关系、等级和优先准则。作为一种规则，等级反映了明确的统治和从属地位——无论是在一个社会或政治的权力等级中，还是在逻辑上所具有的上升和下降的顺序或含义。在设计中，等级有助于确定建筑的目标并定义各要素的优先级别，比如它的用途，或是其结构框架。它的词根“archi”，在古希腊语中是“领导”（head，leader）的意思，“archi”同时也是“建筑”（architecture）一词的词根。

形态学 (Morphology)　源自古希腊语的“形状”（morphè）和“意义”（logo）。意指对形式和形状的起源、发展和演变的研究。形态学面向有机体、客观实体，以及有关历史、社会、语言和审美等方面的现象，研究它们的组成原则及分类方式。在建筑中，形态学关注设计的演变，这也扩展了类型学的分类方式。建筑形态学的研究主题包括形态创造的设计原理和秩序规则，以及建筑元素、建筑乃至城市区域在不同时间跨度中的形式演变。

类型学 (Typology)　源自古希腊语的“原型”（typos）和“意义”（logos）。意指对那些由原型演变而成的各种对象进行分类，这种原型设计卓越且特征突出，但有时也包含不甚成熟明确的形式。我们可以依据基本原则来对类型做出区分。类型学是建筑学中一种基础的设计方法，尤其是在萨维里奥·穆拉托里阿尔多·罗西主张设计与环境是一种互文关系以来——正如二者分别在20世纪40年代和60年代的作品所展示的那样。对于托马斯·瓦莱纳（Thomas Valena）而言，正是类型和场所构成了建筑。

场所—结构

作为具体的人居领域，场所呈现一种结构化的特征。封闭的建筑体量和开放的城市空间一道形成城市的发展结构，而这在很大程度上与私密空间和公共空间的划分相对应。由此，主入口所在的“立面”的设计就被赋予了特别重要的意义。与此相类似，建筑的底层平面也有着特殊意义，它连接了城市公共空间与建筑上部相对私密的部分，以及建筑的结构和交通体系。

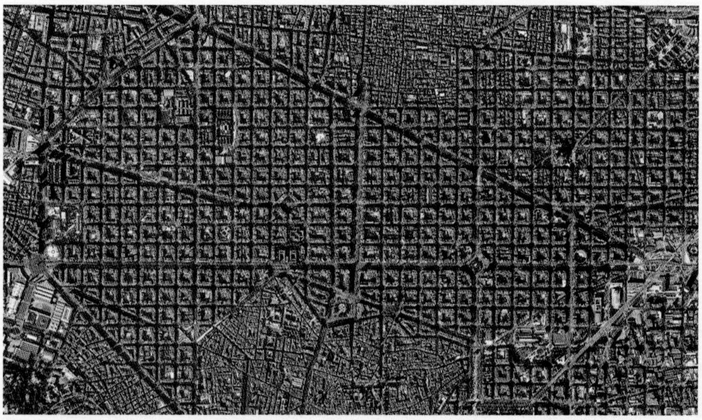

巴塞罗那扩建区鸟瞰图，2004年

© Institut Cartogràfic i Geològic de Catalunya

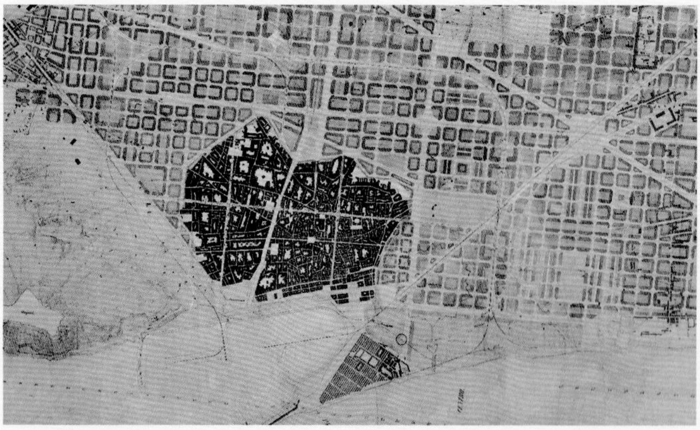

巴塞罗那原始扩建计划，1859年，细节

© Arxin HistÒric de la cintat de Barcelona AHCB22789

建筑层面

练习的切入点是认知既有建筑的结构方式并理解它的受力原则。上一练习中完成的对既有建筑的结构分析是本次练习的基础。

要设计一个对既有建筑的增建部分，同时还要通过厘清原建筑的结构体系并发展其空间特征，来改善和提升这一建筑的总体品质。为达到练习目标，需要重新审视练习 1 中的扩展策略，并在此基础上进一步发展练习 2 中获得的结构认知。

要做的操作包括在既有建筑的承重结构以外增加一个新的部分，并设计一个能够把所有房间进行有效连接的交通流线。

成果要求

两人一组完成这个练习，以 A0 图幅进行成果表达，内容包括：

- 图底关系的图解表达 1:5 000
- 街区平面图 1:1 000
- 场地平面图 1:500
- 各层平面图和剖面图 1:200/1:250
- 3 张模型照片
- 设计说明
- 建筑结构的局部放大模型 1:50
- 现存建筑及其加建部分的模型（可置入场地模型中）1:500

要求

- 现状地图
- 总平面图 1:500
- 消防安全规例
- 分析成果和结构模型
- 城市步行调研的成果
- 过程笔记 Ⅰ + Ⅱ

目标

本练习的目标在于为设计方案建立一种结构性秩序。因此，力学结构、空间结构、交通结构（流线），以及室内外空间的联系与转换都必须相互协调，整体有序。在剖面图和平面图中应该可以辨认出所选定的秩序。在模型中，则要表现出空间方面的质量、问题与解决方案。所选择的既有建筑的结构，包括交通流线、入口设置和材料选择，必须符合今天的需求和标准。

芝加哥湖滨大道860–880号公寓的结构框架

结构模型
Timothy Allen
Thierry Vuattoux
2015 AS

中世纪

Simon von Guten
Yeshi Wang
2016 AS

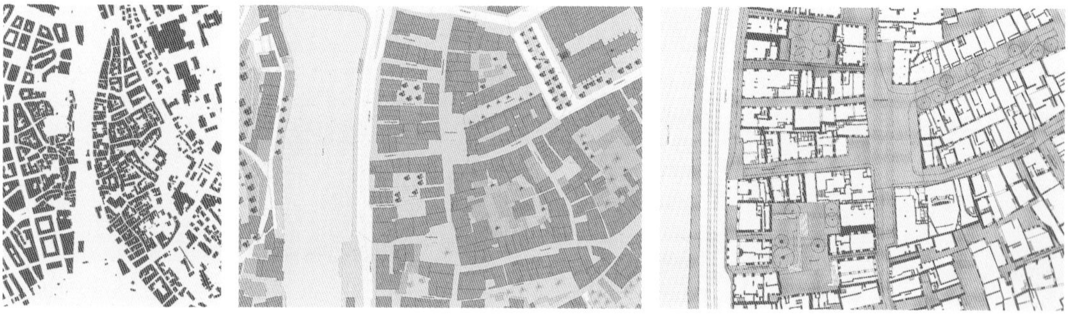

Rafael Zulauf
2012 AS

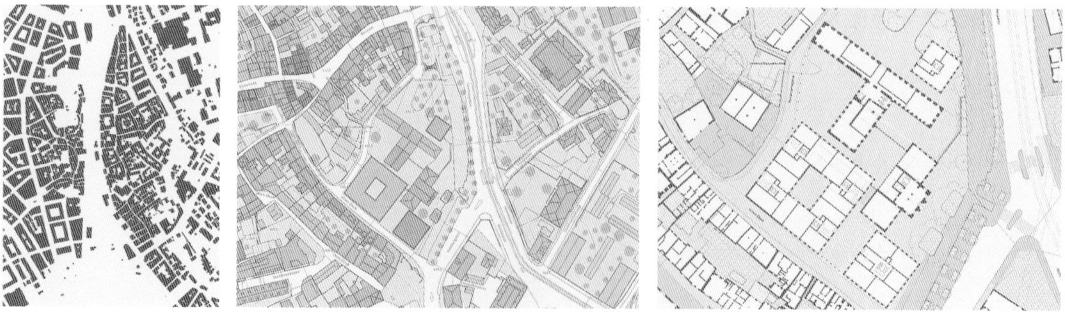

Rossella Dazio
2011 AS

大规模建设时期

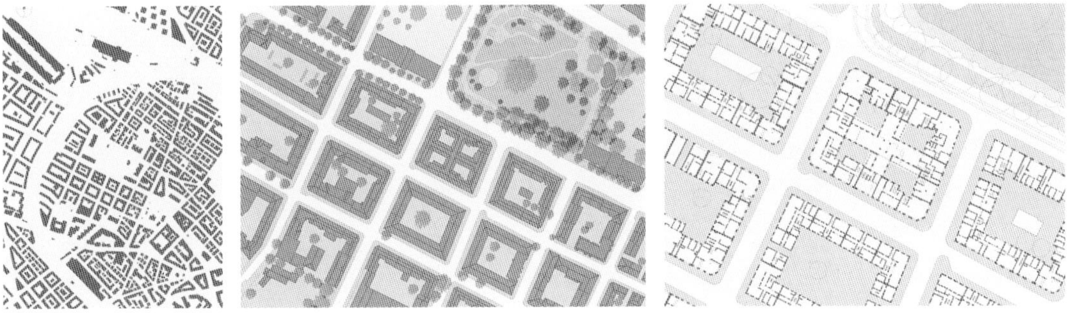

Melanie Imfeld
2010 AS

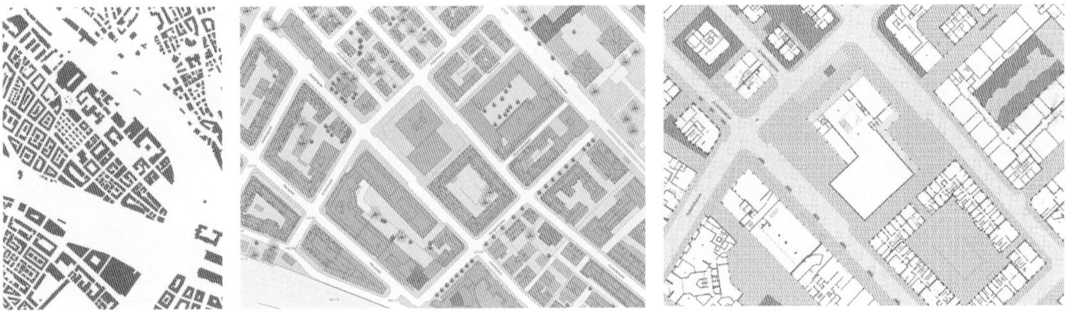

Timmy Huang
Leo Mathys
2016 AS

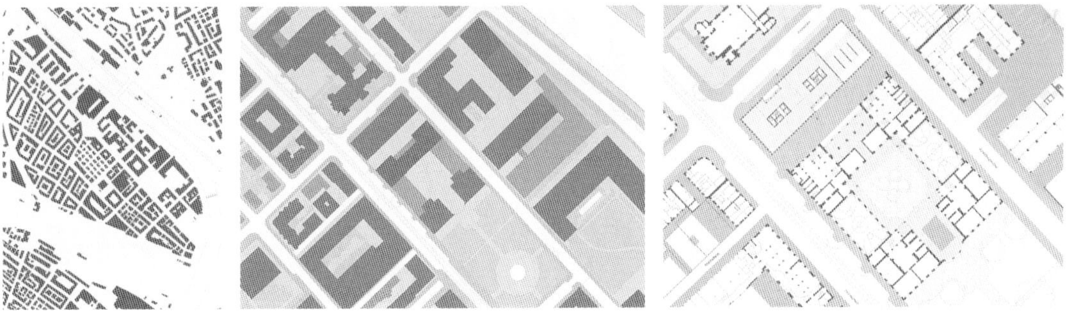

Christian Cortesi
2009 AS

现代主义时期

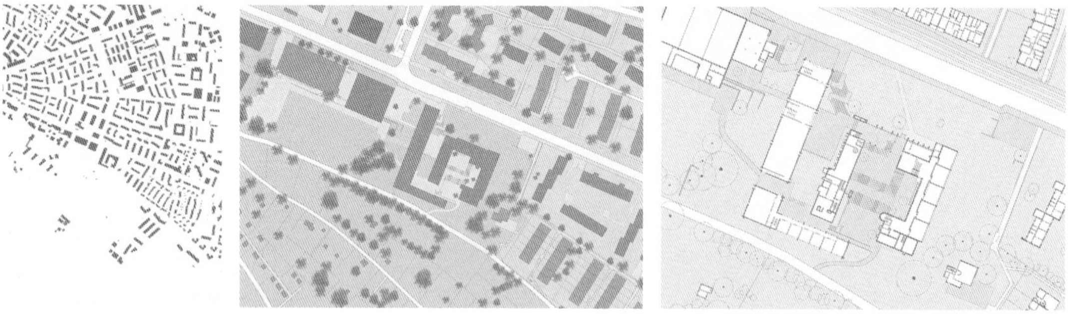

Cherk Ga Leung
2013 AS

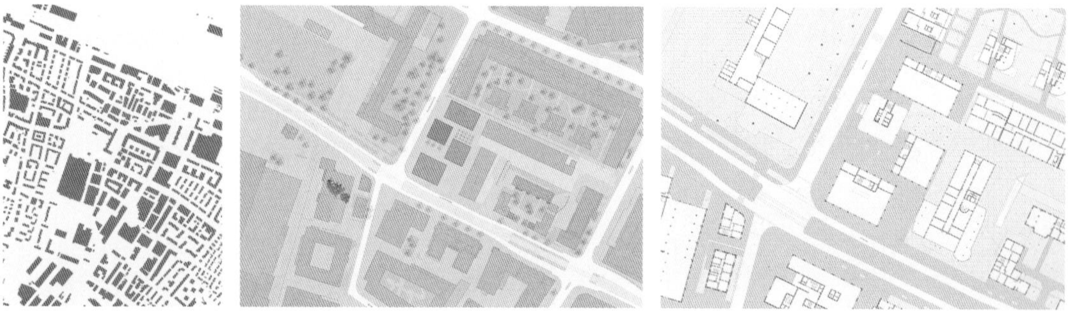

Zoe auf der Maur
2012 AS

Samuel Dayer
2016 AS

中世纪

Rafael Zulauf
2012 AS

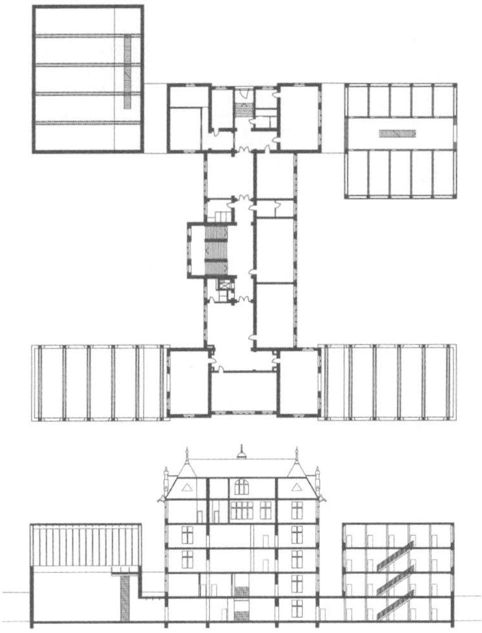

Ria Cavelti
Simon von Niederhäusern
2013 AS

大规模建设时期

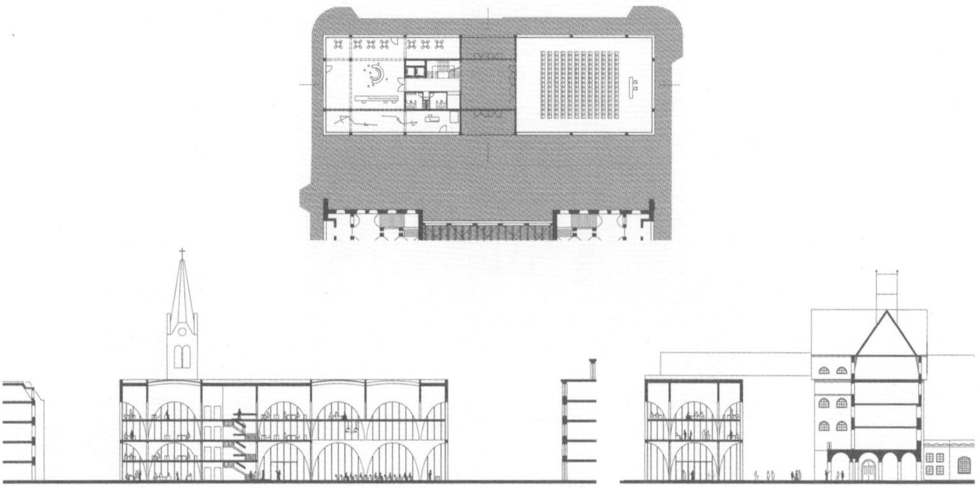

Marko Jovanovic
2009 AS

Anastasia König
Amanda Köpfli
2013 AS

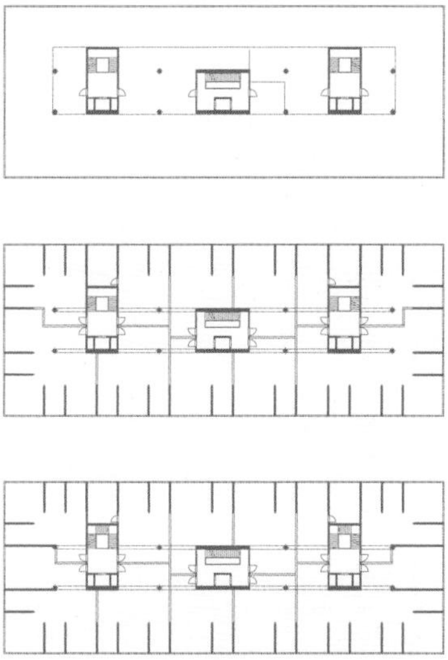

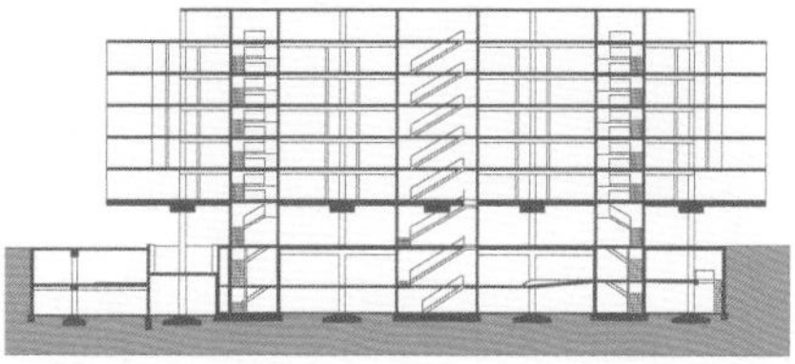

Fabio Agustoni
Giulia Bosia
Marlene Lienhard
2011 AS

Elias Binggeli
Mario Bisquolm
2008 AS

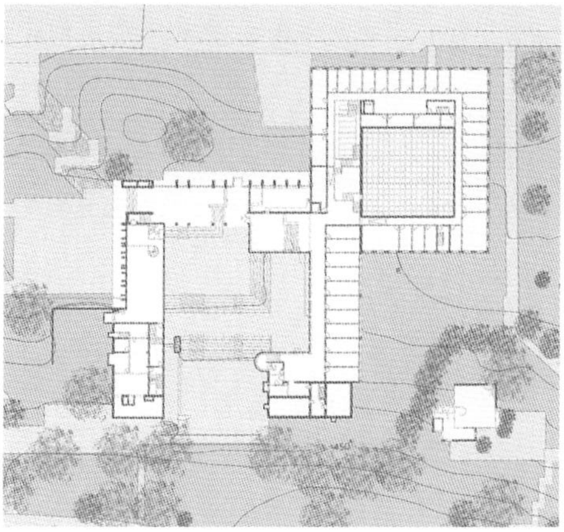

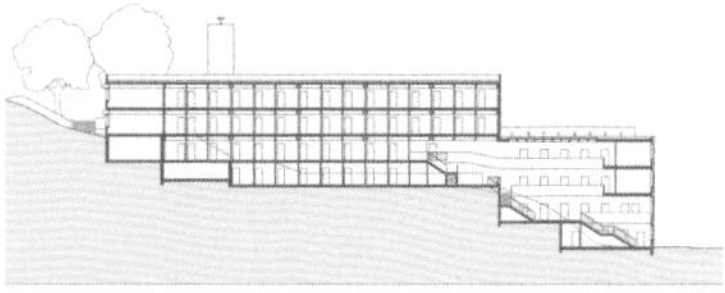

现代主义时期

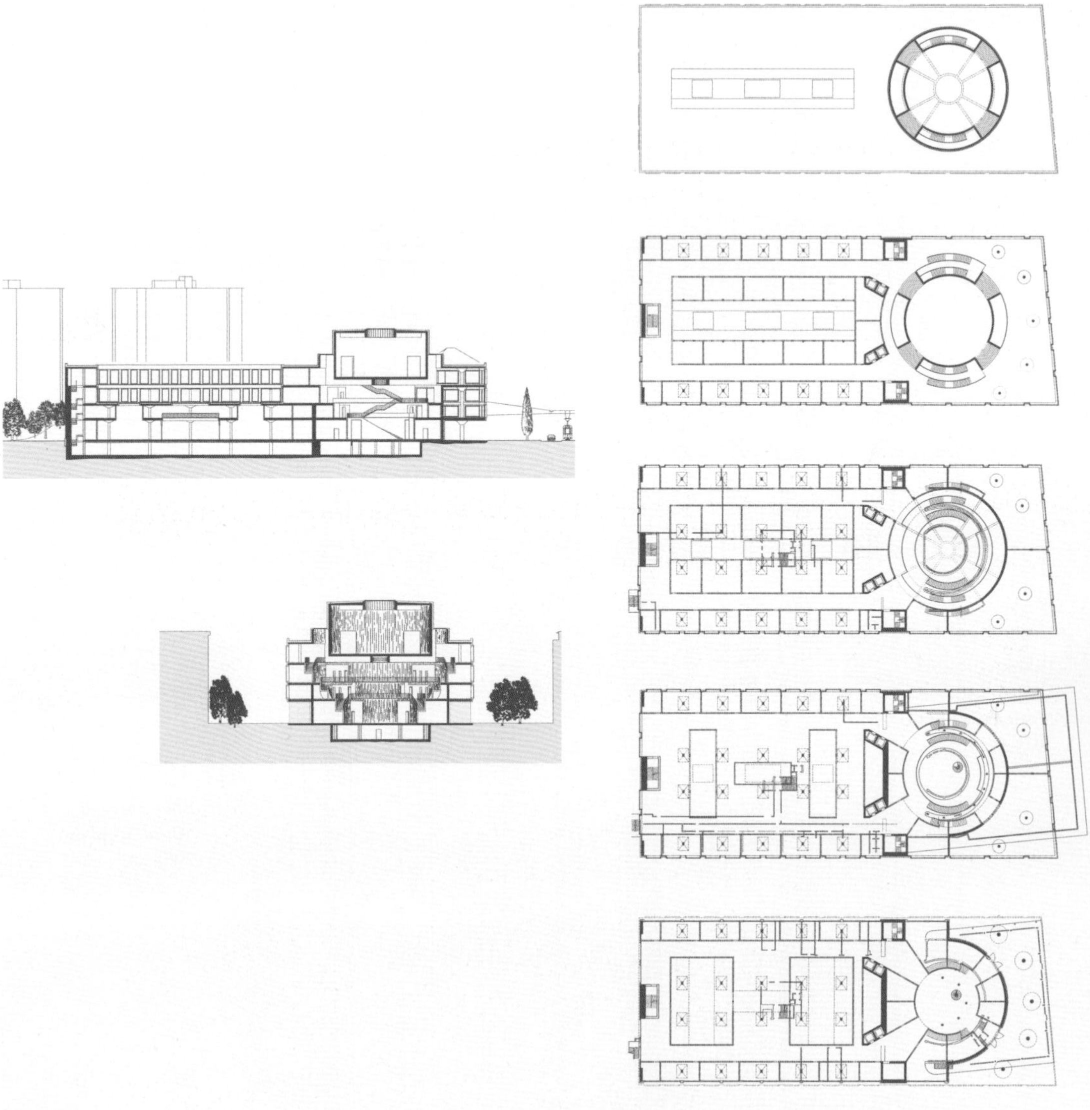

Tobias Wick
2014 AS

中世纪

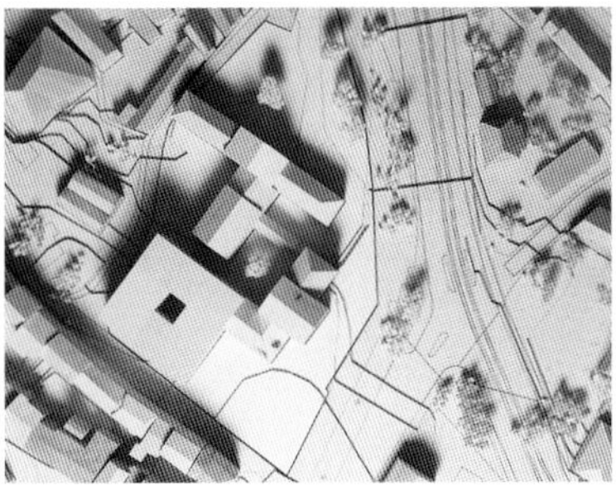
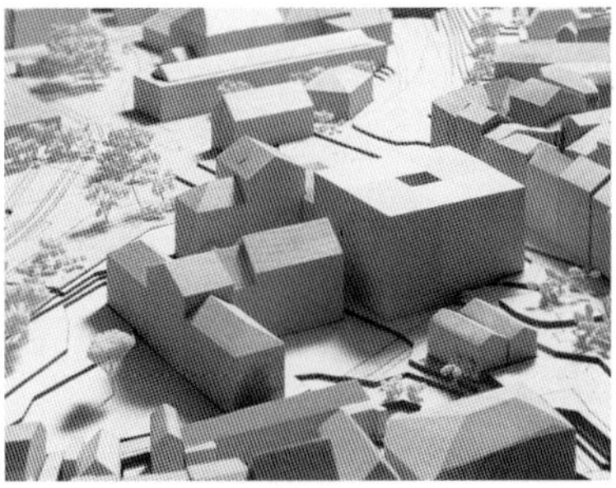

Valentin Buchwalder
2011 AS

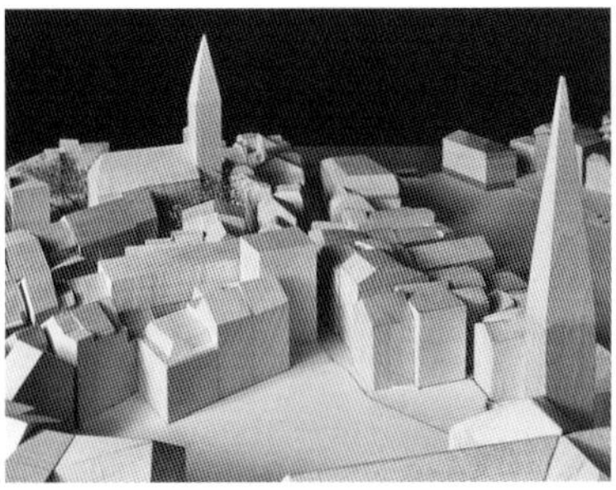

Andreas Haupolter
2014 AS

Tobias Tommila
Gregor Vollenweider
2008 AS

3

大规模建设时期

Tamino Kuny
2013 AS

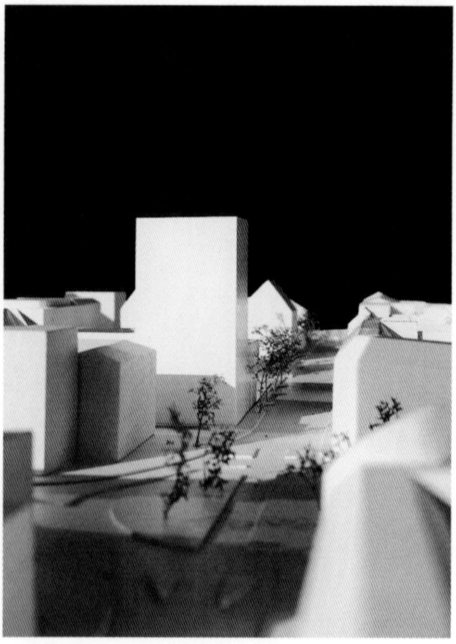

Matthias Winter
Nicole Würth
2008 AS

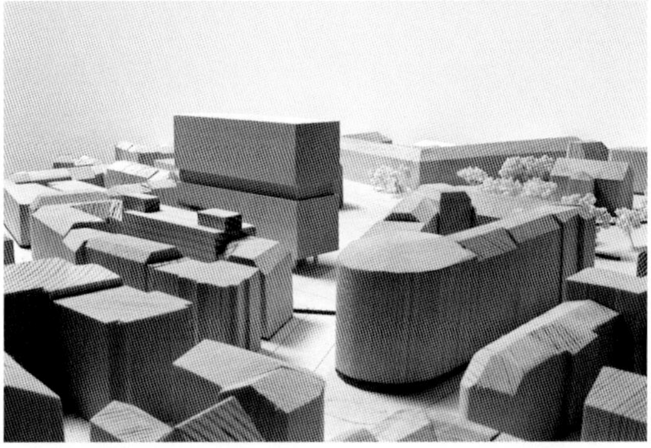

Samuel Scherer
2011 AS

3

现代主义时期

Tatsiana Selivanava
2013 AS

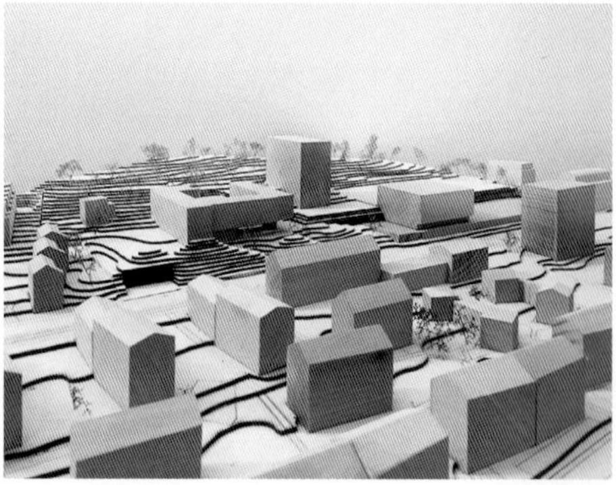

Samuel Dayer
2016 AS

中世纪

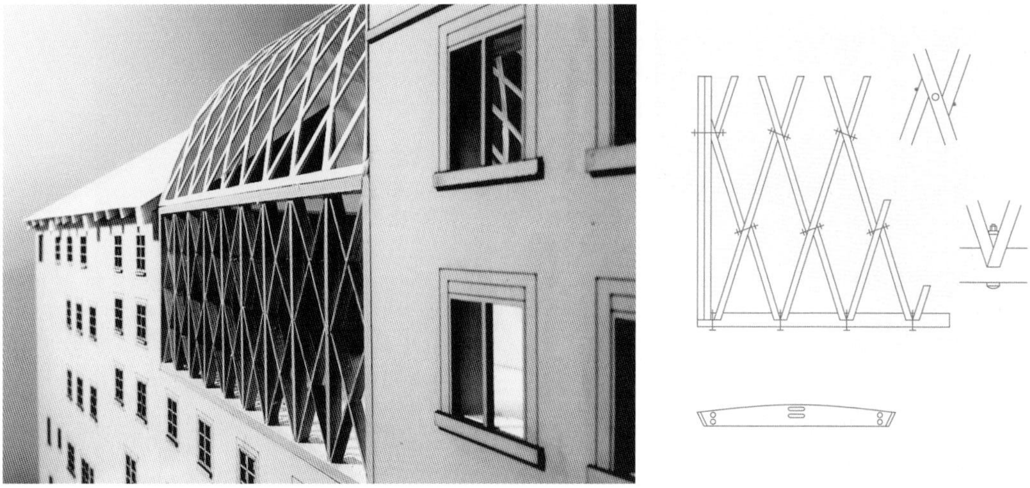

Sandra Furrer
2012 AS

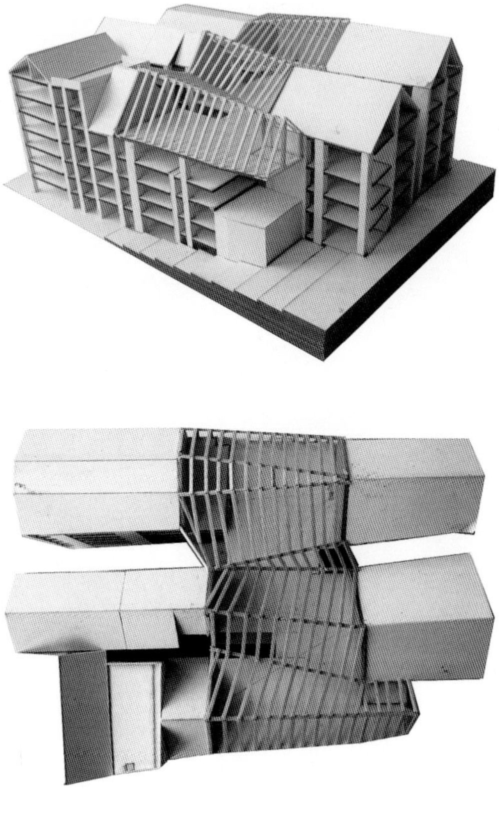

Rafael Zulauf
2012 AS

中世纪

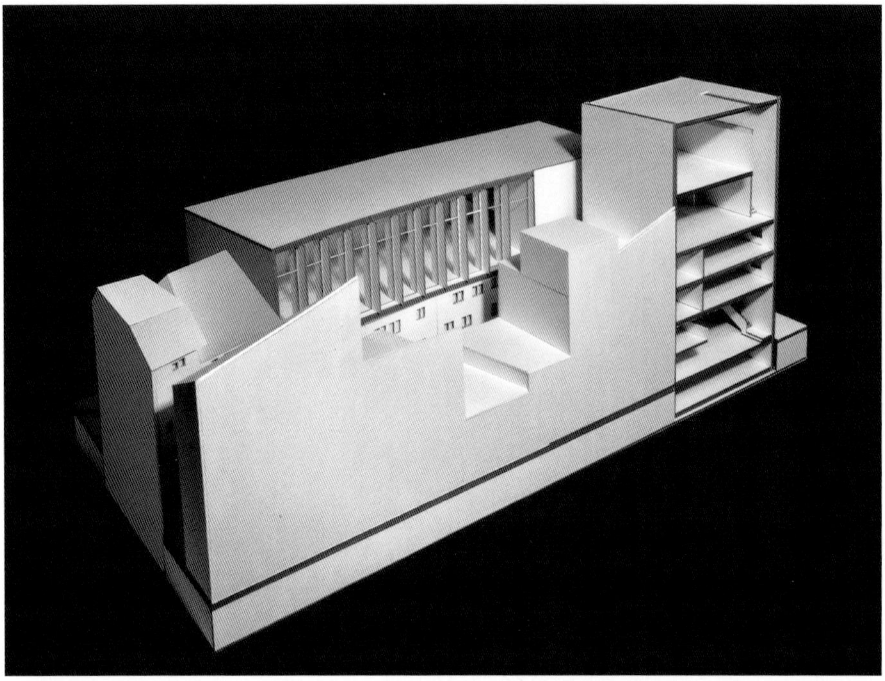

Andreas Haupolter
2014 AS

Silvio Rutishauser
Stefanie Schäfer
2014 AS

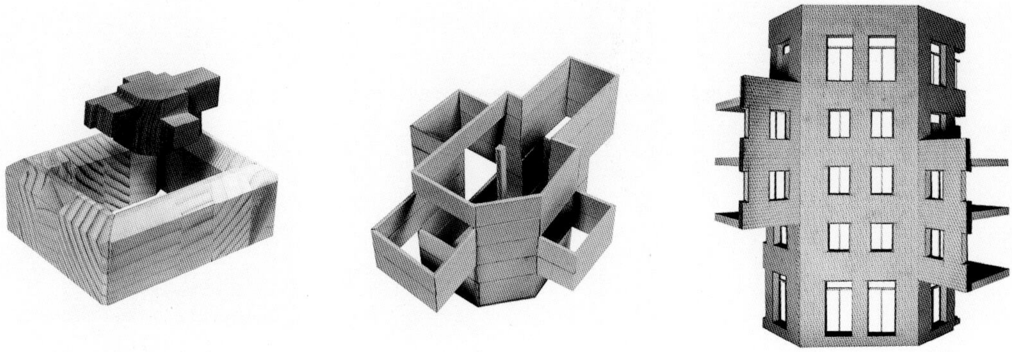

Luca Fontanella
2011 AS

Tamino Kuny
2013 AS

3

大规模建设时期

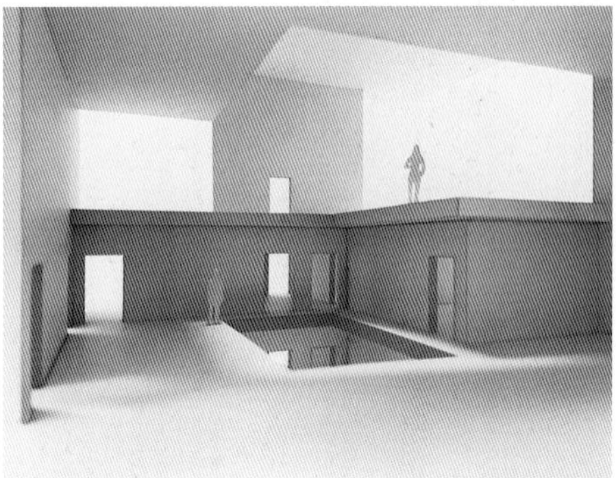

Simon von Gunten
Yeshi Wang
2016 AS

Nicolò Krättli
2009 AS

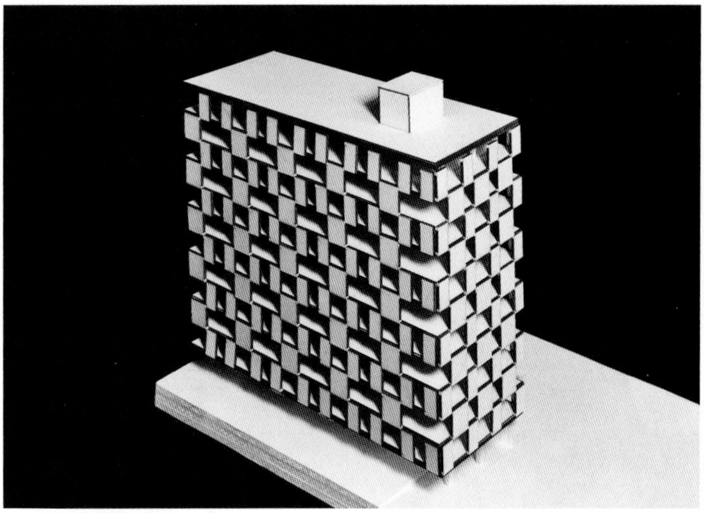

Nina Graber
Mara Selina Graf
2011 AS

Samuel Scherer
2011 AS

现代主义时期

Grégoire Bridel
2016 AS

中世纪

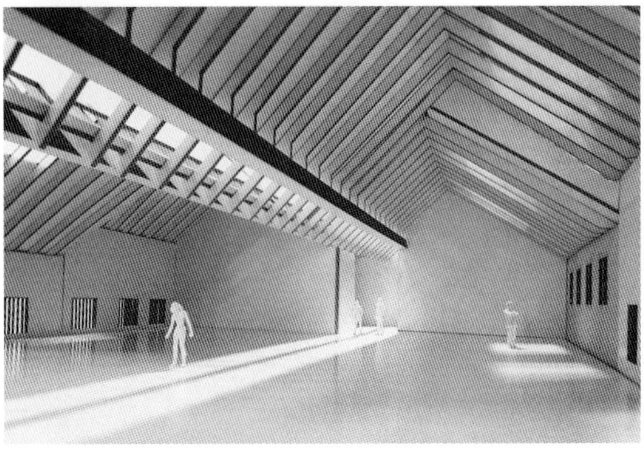

Fabio Signer
2012 AS

Lucia Bernini
Tom Mundy
2016 AS

中世纪

Patrick Perren
2014 AS

Daniela Gonzales
2014 AS

Tamino Kuny
2013 AS

3

现代主义时期

Rabea Kalbermatten
2010 AS

Xiao Wei Lim
Lilian Pala
2014 AS

现代主义时期

Adriel Graber
Mario Sgier
2008 AS

Roy Engel
2011 AS

乔治・艾尔尼, 1854–4, 鳄鱼山, 2000©Georg Aerni

4

表皮

4

表皮

“表皮”一词，德语中的“Hülle”，以及外壳遮盖物、掩蔽物、藏身处，都是印度日耳曼语系中“hehlen”的派生词。在古高地德语中，此词特指斗篷和头巾。德国俗语“in Hülle und Fülle”意为“丰富”，其本义列出人类生活的两个基本前提：保护（Hülle）和满足，或者实现（Fülle）。因为，从柏拉图（Plato）以来，我们认识到人类并不完美且需要庇护。

表皮通过创造空间、区分内外以实现庇护。在风格之争失去新意之后，创造空间在临近十九世纪末成为一个颇具影响力的新理念。风格问题与长期主导建筑理论的柱式紧密相关。相比之下，表皮、墙体则无人问津。然而，具有远见卓识的歌德（Goethe）在年轻时就曾取笑建筑理论家马克·安托万·洛吉耶，说他“原始棚屋”的柱子甚至不足以支撑猪圈（歌德 1945，4）。

十九世纪末，表皮和墙体的概念与空间概念一起获得正名。建筑就像外套、斗篷一样包裹着身体。对于空间概念的开拓者——艺术史家奥古斯特·施马索夫而言，空间是一种物理体验：“对于建筑的检验始于我们自己的身体以及它们产生的影响，这也是其永远的终点。”他在 1903 年解释道（105）。建筑不是一个客观的事物，而是与我们的所作所为联系在一起。

十九世纪末最重要的建筑师和理论家戈特弗里德·森佩尔也受到类似情况的影响而开始关注表皮。他注意到围合的起源是编织。“当森佩尔将编织墙描述为建筑基本图案之一时，他所指的首先是墙的空间划分作用，而非其作为结构元素的作用”（Moravánszky 2015，124）。编织物是建筑的真正根源。

墙、服饰、缠绕、编织、缠结，其在社会和文化上的呈现不容忽视。不论是彼此一起，或是为了彼此，还是在彼此之前的所作所为的存在都是极度与归因。结，“或许是最古老的技术符号”，对于森佩尔而言也是“连接和控制一切事物、体现事物原始连接的普适性符号”（1860，180，85）。传统工艺在伴随着材料变化的活动变化过程中发展成为房屋的艺术，建筑学。它既是工艺也是艺术。

尽管如此，无论是梁柱框架还是承重墙体系，表皮仍然依赖于支撑结构。通常情况下，表皮并非与结构毫无关联，恰恰相反它在塑造结构——这里借用卡尔·弗里德里希·辛克尔的描述。双重性仍然是表皮的重要属性——它属于既实用又稳定并且令人着迷的建筑属性。阿尔伯蒂曾要求，人们应该先不加修饰地建造一座房屋，再去装饰它，从而明确房屋和建筑之间的区别。将房屋融入文化和社会背景是美化房屋、装饰房屋和使房屋具备象征意义的方式。

经过设计的房屋表皮，即建筑立面，有其自身的秩序；它掩盖了房屋结构，或许房屋内部的某些东西，比如结构构件。最终，立面将建筑的整体性与其周围环境联系起来，表现不同建筑在城市系统中的位置以创造、强调或组织某些关联性（经常地，也有分歧，如拒绝互动）。

面容是通向灵魂的窗户

亚当·卡鲁索

这是一个关于来自不同时代、不同环境的两座建筑的故事，两座建筑都是各自时代强有力的代表，分别由十七世纪和十九世纪的代表建筑师设计。这两个作品在形式上或者建造时的社会情境上都没有太多的共同点。这种差异是有意选择的，是为了挑战一个由来已久的、关于现代主义老生常谈的话题，即勒·柯布西耶在《走向新建筑》中的陈述："平面是发生器。没有平面，就会缺乏秩序而显得随意。平面自身拥有感知的本质。"[①]时至今日这种观念仍然是当代建筑修辞的基础。

既然勒·柯布西耶对逻辑追溯如此感兴趣，并且热衷于为他的项目设计立面，谁能确定他的这句话中的"plan"实际所指为"平面图"（ground plan）？尽管如此，他的名言遭到了最狭隘的理解，一代又一代建筑师被训导：平面图是某种类型的电路板，或者是驱动建筑项目的引擎。虽然平面确实避免了功能上的混乱，但是如果认为建筑项目的感官核心可以在平面图中辨别出来，那仍然是谬误的，这也与历史上人们对建筑的经验相矛盾。大型和复杂的项目无疑需要在平面图中进行精细的组织，但真正重要的工作是通过立面和剖面图的设计手法来完成的，并且通过它们来探索建筑设计的经验、获得通向灵魂的窗口。

> 因此，我坚持认为，由于建筑模仿自然（所有其他艺术也是如此），因此它不能忍受任何与自然本身的原则相悖的事物。所以，我们看到那些曾经用木头建造、后来开始用石头建造的古代建筑确立了这样一条规则：柱子的顶部要比底部细，因为它们以树为模型，而树的顶部比树干和根部更细。同样非常恰当地，因为承担较大重量的物体会被压缩，所以古人把底座放在柱子下面，柱子上的圆环面和凹形边饰看起来像是被上面的重物压扁了。……脱离事物被赋予的自然规律和自然创造事物的简洁性，就会产生，正如它曾经是的，另一种自然界的形式，偏离真实、实用和美观的建造方法。[②]

帕拉迪奥的埃莫（Emo）别墅坐落在威尼托（Veneto）平原平坦的地形上，周围是肥沃的农田，如今这些农田上建造了一些巨大的棚屋和

① Le Corbusier: *Towards a New Architecture*, J. Rodker, London, 1931, p. 2.

② Andrea Palladio: *The Four Books On Architecture*, The First Book, The MIT Press, Cambridge, 2002, p. 51.

安德烈亚·帕拉迪奥，
埃莫别墅，特雷维索 1584
前视图

Photo © Thorsten Bürklin

安德烈亚·帕拉迪奥，
埃莫别墅，特雷维索 1584
后视图

Photo © Thorsten Bürklin

开放的工业结构。一条坚固宽阔的石砌人行道通向一段意义深远的石头坡道，中途有一个可停留的落脚处，这个落脚处突兀地通向一个引人注目而直接插入中心建筑方形体量中的门廊。四根多立克柱子，两根独立的和两根与房子主体结合的，都有尖利刀锋雕刻出的石质柱头和基座，用坚固的灰泥覆盖砖柄连接在一起。石头比灰泥更凉更硬。可以看出门廊的门楣是用木材制成的，木材上也涂有灰泥。这根大梁支撑着一个山墙，上面刻着两个拥抱着埃莫家族徽章的天使浅浮雕。除了门廊矜持的连接处外，别墅正面的其余部分都是朴素的灰泥表面，用双线标记主楼层的位置，用单线标记波形瓦屋面的屋檐。中心建筑立面的灰泥表面上，六扇窗被简洁地切分出来，外面是上了绿色油漆的木质百叶。效果非常明显，沉重的垂直门廊与中央立面的水平比例相平衡。压扁的阁楼窗像两个相隔很远的小眼睛被拉到墙的顶部并在构图中起着重要的作用，使立面处于与更为传统的集中纪念性相矛盾的张力之中。窗的位置由别墅的九宫格平面决定，无法用古老的先例进行验证。此处的别墅整合了神庙正面、罗马浴场和农家院落，是纯粹的发明创新。中央建筑两边是对称的侧翼，单侧廊结构上的拱门未加修饰。整个构图以鸽舍结束，它勾勒出建筑的整体轮廓，并加强建筑辽阔的总体效果。别墅的后立面和宏大的正立面一样原始简陋。五个带有窗户和烟囱的体量排成一条直线，尽管它们的位置和细节各不相同，但凭借数量形成了一种韵律。出于经济性的考虑，只有柱础和柱头的材料使用石头，形成一种构图秩序。相似地这种秩序也被合理运用以使得别墅不同部分能够组成一个整体，但手法又不至于太多，以免整体显得浮华或盛气凌人。

帕拉迪奥在十五世纪三十年代第一次访问罗马之前设计了戈迪（Godi）别墅，二十年后他设计了更成熟的作品如埃莫别墅，此时他已经拥有了对古代建筑更加成熟和内化的知识与感觉，而别墅的设计从根本上而言都是基于相同的前提和平面。这些别墅都位于威尼托的一小块区域内。它们被视为生产农业综合区的中心，由对称设备仓库限定核心建筑成为其外部组织形式。它们的内部组织也很相似，都是九宫格平面的不同变体：中小型房间围绕一个中心客厅组织，客厅从代表性的正立面延伸到后部的立面。如果别墅的地点、功能和组织几乎是相同的，为什么立面的主题、构图和氛围会如此不同？如果形式追随功能，在错误的现代主义语境下，所有帕拉迪奥的别墅都应该或多或少地看上去比较相似，但是它们没有。对于别墅的建筑师而言，就像对所有二十世纪之前的建筑师们一样，立面在设计中的驱动力至少和平面一样重要。参观别墅时可以体验到帕拉迪奥的创造力带来的紧张活力，体验到他在罗马废墟中看到并理解新事物时的兴奋，是用属于艺术家、主观的强烈感情去体验，而非用考古学家或历史学家的学术兴趣。帕拉迪奥希望将他所发现的东西运用到一个新的综合体中，来取悦显贵的委托人，并能创造出新的氛围和效果，从而更强有力地配合环境特征。如果建筑的大挑战是古典主义，帕拉迪奥也许是最有影响力的支持者。在他的作品体现出的灵活又不断发展的语言中，可以看到对于神圣最狂热的表达，对于财富最华丽的演绎和对于领域最深刻的阐释。

> 这片土地和这个时代的建筑师们现在面临着一些新的事物，即社会条件的演变和整合产生拥有高层办公楼建设需求的特殊群体。讨论社会条件不是我的目的；我把这些条件作为既定事实，同时立即意识到高层办公楼的设计必须在一开始就被认可，并且应该将其作为一个有待解决的问题去应对——这是一个至关重要的问题，迫切需要一个真正的解决方案。③

③ Louis Sullivan: *The Public Papers,* The University of Chicago Press, Chicago, 1988, p. 104.

保险大厦直入云霄，如同艳橙色的悬崖壁。被劈开的表面初看像是未煮熟的土，实则是拥有精致表面纹理且加工优良的表皮。按几何图形

约翰·沙考斯基，路易斯·沙利文，
保险大厦，1894—1895

约翰·沙考斯基，路易斯·沙利文，
保险大厦，1894—1995, 细部

排列的复杂装饰图案轻铸在方形陶土板上，覆盖建筑每一寸表面。在主体量上，图案和陶板以相同的比例不断重复。在装饰精美的底座和檐口上，图案由四块和八块陶板组成。陶板之间的灰浆填充接缝成为图案的一部分，如同投射到建筑表面的格状网络。装饰、材料、制造和安装融为一体，令人感到既有原材料般粗犷的表面，又有精雕细琢的形式。陶土覆层顺应建筑钢框架结构并且遮住限定出内部办公室边界的垂直窗间墙。所有这些都是相同的，并且以无限重复。每两个立面分隔一根钢柱，其他的窗间墙对办公空间进行再次划分并使立面形象完整。十九世纪末，位于美国城市网格街区内的商业建筑，往往具有通用的内部空间和块状的笛卡尔式逻辑。与之相反，杰斐逊式网格标志着西部边界的扩张。这种扩张一直延续，直到被山河阻隔。理想化的建筑网格也取决于它的位置，比立方体稍高一些、看起来协调的体量实际上是珍珠街和教堂街的角落形成的两个城市立面，和朝向教堂街上原主入口的平面。这座赤褐色建筑在每一个街道立面上都戛然而止，取而代之的是采光井内更实用的硬质白色釉面砖。教堂街的立面为十四开间宽，底层合并七开间，形成一个集中式主入口。珍珠街的立面只有十二开间宽，次入口不在中心位置。两个面向街道立面之间的单个窗宽也不一致，这在视觉上并不很明显。但由于场地尺寸的限制，这种变化仍是必要的，也表明固定的比例关系对建筑师来说不是最重要的。

1896 年，路易斯・沙利文在完成布法罗（Buffalo）保险大厦项目的同时，撰写了《高层办公建筑的艺术考量》(*The Tall Office Building Artistically Considered*）一文。正如标题中明确指出的，高层建筑面临的不是技术性或社会性的问题，而是艺术性的。文章的第一段直面现代办公建筑现状，并罗列出工业技术性解决方案，包括钢框架、电梯和沉箱基础。由于超出沙利文的影响能力，这些问题被不置可否地接受。沙利文在同一篇文章中写道，“形式永远追随功能”，他正是在强调建筑师具有将这些新的事实转变为现代生活中的建筑的责任。

> 无论是飞翔掠过的鹰、盛开的苹果花、辛苦劳作的马、欢快的天鹅、枝繁叶茂的橡树、蜿蜒的小溪，还是飘动的云，在漫天阳光下，形式永远追随功能，这就是法则。只要功能不变，形式也不会改变。花岗石与险恶的山峦，能够存在很久；闪电产生，成形，又消失，转瞬即逝。④

④ 同上，P111。

对沙利文来说，一座建筑的计划和组织还没有开始触及他所说的“功能”，这种思想受到爱默生（Emerson）和梭罗（Thoreau）先验哲学的影响，即事物的精神可以被事物的“形式”真实而全面地表达。理查森（Richardson）、沙利文和鲁特（Root）所取得的成功，不仅为他们负责设计的虽然体量庞大却缺失象征性的商业结构体提供有力而有意义的形式，同时也为年轻的美洲大陆发声。

立面是新建筑的主要工具；它将是城市、村庄和郊野建筑的特征，成为集体意识的一部分，成为表达新精神的存在。只有在建构能够支撑建筑并使建筑形象成为可能的情况下，才是新建筑的一部分。在强调金钱与生产方式力量的时代，沙利文面临着关于建筑学实践的严峻挑战，他以深入挖掘建筑学自身的历史和传统作为回应。对于沙利文和与他同时代的芝加哥人而言，戈特弗里德・森佩尔用一种影响深远的方式告诉他们这一艰巨的挑战。当时，森佩尔的观点在建筑杂志和学术团体中被广泛讨论和辩论，包括像丹克马尔・阿德勒（Dankmar Adler）和弗雷德里克・鲍曼（Frederick Baumann）这样的德国职业工程师，以及鲁特和沙利文这样游历丰富的美国人。人们谈论的核心是一座具有历史性的欧洲建筑与美国实践速度、规模和技术的调和，是长期共同发展的欧洲艺术传统与美国个人主义的调和。森佩尔建筑四要素的概念模型在芝加哥新型商业建筑中具有吸引力和实用性。来自支撑框架的艺术建筑的自主表达是重复的多层办公楼发展的必然要求。“装饰”理念似乎准确地描述了沙利文在寻找一种“有机”形式语言时需要努力解决的艺术问题。在这种形式语言中，艺术家的直觉、想象和灵感在艺术作品的形式发展和物化过程中会发现相似的事物。

沙利文的叙述被有意地挪用于历史上未受阻碍的现代主义起源。现代主义的教条宣称“平面是发生器”具有首要地位，内部空间和外在呈现具有透明性和同时性。沙利文和他同时代建筑师的作品与此无关，也没有混淆利用合理手段生产高效的房屋与通过建造表达建筑的理性和高效。在十九世纪末的芝加哥，建筑是为了满足实际需要，同时表达更高的文化理想。在这一点上，沙利文和他同时代的建筑师与帕拉迪奥没有任何区别。为了找到一种方法体现威尼斯委托人的人文价值观，沙利文前往古罗马建筑的遗迹探宝。十六世纪中叶，威尼托发生了重大的经济和政治变革。帕拉迪奥的建筑体现的是这种变革的文化特性而非实用主义特性。尽管他从古典中学习并受到启发，他的建筑与罗马没有必然联系，完完全全是对其时代和地点所做的创新，同时也是一个文化连续体中的自觉部分。森佩尔对意大利文艺复兴的诠释，以及十九世纪芝加哥建筑对森佩尔观点的挪用，都相似地隐晦化、个人化和诗意化。虽然沙利文的委托人可能并不都具有吉安·乔尔吉奥·特里西诺（Gian Giorgio Trissino）和芭芭罗（Barbaro）兄弟那样崇高的文化抱负，但在森佩尔作品雄心壮志的影响下，沙利文建造现代建筑的个人尝试在整个艺术史中熠熠生辉。

装饰 / 表层 (Dressing/Cladding) 戈特弗里德·森佩尔用装饰理论草拟了一份对于建筑的新理解。他在其影响深远的《技术与构造艺术中的风格》(*Style in the Technical and Tectonic Arts*, 1860)一书宣称，墙而非建造才是最直接的。最早从纺织品开始，人类通过穿衣来保护自己。纺织品是由线和结连接。经纱和纬纱形成图案。这个过程变成一门手艺、一项技能，为艺术奠定了基础。对于森佩尔而言，绳结是所有事物联系的象征。表层、装饰和玩物是所有文化的开始，对倾尽一生反对图式的森佩尔而言，是建筑和设计的根源。

新陈代谢 (Metabolism) 是物质或能量的转换。十九世纪科学思想的核心概念，详见尤斯图斯·冯·李比希(Justus von Liebig)的《化学快报》(*Chemicol Letters*, 1841)，卡尔·马克思(Karl Marx)的《首都》(*Capital*, 1867)和戈特弗里德·森佩尔的《风格》(*Style*, 1860)。例如，森佩尔对希腊神庙的形式特征如何从木构转移到石构进行了考察。这些建筑在"转型效仿"的过程中变成了艺术文物。建筑摆脱物质束缚获得文化意义并从材料运用转换成为智力运用。

装饰 (Ornamentation) 来自拉丁文"ornare"，表示装饰或修饰、装备、润色。装饰图案通常是重复的抽象图形，既不传达时间也不传达空间错觉的图像，以直线或跨区域的方式传播。节奏是通过重复产生的。这就像音乐影响听众一样触动观察者。这种心理维度被现代主义的理性主义思想所拒绝(阿道夫·路斯,《装饰与罪恶》, 1908)。相反，对于森佩尔而言，装饰仍然是一个人类学意义上的永恒事物：一个物体因为被装饰而被赋予存在的权利。

排列 (Arrangement) 排列创建一个整体，如果从中移除某个部分就一定会影响整体。长期以来，人体的组织布局在建筑理论中具有重大意义，并与人体尺度的探索相联系——最常见的是维特鲁威人(Vitruvius Man)。维特鲁维明确提到用修辞——排列(dispositio)——作为组织方式，要求对文字陈述进行清晰的组织以便于理解。对于莱昂·巴蒂斯塔·阿尔伯蒂而言，排列对于证明什么是完美的，同样必不可少——镜像、序列和韵律是实现完美的手段。在现代主义中，占主导地位的是附加和重复。

韵律 (Rhythm) 来自希腊语"rhythmσs"，表示对称、连贯、时间或运动的组织。出现在自然现象中的周期性变化和规律性运转，比如自然界(白昼和黑夜)和生物学(呼吸和心跳)的变化过程。根据鲁道夫·祖尔·利佩(Rudolf zur Lippe)的说法，舞蹈，即安排好的动作，是创造空间的最初形式。建筑的节奏就是度量建筑元素的变化并对其进行组织。奥古斯特·施马索夫指出，韵律是建筑的空间维度，并且只有通过运动才能被完全捕捉到。

对称 (Symmetry) 来自希腊语"syn"：表示协调尺度(métron)、正确的尺度带来尺度间的相互影响以及和谐与美，在希腊雕塑中表示人体的平衡。这仍然让人想起维特鲁威人：在一个圆形和方形中的人体。它将具体的人体图形转换为包含点、线、面对称性的几何秩序，即沿点、线或面可以进行镜像。在建筑中，主要是在平面图和立面图上的轴对称，以及与建筑长度相当的主立面的对称。二十世纪，自由但静止的平衡分布取代了对称，例如在风格派中对称是一种动态平衡。解构主义摆脱了这一点。

构图 (Composition)　来自拉丁语“componere”：表示组成整体，指创作作品或创作本身。音乐定义：由作曲家主导的主旋律、研发、制作、器乐谱写和表演。美术定义：设计元素与艺术创作中一个全新且独一无二的整体联系。建筑定义：形象地说，就是根据建筑师的要求而进行的建筑元素布置。现代主义以建造取代构图，并嘲笑艺术创作和构图。

比例 (Proportion)　来自拉丁语“pro portione”，根据比率一词指两种尺寸之间的关系；狭义上指好的比例是令人舒适的比例。对于毕达哥拉斯（Pythagoreans）而言，整数比反映世界的和谐（全部都存在于数字中）。八分（1/2）、五分（3/2）、四分（4/3）等，在声学和视觉上是完整的。运用比例可以创建相似的比率，例如正交、三角法则、黄金比例。根据托马斯·菲舍尔（Thomas Fischer）的说法，数字 1—6 是我们所有音乐的基础，并且足以让一座建筑充满音乐。

浮雕 (Relief)　来自法语“relief”，表示突出，由平面转化为三维的表面设计。地质学定义：一个区域的表面设计。艺术定义：与表面区分开的雕刻图像，如帕提农神庙浮雕带（Parthenon Frieze）。建筑定义：立面的雕塑造型。阿诺·莱德勒强调，高品质的三维立面造就了欧洲城市的活力，通过浮雕的光和影可以体验这种活力。二十世纪，自由形式的雕刻（表现主义、捷克立体派）和表面图形（窗帘式立面）取代了可见的纹理。浮雕在后现代主义和解构主义中回归。

表皮

表皮、支撑与交通共同完成建筑的结构。表皮划分室内、室外空间，确保内部的人们拥有一个不受恶劣气候和各种排放物影响的有利环境。表皮是一个拥有体量的建筑构件，并通过分与合的相互作用来实现这一点。表皮创造立面和建筑的外观，并深刻地表现出建筑与环境的关系。

城市层面

分组收集建筑场地周围的街道信息。学生们在街道上拍照并用速写的方式补充。

在两个不同的参考层面上完成工作：街道和单一立面。根据一个标准的列表来收集、比较和评估街道信息。

具体要求说明

以小组形式进行课题研究，一个小组负责一个建筑项目。以报告形式向其他学生展示研究结果。

首先绘制、汇编以下资料，以便分析街道部分（街道长约 250 米）：

- 街道断面照片蒙太奇 1:250
- 街道剖面图 1:250

评价标准

- 场地宽度
- 建筑间距和宽度
- 屋檐高度.
- 公共空间的相对尺寸
- 楼层数
- 层高（标准层 / 底层）
- 窗墙比
- 立面节奏
- 窗比例（典型窗）
- 现有建筑照片（立面材料、典型元素）

评价

- 描述立面线条及其与街道空间和临街建筑的相互影响所造成的效果
- 比较不同街道之间变化
- 描述单一立面特性
- 描述和表示组织原则
- 列出元素和材料表
- 描述建筑表达方式
- 选择一栋当地典型建筑
- 比较不同建筑立面

要求

—现有建筑物平面图
—城市调研的发现
—工作手册第一、二部分

目标

对具体的案例使用照片蒙太奇描述并清晰地展示街道、多种立面和单一元素的分析标准。学生小组将对这些分析进行批判性的检验和评估，并独立呈现。这些观点将作为后续练习的基础。

预先定义的标准和方法将会引入立面分析的概念。对现有建筑的评估将揭示并阐明发展和设计立面的可能性。这些分析和比较，连同学生的设计能力，共同为构成独立立面设计提供重要的基础观点。

赫尔佐格和德·穆隆
利口乐工厂仓库
劳芬，1986—1987
立面细部

© Herzog & de Meuron

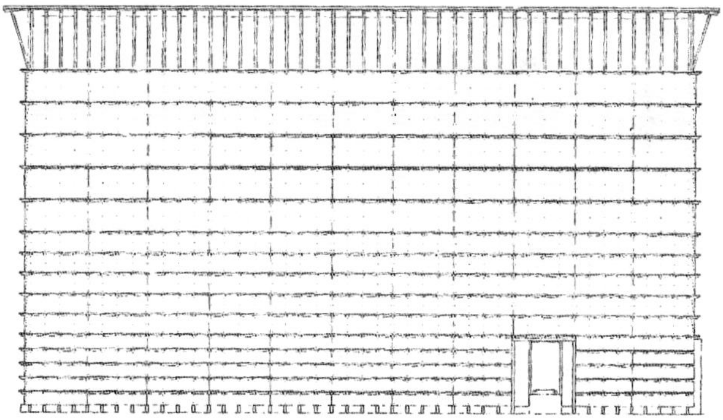

赫尔佐格和德·穆隆
利口乐工厂仓库
劳芬，1986—1987
图纸

© Herzog & de Meuron

康斯坦丁·梅尔尼科夫
梅尔尼科夫自宅，莫斯科
1928—1931，施工照片
立面细部

建筑层面

本课题是建筑表皮（围护结构）的发展和设计。每栋建筑周围的街道都建立了城市语境下的参照构架。作为内与外界面的入口层具有特殊的重要性。材料和颜色的选择从现存的城市环境演变而来。

具体要求说明

这个练习由两名学生结组完成，最终成果是 DIN-AO 格式的图示。必须提交以下文件：

- 模型照片（内部、入口、细节）
- 剖立面投影图 1:75
- 现有立面图 1:75
- 包括现有建筑设计的照片蒙太奇 1:75
- 有细节的区域平面图 1:1 000
- 街道新立面图 1:200/1:250
- 书面说明
- 立面模型，展示从底层到顶层的所有相关元素

要求

- 考察的街道照片 1:200/1:250
- 工作手册第一、二部分

目标

从分析中获得的知识应该在立面设计中被应用和发展。设计立面时，还应考虑个人对于场地和设计任务的思考，并对其定义、呈现。

过程中的各个步骤训练学生对构造的、静态的立面系统做出决策，这些系统也清楚地显示了设计理念的建筑性表达。

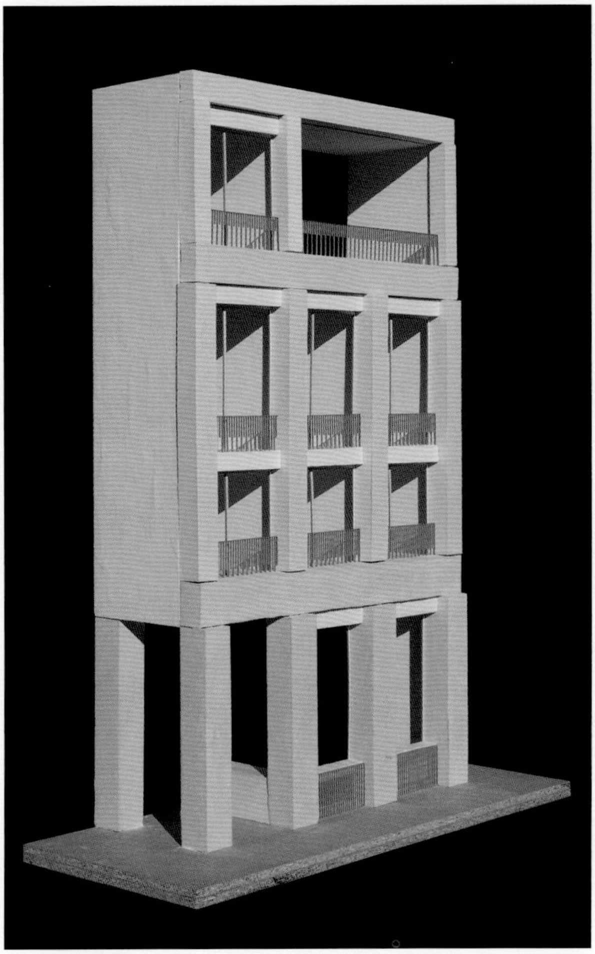

立面模型
Alexander Poulikakos
Feng Zhang
2014 AS

中世纪

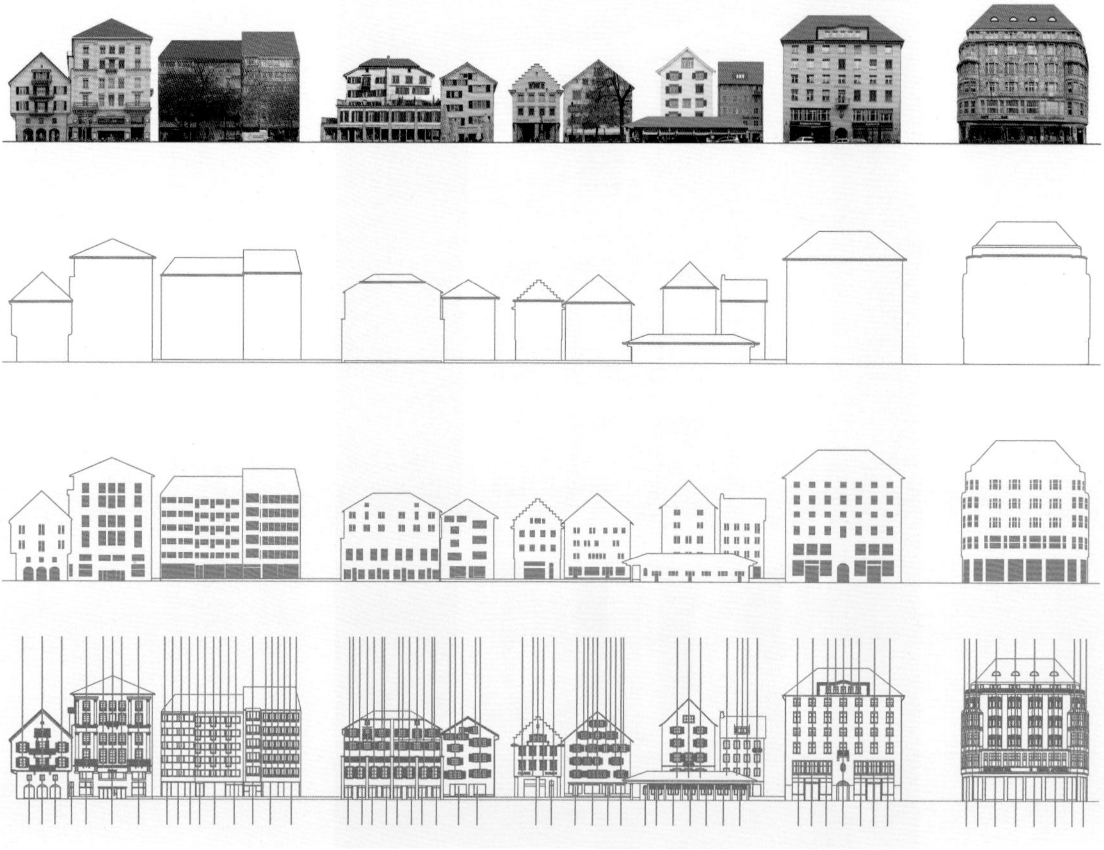

利马得河畔分析
街道视图
屋檐高度
开放度
节奏
材质

大规模建设时期

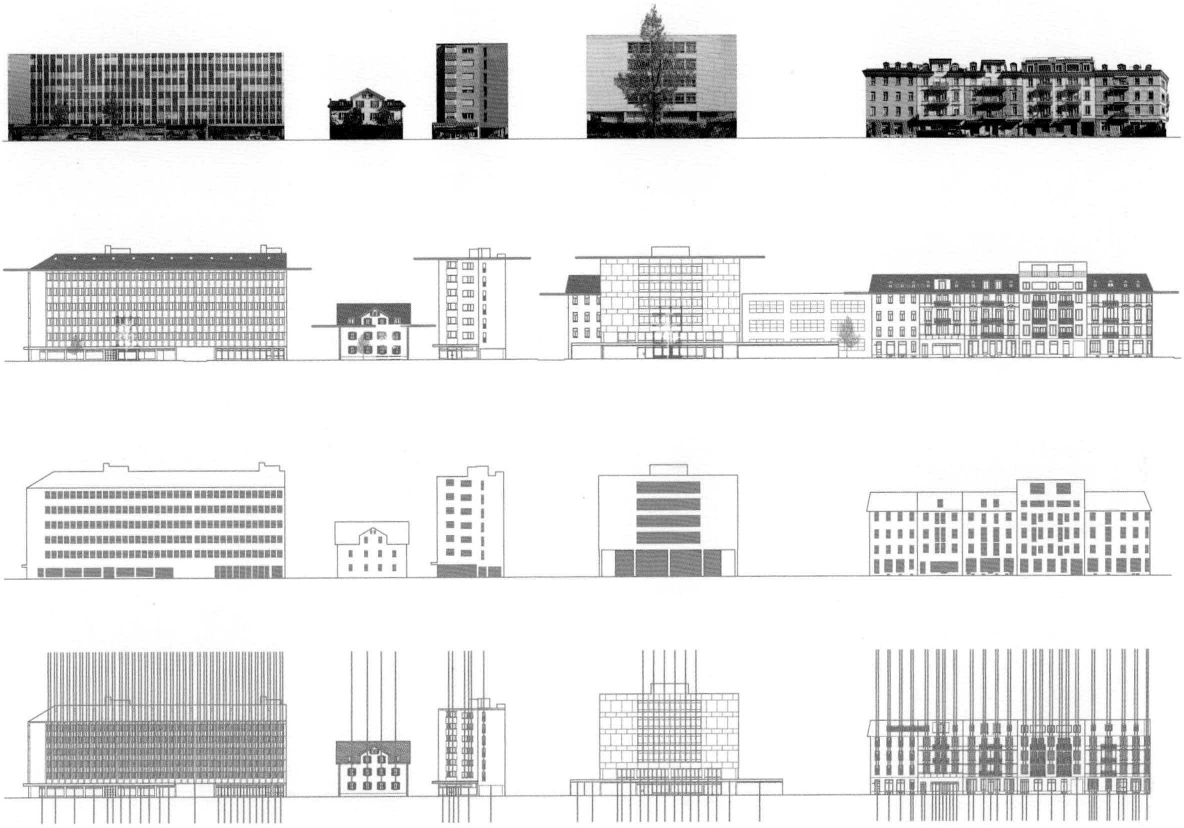

约瑟夫街分析
街道视图
屋檐高度
开放度
节奏
材质

现代主义时期

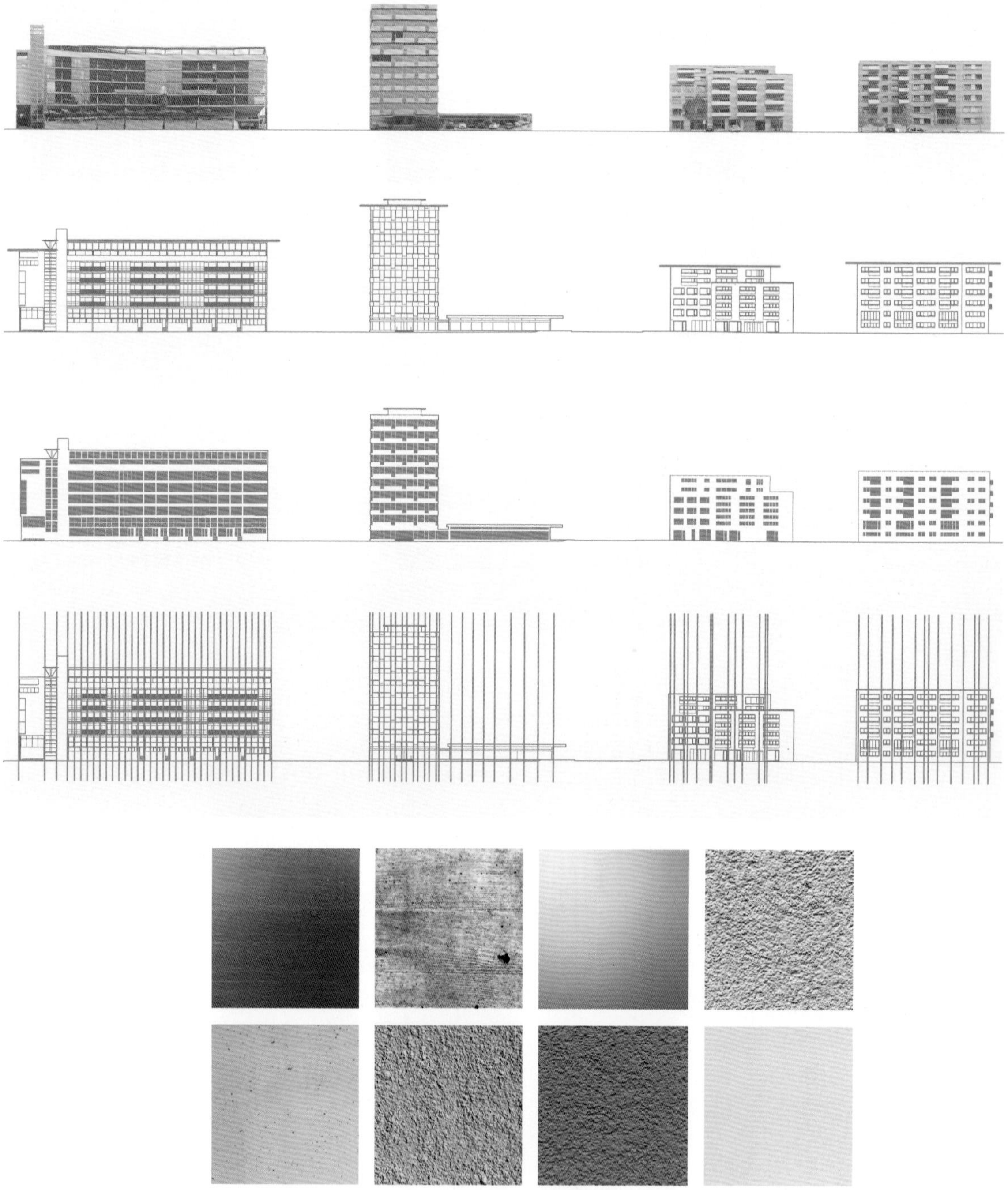

布克号斯大街分析
街道视图
屋檐高度
开放度
节奏
材质

中世纪

Samuel Klingele
Alexis Panoussopoulos
2012 AS

Lucia Bernini
2016 AS

Lucio Crignola
Maurin Elmer
2013 AS

大规模建设时期

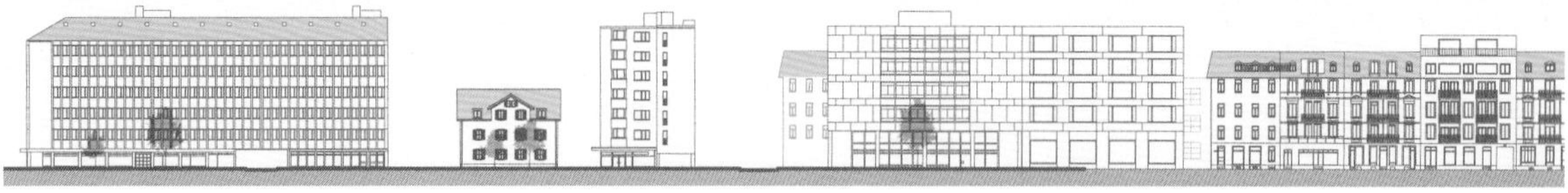

Grégoire Bridel
Rémy Carron
2016 AS

Lea Grunder
2013 AS

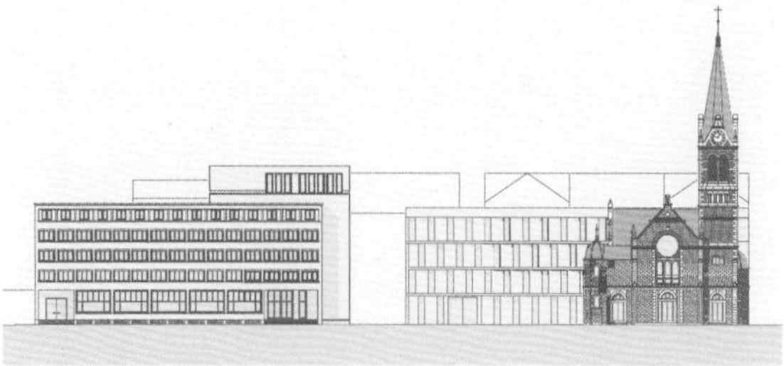

Corinne Wegmann
Vanessa Werder
2008 AS

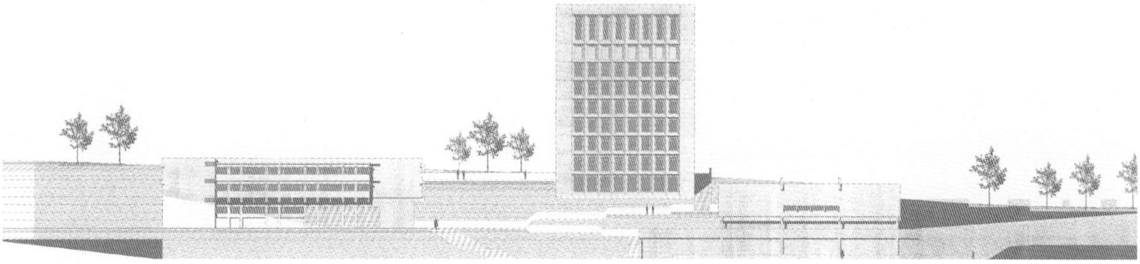

Benjamin Cordes
2008 AS

Stéphane Chau
2013 AS

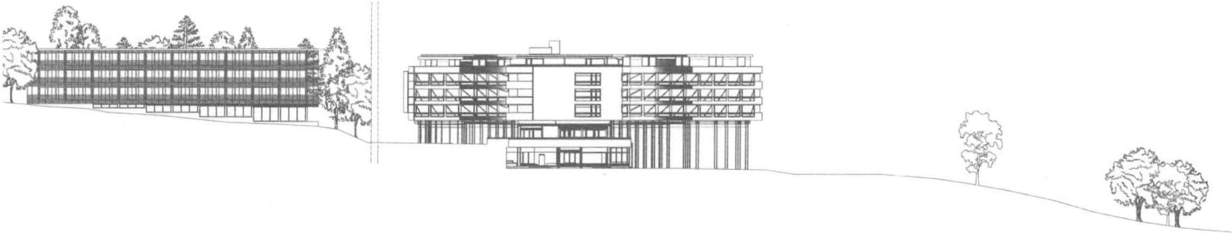

Timothy Allen
Christian Weber
2015 AS

中世纪

大规模建设时期

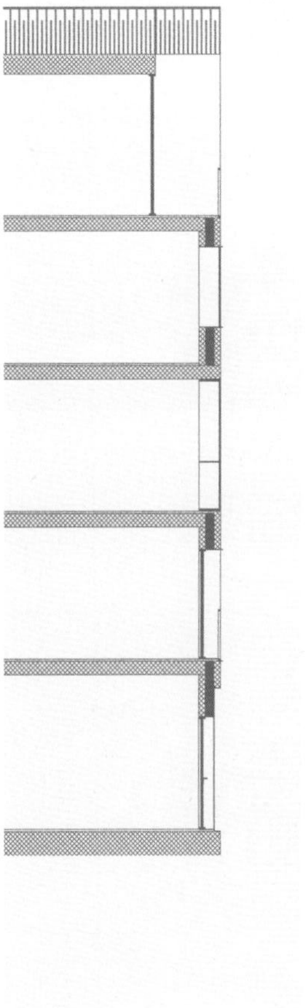

Noël Frozza
Julien Graf
2015 AS

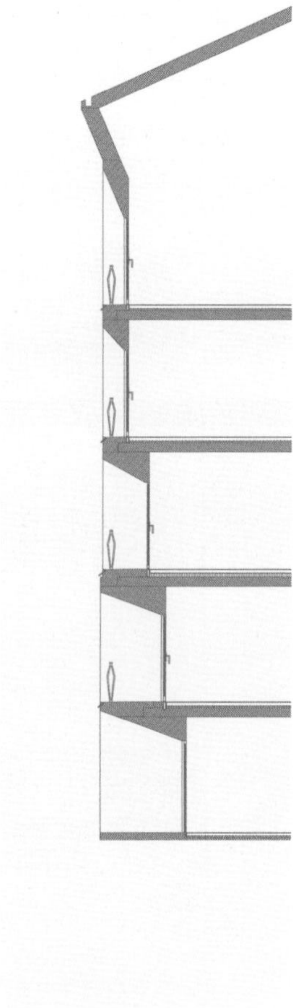

Markus Krieger
Petra Steinegger
2014 AS

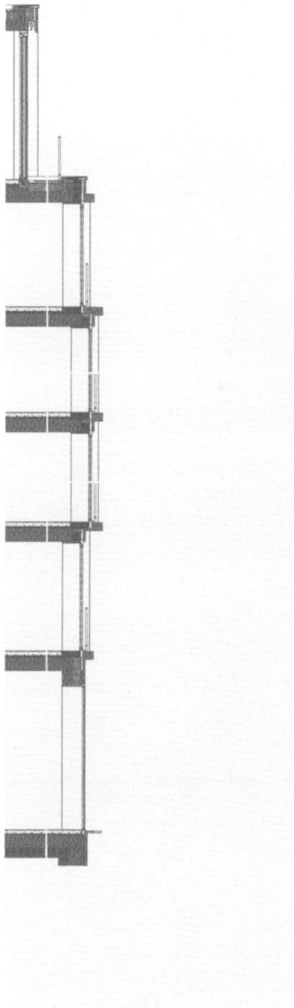

Lukas Herzog
Hubert Holewik
2011 AS

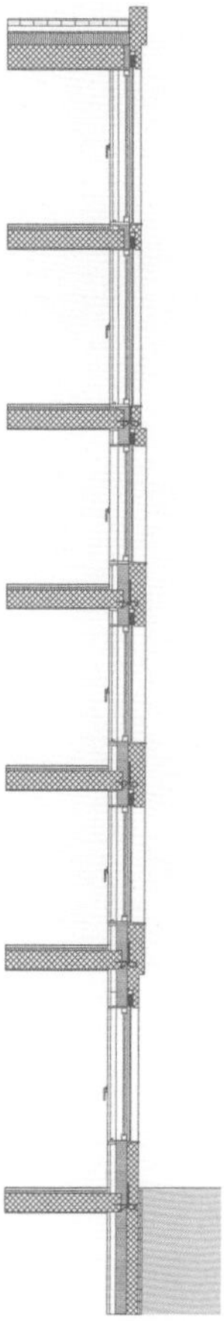

Jana Bohnenblust
Marco Fernandes Pires
2016 AS

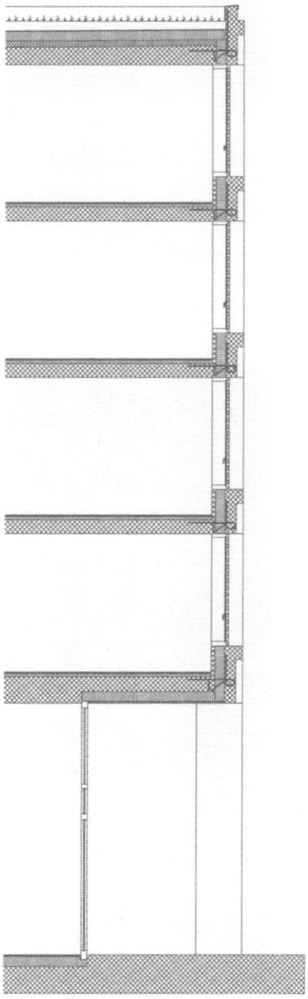

Samuel Dayer
Louis du Fay de Lavallaz
2016 AS

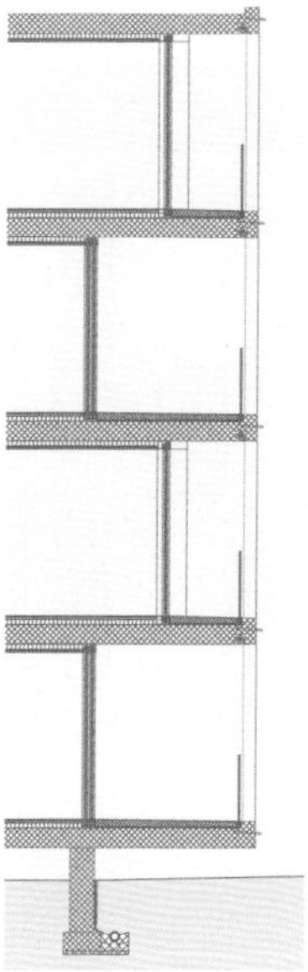

Flurin Arquint
Michael Beerli
2010 AS

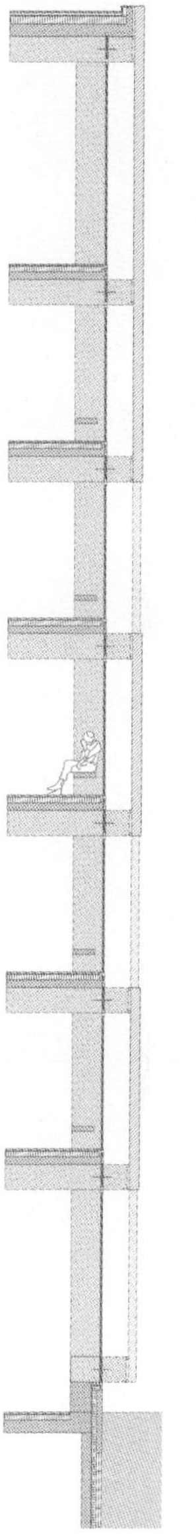

Larissa Strub
Lucie Vauthey
2016 AS

4

中世纪

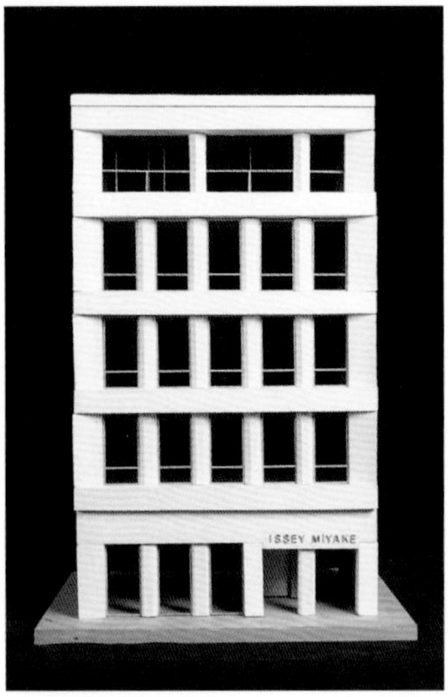

Wen Guan
Zhiyku Zeng
2016 AS

大规模建设时期

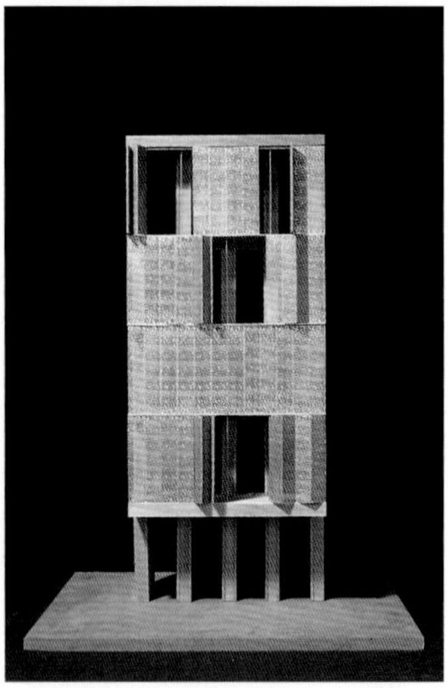

Isabel von Bechtolsheim
Rafael Zulauf
2012 AS

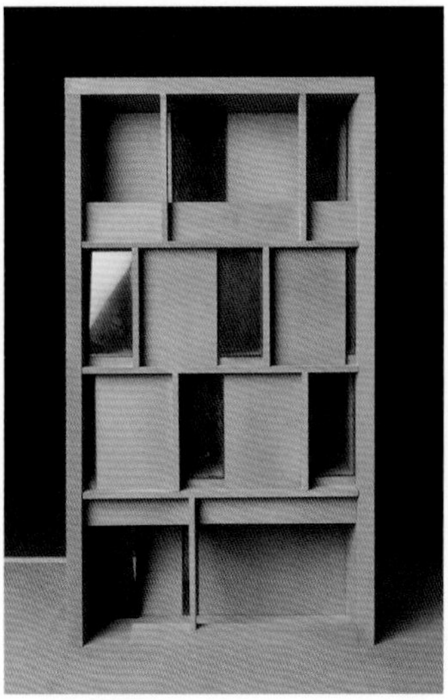

Lea Graf
Andrea Micanovic
2013 AS

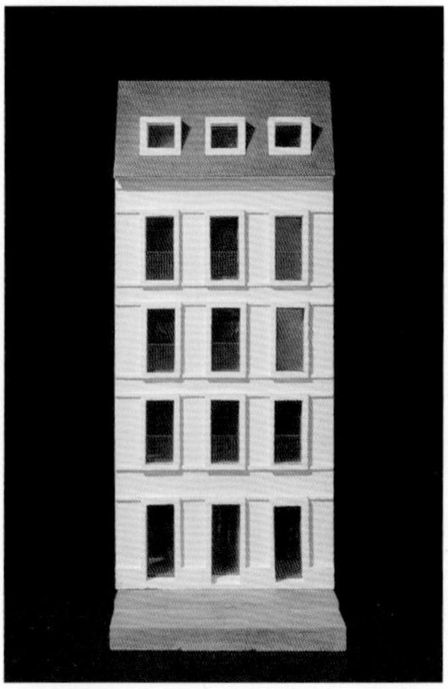

Isabelle Burtscher
Carlo Magnaguagno
2012 AS

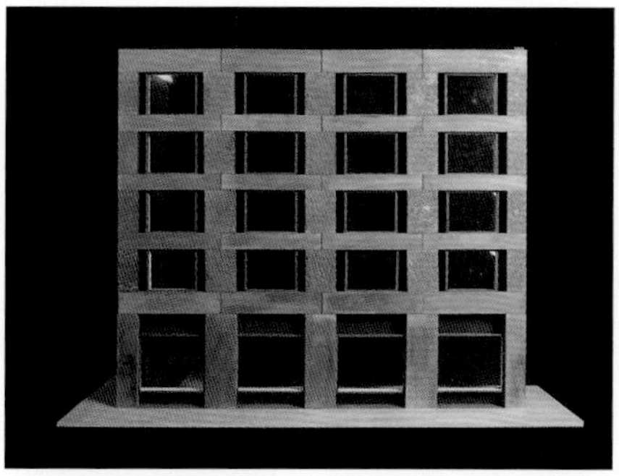

Grégoire Bridel
Rémy Carron
2016 AS

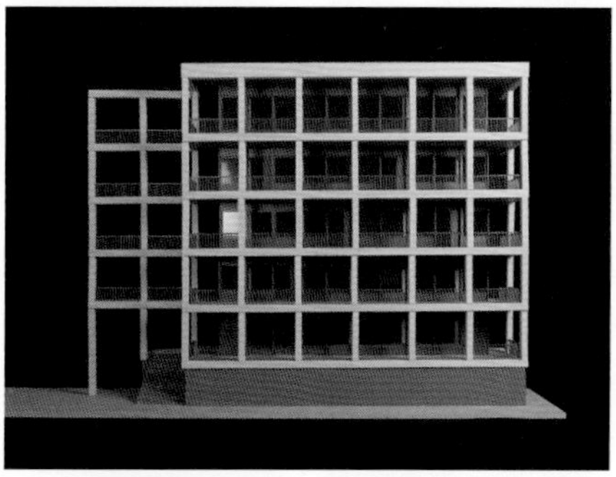

Lucia Bernini
Tom Mundy
2016 AS

Samuel Dayer
Louis du Fay de Lavallaz
2016 AS

现代主义时期

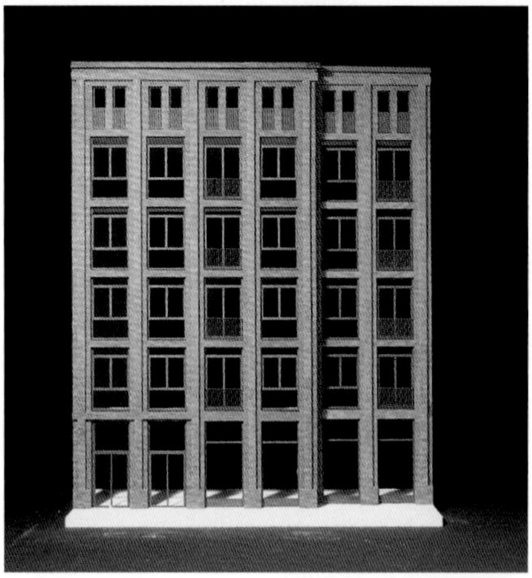

Karin Bienz
Felix Good
2012 AS

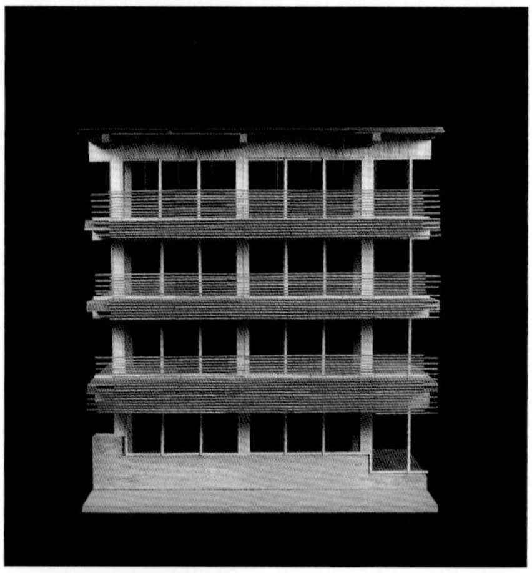

Timothy Allen
Christian Weber
2015 AS

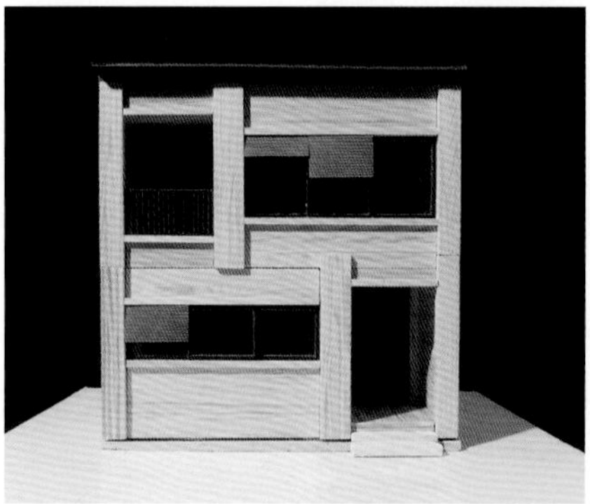

Flammetta Pennisi
2010 AS

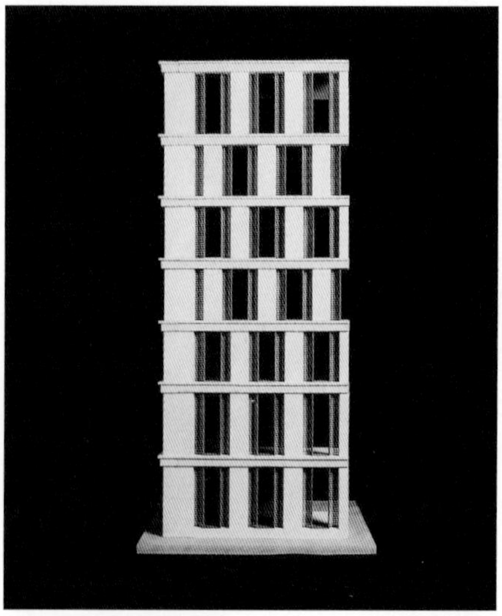

Alejandro Pérez Giner
Juan Rojas Rico
2016 AS

中世纪

Carola Hartmann
Robin Schlumpf
2015 AS

Lukas Graf
Andrea Micanovic
2013 AS

4

大规模建设时期

Ria Cavelti
Simon von Niederhäusern
2013 AS

Lukas Herzog
Hubert Holewik
2011 AS

Sarah Federli
Lea Glanzmann
2010 AS

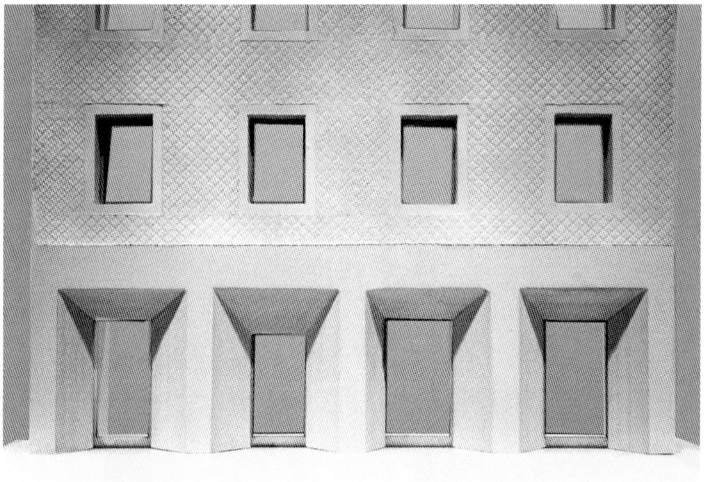

Caroline Schwarzenbach
Fabian Reiner
2014 AS

现代主义时期

Arthur de Buren
Jonatan Egli
2011 AS

Timothy Allen
Christian Weber
2015 AS

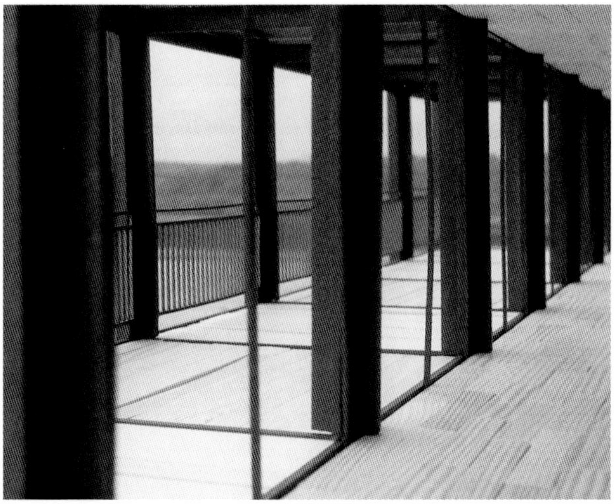

Noëmi Ruf
Lars Rumpel
2013 AS

巴斯・普林森, 山谷（静安），2007 ©Bas Princen

5

场所
结构
表皮

表皮就是一层薄膜，在化学中被定义为将内外环境分开的薄薄的一层。它可以选择性地渗透，控制物质的进出。不可渗透性只是许多可选择之一。除了分离和掩饰，表皮允许指定的物质交换，并提示其背后的原因，比如某些东西的结构。掩饰和揭示是一张表皮的两种对等属性。

人们经常从外部视角观察表皮。建筑物的外壳围绕并且限定着建筑物本身，赋予内在的自身特性和形状。表皮揭示一些内在或者关于内在的事物。然而，如果这种揭示仅仅是一种内在的复制，那么表皮将不再需要它。辛克尔将建造性结构作为衡量形式的方法，用“塑造”一词表示表皮如何用艺术的方式来表达结构。

然而，作为边界，表皮总有它另一面。特别是当建筑物矗立于城市中的其他建筑物之间时，这一点尤为明显。在这种情况下，每栋建筑物的外壳一起形成公共空间的内壳。只有当这个表皮是一个物质实体时，它才可能协调这些边界。表皮暗示建筑物的内部结构，同时助力形成城市空间结构。

这种作为中介的协调法在不断变化。与最重要的中介工具语言相似，这种协调既是自由的又是被约束的，通过形成固定结构的语法和词汇实现。场所塑造了语言，当信息被清晰地表达时，建筑物变得易于理解并且有助于实现城市空间的连续性。当语言的规则被忽视时，就类似一种巴比伦的语言纠缠，最终结果是一堆杂乱无章的房子。

这种可能性是存在的，因为表皮和场所的关系既不是清晰分明的也不是强制性的。表皮也是建筑结构的表达。它可以是建造的结构，也可以传达其他含义。一个宫殿并非自动地坐落在正确的位置上——它也可以塑造它所处的空间。新元素被加入进来：自文丘里和劳赫（Rauch）的时代开始，这层薄膜是委托人和公众意愿的投影幕。不同的情境产生不同的表皮。

设计必须实现这样的相关性。设计者必须意识到场所的独特性，而非仅仅通过表皮的特性展现出来。设计必须兼顾方方面面，作为环境中的新来者和组成部分揭示其最深层的意义。

建造的参照

米诺斯拉夫·史克

5

一个宜居的室内设计包括六要素，包括人们熟知的基础、墙体和屋顶。这些要素对我们的最初影响来自设计质量和建筑氛围。然而，从一个纯粹的建造视角来看，兼具美学特征的建筑元素展示出另一面：结构和承重的建筑构件。

拥有致密而坚固表皮的三维结构保护着内部空间，表皮上只有一些小的开口。围护、支撑和开口占据建筑内部构件中的大部分。虽然很重要，表面上能看见的建造痕迹却是断断续续的。如果把这些构件按照特征分组，可以发现三种类型的建造方式。

第一类可感知的信息是使用建筑材料和技术，编织一种奢华富足的物质氛围。这种抽象的方式因改变了建造的物质性而令其无关紧要，基于建筑构件的比喻手法同时，以实体和抽象的方式营造一种既恰当又传统的建筑氛围。

巴黎圣母院
巴黎，13世纪

Photo © M. Šik

古典的结构

如果你恰好参观了位于法国的罗马西多会式（Romanic Cistercian）修道院，你会发现费尔南德·普永（Fernand Pouillon）在他的小说《修道院的石头》（*Stones of the Abbey*）中描述的场景：墙上一块挨一块地布满了相对精准切削过的超大块湖灰岩。远远看上去，这座建筑呈现出单调的灰白色；走近一些，这座神圣的建筑变成色彩变幻的浮雕表面。充满力量的结构和朴实无华的物质完美地诠释了混凝土的魅力，远远胜过以装饰与覆层为代价的建筑材料、结构和接缝图案。

在巴黎圣母院（Sainte-Chapelle）的教堂唱诗班里，用金银丝装饰的高耸垂直扶壁柱将彩色玻璃夹在中间从而创造出了极其精巧、具有结构意义的承重骨架，直插云天。有心的观察者会注意到这种非物质性的效果有一个非建筑化的比喻，好似一张面纱或一块银幕。似乎同样地，另一种非物质性的效果出现在巴洛克晚期，可以追溯到幻觉派绘画的天顶画。没有任何一个可视的视角向大众揭示传统的支撑结构，取而代之的是将技艺高超的木结构隐匿于阁楼间，这种做法在当时持续了很长一段时间。

作为形象而存在的房屋究竟产生于何时对我们来说将永远是个谜，就好似外行画出的“最原始小屋”的结构草图一样，拥有内部空间的纵向矩形房间，可能有一个明显的基座、位于中间的十字形的窗栏，顶部有一个尖屋顶和冒着烟的烟囱。它的材料和结构的部分包括基座、墙和屋顶三大件，在内部被区分为地板、墙和天花板。在当今语境下，这三种不同却又传统的建筑构件是拼接的石头基座、石膏粉刷的墙和有复杂覆层的木质屋顶。

结构的覆盖物

正如上文所述，结构的建造是基础、墙和屋顶三大建筑要素形成的封闭结构形式，包裹并保护着内部空间。可以想象，结构将其自身呈现为大量的建筑材料、模数以及连接缝。抽象的外壳使人联想到皮肤或由单一材料铸成的模具。比喻性的引用不言而喻地融合了这两个原则。

在混凝土风格中，对建筑材料和技术的青睐唤起了对表皮表面材料完整性的感知。强有力的垂直和水平的连接、建筑构件的独立物质性、并存的精确和略不精确，以及精选表面的手工制造，都是完美的典型。这种混凝土风格受到所有高效替代品的威胁，如用胶水粘在外墙上，这在没有真实材料力量和丰满体量的情况下传递了一种壁画的感觉。

完全从传统和日常的桎梏中解放出来似乎是抽象建造的终极目标。有了混凝土，几乎任何巨大空间体量的设计都能够获得建筑的物质实现，比如巨柱。如果传统的混凝土技术，如普通面板模板、普通颗粒度和着色，让位于大胆的创新，那么一座建筑将会出现一个不可弯曲的、坚固的外壳，比如水晶和合成树脂外壳。如果在建筑材料、承重结构和场地施工上不断持续创新，那么从筒仓流出的新型混凝土将可以凝固成大黄蜂网或巨大云层，并在外部建筑的重新定位中发出有力且响亮的声音。事已至此，人们还在四面墙上效仿非洲石膏和泥土的过时做法，忍受着未来将持续增加的裂痕。在获得进一步关注之前，我们构想的从筒仓中流出的情景仍将是另一个“为了艺术而艺术”的非实质性承诺。

具有象征性的三段式结构，由具体和抽象信息组成，反映了多年的建造经验和日常的使用。石头做的基座看上去很坚固，事实上也是一个强有力的建筑组成部分。对于外行而言，全部粉刷的墙也许看起来更抽象，但是它们在建造现场未粉刷状态下被认为是坚固且客观存在的，有

卡琳·卡奇，
施利伦的基督教中心
ETHZ 2010
米诺斯拉夫·史克教授

托拜西·哈弗灵，
苏黎世的露天剧场
ETHZ 2008
米诺斯拉夫·史克教授

时候是砖砌而成，有时候是混凝土现浇，或是木架固定。每个人都记得，有形而复杂的倾斜瓦屋面覆盖着屋檐和场地，木梁从下面露出。归因于可持续的外保温，我们体验到四壁不再是坚硬的东西，而是柔软的，当然也是非常短暂的结构。作为不可避免的大自然作用的结果，建筑物的构件会延伸或收缩，比如隐藏在雨水沟后面的有利膨胀。石膏，一种像米糊状的石灰，或者更准确地说像水泥砂浆，因为它的颗粒化、色素沉着和灰泥纹理成为一种真实的建筑材料。如今，数百年前的抹灰技术可以通过努力比较容易地重新实现，成为受人喜爱的传统装饰，而另一方面，这种特质也使抹灰在创新建筑师眼中显得微不足道。

结构的承载

拼接的外壳需要支撑结构将它自身的、居住者和内部的重量分配给大地。具体的方式是将若干建筑构件作为可见的支撑元素从结构中拆分开。这种抽象的结构揭示了一种更加实际的支撑框架。形象化的支撑结构如同有覆盖的建筑外壳。

让-雅克・奥夫德莫尔
苏黎世动物园
ETHZ 2011
米诺斯拉夫・史克教授

恩佑・瓦莱里奥
苏黎世饭店
ETHZ 2013
米诺斯拉夫・史克教授

怎样才能将力的传递以一种比承重元素更准确和更具表现力的方式表达出来？如独立的雕塑般站在房间里的柱子或者石膏板。为了加强与有力支撑结构之间的反差，隔墙明显地变得更加纤细，或者用节点和材料将其与支撑骨架区别开来。因为几乎不可能完全避免热桥的产生，所以在可持续发展的时代，反对支撑结构与外部的分离。

在抽象的风格中，建造性关联并非以启发性的方式进行引用，而是故意用非物质化的方式来掩盖它们，并将空间和设计表现为没有被任何东西干扰过的且纯粹的一种现象。在纯粹主义设计模仿外部建筑形式的情况下，没有内在的经验之眼来测试建筑元素的初步尺寸或稳定性。结构支撑的巨大建筑物盘旋在被清空的城市广场上方，这是早期现代主义的最爱，但是，为了达到这个效果，总是少不了实实在在的强力屋顶梁或者巨型蘑菇盖。抽象的图像展现漂浮的形式，玻璃柱体完成非常魔幻的承重壮举，超过以往任何物质的实现，今天的前沿技术使之成为可能。

形式化的建筑外壳是传统建造场地的一部分，支持结构体系、限定内部空间，并且给予建筑服务功能足够的余地。因为，建筑外壳随后将被覆盖上一层装饰，表面清洁而没有任何被处理的痕迹，所以人们可以通过对建筑场地和市场价值的严谨推算进行设计。建筑材料、建筑构件和建筑外壳的支撑结构是按照通常的建筑规则建造的，但不符合纯度、连贯性和组成的要求。装饰层覆盖并且保护建筑外壳，通常复制其轮廓，但很少反映其物质性，甚至经常用人造装饰天花板与结构轮廓分离。

结构的开口

外壳和桁架上的每个开口和裂缝，都削弱着结构本身，在开口的框架和墙之间留下可渗透的缝隙。不同于一个简单的开口，渗透进来的日光可能引起可见性，有时候还有安全性要求的问题。这个缝隙必须复杂而精细。建造风格使得立面网格上打开或者封闭的片墙系统化。理论上，这些开口融入玻璃墙。在传统的造型中，开口变成了凹口。

混凝土洞口也不过是过道，是采光和通风的洞口，虽然它们不像门窗，而是横跨在薄片墙之间的玻璃填充物。在农舍和办公楼中都可以找到排列的同墙宽或墙高的开口，开口称为网格立面，但其样式和材料都不同。为了实现对外部的最大视野，墙柱变得非常薄，以致它们逐渐失去任何支撑功能，只用于勾勒开口。如果开口在坚固的墙壁上变成一个孤立的洞，让位于水平和垂直有序的缝隙，那么壁画表面也随之消失，成为一个由柱子和横梁组成的建筑系统。以工业细部设计为明显标志，在混凝土风格中，制造和安装的标准大概引用了建筑学上对于机动车车身开启的要求。

抽象风格取代材料和外形的多样性，凭借平滑和透明的壁画，成为争相效仿的对象。平庸的悬挂式遮阳帘打破了雕塑的印象，脱离了着色和金属玻璃的宏大技术。放到建筑物内部，施工人员周围看不到支撑结构。高性能黏合剂使安装玻璃成为可能，规格巨大，没有传统暴露的紧固件，也许有一天，两个窗格玻璃之间的惊人接缝也会消失。建筑元素表面的极简细节图像与巨大而深刻的技术输出之间的对比仍然保持抽象的特征。

开口通常被称为穿孔，其特征是结构的建构渗透性相当好。一扇独立的窗户代表着某些东西的缺失。墙上的一个洞，在装饰层中只能看到部分切口。由四个部分组成的窗户周边围合区域，是同时解决四个建设性问题的传统而优雅的方案，并且只采用了单一的建筑元素。它承载洞口上方作为过梁的墙的重量，限定两侧的百叶窗，并将水平顶石覆盖作为窗台。异形窗的挡水板可以保护地覆盖墙洞边缘和侧柱之间容差的缝隙。一个廉价的视觉最小化的解决方案是只用一片金属薄片窗台遮住水平表面，其余穿孔的三边用装饰条覆盖。

参照和图像

为了避免给人留下装饰棚屋的廉价印象，最好不要将参考物仅仅作为附着在建筑结构表面的符号来建造，而是将其作为真实建构的线索。这种真实的理解从大量可能的建造中选出一种解决方案，它在建筑的指导精神下演绎出相一致的戏剧性效果。 我的老师阿尔多·罗西曾经用抽象的建构方式将他拍摄的营房和丽都小屋的日常琐碎快照叠加在一起，构成了一幅具有小资产阶级气息，雕塑古风和嬉戏气氛的迷人杰作。相比之下，他后期设计的建筑，粗略务实，细节粗糙并且完成得很匆忙，缺乏这种单纯朴质的精神。当受到非专业的混乱干扰时，不当的建造参照可能会破坏任何的建筑杰作。然而，如果设计的参照真实而独立，那么出现在设计师笔下的建筑将是坚固的，抽象的抑或形象的。

概念 (Concept) 来自拉丁语“concipire”：保持，吸收。草图，“初稿”，建议，对设计思想的反复回想，将在随后的详细计划中继续深化。对技术官僚设计的批判和对概念艺术的接受（从二十世纪六十年代的美国开始）使这个词在发展中经历了巨大的变化，如今成为我们现在日常用语的一部分。在观念艺术中，观念及其发展是至关重要的因素，执行是次要的；之后的去物质化探索是对混凝土板面涂画的一种扬弃。由于概念常常被认为是抽象的，而忽视了具体内容，并常常以失败告终。

立面(Façade) 来自拉丁语“facies”：脸。建筑物的立面，最初只是面向公共空间的主立面。在这里，方向越来越清晰：从地下室的地板到阁楼的天空，和处于二者之间的主要楼层。出于建造的原因，有时候具有很大空间深度的建筑层来调节公共和私密的边界。在现代主义中，有体积的立面往往成为变薄的幕墙。独立的建筑有好几个有效立面，勒・柯布西耶的高地建筑也有顶面和底面。

过程 (Process) 来自拉丁语“procedere”：向前进，继续前行。因此，在一方面，指运动和活动，在另一方面，指一个可以是确定的或者随机的方向。相比之下，作为赞成和反对的运动的结果，我们的法律定义具有法令或法院裁决的宣示性。尤其是自浪漫主义时期 (Romantic Era）以来，准确度变得至关重要。人们认为既定事物是过程和生活过程的结果的观点取得了进展。

个性 (Character) 来自希腊语“charaktér”：图章，印章。举止，个人能力，天性，一个人的气质。美德是通过实践和习惯养成的，而不是通过教导养成的。对于申克尔来说，个性是建造和建筑的重要组成部分，这样的建筑特征才不会具有雕像的美感，而是给建筑一种恰如其分的表达，并将其个性诚实地、一目了然地传达给观者。这与环境和氛围有很大的不同。

习俗 (Convention) 来自拉丁语“conventio”：(意见或看法）一致。与他人互动的规则，通常是不言而喻的，具有实际用途，不一定合乎逻辑（例如，没有理由让螺丝钉通常转向右边）。公约以其默契的方式接近传统的、习惯的、非逆向的相互协议是其有效性的基础，并且常常因地域而异。有一种普遍的误解，认为只有理性思维才能创造有意义的一致。从城市发展到每一个门把手，建筑都是按照惯例来设计的——每当有人必须在一个昏暗的房间里找到自己的路时，这一点就得到了证明。

密度 (Density)　密度是质量和体积的比率。象征性地表示与扩张相关的内容；在城市中，表示与区域或邻里相关的用户、建筑物的数量，与地域相关的可用表面的数量。密度是城市规划的中心内容。曾经与近距离接触和不良卫生习惯负相关，今天与多样性和丰富经验正相关。它已成为城市化的一个指标，应确保社会经济的有效性和土地利用的可持续性。

弹性 (Resilience)　来自拉丁语“resilio”：反冲，弹回。指复杂系统面对大量外部或内部干扰的坚韧性或容忍度，包括学习和发展的内在能力。最初是一个物理术语，指高弹性材料，今天它也被用于心理学、生态学和其他领域。最近，这个词用于表示可持续的人类住区及其规划，这是结合效率的互补方面的可持续性指标。

充足 (Sufficiency)　来自拉丁语“sufficere”：足以。一种为了维持一个系统而采取的“正确措施”或所需的资源量。通过对极限的推断，明确价值的品质和，以及与效率关联而产生所需要的数量。可持续性的三个支柱为：效率（有效性）、一致性（重要性）和充分性。

混合使用 (Mixed Used)　与 1933 年《雅典宪章》（*Athens Charter*）根据功能对城市进行安排所承诺的光明未来不同，1972 年对圣路易斯（St.Louis）普鲁伊特 - 伊戈尔（Pruitt-Igoe）社区的彻底拆除标志着它的失败。尽管如此，功能分区的呼声仍然很高。混合使用正逐渐成为城市发展的指导原则之一——社会、经济和建设。与异质性、多样性一起，混合使用被认为是城市活力的缩影。理想状态是一个处于动态平衡的状态，如今不断威胁着这种理想状态的是绅士化趋势以及单个投资者对整个地区的独立开发。

场所—结构—表皮

这项练习的主题是建立场所、结构和表皮的联系。先前任务的知识和经验将作为本练习的基础。对承重结构和循环系统的体积干预将进一步发展，并最终以一个恰当的立面整合到周围环境中。立面或表皮，在内部和外部之间建立连接，揭示建筑的内部，身处一种环境中，并且能够整合环境的多个方面。最后，其优秀的品质对城市空间做出了重要贡献。

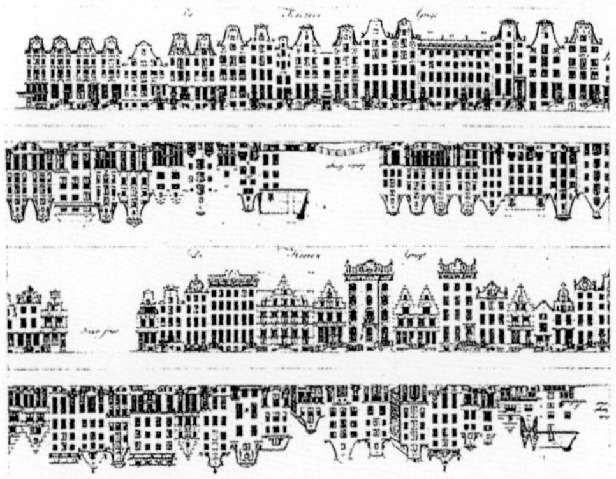

卡帕斯·菲利普斯所著《运河书》

建筑层面

扩建必须增加现有建筑物或建筑群 1 000—5 000 ㎡ 的面积。然后是定义一种承重结构和一个流线系统，以便能够组织下面列出的房间。最后插建和扩建的建筑表皮能够融入周围环境。

空间计划

中世纪
- （扩建大约 1 000 m^2）
- 400 m^2，三层高空间，无柱，一间
- 200 m^2，两层高空间，无柱，一间

大规模建设时期
- （扩建大约 3 000 m^2）
- 400 m^2，三层高空间，无柱，一间
- 200 m^2，两层高空间，无柱，一间

现代主义时期
- （扩建大约 5 000 m^2）
- 400 m^2，三层高空间，无柱，一间
- 200 m^2，两层高空间，无柱，一间

加建部分的余下空间为尺寸约 1.7 m × 5.4 m 的单层房间。

说明

这个练习必须独自完成。图纸表达位 2 张 A0。

方案 1 城市层面
- 书面说明
- 体量模型照片 1:500
- 图底关系图示 1:5 000
- 包括屋顶和地形的区域平面 1:1 000
- 场地平面，包括首层平面、开放空间和周围建筑轮廓 1:500
- 代表性立面 1:200/1:250

方案 2 建筑层面
- 概念草图，概念模型照片
- 室内模型照片
- 标准层平面（体现新建、现存以及拆除部分的区别）1:200/1:250
- 楼层平面（体现新建、现存以及拆除部分的区别）1:500
- 有周围环境的代表性剖面 1:200/1:250

模型
- 插入体模型 1:500
- 剖切模型 1:75

要求
- 图底关系图示 1:5 000
- 区域平面 1:1 000
- 场地平面 1:500
- 场地模型 1:500
- 现存结构平面
- 防火规范
- 工作手册 I+II

目标

重点是不要分别应对场所、结构和表皮的概念，而应该把它们当作一个相互依存的整体看待。这种同时性的增加会导致复杂性的增加。学生学会认识到只有将这些概念结合起来才能找到好的解决方案。

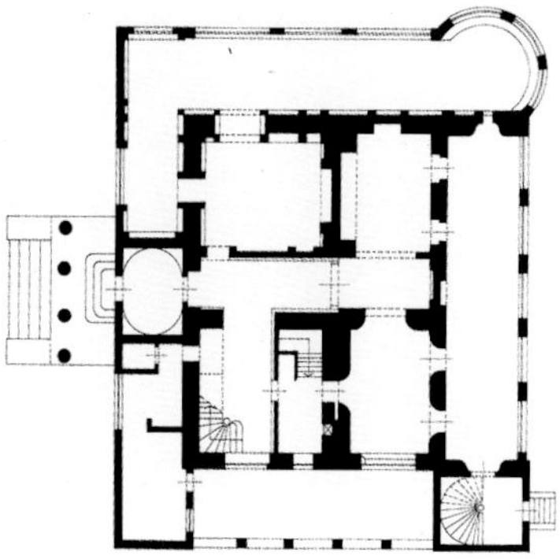

阿道夫·路斯
克拉伦斯VD，卡尔马别墅，
1903—1906，由雨果·埃利希完成，
1912

模型
Manon Mottet
2015 AS

中世纪

Erik Fichter
2016 AS

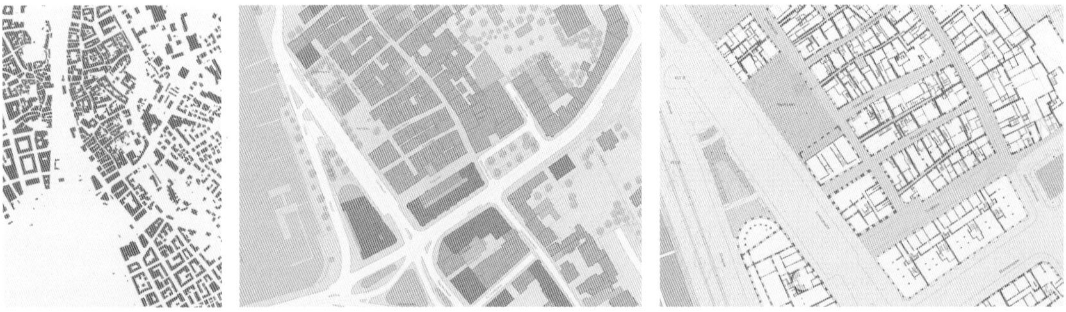

Artai Sanchez Keller
2015 AS

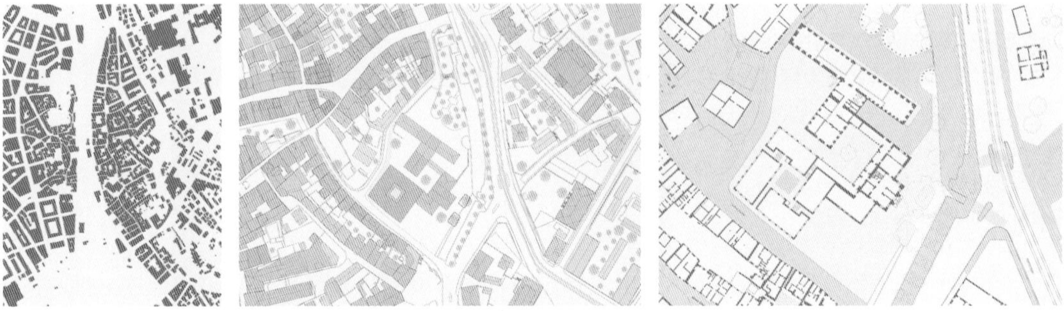

Valentin Buchwalder
2011 AS

大规模建设时期

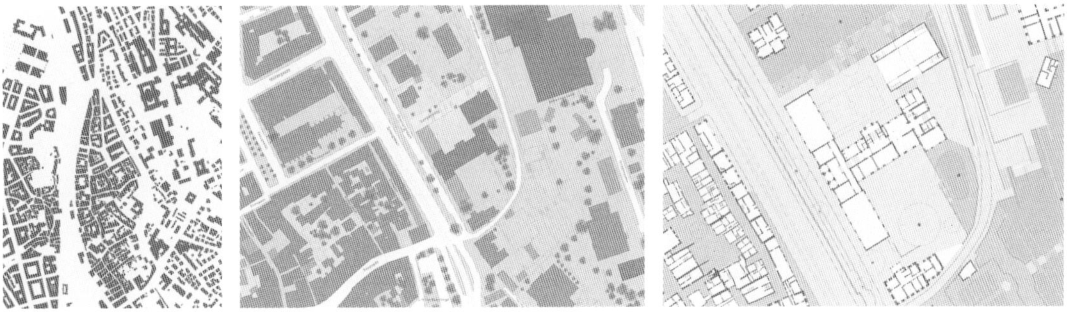

Fabian Heinzer
2013 AS

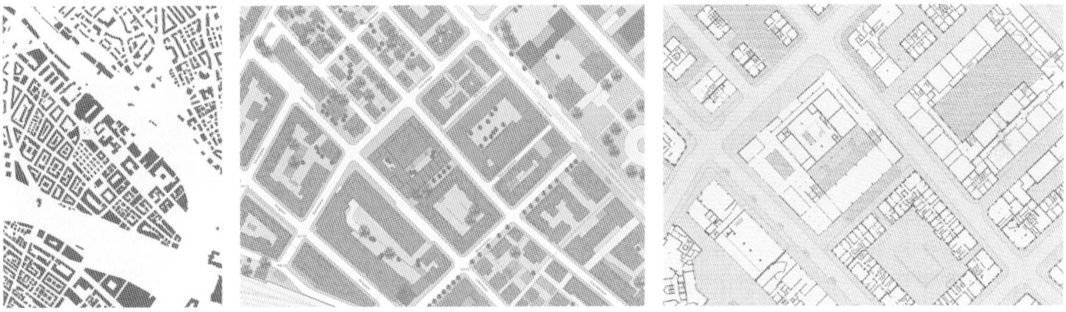

Anna Nauer
2016 AS

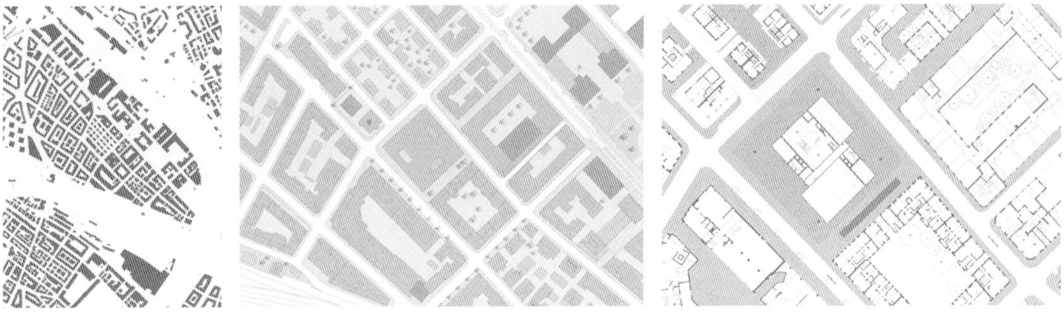

Tiziana Schirmer
2012 AS

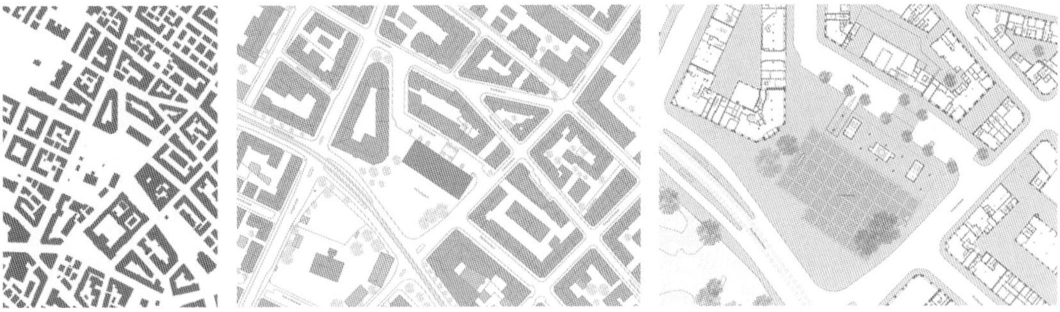

Samuel Scherer
2011 AS

现代主义时期

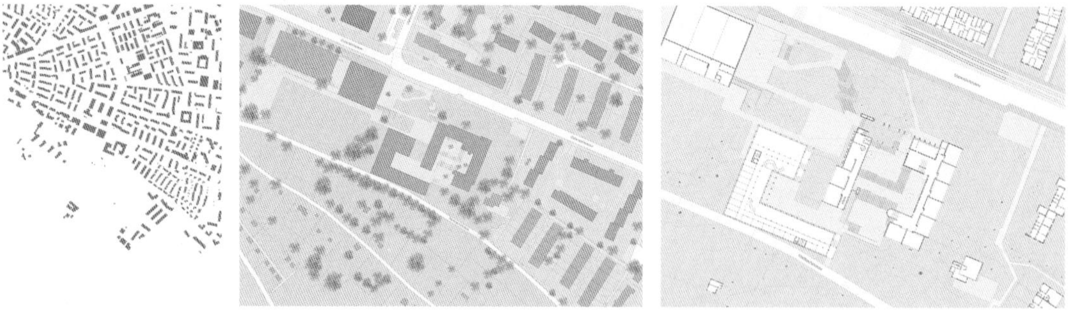

Nadine Weger
2013 AS

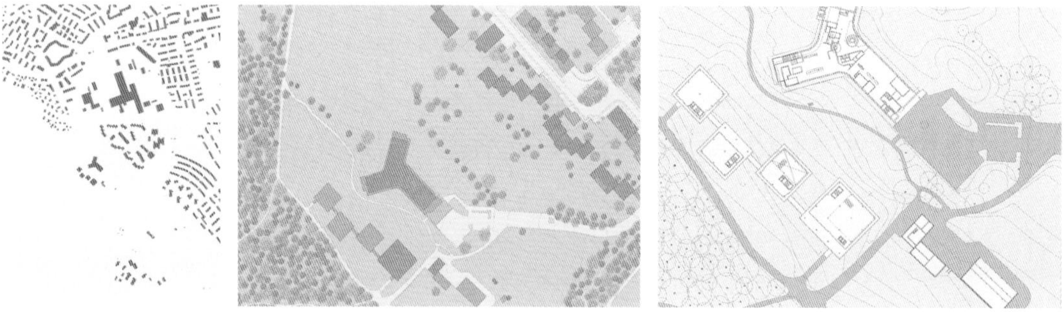

Timothy Allen
2015 AS

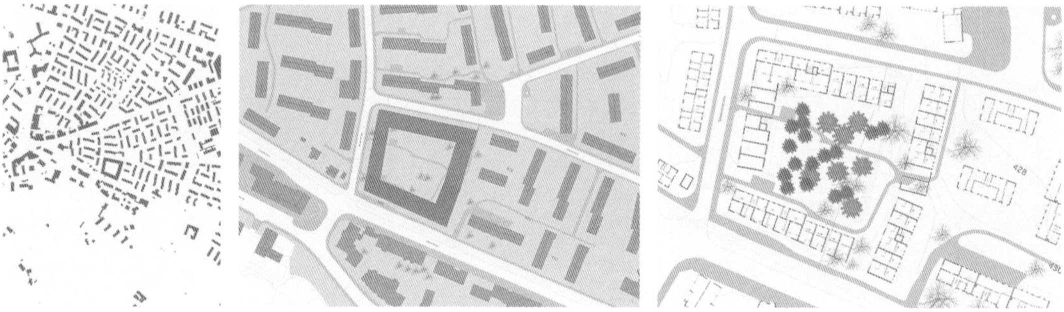

Kaspar Stöbe
2010 AS

中世纪

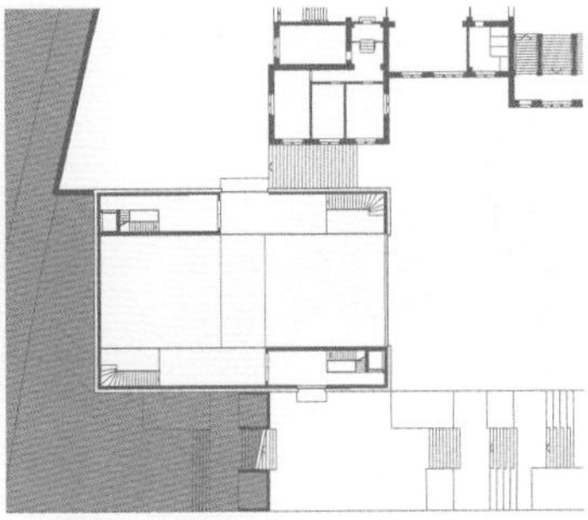

Fabian Heinzer
2013 AS

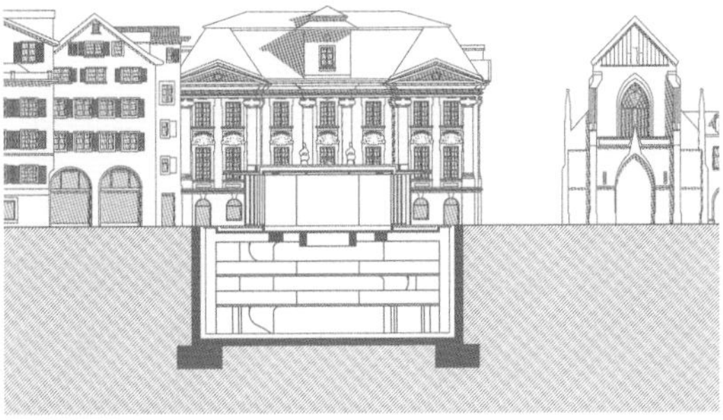

Wen Guan
2016 AS

中世纪

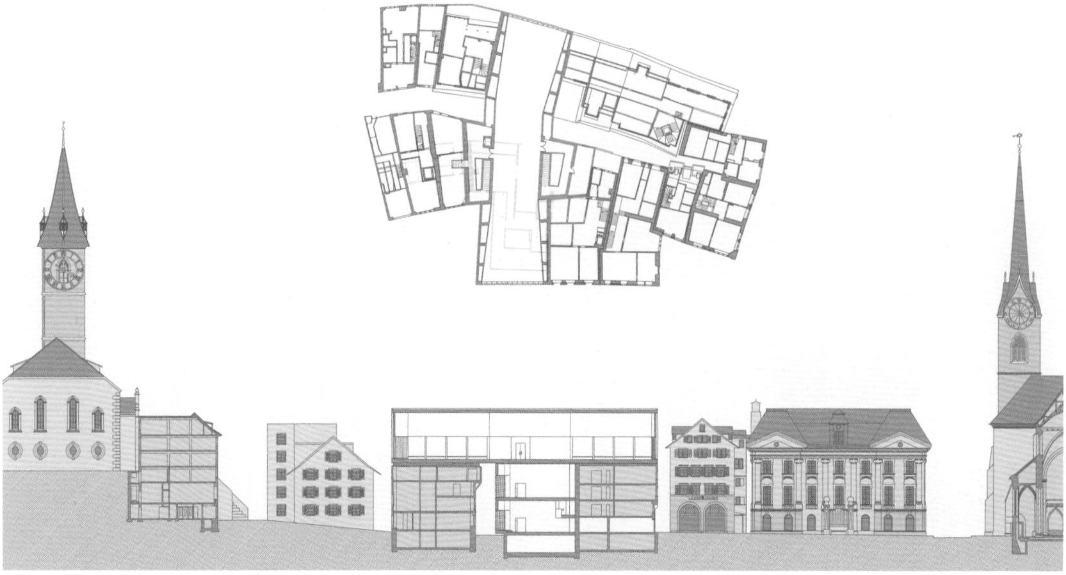

Feng Mark Zhang
2014 AS

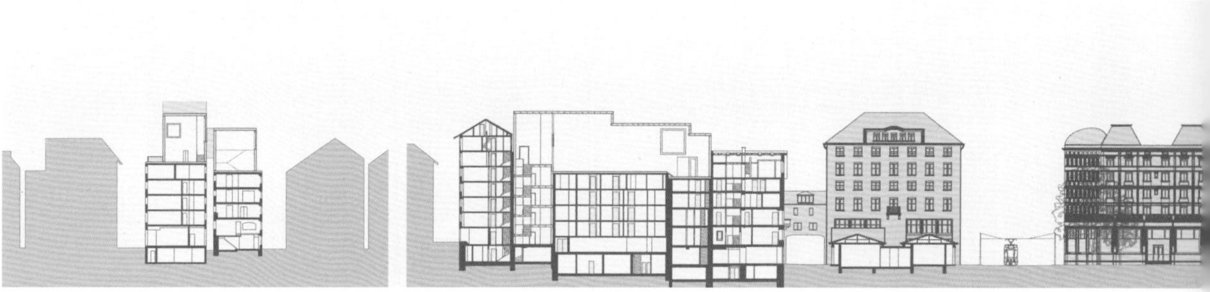

Manon Mottet
2015 AS

大规模建设时期

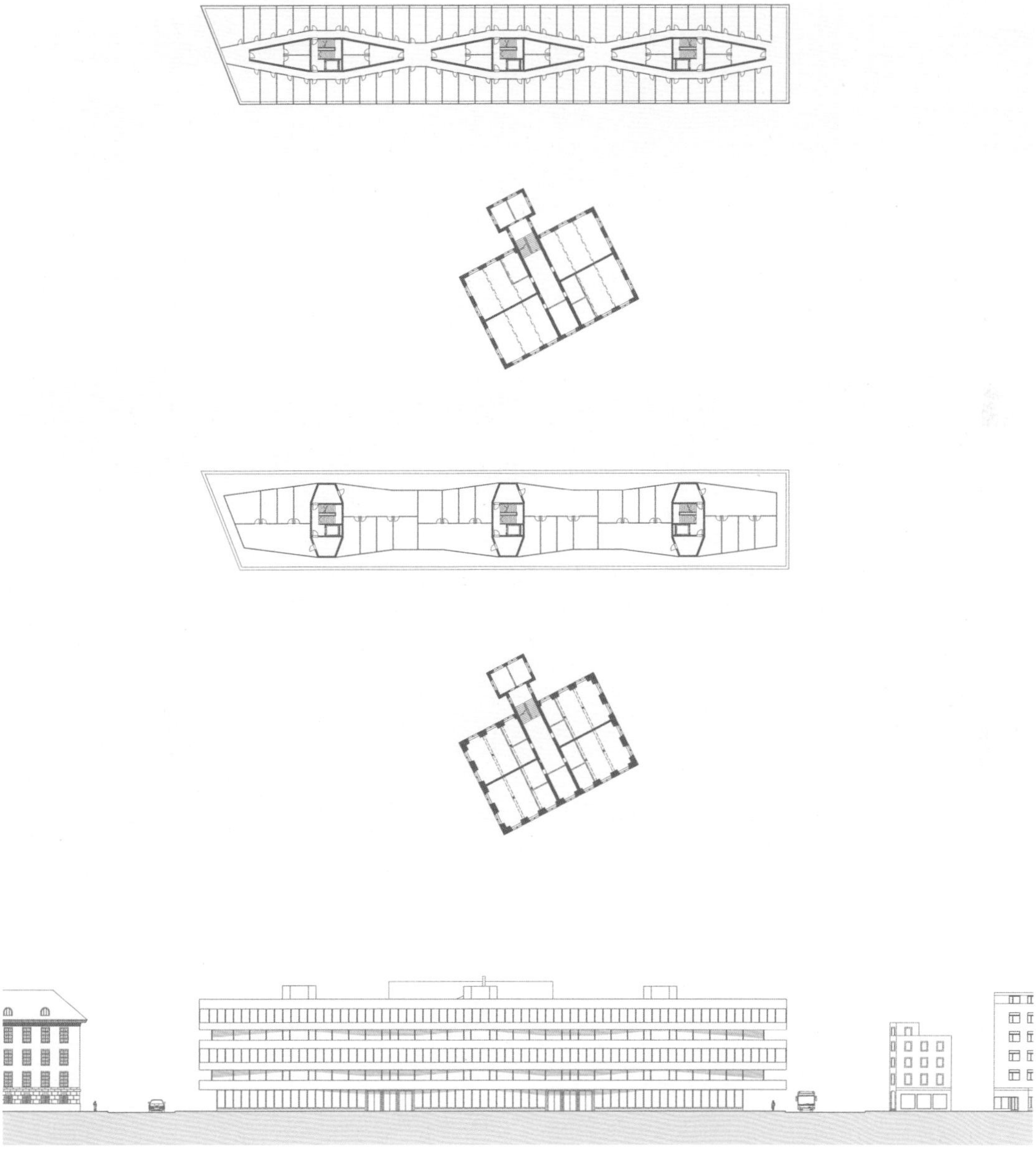

Joos Kündig
2014 AS

大规模建设时期

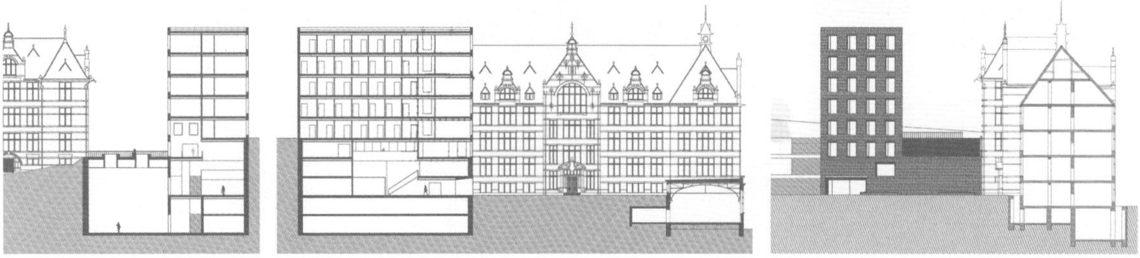

Thomas Meyer
2008 AS

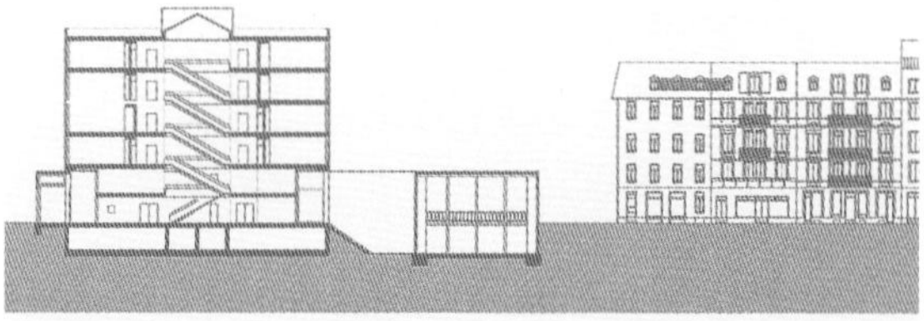

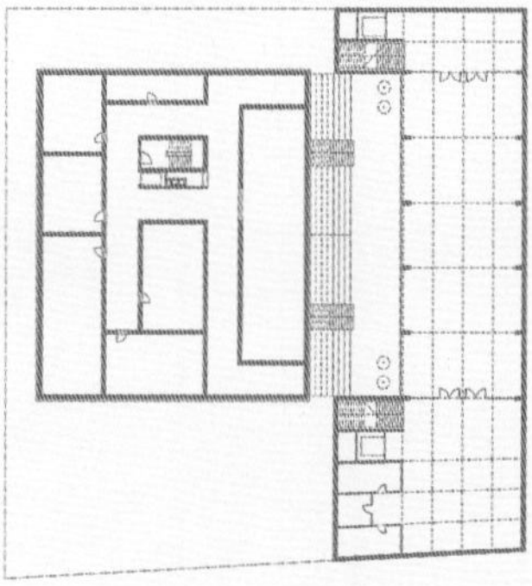

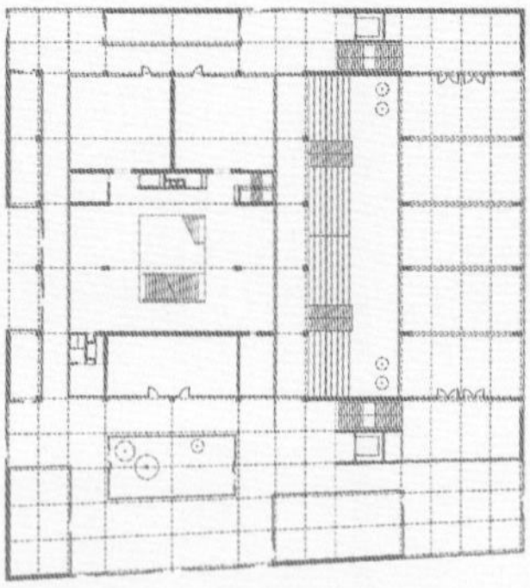

Anna Nauer
2016 AS

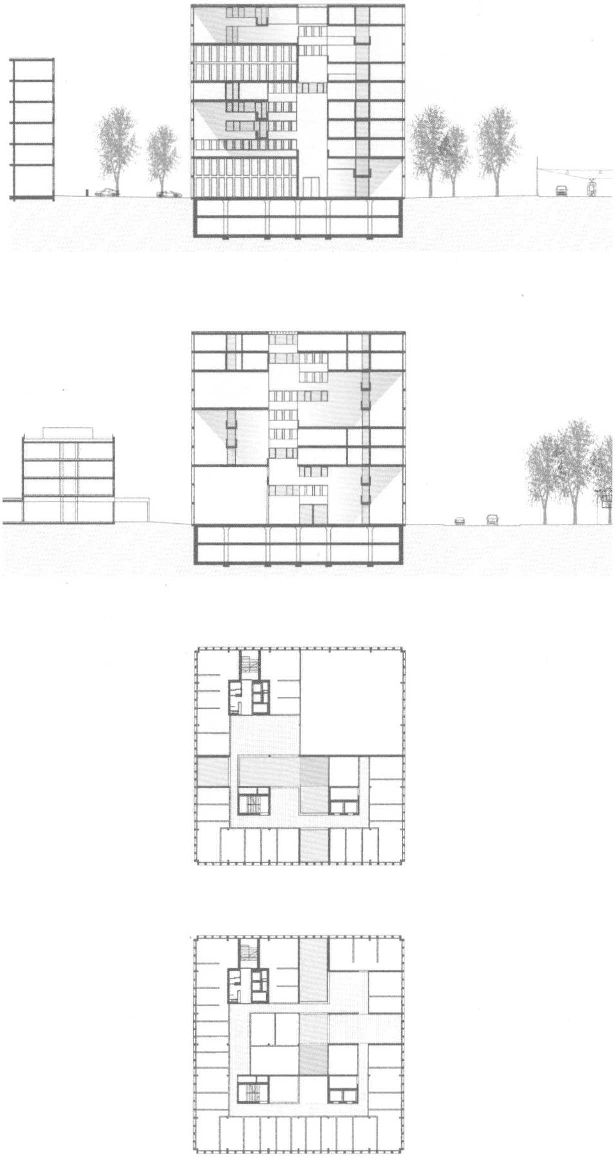

Benjamin Blocher
2012 AS

现代主义时期

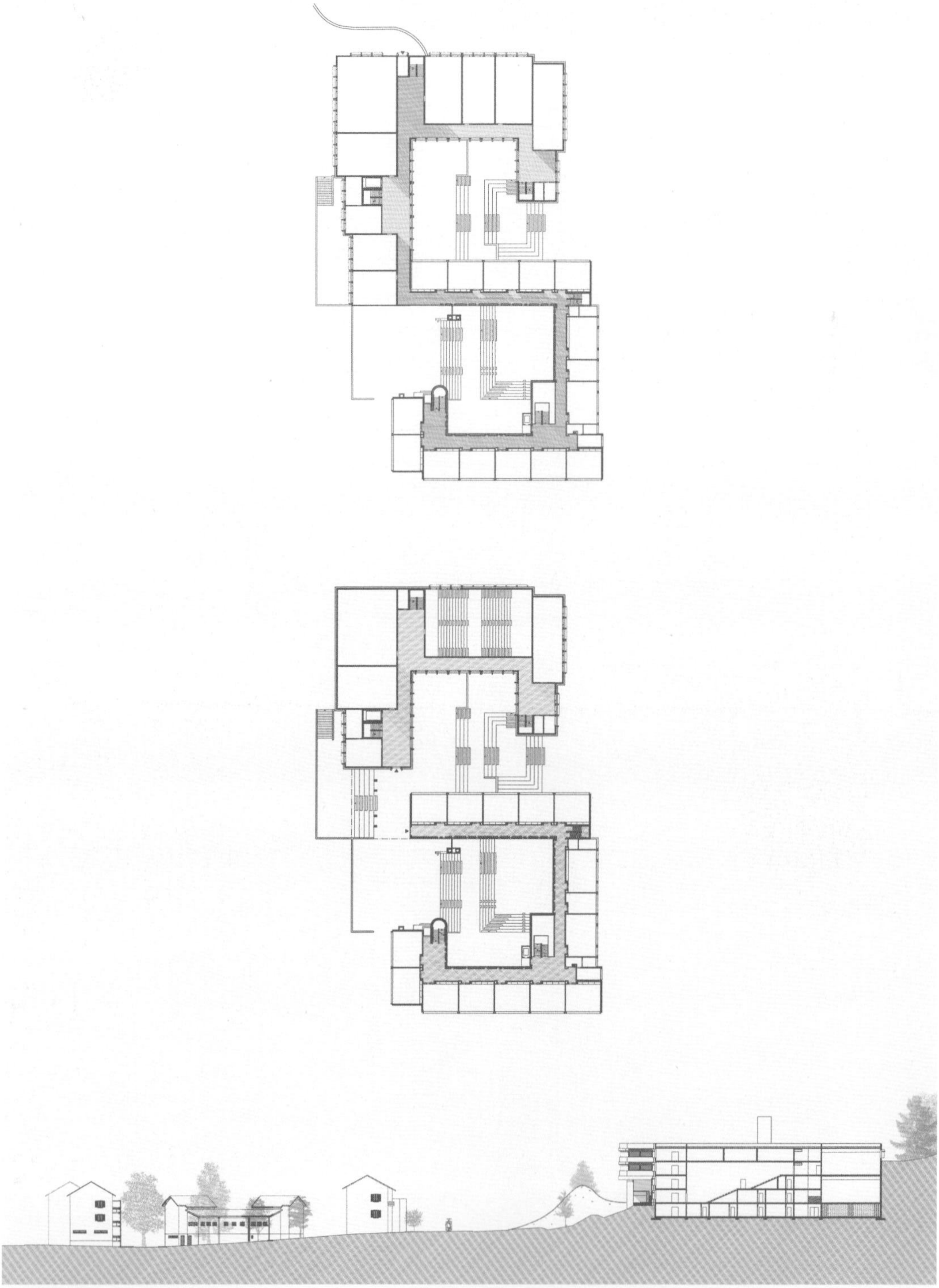

Alessandro Canonica
2016 AS

中世纪

Artai Sanchez Keller
2015 AS

Erik Fichter
2016 AS

中世纪

Jonas Martin Elias Hasler
2013 AS

大规模建设时期

Tiziana Schirmer
2012 AS

Joos Kündig
2014 AS

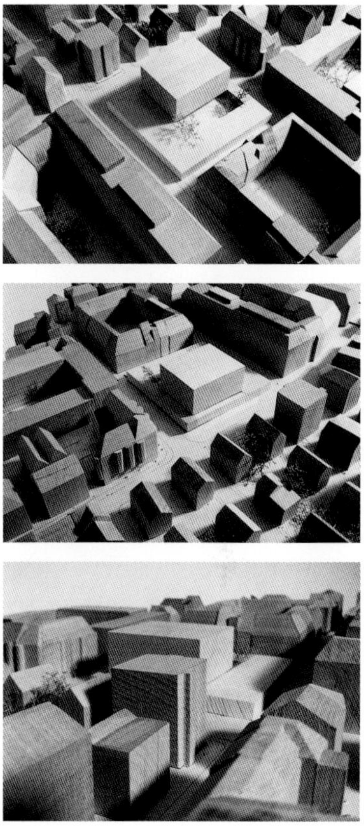

Anna Nauer
2016 AS

现代主义时期

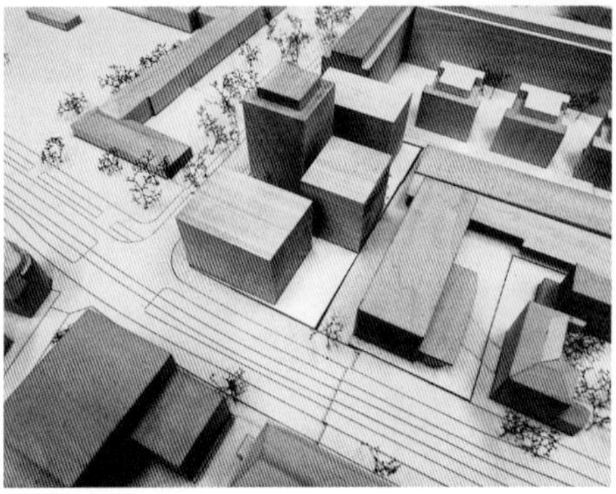

Zoe auf der Maur
2012 AS

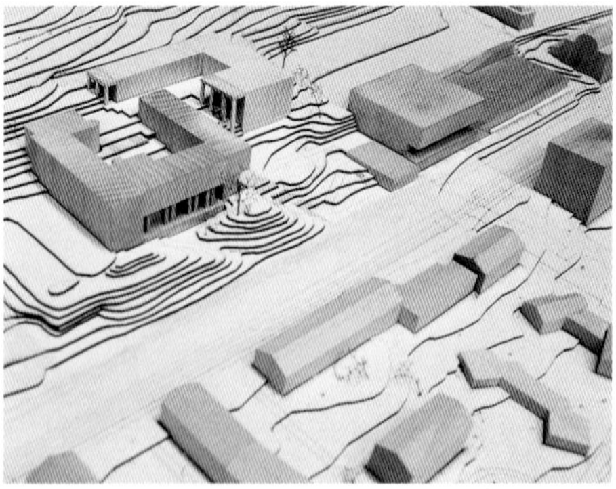

Nadine Weger
2013 AS

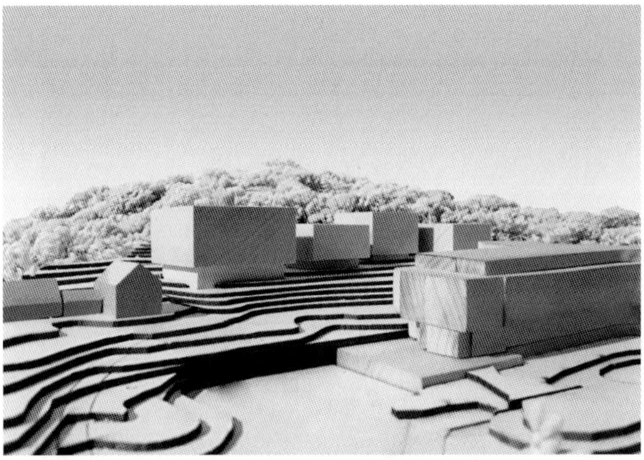

Timothy Allen
2015 AS

中世纪

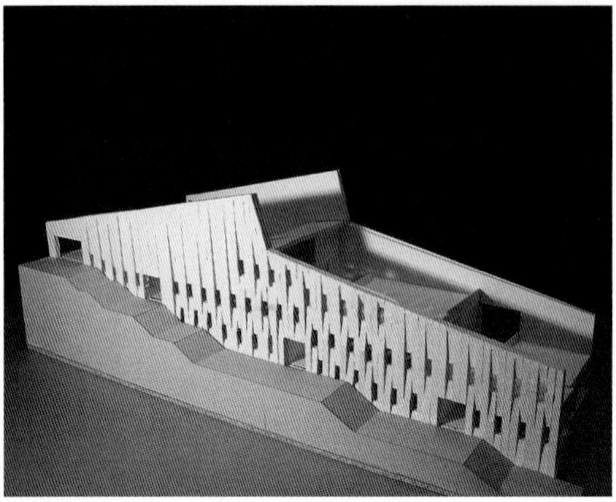

Mathias Lattmann
Fabian Lauener
2008 AS

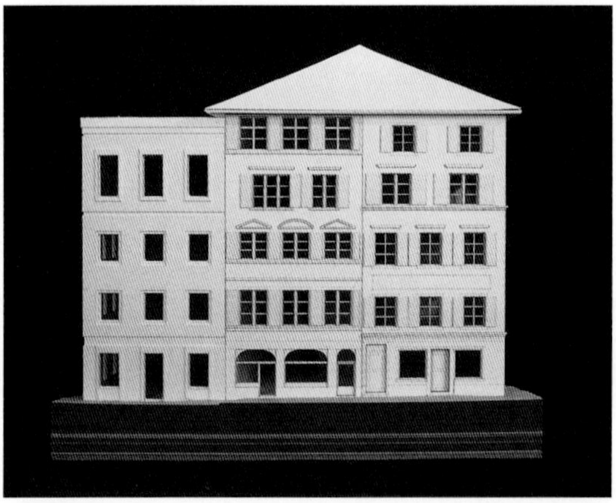

Simon Rieder
2012 AS

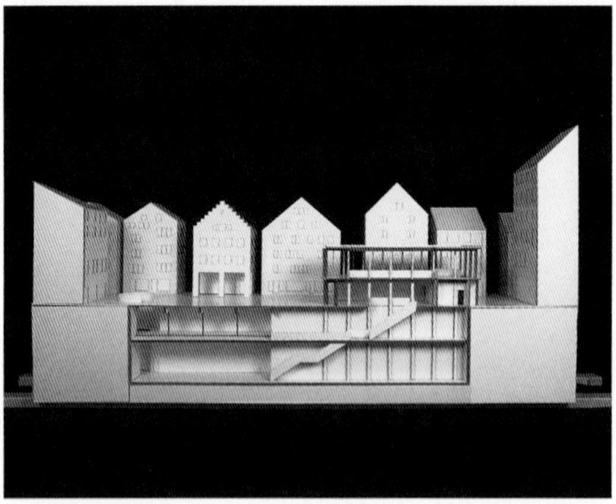

Julian Meier
2011 AS

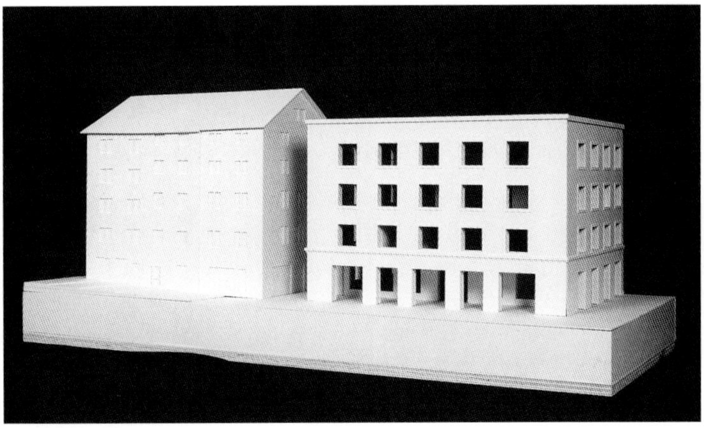

Artai Sanchez Keller
2015 AS

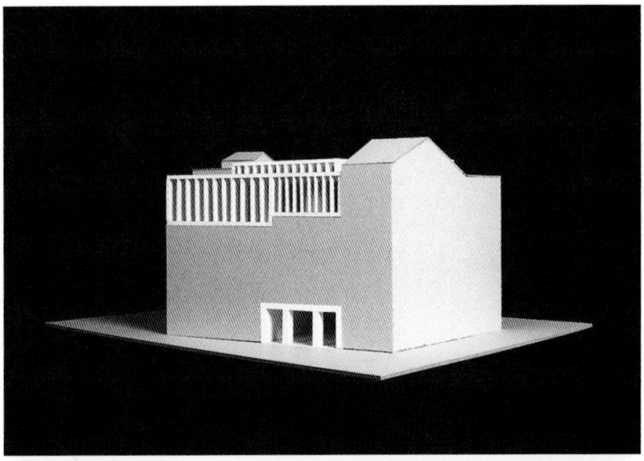

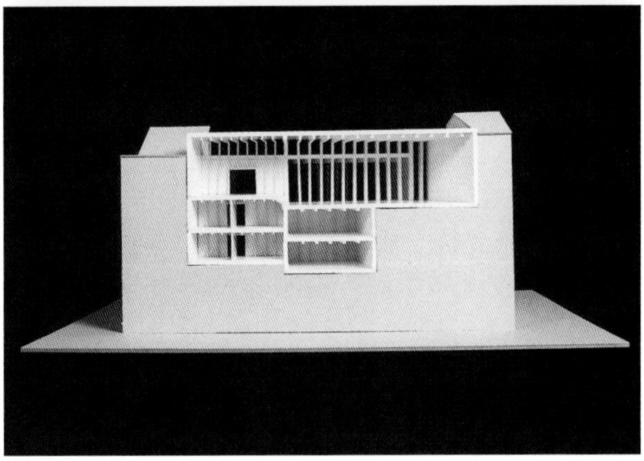

Tom Mundy
2016 AS

大规模建设时期

Riet Fanzun
2009 AS

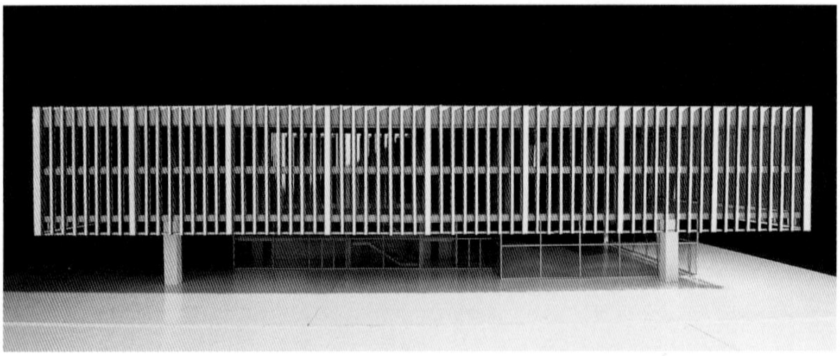

Tiziana Schirmer
2012 AS

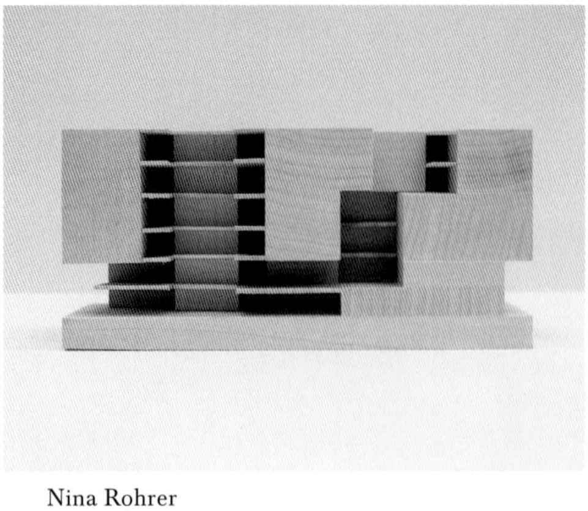

Nina Rohrer
2016 AS

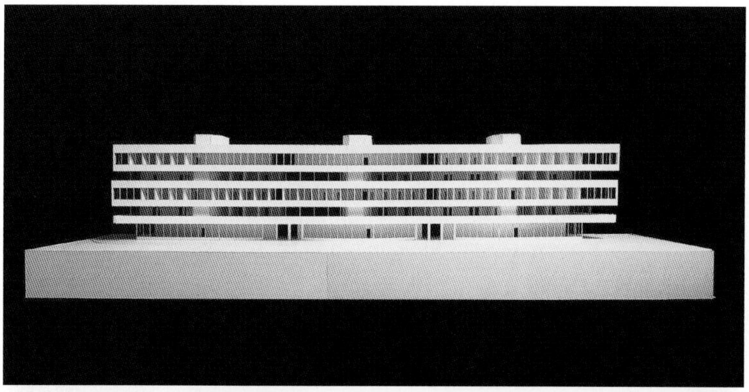

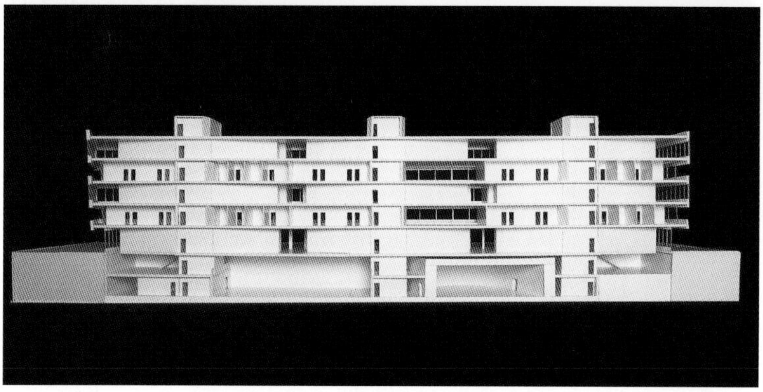

Joos Kündig
2014 AS

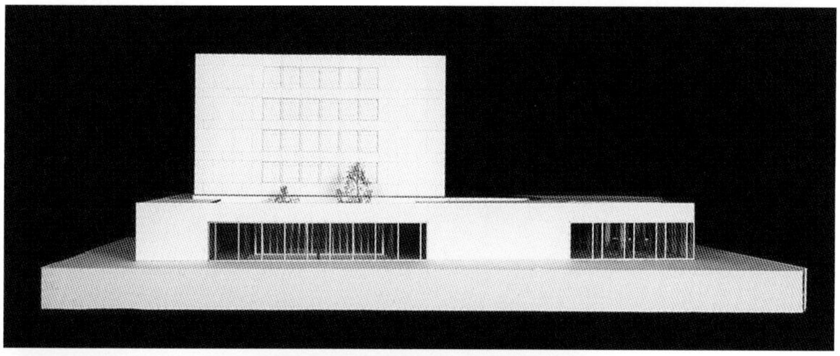

Anna Nauer
2016 AS

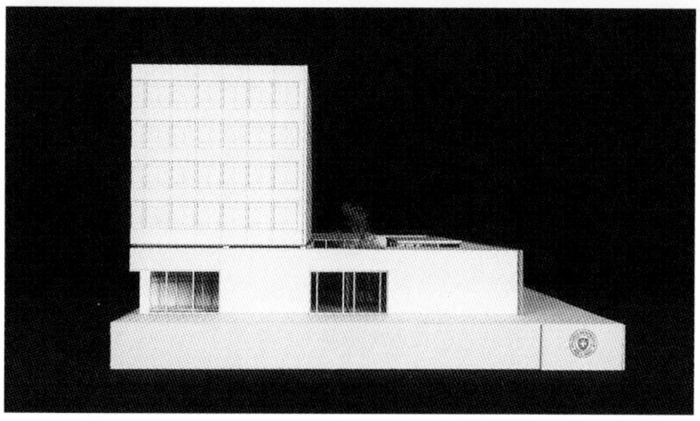

现代主义时期

Nadine Weger
2013 AS

Tobias Wick
2014 AS

Timothy Allen
2015 AS

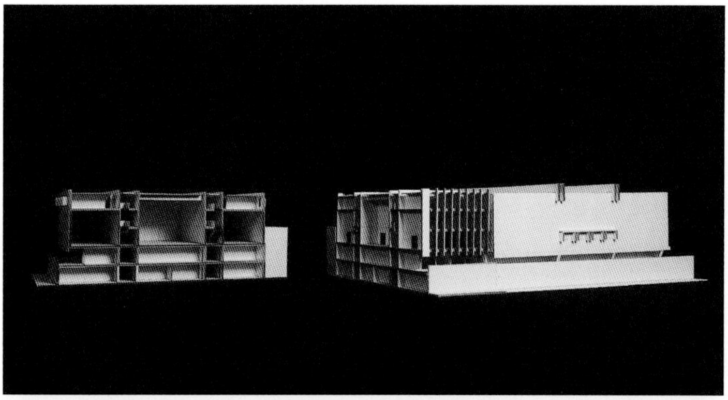

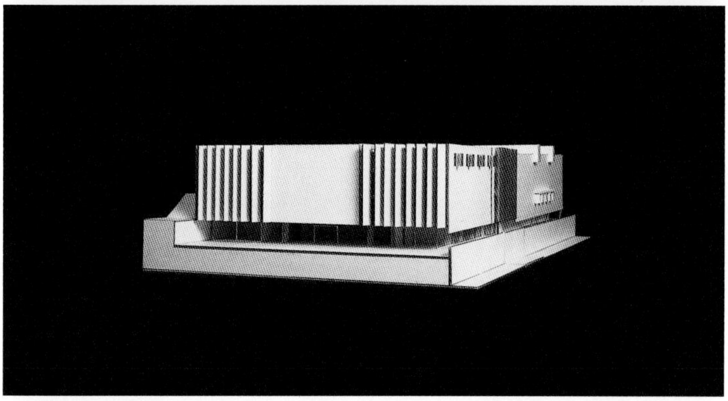

Grégoire Bridel
2016 AS

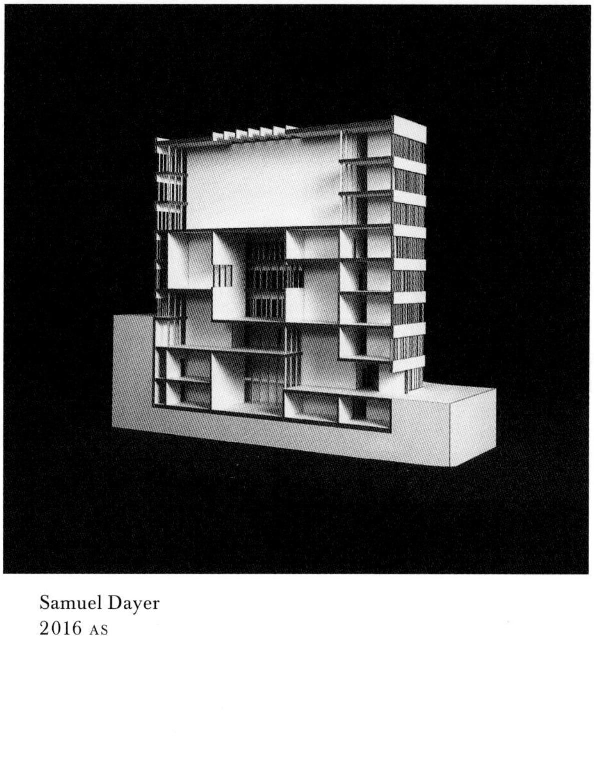

Samuel Dayer
2016 AS

中世纪

Thomas Meyer
2008 AS

Lorenz Mörikofer
Xavier Perrinjaquet
2008 AS

Joni Kaçani
2009 AS

Jie Li
2013 AS

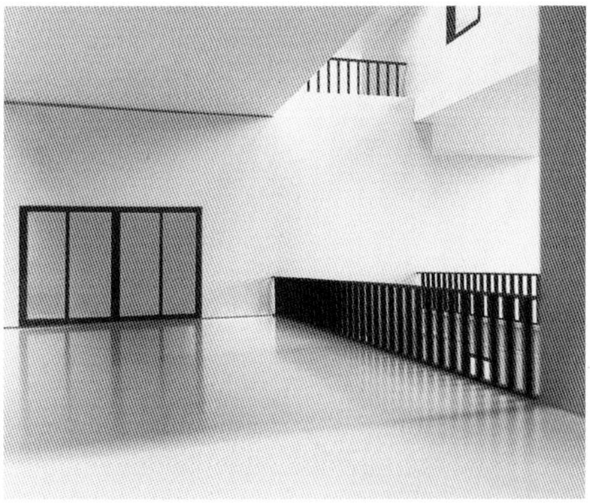

Fabian Heinzer
2013 AS

中世纪

Erik Fichter
2016 AS

Larissa Strub
2016 AS

Peter Boller
2010 AS

大规模建设时期

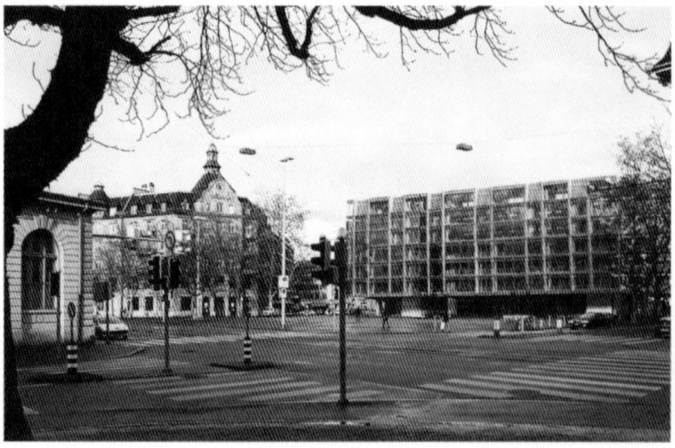

Roy Engel
2011 AS

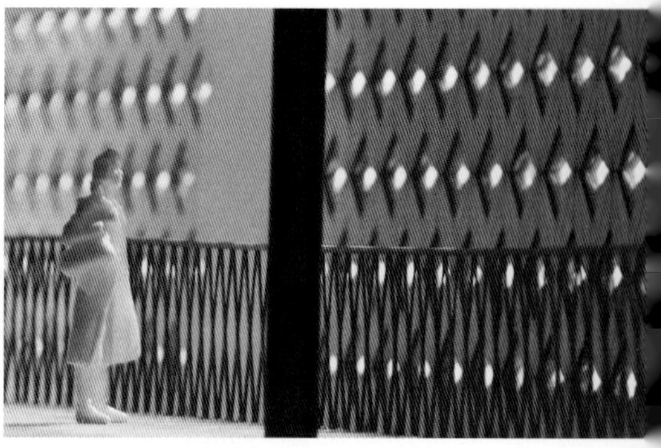

Cosimo Caccia
2012 AS

Nirvan Karim
2015 AS

Nina Rohrer
2016 AS

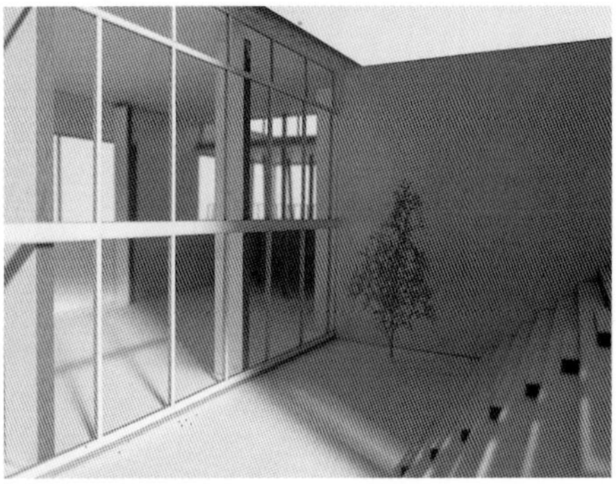

Anna Nauer
2016 AS

现代主义时期

Noriaki Fujishige
2009 AS

Timothy Allen
2015 AS

Maximilien Durel
2015 AS

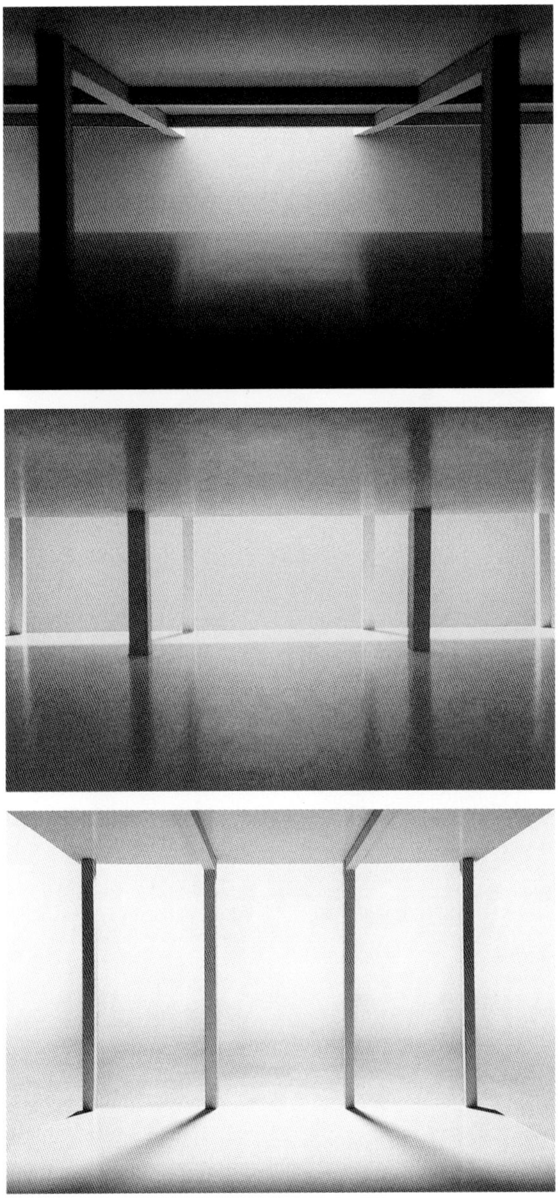

Darius Tabatabay
2016 AS

安德烈亚斯·古尔斯基，圣保罗，Sé，2002，有色印刷, 273 cm × 206 cm × 6.2 cm
Courtesy Sprüth Magers Berleri London © Andreas Gursky / 2017, ProLitteris, Zurich

6

计划

6

计划

“program”这个词源于希腊词汇“prógramma”：规定事物。这包含了两层含义：其一是预测将要陈述的内容，另一个是规定事物的必然进程。一种建立了基本架构的党派计划（partei programm）或纲领，具有不同于政党的日常宣言的基础效应。相比之下，计算机程序（computer programme）描述了在使用程序时要进行的计算步骤。会议的日程计划（tages programme）或议程类似：在不需要解释理由的前提下描述一种进程。而在互联网上搜索“建筑 + 计划”（architecture+ program）时，提供的结果几乎都是软件程序（software programs）

在现今的建筑实践中，“program”是设计的基础——空间分配计划（raumprogramme）。客户定义了建筑项目应包含的“内容”，建筑师将其纳入设计（plan）中。计划（program）和设计（plan）具互动性：可以在因果效应的基础上，非随意、完整而系统性地相互关联。计划与设计和计划是理性关联的。

这种关联性的算法是启蒙运动的产物。这个时代不信任任何由陌生化理解（宗教或主观的）所得出的结论，只相信有条理的假定（if...then）结论的自我解析。 现代主义的科学技术思想就是建立在此基础之上。

对于一个确定的现代主义建筑的尝试，这种理性的自我规训被视为 20 世纪建筑思想的中心。勒·柯布西耶认为，“逻辑决定了问题的陈述及其实现过程”，是我们这个时代的风格。在他看来，这种对“意图统一”的全方位要求的满足，源于建筑师的建筑才能。“他将通过建筑计划（building programme）决定他的建筑。”（Le Corbusier，1986,4）

但是谁来决定建筑计划？建筑被作为某

种功能使用的时候是否合理？空间和结构是否足够协调？它是什么类型的空间？房间有什么特质？封闭，开放，流动？

根据时间的需要提取功能，并用通顺的逻辑将其转化为平面，这意味着将特定的时刻变得普通——根据生活习惯而改变探索而来。现代主义对永恒理性的追求，必须遵循“新人类”条例的假设并上升为一种教条，它自相矛盾，甚至没能存活超过一个时代。

正如莱昂·巴蒂斯塔·阿尔伯蒂 400 年前所述，“结论在于，为了公共的服务、安全、荣誉，以及美观，我们应该充分仰赖建筑师”。（1755,6）他认为：“因此，你的建筑应该是这样的，它可能不需要任何不必要的构件和元素，那些必要的构件在任何方面都不受批判。”（64）每当提到“它所拥有的”，纯粹逻辑之外的其他东西也随之而来。对于阿尔伯蒂来说，这些是基本的知识：“建筑包含六件事：区域、场地、分隔、墙体、覆盖、开口。”其中区域和场地在逻辑上不需要被解释，建筑与场地的先决条件紧密相关，并通过逻辑相互组织，满足两者的要求。

计划与设计是建筑的重要组成部分，但它们不是一切。建筑以其社会环境、建造环境和时间环境为基础，在与他们的对峙中被激发活力，并在这种充满活力的交互中发展。伯特·布莱希特（Bert Brecht），属于计划经济学派（plan wirt schaft），他在晚年总结道：“制订一个计划！并成为一盏明灯！然后制订第二个计划，不是为了两者的正确与否，而是为了生命的整体……”因此，出于对生活的整体关注，建筑应该放弃至简的追求。

计划与类型

斯尔瓦尼·马尔福

6

前言

20 世纪 90 年代初在巴黎逗留期间，有一天我想碰碰运气，去买那天晚上加尼尔宫（Palais Garnier）演出的票,那天晚上表演芭蕾哑剧《西尔皮德》(*La Sylphide*)。售票处通知我，票仍然有售，但是只能买看不见舞台的座位。我可以接受吗？我谢绝了；因此，我无法讲述我对那个音乐厅的直观经验。然而，这件事为思考计划和建筑类型之间的关系提供了一个有趣的起点。显然，没有清晰舞台视野的剧院座位这一概念在逻辑上是矛盾的，除非我们讨论的剧院属于那种不以舞台视野为决定性特性的类型。实际上，从类型学上讲，那个建于 1862 年—1874 年、由查尔斯·加尼尔（Charles Garnier）为拿破仑三世设计的剧场，是“观演剧场”和“自我展示舞台”的混合体。前者强调观众关注着舞台上的动作，在后者中参演者希望展示自己。从定义角度来看，“观演剧场”需要舞台的直接视野，但在“自展式剧场”中则不是必然，其中座位的相互可视性为优先。加尼尔宫大约四分之一的座位，也就是 1 991 个中的 500 个，被归为盲区①。

1982 年，当弗朗索瓦·密特朗（Francois Mitterrand）总统决定于 1989 年 7 月 14 日在巴士底广场开放一个新的人民歌剧院以庆祝法国大革命二百周年纪念日时，该建筑委员会希望该建筑拥有民主化的视线关系，并梳理加尼尔宫中相互交错和制约的建筑类型。

此外，舞台机械必须适应现代剧院的工作条件，其任务是以适应各种功能和快速变化的需求。巴士底歌剧院将成为“抒情艺术的博堡（Beaubourg）(译者注：蓬皮杜国家艺术文化中心坐落在巴黎博堡大街，被当地人简称为‘博堡’)”。新歌剧院的几何布局中，正对舞台的座位布局和升起的看台，更接近于理想而纯粹的观演剧院。然而，许多歌剧演员抱怨这座拥有 2 700 个座位的大厅太大了。大厅中对均匀分布的视觉和听觉条件的需求对于建筑师来说，至今仍然是一个艰难的挑战。因此，作为一种建筑类型，剧院的演变肯定还没有达到终点。随着机构职能进一步变化，其建筑平面和剖面的类型在未来将继续产生分化。

为了扩展迄今为止所作的陈述，我想结合伯纳德·卢本（Bernard Leupen）(TU Delft) 1997 年出版的《设计和分析》(*Design and Analysis*)

① Gérard Charlet: *L'opéra de la Bastille, gènese et réalisation,* Electa/Moniteur, Milan/Paris, 1989, p.25.

开端提出的概念图式来讨论②，这个图在之后也被其他作者认可。我们该如何区别观演型剧场和自我展示型剧场这两种类型？在观演剧场的设计中，场馆的圆形平面和其周围有利位置形成的扇形平面，似乎使主题仅仅成为几何问题。但是这种组织结构过于局限而无法适应“自展式剧院”的通用特性。在此，除了舞台和观众之间的形式及几何关系之外，剧场功能的社会学维度也被提及。如果我们只是简单地把这个概念归结为卢本的“社会”容器，它就会失去一些特殊作用。剧院的类型范围不仅基于平面和区域的各种设计原则，还在于剧院的建造目标。当密特朗总统和文化部长杰克·朗（Jack Lang）呼吁发展一种新型的国家歌剧时，他们决心寻找一座可以取代加尼尔宫的建筑，当然也是一座庄严的建筑，一座可以代表第二帝国的建筑。除了几何变换之外，我们必须以某种方式调整卢本的概念图，使得社会功能的变化（从精英的自我展示舞台到大众剧场）变得具有类型的认知度。无可否认，建筑商、建筑师和公众并不是剧院设计的唯一主角。所谓剧院的创新，即聚焦于舞台作为创意激发手段的思维方式。这里的核心不是观众的需求，也不是公共委员会的议程，而是舞台表演者超越自己熟悉的剧目并获得戏剧艺术潜在的能力。“实验剧场”可能是杰克·朗和巴士底歌剧院建设委员会谈到“抒情艺术博堡”时想到的类型概念。在此，我们需要在卢本的图表中留出发展的空间，以便进一步深入研究“事物的本质”本身中产生的目的和参数：对于“怎样是一座建筑成为世界上最好的歌剧院”的问题，部分答案肯定是源于批判性地发现什么限制或扭曲了当代歌剧艺术，也源于那些被阻止的作为一种活生生的艺术形式可能产生的新的意义。最终，在卢本对建筑专业领域的概述中，仍然缺少这种明确阐述的城市设计空间类型。因为并不是每个建筑项目都能适应于每一个场地。巴士底广场最后没有建新国家歌剧，是因为具有社会主义倾向的密特朗总统仅是象征性地把它和法国革命的著名地点联系起来。而其实建一个文化设施还需要经过对多个场地的详尽比较，证明现有的城市结构和交通基础设施匹配，并通过新建项目能将这个地方提升到一个新的状态，才可能实现。

有一种观点认为，去实现一个建造的愿望，仅需要得到专家设计能力的服务就行了，这种看法符合大多数人的认识。然而，这将把建筑简化为纯粹的执行（建造）角色，将形式过程与许多关键的限制因素分离，并丧失了具有专业精神建筑实践的核心价值。建筑和建筑行业的真正区别是什么？建筑与医学、金融、法律以及许多其他自营职业相似，因为他们都是以信任为基础。客户并不是简单地将建筑委托给建筑师让他们

② Bernard Leupen, Christoph Grafe, Nicola Körnig, Mark Lampe, Peter de Zeeuw: *Design and Analysis*, 010 Publishers, Rotterdam, 1997, p. 17.

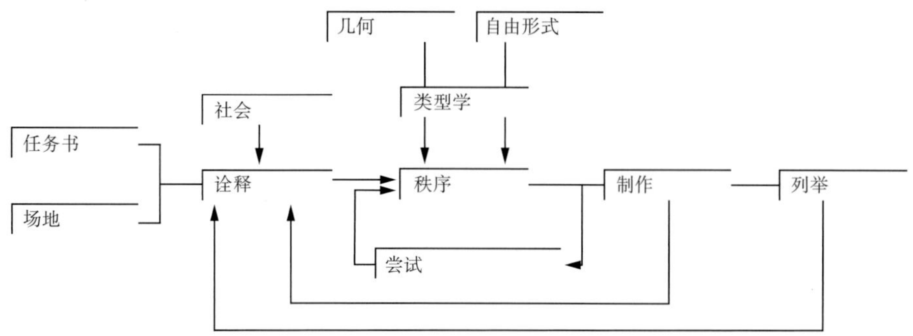

伯纳德·卢本的设计流程图（Leupen 1997，PI7）
启动了设计流程的程序（或简图），被展示在建筑工地旁。类型学仅被定义为用于解决设计问题的形式和几何工具。反馈循环展现一种反复试验的方法。从这个意义上讲，卢本对设计过程的理解可以说是非常务实或富有实践意义的。

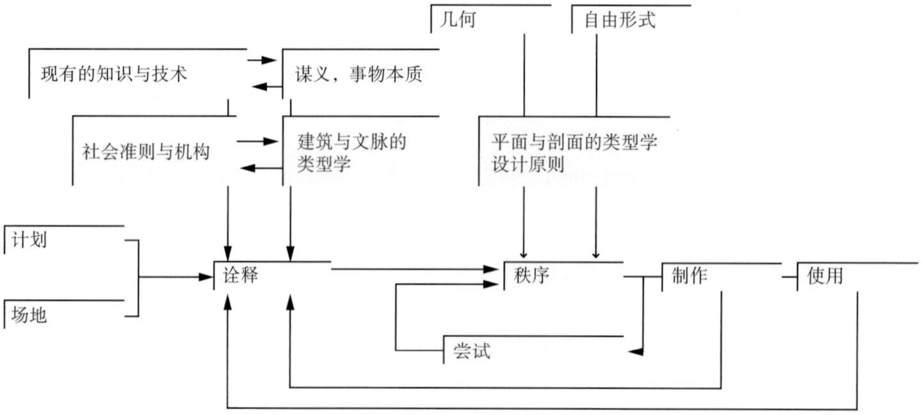

伯纳德·卢本的设计过程概念的修订版增加了建筑类型和背景的类型学，以便从项目中列出的构成要素和性质的多样性中提取出未来建筑连贯的功能定义（建筑应该很好地服务于什么目的？）以及精确地确定了给定情况的固有可能性和需求（在这个场地上能够或必须做什么？）与语义和本体(事物的本质)的连接表明，程序不仅可以按照客户的需求和社会的约束来得出，还可以根据预期的目标要求和场地的特定性质(这种建筑或任何类型的建筑影响意味着什么)来得出。从这个意义上来说，我认为修正过的这个图解更接近现实。

毫无改变地实施，而是希望他们的想法能够得到适当有利的处理。客户在施工过程中承担个人风险，他们对自己的利益没有充分的理解，他们依赖于专家的谨慎建议。因此，建筑师该如何证明自己的专业能力并获得业主的信任？他们当然不能像艺术大师一样，能让客户利用投资借助艺术声望出名。只有当专业人员能够表达理解场地的需求，客户和建筑师之间的信任纽带才能蓬勃发展，并能够得以继续讨论更多的可能性。

深入探讨

在第 1.1 和 1.2 节，我将解释建筑特性是如何由内容（进程化的）和形式空间特征组成的，并强调语言和形式定义的互补性。

在第 2 节，我将建筑师描述为对给定环境条件进行诠释的人，他们通过可验证的理由来说明在一个环境中需要做、可以做或不可以做的事情，因此他们经常被委托咨询。第 3 节重点介绍对功能计划先决条件的建筑转化，功能计划的需求可以以各种方式实现，而不必每次都按照“形式跟随功能”的指示来设计建筑项目的某一独立部分。以阿道夫・路斯的独户住宅为例，我认为“适合家庭音乐会”的功能需求不一定是以特定的房间类型（音乐室）的形式实现的，而是通过一套成熟的流线系统（互联的房间）而成。在第 4 节，我将回到客户和建筑师一起制订的语言描述或场景重写。我相信相关被确定的事情的发生，取决于差异化的类型（分类系统）。相关城市设计、建筑分类以及形式和几何排序模式的类型学，有助于我们理解事物和关系的真实性以及它们的实际行为。在第 5 节，我将关注点转移到创新的类型学解决方案以及识别它们的方法和手段上。在第 6 节，我研究当某类建筑有某种需求时需要满足的先决条件。你做什么很重要，而不是你说了什么！在第 7 节，我通过强调公共建筑项目的群体规划意义来结束这一系列的探索。相比较基于权力的背景关系，项目进程中变化莫测的谈判以及集中讨论，将有助于发现事物的本质和其发展的真实可能性。

1 词语如何成为空间

1.1 计划：作为建筑项目的子定义

“计划”（program）这个词主要涉及书写的东西（来自希腊语“gramma”：字母，字母，列表，文书）和一个进程的初始阶段（pro：首先，提前），其目的是提供或带来某些信息。在建筑学和规划学中，“计划”是指一个物体或一个物理状态的语言表达，这个物体或物理状态最初在空间中没有具体形式，但通过协作工作可以确定。策划所缺少的是项目建设的明确的经济、技术、形式和结构手段。因此，在空间和物质上得以实现之前，它具有一定的抽象属性。与建筑设计图纸和详细的施工说明一起，计划将根据所需的空间分配，为待建建筑提供完整定义。在综合所有信息之前，它仍然是一个“部分定义”（partial definition）③。计划通常是一个按部就班或迭代的动态过程。在规划和设计阶段完成之前，建筑师根据客户类型、承包过程，决定策划的期待与其不确定性的容忍度。

③ 纳尔逊·古德曼（Nelson Goodman）认为，建筑的概念和建成品不是由同一个人在“异种艺术”范畴内完成的。只有当作品有明确的定义时，才能正确地执行异种艺术。古德曼当时说的是符号。将客户看作是作品的共同创建者或共同作者是不寻常的，尽管他们拥有已创建的建筑计划，即作品的符号。

③-1 Nelson Goodman: *Languages of Arts*, Oxford University Press, 1969, Chapter 4.

③-2 Remei Capdevila-Werning: *Goodman for Architects*, Routledge, Abingdon/New York, 2014, Chapter 4.

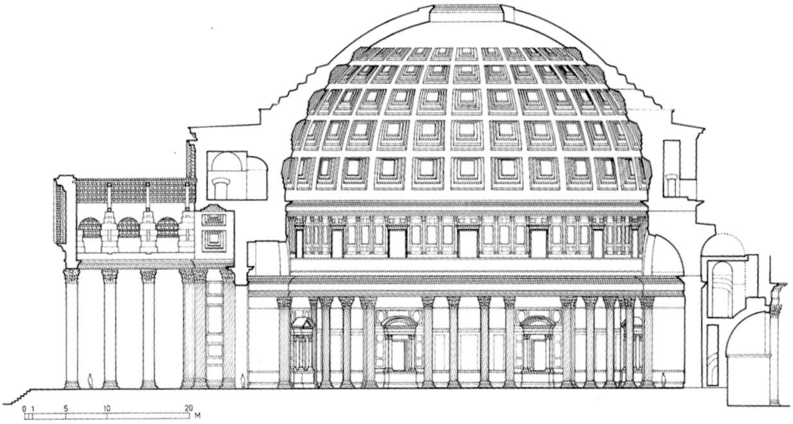

1.2 功能和形式空间类型

圆形大厅的正式空间类型与各种用途兼容，并不一定与任何特定程序绑定。婆罗洲的万神殿直到今天仍被用作神圣的空间。巴黎的帕诺·拉马弗朗西斯（Panorama Francais）于1881年作为视觉装置创作，但在1886年就被改建为马戏团；斯德哥尔摩的阿斯普朗德（Asplund）图书馆自1928年以来一直在以同样的功能运作。

Source：

1) Drawing by José Conesa, from Henri Stierlin, *Hadrien et l'architecture romaine*, Fribourg (CH), Office du Livre, 1984

2) *Revue générale de l'architecture et des travaux publics*, Paris, 1882

3) Published project plan (1928), Stockholm City Library 1998

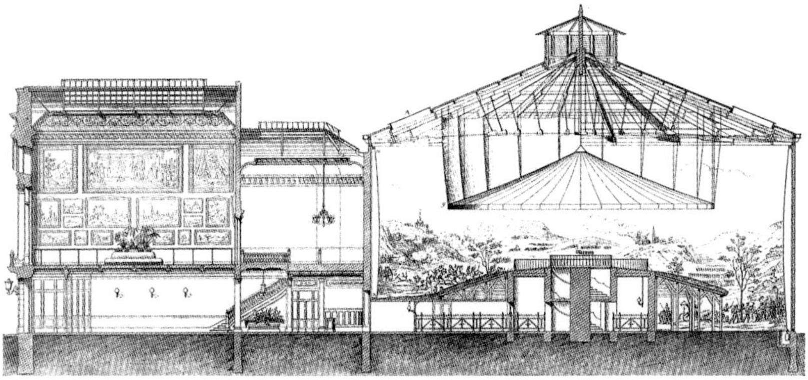

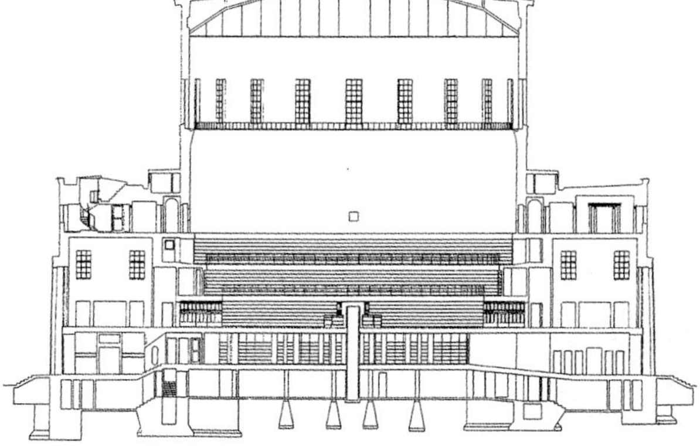

1.2 功能类型和空间形式类型

计划的子定义需要进一步补充说明。然而，我们还必须区分“建筑类型”这一术语的两种可能用法。由于计划是对未来项目的子定义，不包含任何形式或空间决定因素（这些是未知因素，有待设计师确定），因此策划中描述的建筑类型并不固定。然而，它在功能上至少是确定的。譬如一个客户想要一个新的“剧院”、一个“学校”，或者一个“公寓楼”，这些都是建筑类别或者建筑类型。建筑设计过程完成后，还将进一步出现一个特定类型的建筑。然而，在这种情况下，某种建筑类型所定义的特征由其形式和空间所确定，如“意大利剧院”“帕维林学校”“高层公寓楼”等等。功能化的建筑类型与形式和空间化的建筑类型不能盲目地相互联系，由此可避免设计形成单纯的形式转译。因此，要实现方案的不同目标，需通过各种形式和空间的解决方案。相反，形式和空间的排序模式适用于各种各样的使用需求。大型拱形大厅和庭院的功能上是不确定的，就像住宅或教育类建筑不依赖于固定的空间组织模式一样[4]。由此，建筑设计的文化贡献所带来的附加价值正是源于这样一个事实：一方面，它总能在相对较少数量的空间排序模式中发现新的可能性。另一方面，只有当构建环境中所能找到的最完美的人工制品不受任何固定形式的约束时，它才能得到进步[5]。

④ Philip Steadman: *Building Types and Built Forms*, Matador, Kibworth Beauchamp, 2014.

Sylvain Malfroy: “Book Review: Building Types and Built Forms by Philip Steadman”, *Urban Morphology*, 2016, 20(2), pp. 181–183.

⑤ Robert Sokolowski: *Phenomenology of the Human Person*, Cambridge University Press, 2008, pp. 108–116.

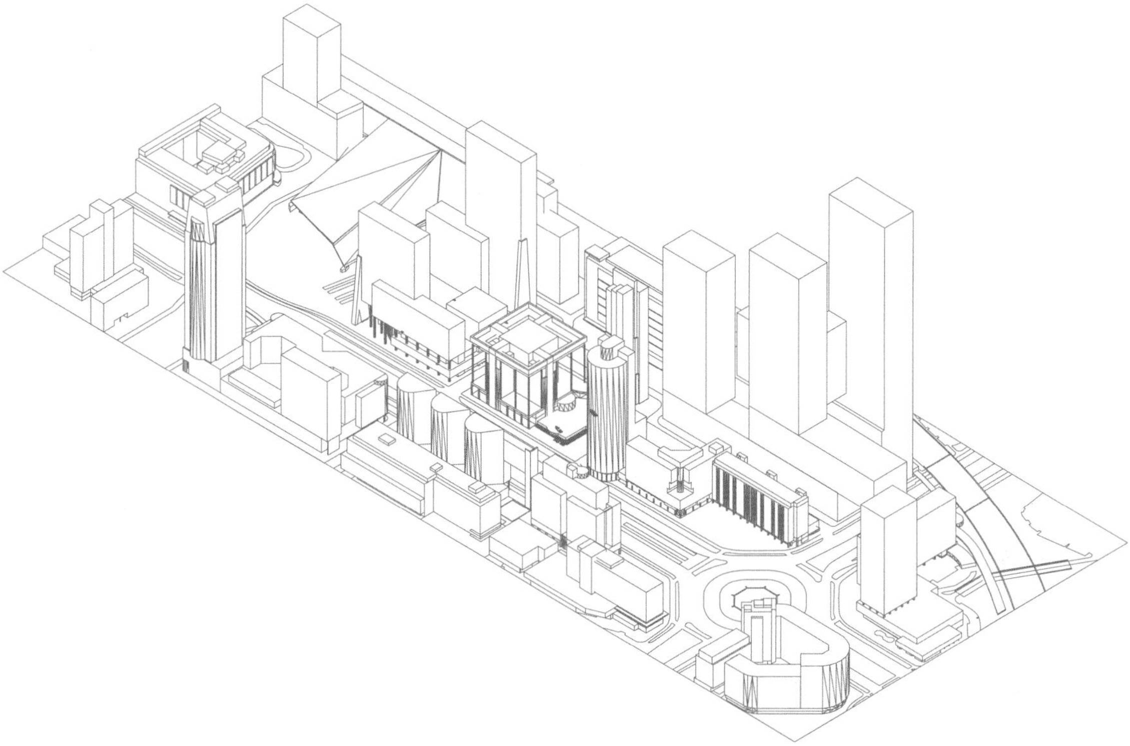

2.1 没有使用概念的投资者

鹿特丹威纳大道高层建筑群开发项目
Kaan Architecten, 2000—2003。
一个高度灵活的混合用途项目的体积研究，占地面积约 24 万 m^2。

Source: ©Kaan Architecten

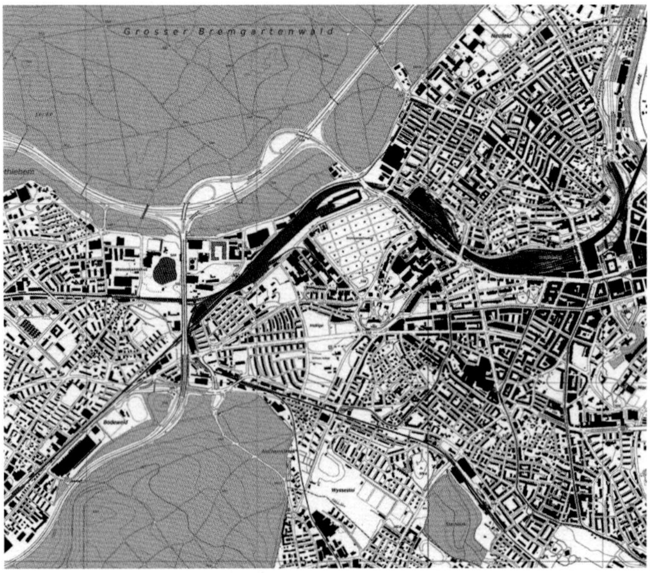

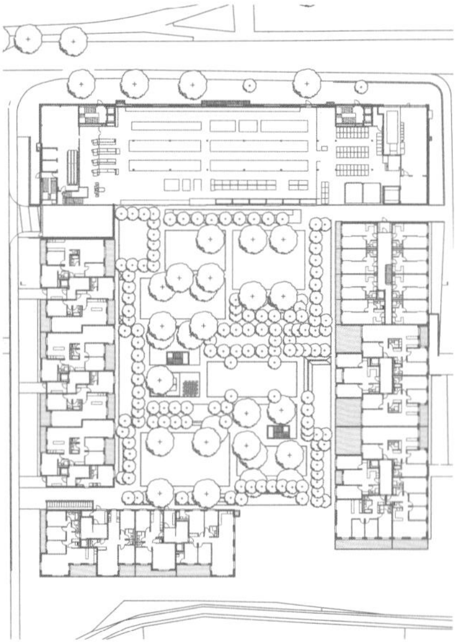

2.1 没有使用概念的投资者

ARK 143，住宅 / 办公 / 零售综合楼，Murtenstrasse 143，伯尔尼，Ueli Zbinden，建筑师，苏黎世，2009—2013；Bercor AG，伯尔尼，投资者。

与房地产投资者的典型项目一样，建筑群的程序组成部分与场地的特点密切相关。例如，它靠近大学（在计划的右上角），包含 52 个学生住房单元，而 300 个停车位是考虑到相邻的高速公路坡道。屋顶餐厅、健身中心和豪华顶层公寓使阿尔卑斯山的美景尽收眼底。事实上，该项目被设计为一项公共战略的先驱，该战略旨在在一个几乎没有人居住区（Weyermannshaus OST）拯救废弃的商业地产，这基本上导致了用途和居住类型的高度混合。其目的是涵盖尽可能广泛的需求，确保综合体的功能独立性，同时降低投资风险。通过“方舟”的形象推广该项目，困难挑战转化为积极资产，要求该建筑群的未来用户和居民想象自己是城市复兴的小规模开拓者。

物业规模：12 438 m^2，BGF 总建筑面积 30 600 m^2

Sources: Photos by Laura Egger, Zurich; drawings by the office of Prof. Ueli Zbinden, Zurich

2 计划和客户

原则上，无论是自然人（某女士或某先生），还是法人实体（市政当局、教堂、合作社、公司或俱乐部），总是“支持”着一种计划的可能。他们追求某种意图和目标，并希望予以表达。客户希望建设，但对建筑的用途缺乏明确的想法。

2.1 无意图的投资者

2012 年 10 月，荷兰建筑师凯斯·卡恩（Kees Kaan）[⑥]在代尔夫特理工大学（Delft University of Technology）的一次演讲中讲解了一个案例。他受委托设计了一个高层建筑群的项目，该建筑总面积约 24 万平方米，占地 1.3 公顷，位于鹿特丹新中央火车站附近的威纳大道上。客户是一个由银行、房地产开发商和总承包商组成的联合体，他们从一开始就没任何思路。该项目最初包括一个奢华的拉斯维加斯式赌场，后来赌场被取消。随后，卡恩被要求设计一个大型公共活动厅的会议中心。很明显在各种情况下任何事情都可以改变。这是一个很好的例子，说明对于建筑项目深入理解的关键不在于客户的思维，而是在其“外部”，即在开发场地的特点和潜力之中。根据客户类型的不同，这些客观性的“策划”需要包含人的个体与主观需求，或者包含通过市场需求预测的使用方式，而这些“计划”的非个人化的模式和行为的使用方式在一开始也必须仔细研究[⑦]。

作为总结，我们认为对不同类型客户以不同方式处理建筑计划过程十分必要。

⑥ Rees Kaan, Manuela Triggianese,(2014): “Complex projects: Design or planning?”, in Roberto Cavallo, Susanne Kamossa, Nicola Marzot et al (eds.): *New Urban Configurations*, Delft University of Technology, Faculty of Architecture and the Built Environment, 10s Press, Amsterdam, 2014, pp. 67–78.

⑦ Gabriele Bobka, Jürgen Simon (eds.): *Handbuch Immobilien- bewertung in internationalen*. Markten, Bundesanzeiger Verlag, Cologne, 2013.
Hanspeter Gondring, Thomas Wagner: *Real Estate Asset Management*. Handbuch für Studium und Praxis, Vahlen, Munich, 2010.

2.2 原因解释与目标理解

这个话题在此只是顺便讨论，这属于哲学行动理论的一部分。在当前语境下，有趣的是去辨别这些“计划”结论，是来自客观环境的性质和潜力，还是来自一群人的各种想法。前一种情况，从土地征用到建筑物竣工的整个发展过程，可视为一条逻辑链，它具有客观依据和具体缘由[8]。后面一种情况，同样的过程却被有意识地掌控着，也就是说，要去追溯项目所包含的意图，并用这种方式去理解它。建筑学需要多元方法论。因为建筑实践既表达了主体的能动性，也表达了特定情境限定的条件[9]。赫尔曼施·密茨（Hermann Schmitz）认为，功能总是在主观领域萌芽，在某种程度上将这些需求具体化被视为一种成熟的象征[10]。

3 计划作为对建筑师专业知识的挑战

计划，作为建筑合同的一部分，很容易产生误导，即建筑师的任务只是“执行”这些计划，而不需要有附加的概念价值，即“以实际建造的形式实现”。但是无可争议的是，计划越严格，建筑师就越能有效地完成工作。如果要满足的功能需求还没有在一个详尽、有约束力的任务书中详细列出，并且还没明确配额、固定尺寸和相互关系，那么设计师的策划分析就有很大的优化潜力。

⑧ Sylvain Malfroy: Lapproche morphologique de la ville et du territoire / Die morphologische Betrachtungsweise von Stadt und Territorium, eth, Department of the History of Urban Development, Zurich, 1986.

Karl Kropf, Sylvain Malfroy: "What is urban morphology supposed to be about? Specialization and the growth of a discipline" in *Urban Morphology*, Iss. 17, October 2013, 2, pp. 128–131.

Sylvain Malfroy, Frank Zierau, "Stadtquartiere vom Webstuhl — Wie textile Metaphern ab 1950 die Komplexit.t der Stadt veranschaulichen", in Sophie Wolfrum and Winfried Nerdinger (eds.): *Multiple City, Stadtkonzepte, 1908-2008*, Jovis, Berlin, 2008, pp. 77–82.

Giancarlo Cataldi (ed.): Saverio Muratori architetto (*Modena 1910 - Roma 1973) a cento anni dalla nascita: atti del convegno itinerante*, Aión, Florence, 2013.

Urban Morphology, *Journal of the International Seminar on Urban Form*, Birmingham, 1997, www.urbanform.org/online_public/.

⑨ Paul Ricoeur, "Expliquer et comprendre", in *Du texte à l'action. Essais d'herméneutique, ii*, Seuil, Paris, 1986, pp. 161 - 182.

Christoph Horn, Guido Löhrer, (eds.): *Gründe und Zwecke. Texte zur aktuellen Handlungs-theorie*, Suhrkamp, Frankfurt am Main, 2010.

Edward Jonathan Lowe: *Personal Agency. the Metaphysics of Mind and Action*, Oxford University Press, 2008.

⑩ Hermann Schmitz: *Der unerschöpfliche Gegenstand*, Grundzüge der Philosophie, Bouvier, Bonn, 1990, p. 6 f. and passim.

6

6

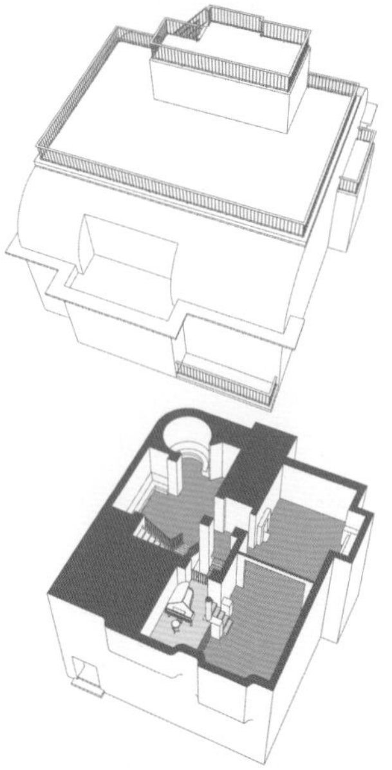

3.1 路斯的体积规划法作为对策划需求要求的响应 -a

希尔达别墅和卡尔·斯特拉瑟别墅 - 菲舍尔，维也纳，建筑师阿道夫·路斯，1918—1919 年
轴测图。音乐厅位于东南角，北靠餐厅。钢琴壁龛向西扩展空间，并与楼梯和沙龙成对角线。

图纸：Saikal Zhunshova，
Dipl. architect ZHAW, Winterthur

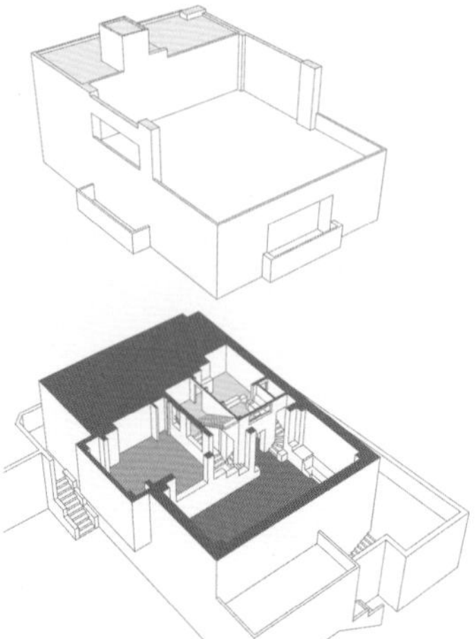

3.1 路斯的体积规划法作为对策划需求要求的响应 -b

弗朗蒂塞克别墅和米拉达·穆伊勒 - 克拉特卡别墅，布拉格，阿道夫·路斯，1928—1930 年
在最初的计划中，并没有特别为大型沙龙指定音乐室，但其宽敞的布局表明，精心的招待会是在考虑音乐的情况下安排的。西边的餐厅通向“大沙龙”，而东边是“女士沙龙”，在那里，家中的女士喜欢拉小提琴，由于窗户很大，因此与主空间的活动保持视觉和听觉上的联系。

图纸：Saikal Zhunshova，
Dipl. architect ZHAW, Winterthur

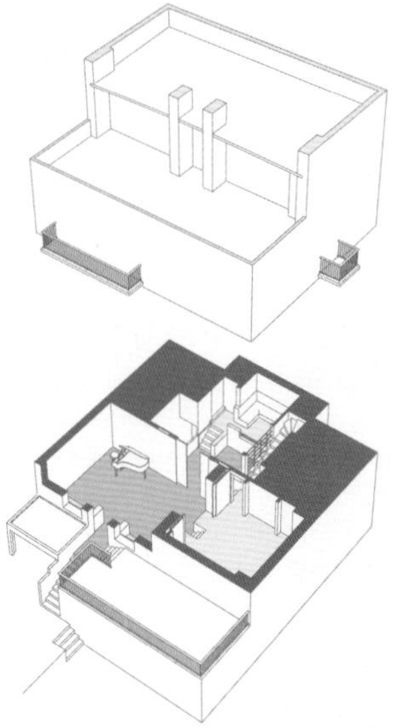

3.1 路斯的体积规划法作为对策划需求要求的响应 -c

汉斯别墅和汉尼·莫勒·沃蒂茨别墅，维也纳，阿道夫·路斯 1926—1927 年
赞助人本身就是音乐家（小提琴和大提琴），他们与维也纳前卫音乐界［阿诺德·勋伯格（Arnold Schönberg）］保持着密切的联系。音乐厅位于平面图西南角，与东面稍高的餐厅成一直线，通过一对滑动双门与大厅呈对角线连接，在外墙上向北设有阅读壁龛。

图纸：Saikal Zhunshova，
Dipl. architect ZHAW, Winterthur

3.1 路斯的体积规划法作为对策划需求的响应

让我们来看看阿道夫·路斯设计的一系列私人家庭住宅：Villa Steiner（1910）、Villa Duschnitz（1915）、Villa Strasser、Villa Rufer、在维也纳的 Villa Moller（1927），和在布拉格的 Villa Muller（1928）[11]。根据奥地利的传统，这些建筑项目都被希望能够为一个社交圈定期举办私人音乐会。与富裕市民的别墅相比，这个问题不是通过创造一个专门为此设计的大房间的方式解决，相反，而是通过临时将许多小房间连接在一起来满足方案的要求，而这些房间在平时可以正常使用。因此，阿道夫·路斯没有为举办私人音乐会的需要单独设立音乐室（一个特定的完全独立的空间），而是从轴向和对角线视线上灵活连接餐厅、起居室、钢琴楼厢、入口大厅、阅读角和各种次要房间（个体使用作为房子整体概念的一个组成部分）。路斯著名的体积规划法是基于功能来考虑室内空间的顺序和大小。没有这些方面的背景信息，体积规划法将被误解为纯粹的形式化操作[12]。这种空间构成方法，最初是为私人住宅开发的，旨在优化房子的各个房间之间的比例和功能，使之协同。

[11] Ralf Bock (2009), Adolf Loos: *Leben und Werke, 1870–1933*, DVA, Munich.

[12] Max Risselada (ed.): *Raumplan versus plan libre: Adolf Loos / Le Corbusier,* 010 Publishers, Rotterdam, 2008.

3.2 独立与非独立部分

"独立部分"和"非独立离的部分或片段"之间的区别源于埃德蒙德·胡塞尔（Edmund Husserl）[13]。这个概念对于分析建筑对象的整体性特别有用，它将类似"空间"和"氛围"等难以捉摸的元素作为基础要素。空间从来不是独立于整体的一个部分,但它总是作为一个"片段"存在，它可视为是其他"部分"（建筑材料、结构构件）和"片段"（光、颜色、尺寸和比例）的一种功能。路斯将传统音乐厅视为房子的一个"独立"的部分，并成为平面的一个"片段"。并非所有建筑需求都可以通过"独立部件"的设计被系统地解决。只有个体空间的特征和整个建筑

[13] Edmund Husserl "Logische Untersuchungen", *Meiner (student's edition), Hamburg*, 2009, vol. 2, part 3.

Robert Sokolowski: *Husserlian Meditations,* Northwestern University Press, Evanston, 1974, pp. 8–17.

David Woodruff Smith: *Husserl,* Routledge, London, New York, 2013, pp. 51–54, 145–147.

的面貌（公共机构的尊严，私人房间的亲密度）成为设计中其他要素的“片段”时才能实现。[14]

3.3 “为他”和“为己”最佳方案的趋同性

对于业主，某种程度上阿道夫·路斯是专业的，因为他不局限于实现他们的愿望[15]。相反，他有能力将这些愿望与传统的空间形式分开，并用最适合他们生活方式和个人身份的创新解决方案满足他们。作为建筑师，他没有从客户的主观角度出发，而是分析了“私人音乐会”的功能类型学的基本特征，将其从世纪之交维也纳的繁杂、陈旧的表现形式中解放出来，并将其带入一种新的空间和形式的拓扑结构中。因此，能在计划与设计[16]中区分主要与次要的能力，对建筑学科至关重要，因为这使其能够在人文学科中占据应有的地位。建筑学同样关注真理（来自希腊的真理或启示；现实的启示）。它并不是凭着纯粹的想象来创造它的对象，而是通过批判性地审视存在和普遍的事物来发现真正的可能性。

4 行动目标的计划和交互规则

计划通常用各种词语来表示，与此同时，我们通常会忽视词语最先被赋予意义的人际互动的过程。抛开交流的情境，独立的思考主要集中在事物的对应词语，这就产生了类似这样的问题：“医院到底是什么样子的?”或“合作住房的基本外观是什么?”人们不顾一切地试图通过对设计任务进行普遍的定义来得到一个稳妥的解决方案。但我们用对话言语来讨论事物并希望达成共识是很难实现的，因为词语实际上只起到相反的作用[17]。

4.1 从当下事实转向事物的深层属性。

“为什么现在的医院不再像 20 世纪 30 年代那样，建造在阳光灿烂的城市边缘和偏僻地点?”相关人员认为，因为现在大多数情况下医院以门诊护理为主，选择地点时，可达性已经超过了其他考虑因素。进而，关于“具有最佳日照条件的选址问题是属于卫生设施选址的基本问题，

⑭ 部分与整体的关系是分体论的研究对象。分体论是1900年左右从集合论批判发展而来的逻辑分支；如今它与人工智能和信息技术相结合，并包含了许多建筑学理论和设计方法学方面富有成效的方法论命题。

Verity Harte: *Plato on Parts and Wholes, The Metaphysics of Structure*, Oxford University Press, 2002.

Hans Burkhardt: *Handbook of Mereology,* Philosophia, Munich, 2017.

Daniel Köhler: *The Mereological City: A reading of the works of Ludwig Hilberseimer,* Transcript, Bielefeld, 2016.

Kathrin Koslicki: *The Structure of Objects*, Oxford University Press, 2008.

Sylvain Malfroy (2014), "L'espace et la ville comme ‹moments› du projet d'architecture" in Anne-Marie Châtelet, Michael Denès, Cristiana Mazzoni (eds.): *La ville parfaitement imparfaite*, La Commune, Paris, 2014, pp. 245–259.

Ariel Merav: *Whole Sums and Unities*, Kluwer, Dordrecht, Boston, London, 2003.

⑮ Robert Sokolowski (1991), "The Fiduciary Relationship and the Nature of Professions", in Edmund D. Pellegrino, Robert M. Veatch, John P. Langan (eds.): *Ethics, Trust and the Professions*, Georgetown University Press, Washington, 1991, pp. 23–43.

⑯ Robert Sokolowski: *Presence and Absence. A Philosophical Investigation of Language and Being*, Indiana University Press, Bloomington, 1978, pp. 130–143.

Robert Sokolowski: *A Philosophical Investigation of Language and Being,* Indiana University Press, Bloomington, 2008, pp. 99–135.

⑰ Robert Sokolowski: *Pictures, Quotations, and Distinctions, Fourteen Essays in Phenomenology*, University of Notre Dame Press, 1992, pp. 187– 209.

还是受时代限制的特征”，成为人们可以进一步讨论和确认的话题。

“为什么合作住房与私人住房和投机性住房不再有什么不同?”“因为住房合作社不再像以前那样从固定的专业团体和其他类似的社会群体中招募成员，因此不再需要一个共同的象征性特质形象。”再次，这些被确认的事实在传播中,让我们讨论合作住房的性质和历史条件的呈现,并同时注意到合作住房设计的最新趋势。这些信息的融入将我们的注意力集中在事物如何转化、设计和异化的可能性，以及能够呈现的新的形式、空间和其他特征上。这些讨论一方面比较了不同的感知模式，另一方面，研究了事实和因果关系对应真相发现的过程（根据现象学的理解）。最后，现实的面纱稍微揭开了一点，我们有充分的理由认为，事态确实是与它们共同向我们所展示的那样一致。

4.2 共同探寻建筑的本质

这种对词语引义的解释并没有被普遍接受。反对的观点认为语言只能处理传统意义，不涉及“事物本体”。其实，怎样理解建筑学是一种纯粹的制度性理解。如果没有相关可以被证明的实例，今日可见的所谓医院、法院、单户住宅以及有发展潜力的场地，将只是一个纯粹的观点。在此，需要指出的是，在现象学方面，所有可以用名称来指代的事物都具有可理解性，在讨论中可以被解释、强化和客观化。人们可能或多或少会在此达成深入理解，在其他方面却无法自主决策[18]。我们很难提出建筑的通用定义，但我们不需长期为此困扰：“为什么一个有职业素养的建筑师不会没有仔细审核就直接拒绝以给定的形式‘执行’一个功能?”“因为他或她关心客户的真正利益，不想向他们提供任何仅仅看似好的东西，而是根据已知的标准、可用的资源以及从中获得的实际可能性，在给定情况下提供真正相关的东西!”

5 建筑作品的特性、内部构成及其与环境的关系

每当我们描述一个建筑时，我们不可避免地因为类型化认知，而消除了建筑个体的特性，并将其与一般化的建筑类别联系起来[19]。如“这个剧院”指的是“剧院”这种建筑类别的个体实例（这种建筑类型的具体例子）。语言不能表达出清晰的特殊性。如果我们问道：“这个建筑的功能好用吗? 这个建筑成功了吗? 这座大楼被很好地实现了吗? 这个

[18] Robert Sokolowski, “Discovery and Obligation in Natural Law” (2010), in Holger Zaborowski (ed.): *Natural Moral Law in Contemporary Society*, Catholic University of America Press, Washington, D.C., 2010, pp. 24–42.

[19] Edward Jonathan Lowe: *More Kinds of Being, A Further Study of Individuation, Identity, and the Logic of Sortal Terms,* Wiley-Blackwell, 2009.

Eddy M. Zemach, “No Identification Without Evaluation” (1986), in *Types. Essays in Metaphysics*, Leiden, Brill, 1992, pp. 111–126.

Christian Kanzian: *Ding – Substanz – Person. Ein Alltagsontologie,* Ontos, Frankfurt am Main, 2009.

Johannes Hübner: *Komplexe Substanzen,* De Gruyter, Berlin, 2007.

Amie L. Thomasson, “Public Artifacts, Intentions, and Norms” (2014), in Maarten Franssen, Peter Koos, Thomas A. C. Reydon, Piete E. Vermaas, (eds.): *Artefact Kinds. Ontology and the Human-Made World*, Cham, Springer, Heidelberg, New York, Dordrecht, London, 2014, pp. 45–62.

城市有多少栋楼?”只有当我们知道这座建筑有怎样的功能性；怎样能很好地使用；什么时候可以被视为一个整体；城市里的什么类型的建筑可以对应，我们才能回答。

现代逻辑创造了“分类”（sortal）的概念，指代那些帮助我们区分、计算或研究事物特性的名称：这个剧院和那个剧院一样吗?要使两个结构相同，它们必须包含相同的元素。也就是说，它们必须有相同的成分。例如，没有门厅的剧院或没有牢房的法院，不能与有门厅的剧院或有拘留设施的法院等同。我们注意到，当策划精确地列出构成建筑的各种元素、性质和内部关系，并证明它们对建筑特征的作用以及与某个类型（type）的从属关系（这里使用“type”作为“sortal”的同义词）时，功能和类型是紧密相连的。

5.1 类型的差异化作为证明程序意图的手段

当一个客户表达：“我真的想要一栋这种类型的建筑，除去这样那样的调整。”那么问题在于：这些调整是会显著还是仅表面上改变那些决定建筑类型基本特征的构成要素。如果这些变化确实对建筑类型有重大影响，我们将不得不考虑如何命名这种新类（new genus）（新的类型或分类），当然，这在逻辑上限制了特殊差异（differentia specifica）。不然，我们只需要处理一些不影响类型变化的细微变化即可。在设计方面，这意味着一种功能机制的需求，将应对着建造工业化通用的类型分类，这些是当下经受检验的一些类型。而另一方面，非标准化的功能机制寻求的不仅是个体性的“新事物”（个体），而且还是一种“不同类型”的事物。

如果有人不是想要现成的事物，而是想要那些没有被具体化，只是以文字描述的形式存在，那么这其实是正在追求一种特定的意图，一种存在于想法中的特殊事物。我想把这些创造性的愿望、计划或意图称为广义的目标计划[20]。我想说，任何性质的创造性意图（生活方式和习惯的变化、城市的社会关系、学校的教育、交通拥挤的行为等），只有当他们改变了事物的构成，并因此影响其类型分化时，才会显现出来。相反（从接受方的角度），根据现有类型中的构成要素是否被修改的状态，可以在不同层面上确定目标意图。

[20] 狭义来看，建筑方案是对使用空间个体关系和相互关系的列表。然而一个功能计划或“一种计划性的关系”可能为一种思想观念的宣言、一个政党也常忙于计划，一群艺术家也同样常由一个共识的理念而组织在一起。

20.1 Ulrich Conrads: *Programme und Manifeste zur Architektur des 20. Jahrhunderts*, Ullstein (Serie Bauwelt Fundamente 1), Berlin, 1964, Reprint Birkhäuser, Basel, 2001.

5.2 节庆大厅而非歌剧院
——类型上的差异意味着目标化意图

让我们来看看 1873 年在德国插图杂志《凉亭》(*Die Gartenlaube*) 上匿名刊登的一幅著名木刻版画，这是以路易斯・桑特（Louis Santer）的一幅油画为原型的版画。这幅画在完成后被命名为《竣工之后的拜罗伊特瓦格纳剧院》(*Wagner Theater*)。当时，虽然在 10 月举行了封顶仪式，但施工还没有结束，因此，理查德・瓦格纳（Richard Wagner）和他的支持者们比以往更迫切地需要资金以完成建设。这个理想形象的呈现在媒体上表明了清晰的宣传目的，这就是为什么它会显得吸引人的原因。桑特的画并不表达建筑完成时的状态，而是对建筑三年完工后（1876 年夏）最终状态的展现。[21]

这里有个与建筑物的构成有关的问题：建筑前部公园般的广场，是应该被视为建筑的一部分，还是应降级为环境元素？换言之，到底是建筑作为环境要素被包含在公园内，还是将公园视为建筑概念中构成元素的一部分？

那些认为这座建筑是一个独立实体的人认为，桑特的画是一个传统的“歌剧院”，在公园里看起来有点不合时宜。然而，所有其他将公园视为建筑一个组成部分的人，都确定瓦格纳从 1848 年便开始设想，并花费数十年努力实现“节庆大厅”（Festspielhaus）这种建筑类型。建筑师奥托・布吕克瓦德（Otto Brückwald）设计的平面图充分表明，迷人的室外景观空间取代了传统的门厅和传统公共剧院中的典型流线布局，鼓励观众在室外休息。瓦格纳认为歌剧应该在接近自然之美的地方欣赏。

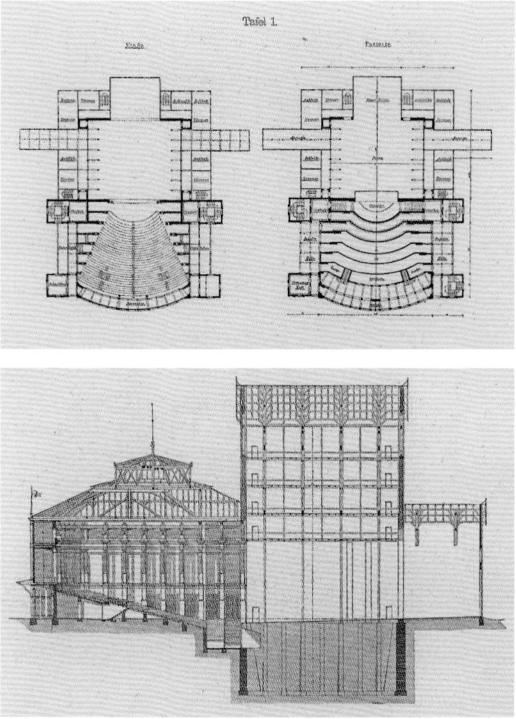

5.2 节庆大厅而非歌剧院
理查德・瓦格纳设计的节庆大厅的平面图和纵剖面图
奥托・布吕克瓦德，建筑师，1873
Source：Richard Wagner: *Das Bühnenfestspielhaus zu Bayreuth: nebst einem Berichte über die Grundsteinlegung desselben*, Fritzsch, Leipzig, 1873

㉑ 在1849年至1858年苏黎世流亡期间，理查德・瓦格纳参与了旨在改革德国音乐剧制作实践的各种项目，并以一系列程序性文本和公开信发给他的朋友。他有两个互补的问题：一个是艺术问题，一个是政治问题。一方面，他希望将歌剧艺术中相对松散的部分组合成一个充满魅力的总体艺术作品；另一方面，他试图通过基于古代模式的雄心勃勃的持续数日的艺术节来促进集体回归形成身份标识的旧日耳曼神话（Nibelungen），从而有助于德意志国家的兴起。

Richard Wagner: *Das Bühnenfestspielhaus zu Bayreuth, nebst einem Bericht über die Grundsteinlegung desselben, mit sechs architektonischen Plänen,* Fritzsch, Leipzig, 1873, (http://dx.doi.org/10.3931/e-rara-713)

Matthias Theodor Vogt (1982), "Die Geburt des Festspielgedankens aus dem Geist der Bäderkultur" in Peter Csobadi, et al. (eds.): *Welttheater, Mysterienspiel, rituelles Theater*, Verlag Ursula Müller-Speiser, Anif/Salzburg, 1982, pp. 343–364.

Richard and Helen Leacroft: *Theatre and Playhouse: An Illustrated Survey of Theatre Building from Ancient Greece to the Present Day*, Methuen, London, New York, 1984.

Hans-Jürgen Fliedner: *Architektur und Erlebnis. Das Festspielhaus, Bayreuth,* Synästhesie Verlag, Coburg, 1999.

Patrick Carnegy: *Wagner and the Art of the Theater,* Yale University Press, New Haven, London, 2006.

Timothée Picard (ed.): *Dictionnaire encyclopédique Wagner,* Actes Sud, Arles, 2010.

6

5.2 节庆大厅而非歌剧院

拜罗伊特的瓦格纳剧院建成后，佚名版画模仿路易斯·桑特的油画，Die Gartenlaube，1873 年，第 32 卷，第 515 页。公园是建筑的一个不可或缺的组成部分，体现了瓦格纳对直接接触自然的人民节日的程序意图。

Source：https://de.wikipedia.org/wiki/Richard-Wagner-Festspielhaus#/media/File:Die_Gartenlaube_ (1873)_b_515-jpg (public commons)

从巴黎新歌剧院的外部阳台观看巴黎歌剧院的大道，由建筑师查理斯·加尼尔创作，1860 — 1875 年，由 Charles Nuitter，Lenouvelopéra 制画。阿歇特，巴黎，1875 年，第 127 页。

就像拜罗伊特的节庆大厅公园一样，Baron Georges Eugène Haussmann 策划的歌剧院大道是巴黎新歌剧院不可分割的一部分，也是完成雄心勃勃的建筑项目的重要辅助工具。

Source：Bibliothèque nationale de France

由此，我们可以确定，与剧院建筑其他的那些可有可无的附加部分不同，这个公园是节庆大厅的一个基本特征。从这个意义上来看，作为节庆大厅的一个组成部分，公园带来的特定意义，使得在“剧院建筑”的综合建筑类型中引入如“节庆大厅”的次级类型成为可能。

6 特性和规范性：一个建筑如何才能成为特定类型的标准范例?

“节庆大厅”并不是唯一与公园般的外部空间相连的建筑类型。例如，让我们考虑一下别墅建筑的丰富传统及其广泛的谱系，以及和宫殿式类型沿袭关系：庄园式别墅、帕拉迪奥式别墅、资产阶级别墅、郊区别墅、乡村农舍、海边或山上的度假别墅等[22]。要被认定为“别墅”，一栋建筑必须符合某些必要的识别条件。例如，这样的建筑必须在产权上是“独立的”，提供“花园环境”般的“全方位视野”，并致力于“个人使用”（由业主和家庭）。如果一座别墅的花园被完全铺设为停车场，那么从定义上讲，它就不能再被称为“别墅”。因为这已经失去其类型识别标志，变成了与所谓“别墅”不同的东西。在此，需要讨论的问题是，在什么时候某一类型的建筑实例不再属于这种类型，并开始以新的属性体现其类型特性？

[22] James S. Ackerman: *The Villa: Form and Ideology of Country Houses,* Princeton University Press, Princeton, New Jersey, 1990.

6.2“城市别墅”与“多户住宅”

由政府雇员养恤金基金（Pensionskase）委托，建筑师多米尼克·乌尔梅斯勒（Dominik Uhrmeisler），柏林，2003 年竞赛获胜，与 Matti Ragaz Hitz Arch 合作，重建圣加仑的弗格雷斯特拉斯庄园。庄园位于伯尔尼，2012 年完成。

建筑程序中所谓的“城市别墅”本身并不是“城市别墅”。这存在一个临界阈值，在这个临界阈值上，一块土地的过度高密度和最大化利用不再符合建筑类型的基本特征。建筑类型学不是一种“本体论的免费午餐”；相反，个体建筑类型的特性和独特品质是以现实为基础的。

Source：Dominik Uhrmeister, Berlin

6.1 特定类型的本质仅在其最完美的实例中清晰可见

亚里士多德（Aristotle）曾经观察到，一般术语包含一些规范性的东西：某个类、种或属的标准范例，或多或少地能揭示其基本特性。例如，特定品种的苹果可以在不同程度上体现该品种的特性（颜色、平均大小、味道、成熟度等）。农民确切地知道在收获时采摘哪些苹果可以直接送到餐桌上立即食用，哪些苹果留在树上等待充分成熟，哪些质量差的苹果留来制作果汁和苹果酒，哪些苹果用于堆肥。也就是说，介于类型和类型实例之间的是一种具有目的性的动态属性，一种有目的地追求卓越的努力[23]。换句话说，针对某种类型的所有实例样本，可以根据它们接近该类型本质的程度，在它们之间进行等级划分。最有趣的是，通用术语的规范性在内部得到了验证。刀子越锋利它就越能被称为一把刀子，因为切割能力是刀子的基本品质。锋利的刀刃是刀具的基本品质，但实际上，不同种类刀具的锋利程度不尽相同。

6.2 “城市别墅”并非“城市别墅”

在此，我想在已经被滥用的“城市别墅”概念的例子中，提出关于该类型规范性的一系列问题，并围绕圣加伦 Chrüzacker/ Furglerstrasse 重建项目的公众争议进行简要讨论。[24] 该重建项目是否由“城市别墅”组成，还是欺骗性的用词？是否仅仅经过人们认同就可以将一个建筑项目称为“城市别墅”，还是说必须具有某些基本特征？

“城市别墅”是城乡居住形态的混合体，在建筑尺度中是乌托邦的代表，与之对应的是城市尺度上的“花园城市”。它是一种周期性的尝试，旨在将乡村或郊区独立别墅的扩展性，与人口稠密的城市环境结合起来，而不必忍受大型住宅综合体带来的不便。城市别墅的概念源于一个更广义的策划意图，这和前文“节庆大厅”差不多。1984 年在柏林举行的国际建筑展使这种建筑风格得到全新的认可。自 20 世纪 90 年代以来，住房市场对城市别墅的需求相对强烈，这种类型的住房尤其受到中产阶级的青睐，他们希望拥有自己的住房，但不想在城市和乡村之间通勤。

2004 年，圣加伦州的公务员退休金基金发起 Chrüzacker 庄园遗产再开发设计竞赛，项目占地约 1.5 公顷。除了住宅单位的建设，竞赛的主要目的是促进基金会的资本流动。与此同时，养老基金会将庄园的部分土地出售，用于另一个有名的新联邦行政法院大楼的竞赛，以期望从

[23] Francis Slade (2000), “On the Ontological Priority of Ends And Its Relevance to the Narrative Arts” in Alice Ramos (ed.): *Beauty, Art, and the Polis,* American Maritain Association, Washington, D.C., pp. 58–69.

Robert Sokolowski (1981), “Knowing Natural Law”, in ibid., 1992, pp. 277–291 (see footnote 17).

Robert Sokolowski (2004), “What is Natural Law. Human Purposes and Natural Ends” *The Thomist* 68, pp. 507–529.

Robert Sokolowski (2010), “Discovery and Obligation in Natural Law”, in Zaborowski, pp. 24–43 (see footnote 18).

Robert Spaemann, Reinhard Löw: *Natürliche Ziele. Geschichte und Wiederentdeckung des telelogischen Denkens,* Klett-Cotta, Stuttgart, 2005.

[24] Sylvain Malfroy (2012), “Genese und Städtebau”, in *Staufer & Hasler Architekten: Bundesverwaltungsge-richt, bauen für die Justiz,* Niggli, Sulgen, pp. 18–43.

Dominik Uhrmeister: *Wohnüber-bauung Furglerstrasse St. Gallen Schweiz,* www.d-uhrmeister.de/Broschuere.pdf

法院工作人员中吸引未来的买家。除此之外,吸引人的还有较高的地形、阳光明媚的山脊、美丽的景色，以及它曾是贵族的领地，建筑场地东部的中产阶级开发区，自 19 世纪 80 年代以来一直以别墅为主，在新艺术运功时期达到顶峰。所有这些因素使得其中的十个新古典主义“城市别墅”的重建项目看似合乎逻辑。

6.3 确切称谓

这座住宅区的设计一经公布，尤其是当地下停车库上共 129 户的 10 栋建筑竣工后，就引起了地区媒体和专业界对住宅区密度的争论。评论家认为,这个“城市别墅”实际上和其口号存在着极大差异。之后，开发商撤除了在后续宣传中使用“城市别墅”这个用语，并用更通用的术语“多户住宅”取代了它。该项目建成后的特点与城市别墅的基本特征不完全一致：五至六层高，每层三个单元，每栋楼十户以上，建筑间距为十一米，地下停车场不允许高植物生长。显然这不能被称为栖息在自然中的私人住宅。

7 综合定义下的目标实现

我们前面讨论的例子主要涉及两类建筑客户，我们可以将其描述为：

– 个体客户（个人、家庭、公司、俱乐部等），为个体利益行事，他们通常对计划有相当精确的想法。这群“知道自己想要什么”的业主，可能会误判自己真正的自身利益，并可能需要专业建议，正如我们在阿道夫 · 路斯的客户案例中所指出的那样，他们的需求从一开始就对建筑项目产生强烈影响，而私人投资对项目带来了进一步的差异性。正如我

综合定义下的目标实现

卢塞恩文化和会议中心，1990 年竞赛，1993 年施工开始，2000 年开放，建筑师：让·努维尔工作室，巴黎，照片：伊凡·苏塔。自 20 世纪 80 年代以来，曾有人呼吁将位于大致相同地点的原 30 年代建筑的各个组成部分分开。第一步，音乐节的发起人苏黎世美术协会，以及酒店业协会和其他游说团体，试图向市政府和广州施压，要求建立一个新的艺术博物馆、一个音乐厅、一个会议中心、一个公共礼堂和一个青年中心。很快人们便明白，国库没有足够的资金来满足这些要求。
文化备用管理的概念源于对协同效应和政治团结的长期探索，而这反过来又设想将大部分方案各组成部分“集中在一个屋檐下”。然而这一次，一个通用的多用途会议厅的灵活使用模式被搁置，以支持功能差异化和优化的基础设施，这是一个双赢的策略，因为游说团体不仅可以达到他们的目标，而且可以达到当时可能的最高质量水平。

Source: Copyright KKL Lucerne

们在瓦格纳节庆大厅看到的那样，建筑项目对抵押贷款或赞助的依赖可能会限制项目的发展。

– 投资者和房地产开发商（银行、保险公司、养老基金和各种资本投资者），他们主要是为了获取预期收益而进行建设项目，根据市场分析和经济预测对其建设项目进行规划，正如我们在圣加仑的伯尔尼和弗格雷斯特拉斯的 ARK 143 综合体中所观察到的那样。这个建筑群不遵循任何预先的设定，而在特定时间支持特定的需求。因此，他们通常更喜欢灵活的建筑方案，允许后续的计划性的组件转换。在这种情况下，计划是一个可调容器，其内容可变。

第三类建筑商不应被忽视，因为它比较特殊。如果说个体客户把自己的意图视为建设项目的目标，投资者将建设项目视为资本流通的必要手段,那么公共部门可能是唯一通过建设项目来建立自己形象的开发商。这就解释了为什么公共部门的流程质量和透明度如此重要：

－公共部门（市、省、联邦政府，公共机构，如大学、医院和运输公司）在策划建筑项目时必须考虑到政治共识，并在建设项目之前进行广泛咨询，以避免投诉或反对。的确，在政治上获得认可的公共部门或个别针对项目进行游说的团体，对于建筑项目将要满足的需求有明确想法。但是，为公众利益服务的项目，往往需要形成整体的战略方案，以同时满足相应的竞争对手。可见，这些昂贵的措施“购买”了建设项目的政治可行性。因此，制定建筑策划目标，就成为政治行动的工具。这里最大的挑战是将参与和目标联系起来。无论结果如何，参与性过程不应被滥用于所有个体,而应团结所有的力量以便达到最好的效果。在此，没有组织就无法实现。卢塞恩的文化和会议中心于2000年开放，这是一个幸运的例子。公共管理文化空间的概念已经连续三次全民公决通过，支持了建立世界级音乐厅的雄心壮志。[25]

6

[25] Sylvain Malfroy (1999), “Imagepflege nach aussen, Konfliktbewältigung nach innen. Architekturwettbewerbe und Stadtmarketing. Der Fall des Kultur- und Kongresszentrums (KKL) in Luzern”, in *Schweizer Ingenieur und Architekt 23*, pp. 513–516.

需求 (Needs)　“各尽所能，各取所需”，是社会主义乌托邦的伟大承诺，当然也是潜意识的事。它很快成为理论化和谈判的材料。几十年后，基于具有普遍要求和科学依据的用户需求，这已经巩固为建筑设计的公理。回想起来，我们可以看到：什么是公理，它本身是社会和文化上定义的，因此相对地、明显地服从于时间的流逝，具体地说是有效的，抽象地说是有限的价值。

新人类 (The New Human)　现代建筑是以“人类”为基础的，由此产生了“人类是谁”的问题。它必须与以前不同，因为它预设了一个“新的人类”。唯有理性，从习惯和习俗中解放出来，所有与过去的联系都被破坏。勒·柯布西耶证明，新人类有新的心态。但是新事物有多新？我们怎样才能阻止新人类一到明天就成为过去呢？人类的悲伤变得抽象和教条。

功能 (Function)　来自拉丁语的功能：表现，执行。无故障操作（功能），相关性（数学，例如 $y=x^2$），官方职位，责任范围，存在。多种含义，但都表达了积极的联系创造了一个整体。对于歌德来说，功能是一种活跃的存在状态。对于路易斯·沙利文而言，其“形式跟随功能”类似于从单纯种子生成整株植物，它是有机的。从技术角度来看，明智的做法是利用一个人的科学倾向来抵制任何反复无常的艺术倾向。抽象的参数主导了 20 世纪的功能主义，然后是纯粹的功能主义，最后是经济功能主义的经济利润。

目的 (Purpose)　从意图到结果的直接单向路径。目的指导行动。西塞罗（Cicero）说，没有目的就没有任何事情发生。目的最夺目的地方在于未来。这增加了它的规范性力量，最终证明了手段的合理性。无条件的现代主义在于其最终为手段辩护。无条件的现代主义将工具和表达置于目的之下。当挫折发生并要求一个目的时，无条件主义会进行报复。如果没有代入整体去考虑，目的就会丧失其基本的因果关系，并且必须证明其行动框架的合理性。

SIA 标准 (SIA Standards)　考虑到可持续性，标准确保建筑和设施的安全性，以及在生命周期的所有阶段的功能性、耐久性和经济可行性。它们描述了构建规则，记录可信的知识，使从研究中获得的知识可供实际使用，并激励正在进行的研究。这些标准为共识奠定了法律基础。标准必须有用且适用，并在实践中实施（utile, utilisable et utilisé）。它们是框架条件，但仍会随着时间的推移而变化。

白板 (Tabula Rasa)　来自拉丁语“tabula”：table and radere，擦除。一张光滑的蜡纸或空白的纸，即一块干净的板。哲学家约翰·洛克（John Locke）把人出生时的思想比作一张空白的纸，然后用生命的经历来铭记。20 世纪的现代主义以同样的不含偏见的方式进行了设计，勒·柯布西耶希望打破传统的心灵和思想观念，以客观的态度重新开始，只需要理性。脱离了传统，新人类出现了。

机器 (Machine) 来源于希腊语"mĕchané"：工具，人工装置，是指通过物质、能量或信息的流动促进实现目的的一种机制。其中目标是先决条件。技术和机器吸引了20世纪初的人们。机器的平稳运转成为一种理想，如未来学家的赛车、勒·柯布西耶的蒸汽机、塔特林（Tatlin）的机器艺术或朗格（Jünger）的全面动员。一座新兴的高科技节能建筑。

人工智能 (Artificial Intelligence) 通过调节和反馈实现自我组织的技术。唯一的外部输入是在第一步。人工智能实际能够学习（独立思考和修改系统）到什么程度，仍然存在争议。人工智能不能被误认为是艺术智能。例如，在参数化设计中，前者旨在取代后者。辩护者是20世纪机器迷的后代，他们将这个传统一直延续到一种自我生成的现代主义，这种现代主义迟早会抛弃自己的作者。

组织 (Organization) 来自希腊语"organon"：仪器。还有器官、有机体。组织是一个整体的各个部分以结果为导向的协作。尽管所有的工作过程都是有组织的，但在科学管理下［由弗雷德里克·泰勒（Frederick Taylor）开发］，工作过程被划分为尽可能最小的时间单位，以创建重复的过程。脑力劳动从体力劳动中分离出来，以便把这些单位重新安排成一个新的、改进的组织计划。这在20世纪20年代给人留下了深刻的印象：不少人认为建筑不是审美过程，而是组织。

包豪斯 (Bauhaus) 20世纪最具影响力的设计学院。基本教义（Klee, Kandinsky, Itten, Albers）是必不可少的，旨在通过创造性的练习来培养创造性的人格，而系统性的练习只是为了他们自己，而不是为了风格、历史和学术。包豪斯分析了当代艺术倾向，转向了技术生产方法。在随后的阶段中，包豪斯追求科学的方法论。最后得到了国际风格的形式规范这样一个矛盾的结果（Philip Johnson 和 Henry-Russell Hitchcock，1932年），它取代了曾经被认为是开放的东西：创造性活动变成了"包豪斯风格"。

策划

现代主义把功能放在设计的基础上。从现代主义开始，将城市布局划分为同质使用区，并辅以一项指导原则，即在城市中创造公平的交通条件，并将相互妥协的用途分开。区分的概念虽然在今天的建筑条例中仍然有效，但现在已经过时了。建筑物也是如此。社会变革过程是高度动态的，功能变革不能与永久性建筑协调一致。由于地区的特点是长期的，城市质量完全取决于建筑物的物理影响。在城市层面上混合不同的用途，在建筑层面上具有灵活的结构是新的指导原则。

城市层面

12 栋建筑的面积和体积的具体比值将在平面图和横截面图中显示，并使用视频波束器进行分析和显示。

成果要求

项目工作将分组进行。应分析以下建筑面积和体积：

- 总建筑面积（FA）
- 净建筑面积（NFA）
- 结构面积（SA）
- 使用面积（UFA）
- 交通面积（CA）
- 管井面积（SA）
- 总体积（GV）
- 平均层高（FH=GV/FA）
- 地上建筑表皮面积（BE）
- 窗户面积
- 立面面积

经济指标

（建筑效率）：

- 地上建筑面积 / 地上使用面积
- 总建筑面积 / 总使用面积
- 地上建筑体积 / 地上使用面积
- 总建筑体积 / 总使用面积
- 地上建筑表皮面积 / 地上使用面积
- 窗户面积 / 地上使用面积
- 窗面积 / 立面面积

数值计算结果将以表格形式呈现，并在相同和不同类型间进行比较。应将所分析的面积按百分比以扇形图方式呈现，这样就可以直观获得关于建筑的各种特征，这些特征将直观反映建筑效率与经济指标。

目标

对计算结果进行比较和讨论。这将有助于学生了解建筑各个区域的比例如何相互关联，以及如何得出与自己设计相关的重要见解。

蕾切尔·怀特瑞德：无标题（房屋），建造材料包括混凝土、木材和钢材（毁于1994年1月11日）。由艺术天使委托，贝克家族赞助。

Photo credit: Sue Omerod

戈登·邦沙夫特佐姆，耶鲁珍本图书馆
康涅狄格州纽黑文，1963

© Ezra Stoller / Esto

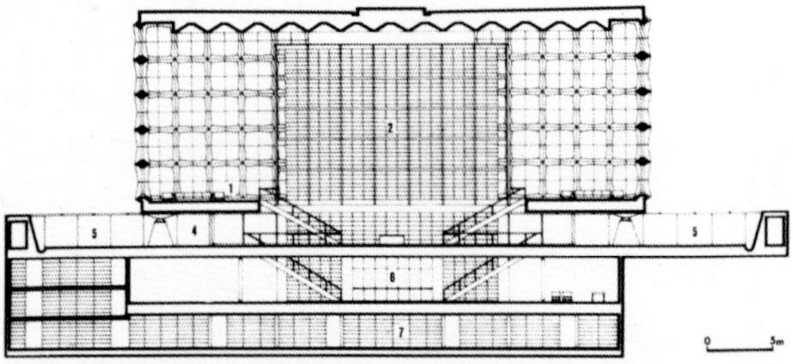

戈登·邦沙夫特佐姆，耶鲁珍本图书馆
康涅狄格州纽黑文，1963

Image © SOM

建筑层面

本练习重点分析建筑类型和整个建筑的使用分布。建筑类型的选择必须与建筑场地相关。空间规划的分析和实现应形成一个结论性的、结构良好的模型。

成果要求

- 建筑体积的尺寸不得超过 35 m × 35 m × 35 m。
- 建筑物应充分利用 35 m 高的容量。
- 必须规划至少 7 000 m^2 的地上总建筑面积（FA），即至少 5 040 m^2 的地上使用面积（UFA）。
- 该建筑必须至少有两层地下室。空间（面积 =UFA/ 楼层高度 ≈3.5 m）将分配给公共、半公共、私人和二级区域。
- 项目工作将以两人小组为单位展开，最终成果在 DIN A0 图纸中表达呈现。

必须提交以下文件：

- 建筑平面图照片
- 三个重要楼层模型照片文件
- 一个剖面图
- 体积 / 照片模型的两张照片
- 面积计算

模型

- 模型：100

要求

- 空间计划
- 2015 年消防安全条例
- SIA 规范 416
- VSS 规范
- 设计面积计算表（Excel）

目标

建筑类型的选择需要对类型学的知识和分析。有组织的抽象技术和随后的空间实现是本练习的两个关键目标。

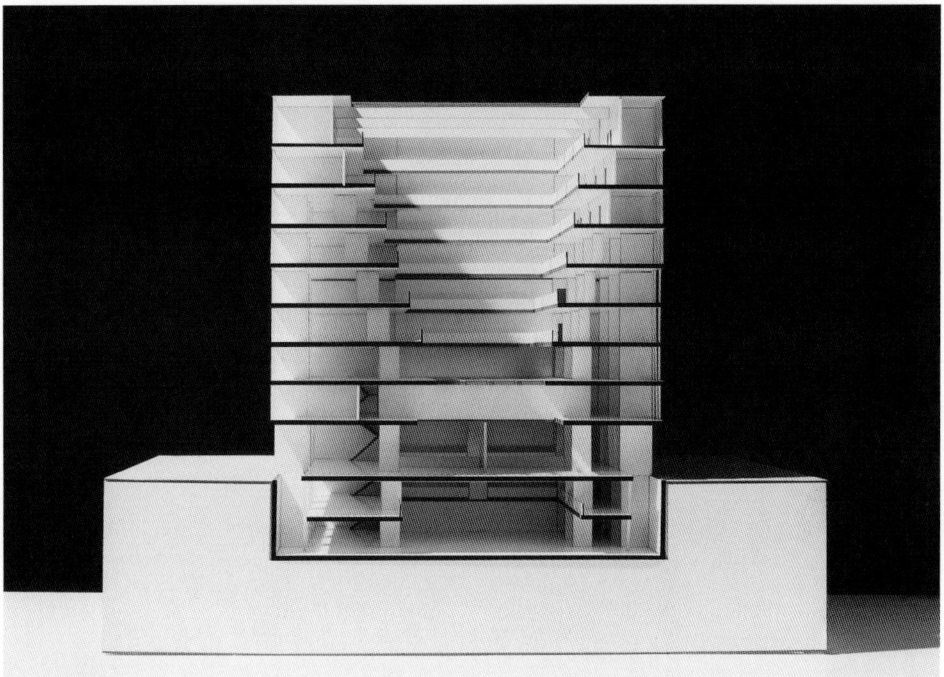

剖面模型
Joos Kündig
Iso Tambornino
2015 ss

© Georg Aerni

SCHWEIZERISCHE HOCHSCHULE
FÜR DIE HOLZWIRTSCHAFT,
BIEL (1997–1999)
Architekten: Marcel Meili, Markus Peter Architekten AG, Zürich
Bauherrschaft: Kantonales Hochbauamt Bern

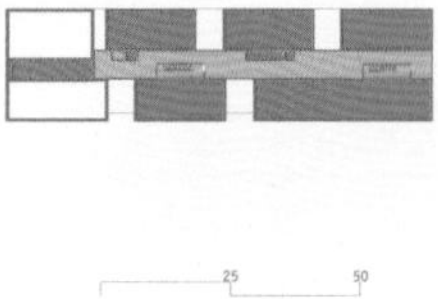

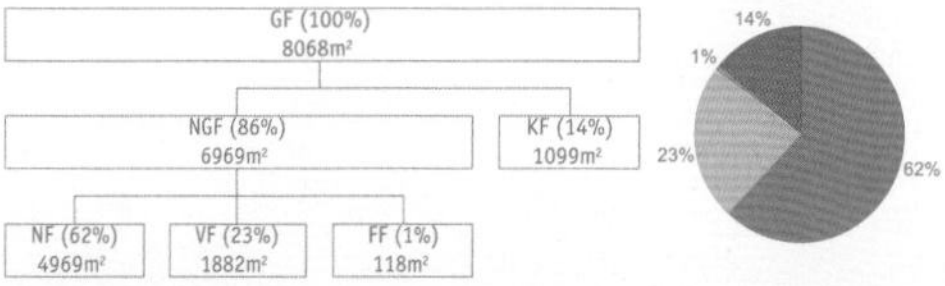

ÖKONOMISCHE INDIKATOREN

GF oberirdisch / NF oberirdisch
1.50
GF gesamt / NF gesamt 1.62
GV oberirdisch / NF oberirdisch

ÖKONOMISCHE INDIKATOREN

GF oberirdisch / NF oberirdisch 1.78
GF gesamt / NF gesamt 1.68
GV oberirdisch / NF oberirdisch 7.28
GV gesamt / NF gesamt 7.55

© Hannes Henz, Architekturfotograf, Zürich

VOLTA SCHULHAUS BASEL (1999–2000)
Architekten: Miller & Maranta dipl. Architekten ETH BSA SIA
Bauherrschaft: Kanton Basel-Stadt

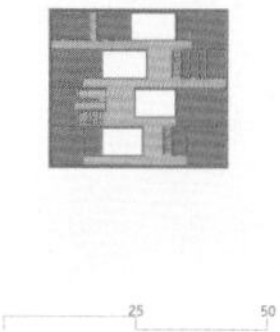

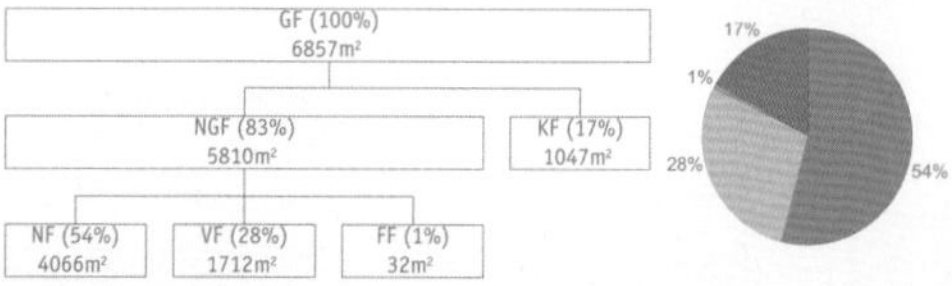

ÖKONOMISCHE INDIKATOREN

GF oberirdisch / NF oberirdisch 1.78
GF gesamt / NF gesamt 1.68
GV oberirdisch / NF oberirdisch 7.28
GV gesamt / NF gesamt 7.55

ÖKOLOGISCHE INDIKATOREN

HFL / NF oberirdisch 1.27
Fensterfläche / NF oberirdisch 0.29
Fensterfläche /Fassadenfläche
0.37

© Reinhard Zimmermann

BÜROGEBÄUDE ABB 706, BADEN (2001)
Architekten: Burkard Meyer Architekten BSA, Baden
Bauherrschaft: ABB Immobilien AG, Baden

GF (100%) $17061m^2$

NGF (92%) $15700m^2$ — KF (8%) $1361m^2$

NF (81.1%) $13833m^2$ — VF (7.8%) $1325m^2$ — FF (3%) $542m^2$

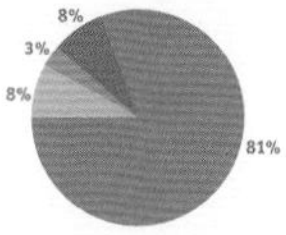

ÖKONOMISCHE INDIKATOREN

GF oberirdisch / NF oberirdisch	1.27
GF gesamt / NF gesamt	1.3
GV oberirdisch / NF oberirdisch	5.02
GV gesamt / NF gesamt	5.2

ÖKOLOGISCHE INDIKATOREN

HFL / NF oberirdisch	0.71
Fensterfläche / NF oberirdisch	0.18
Fensterfläche / Fassadenfläche	0.35

© Mario Carrieri

BÜROGEBÄUDE MIT RESTAURANT FABRIKSTRASSE 12, NOVARTIS CAMPUS, BASEL (2008)
Architekten: Vittorio Magnago Lampugnani & Jens Bohm
Bauherrschaft: Novartis

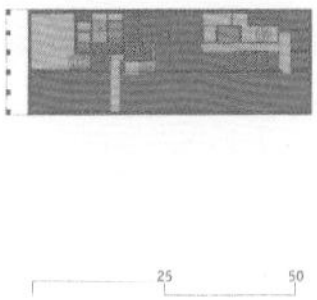

GF (100%) $7550m^2$

NGF (87%) $6555m^2$ — 13 (17%) $1047m^2$

NF (61.4%) $4637m^2$ — VF (19.9%) $1504m^2$ — FF (5%) $414m^2$

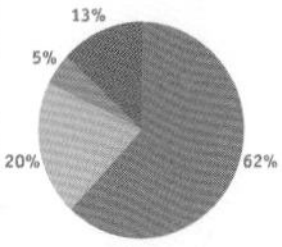

ÖKONOMISCHE INDIKATOREN

GF oberirdisch / NF oberirdisch	1.57
GF gesamt / NF gesamt	1.69
GV oberirdisch / NF oberirdisch	4.99
GV gesamt / NF gesamt	4.58

ÖKOLOGISCHE INDIKATOREN

HFL / NF oberirdisch	1.06
Fensterfläche / NF oberirdisch	0.44
Fensterfläche /Fassadenfläche	0.52

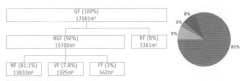

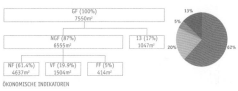

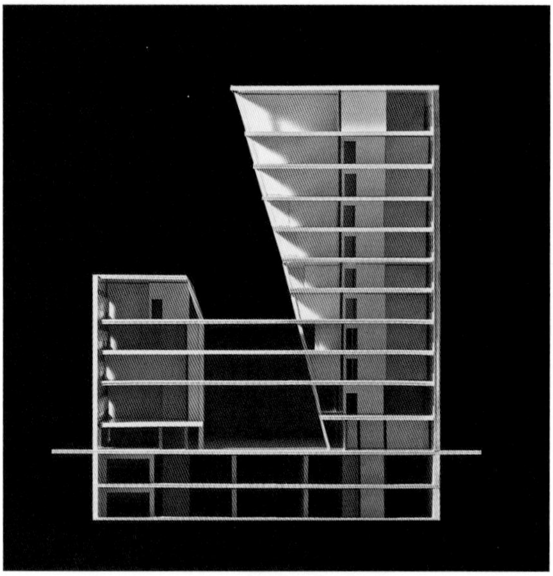

Benedikt Kowalewski
Jan Peters
2012 ss

6

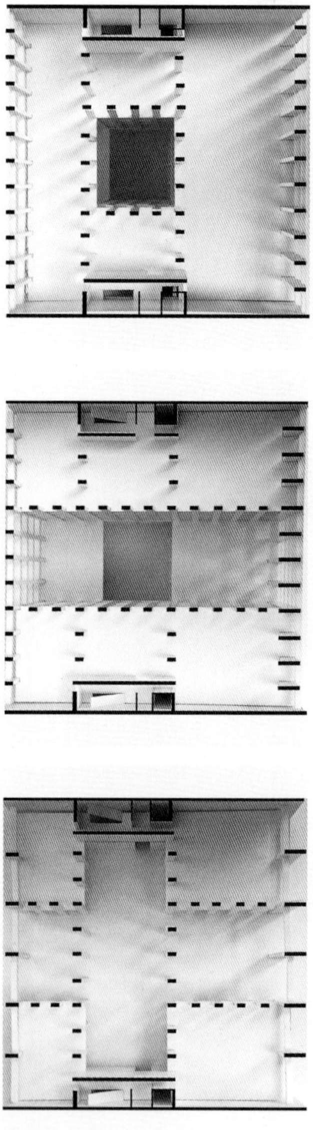

Samuel Klingele
Alexis Panoussopoulos
2013 ss

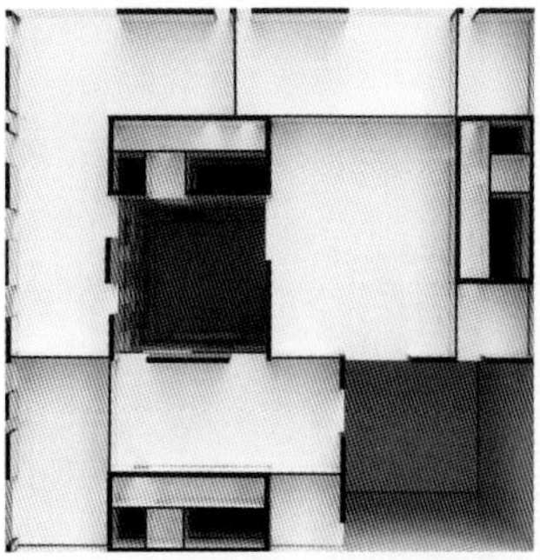

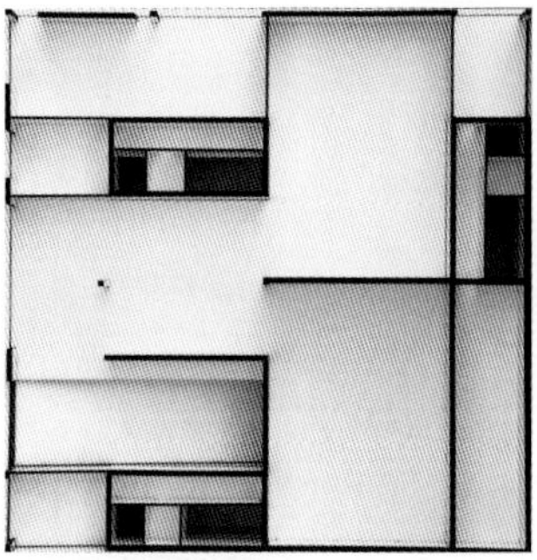

Achille Patà
Thomas Toffel
2013 ss

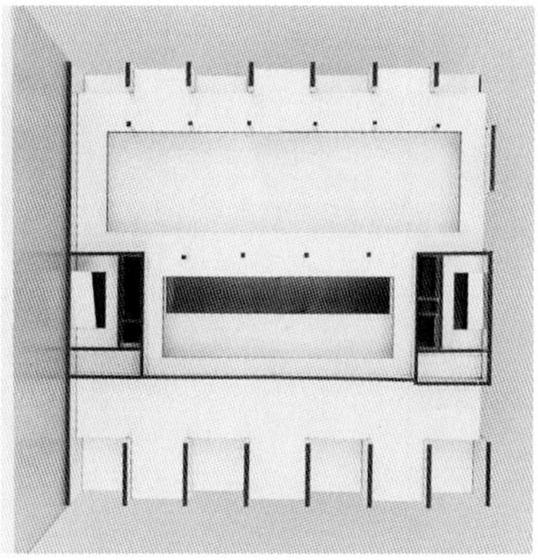

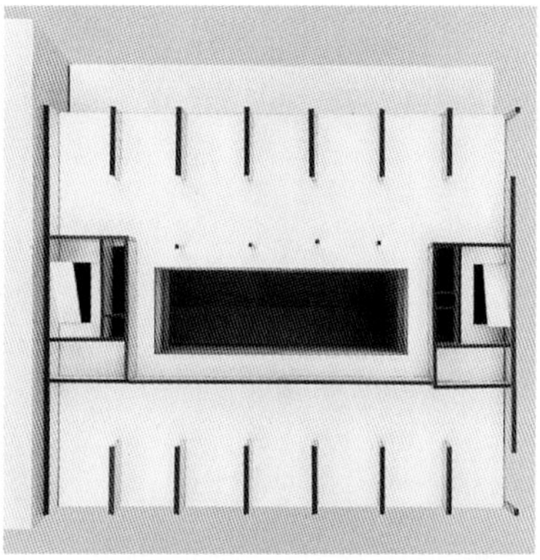

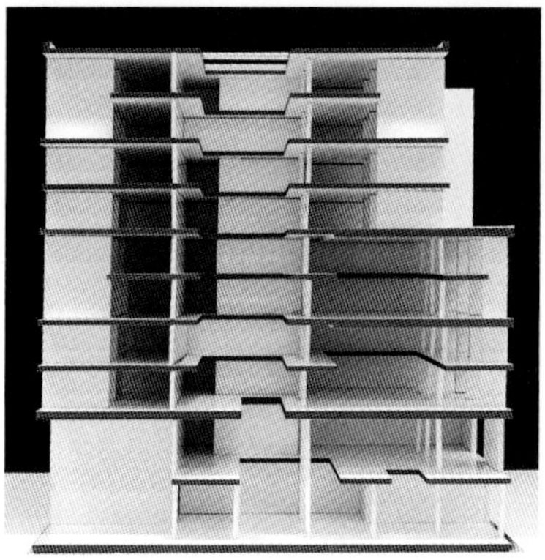

Valentina Sieber
Allegra Stucki
2013 ss

6

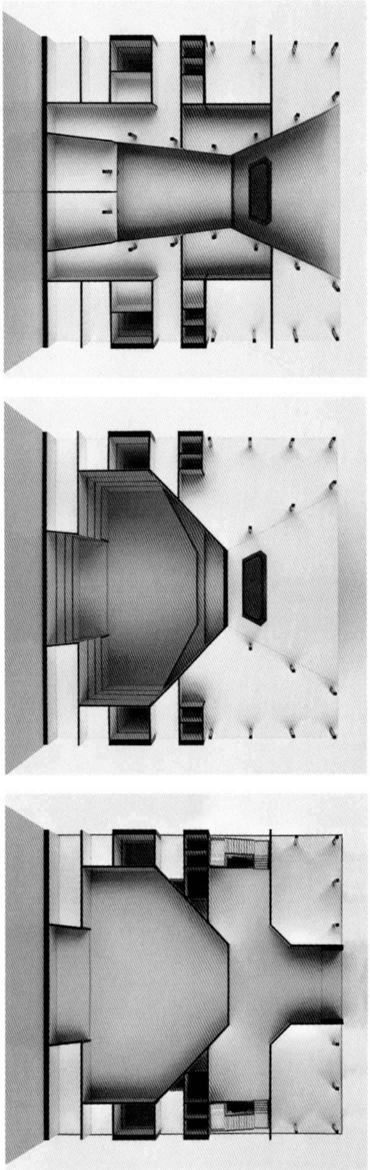

Eva Müller
Nina Stauffer
2014 ss

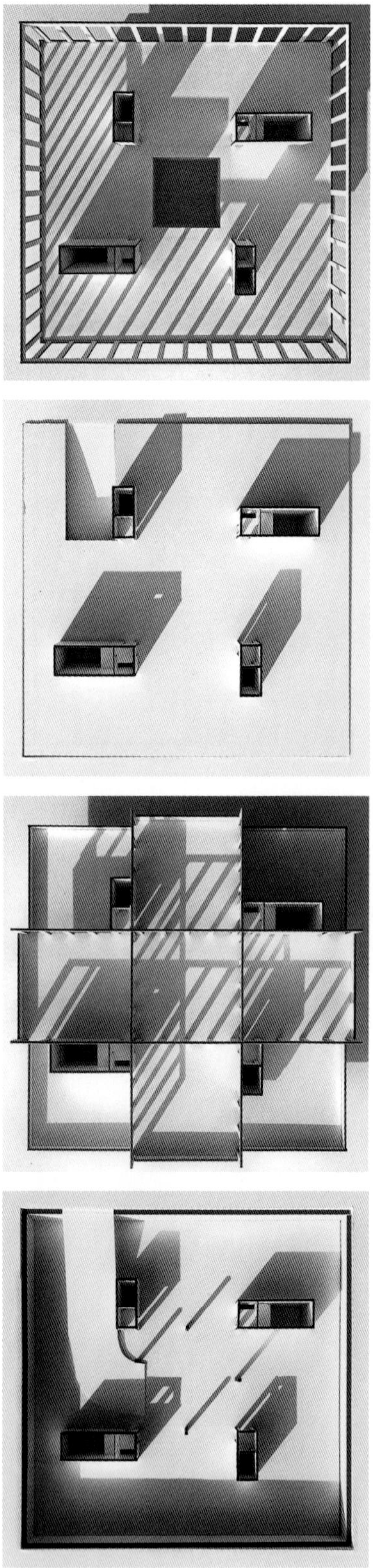

Yueqiu Wang
Yuda Zheng
2013 ss

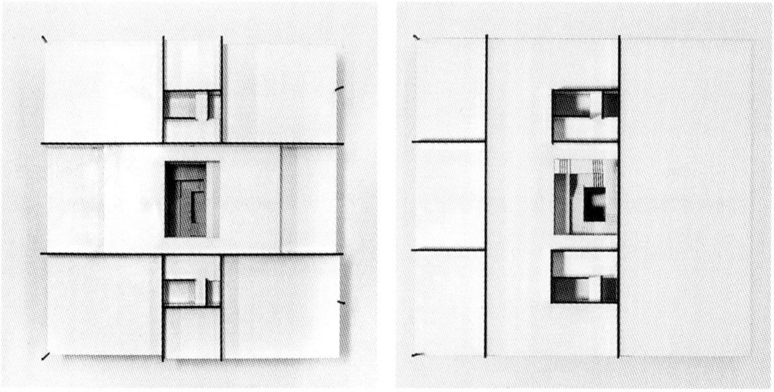

Timothy Allen
Okan Tan
2016 ss

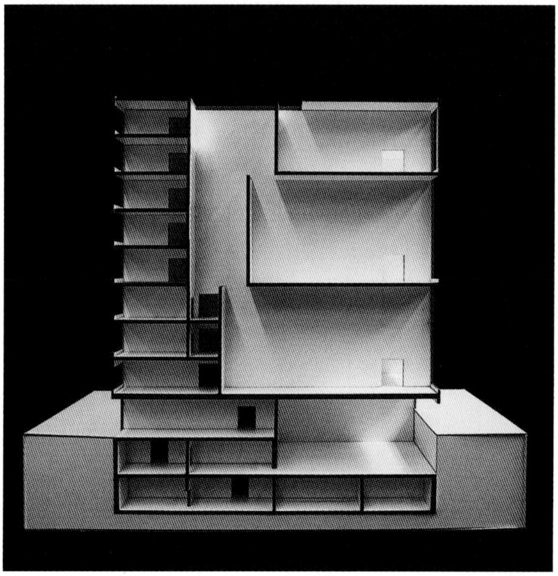

Mevion Famos
Manon Mottet
2016 ss

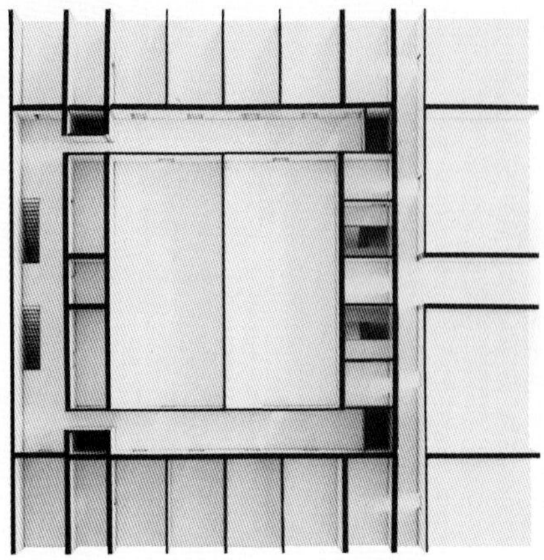

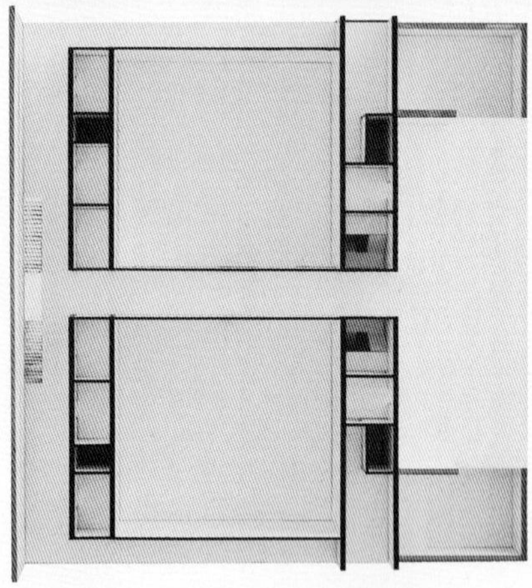

Katja Blumer
Giorgia Mini
2016 ss

Maximilien Durel
Reto Habermacher
2016 ss

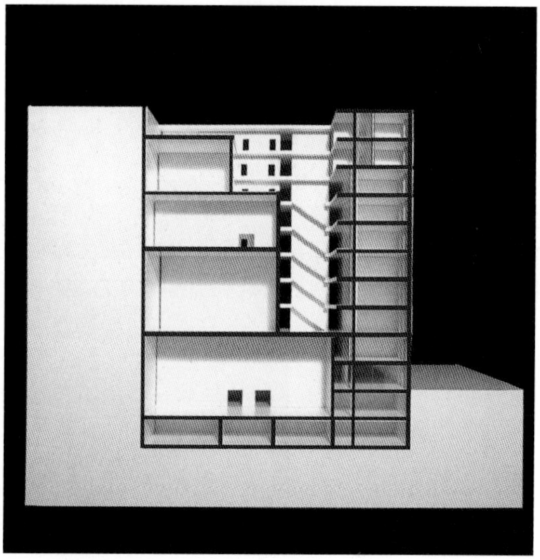

Pawel Bejm
Marco Fernandes Pires
2017 ss

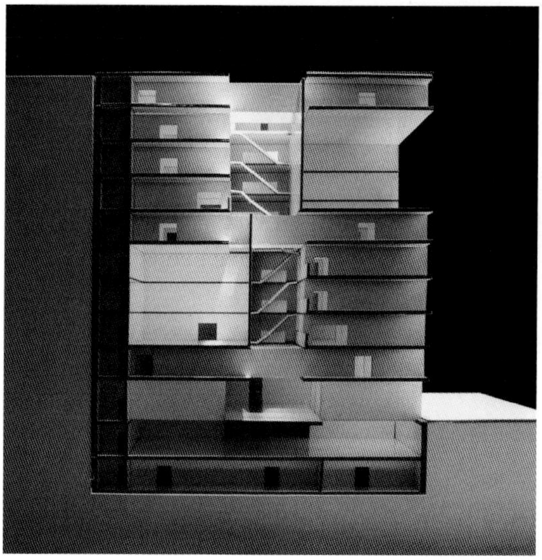

Timmy Huang
Joël Maître
2017 ss

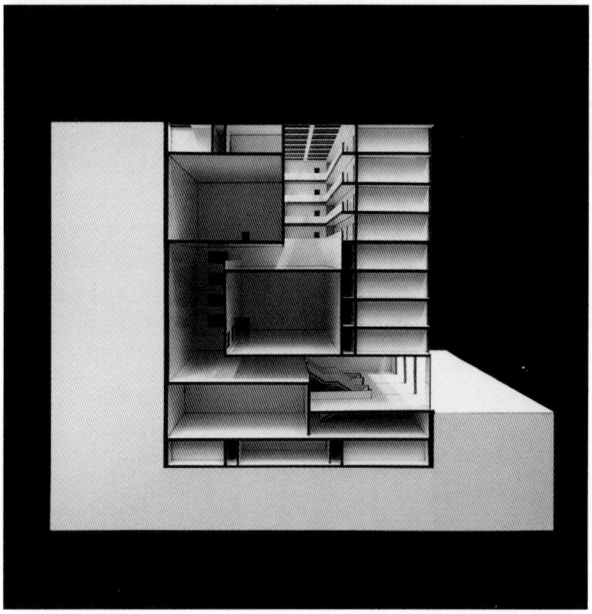

Julian Meier
Luca Sergi
2016 ss

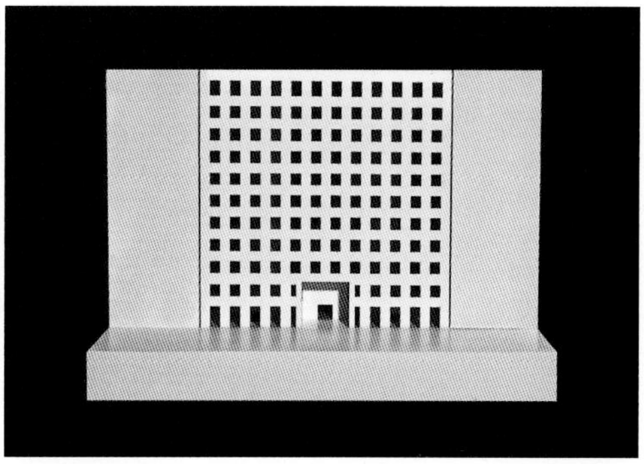

Benedikt Kowalewski
Jan Peters
2012 ss

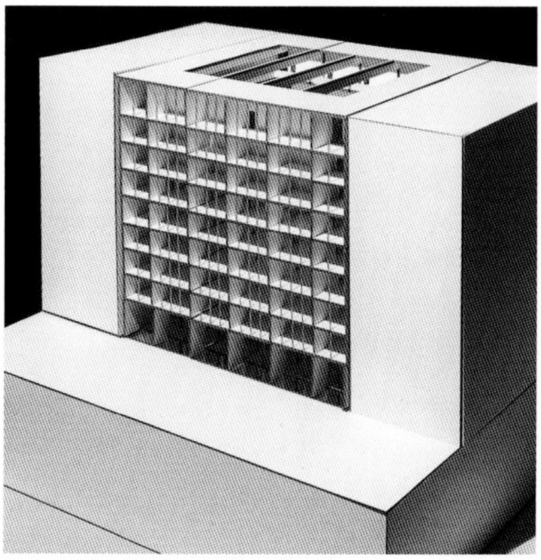

Joos Kündig
Iso Tambornino
2015 ss

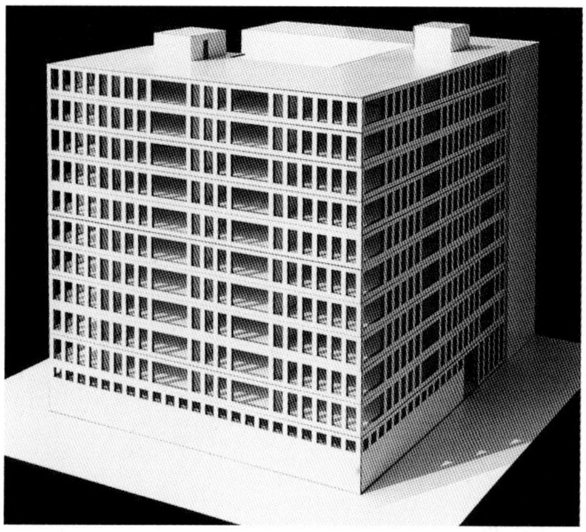

Nicolas Ganz
Sandro Lenherr
2011 ss

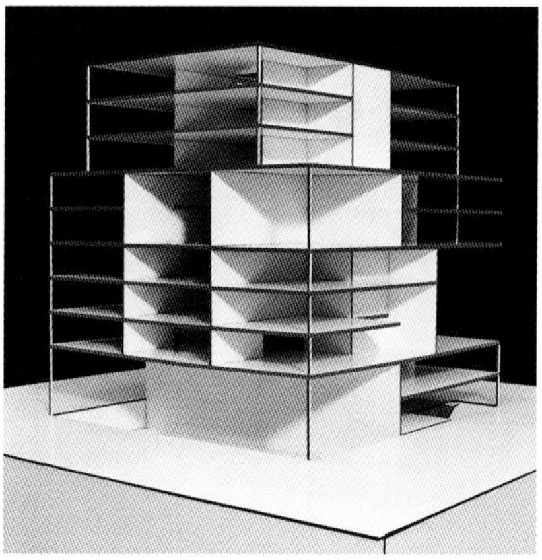

Timothy Allen
Okan Tan
2016 ss

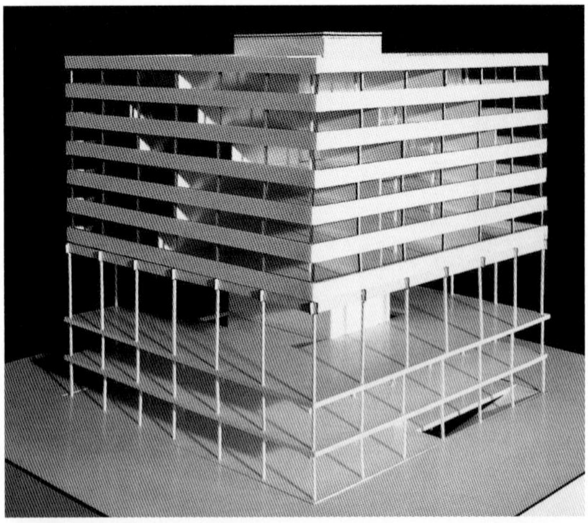

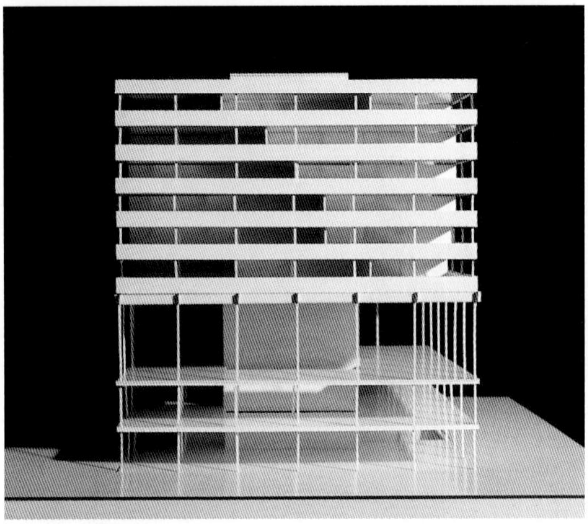

Sebastian Heusser
Marcel Hodel
2012 ss

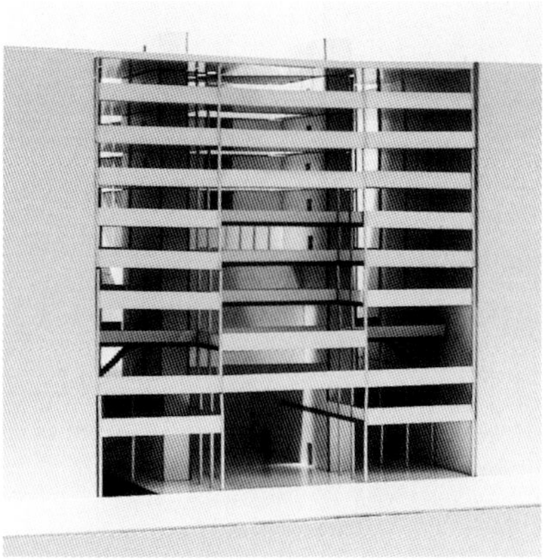
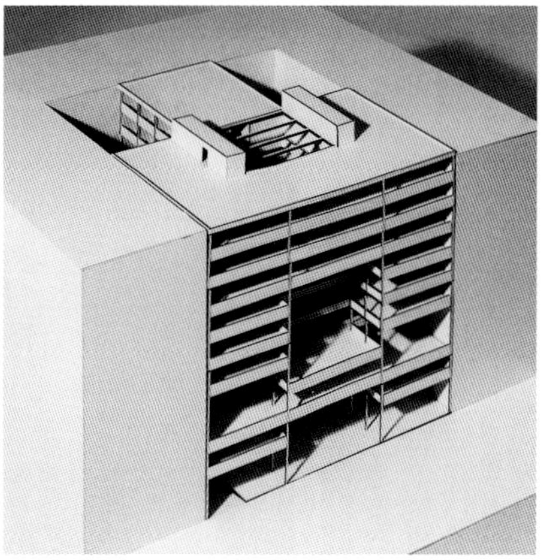

Stéphane Chau
Maurin Elmer
2014 ss

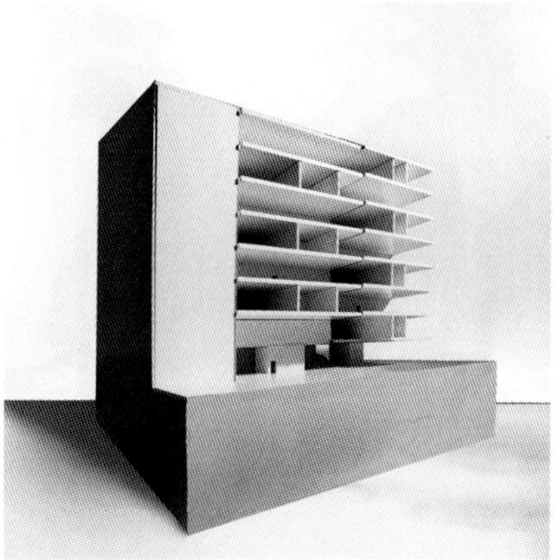
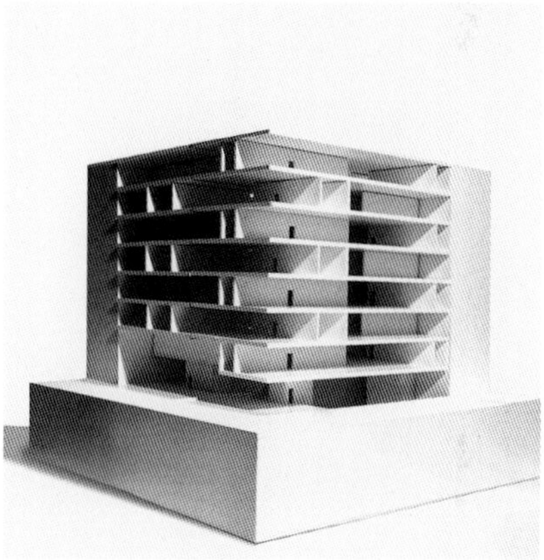

Jakob Junghanss
Fabian Kuonen
2015 ss

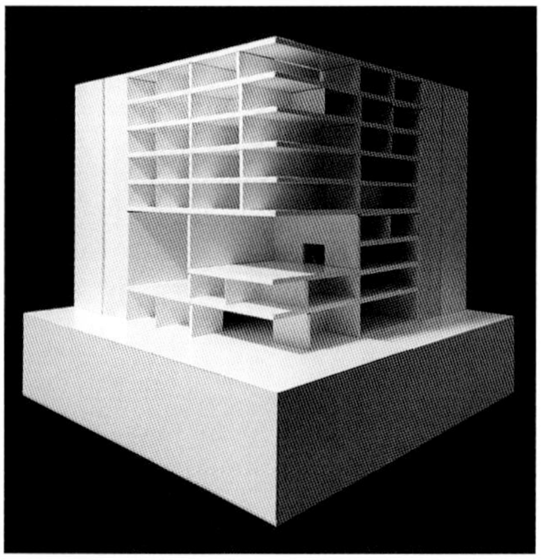
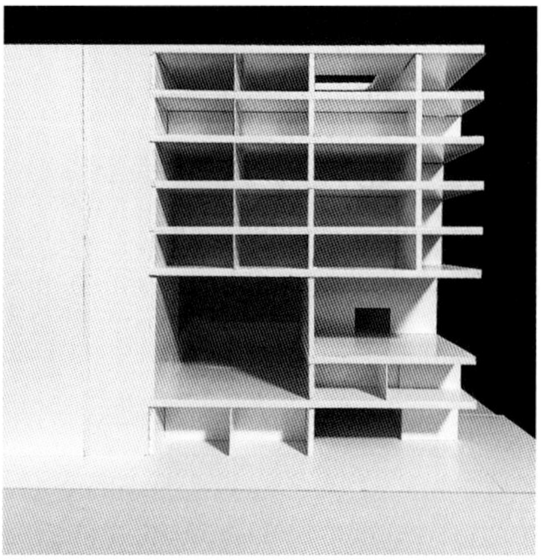

Maximilien Durel
Reto Habermacher
2016 ss

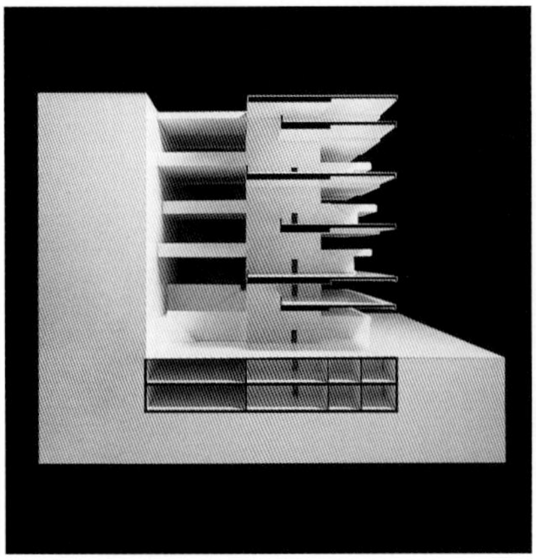

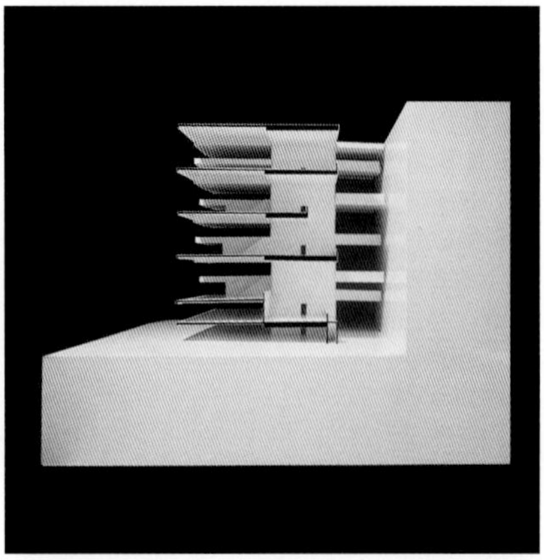

Patrick Perren
Rafael Schäfer
2015 ss

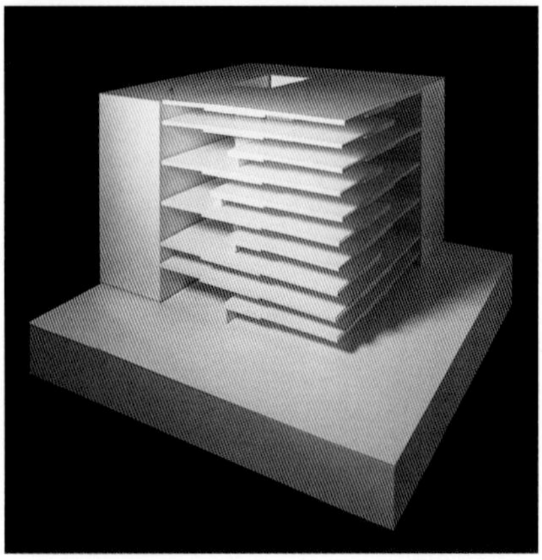

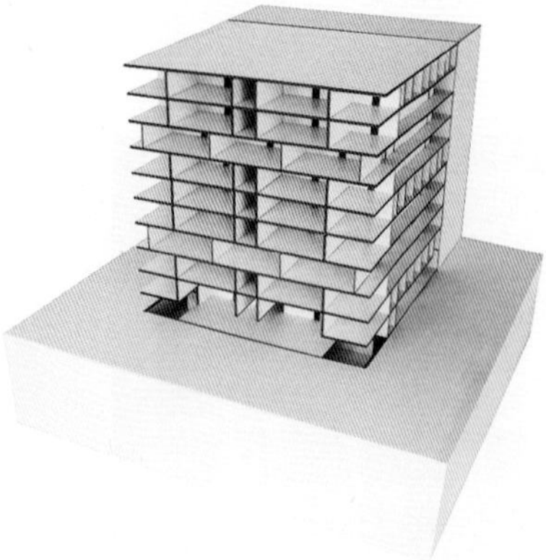

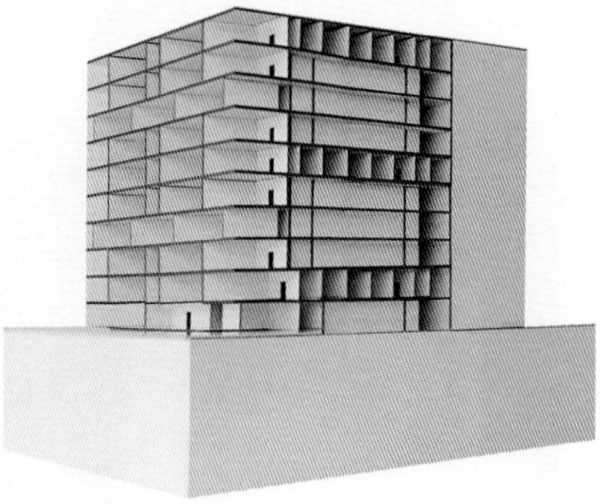

Katja Blumer
Giorgia Mini
2016 ss

Lea Hottiger
Dimitri Kron
2009 ss

Pawel Bejm
Marco Fernandes Pires
2017 ss

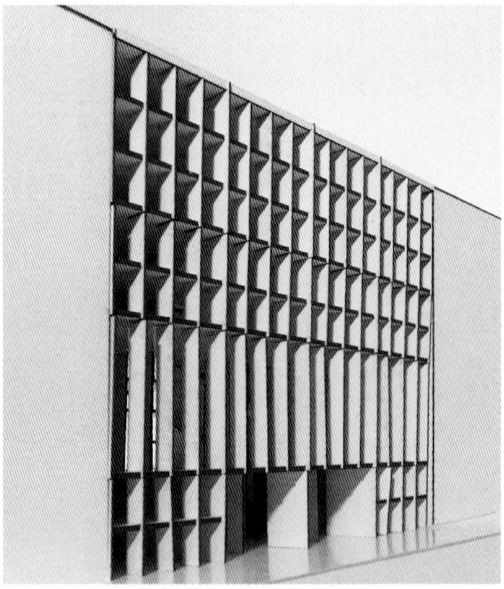

Nina Feix
Petra Steinegger
2015 ss

Samuel Klingele
Alexis Panoussopoulos
2013 ss

Timmy Huang
Joël Maître
2017 ss

乔治・艾尔尼, 1826–4, 葵涌, 2000 © Georg Aerni

7

场所
结构
表皮
计划

我们往往将物质存在归因于场所——从某种程度来说，结构和表皮可以归因于场所，但是对于计划来说这是很难的。计划对于前三项来说就像是船与水的关系。计划是催化剂，是动力，提供了动因与方法，一经推出就投入使用。概念、决策和行动是主要特征，时间则是一种关注的维度。当计划出现，除了受限于物质性外，它是自由而不受限制的。设定的计划在其他计划面前往往会受到影响，但又必须坚持，因为他们只有相互依靠才能发展。

作为推动力，计划是及时和全新的，而场所是静止而持久的。计划存在于全新的时间框架中，而场所、结构和表皮的物质性是长期的，至少是持久的。这是非常明显的对比。而现代主义确实通过其功能安排，证明了建筑的合理性，并宣称与所有持久的东西断绝关系。勒·柯布西耶发出了20世纪20年代具有代表性的声音："新建筑，如同一场巨大的，毁灭性而残酷的演变，烧毁了将我们与过去联系起来的桥梁。"（Conrads，1970，92）

莎士比亚简洁地总结了计划意愿所面临的困境："意愿是无限的，但是执行是受限的。"计划与一切都不同吗？其中有相似的吸引点吗？计划并非源于真空，它从当时的现实中汲取其意图的对象，并与事物和场所紧密相连。对于斯蒂芬·图尔明（Stephen Toulmin）来说，这种限制是有意义的："我们可以被要求做的就是从我们身处的地方开始，我们没有办法摆脱对所处地区既有观念的继承：我们需要

做的是批判地和区别地利用我们的经验，提炼和改进我们继承的思想，并更准确地确定其应用的限制范围。”（1979，179）

因此，计划是由时间、结构和场所构成的。这是否意味着场所是有恒的物质？很明显，场所受到一种稳定变化状态的影响，这在很大程度上是由人类创造的。用阿尔多·罗西的话来说：“城市建筑—人类创造—意愿如此。”（1982，162）场所的具体存在归因于人类的意志，在其被结构化的时候，可称之为计划。场所给计划提供有限的机会成为现实。

场所和计划应相互参照，给予计划优先权是荒谬的，场所必须优先，它是无法避免的，是无处不在的。当与场所的联系准备充分的时候，设计将会取得成功；而后程序性的突破才能取得成功，因为场所不是永恒的物质，而是在逐渐石化凝固的一个转变的过程。

有些东西在消失之前不会变得清晰。关于建筑物实际存在下的使用和运营之间的关系，路易斯·卡尔认为：“当建筑物是一座废墟并且没有服务的时候，它的精神就出现了，并将讲述建造这座建筑物的奇迹。”（引自 Latour，1993，109）

墙体的现代性与延展

劳伦特・斯诺德

我们的语言惯用将封闭的空间内化成一种基本需求。人们称其为“自己的四面墙”，并想要一个“头顶的屋顶”。这些表述表明了对私密或免受恶劣或寒冷天气的渴望，这种情况与四面封闭的内部空间密切相关。古典建筑理论，从古代到文艺复兴到现代，都包含了这一事实。它将围合的行为赋予了建造的含义，如犁地的象征意义或一堵墙的真实意义，并将物质性的围合定义为建构的开端[①]。

然而，没有任何开口的空间如同地牢。因此，将空间围墙穿孔，并装上窗户、门、楼梯、烟囱和竖井等，在建筑理论中具有同样坚固的地位。自此以后，建筑理论也对用于调节光线、空气、人和液体的各种开口进行了深入讨论[②]。

但是这个封闭空间的明确概念有其独立性，精确放置的孔——窗户和门，楼梯间和烟囱管道——在过去150年中受到不同概念的影响，这些概念挑战了对建筑作为空间艺术的传统理解：流动空间或现代性的开放式，不仅可以连接各个房间，还可以消除内部和外部之间的界限；战后时期透明的或“不私密”的房子[③]，将私密转化为亲密（一个不断进入的地方）[④]；房屋作为一个界面[⑤]；最近还有观点认为零排放建筑[⑥]旨在将房屋定义为不同基础设施或能源流之间的交汇点。封闭而统一的空间，仍然可以被描述为所有可能关系的统一背景——建设性的、社会的、合法的、与能源政策有关的，或者最重要的是美学——这在20世纪早期似乎已经被消解，而更倾向于调整，优化和区分室内与室外、私密与公共、安全与不安全、纯粹与不纯粹、发达与不发达、温暖和寒冷之间的不同关系。这将通过一系列设备和组件的方式使其个性化，同时也可对它们进行定制。然而，在这种背景下，现代建筑的历史主要解决了墙体作为空间形成和构造组件的解体，却忽视了许多技术，如空气幕、镀膜玻璃、上拉式百叶窗和固定式百叶窗，或空调等这些构成当代建筑设计的术语。

① Cf. Fritz Neumeyer: “Mit dem Kopf durch die Wand. Annäherung an das Unwort Fassade”, in: id. Hans Kollhoff [exhibition catalogue in the Galerie Max Hetzler, Berlin], Berlin, 1995, pp. 6–17.

② Cf. Werner Oechslin: “Leon Battista Albertis apertio– die Öffnung schlechthin = Leon Battista Alberti's Apertio–The Opening Absolute”, in: *Daidalos* 13 (1984), pp. 29–39.

③ Terence Riley: “The Un-Private House”, in: *The Un-Private House*, New York, 1999, pp. 9–17.

④ Georges Teyssot: “Fenster. Zwischen Intimität und Extimität”, in: *Arch+* 191/192 (2009), pp. 52–59.

⑤ Peter Sloterdijk: *Schäume, Band III: Sphären. Plurale Sphärologie*, Frankfurt am Main, 2004, pp. 501–516.

⑥ Hansjürg Leibundgut: *LowEx Building Design. Für eine Zero-Emission Architecture,* Zurich, 2011, pp. 59–65.

但这些新技术对我们理解建筑的意义是什么？当墙不再仅仅被理解为划界围墙，而是作为一种半透明的、透明或不透明的，有呼吸的、可渗透的膜、层或壳，意味着什么？当墙体不再简单地将内部和外部分开，而是将它们连接，并且不再作为边界划分，而是作为一个阈、一个环境，这意味着什么？

通过机器、设备和工具广泛地对农业环境到建筑环境的重新规划，可以追溯到 19 世纪中叶[7]。在这个过程中全面改变建筑的部分不是它的最大成就，而是一些新的专业技能（例如在卫生领域），工艺（例如通过电气化或水力开发）和专家（如建筑、机械和卫生工程师），它们通过一系列技术对环境或建筑周围的场地进行了规整。

这使得建筑和城市设计需要进行彻底的重组和再分配[8]。这些变化可以在许多不同的层面看到：在政治层面上，这样的再分配消耗了政治责任的转移（如以国家名义进入私人公寓的卫生警察）；在城市设计层面，从现在开始城市不仅通过广泛的基础设施网络连接到地面上，而且还连接到地下；或者，正是在建筑层面，从建筑到基础设施到用单个设备升级个别建筑物，这些设备将建筑物变成真正的“生活机器”[9]“气候机器”或“舒适机器”[10]。

乍一看，这些干预措施似乎是有限的。电梯、门铃、水供应系统，灯光等个人设备引导着人们的生活。房屋内的技术对象是其原始形式的抽象。它们按照自己的运行法则运作，是自主存在的。首要的是，它们独立于其所植入的限定空间的框架，并穿透其构造边界。在这种原始形式中，它构成了理论上和材料上的独立体系。但是，现代厨房中的单个元件、组件和设备，如水槽、烤箱和冰箱，或者战后办公大楼中的空调，人造灯和幕墙外墙，或者具有存储容量的整体式墙壁，带有自动通风功能的直立式窗户，以及建筑物（人和机器）中不同的热源——连接形成适当的机器式整体。因此，当代建筑应当被理解为需要彼此协调的不同设备的组合，而因其协同性使其较少以折中的形式存在[11]。

在这方面的一个好的实例是空调的改进历史，这使我们能够追溯这种发展对建筑的影响。关于空气对于身体至关重要的第一次实验源于 18 世纪中期，意义就像洞察适当通风对于室内空间舒适性的重要性一样。但是第一个改变空气湿度和温度的设备只能追溯到 19 世纪上半叶，

[7] 关于环境及其于建筑的意义最详尽的理论研究：Siegfried Giedion: *Mechanization Takes Command. A Contribution to Anonymous History.* New York 1948. Cf. Pedro Gomez (ed.): *Encyclopedia of Architectural Technology,* New York 1979; Cecil D. Elliot: *Technics and Architecture,* Cambridge, MA 1993.

[8] 以巴黎为例进行说明：François Beguin: “Savoirs de la ville et de la maison au début tu 19ème siècle”, in: Michel Foucault (ed.): *Politiques de l'habitat* (1800–1850), Paris, 1977, pp. 211–324, here pp. 247–251.

[9] Le Corbusier: *Vers une architecture,* ed. G. Crès, Paris, 1924 (1923), p. IX.

[10] Cf. Georges Vigarello: *Le sain et le malsain: santé et mieux-être depuis le Moyen Âge,* Paris, 1993, p. 212.

[11] Cf. Gilbert Simondon: *Du mode d'existence des objets techniques,* Paris, 1989 [1958], p. 21.

与基于物理学和数学模型的现代气象学同时出现。如 19 世纪早期手册中所述，第一个空调系统是压缩和膨胀（同时冷却）空气的简单机器[12]。重要的突破在世纪之交取得了成功。虽然马克・吐温在 1897 年仍然说每个人都在谈论天气，但没有人对此做任何事情[13]。早在 1906 年，一家平版印刷工作室获得了“空气处理装置”的专利，这个装置用于冷却，除湿和净化空气[14]，且能够在两个气候参数之间进行调解：外部气候及其季节性变化，可以通过气象图精心记录，而室内气候则需要均匀湿度和空气温度[15]。从空气成为舒适度讨论的关键对象，并能科学地研究和测试的那一刻起，它可以根据湿度、温度、纯度和速度等特性来指定。然而，无论什么时间和地点，这种碎片式的空气分析也可以导致与设计的不同舒适状况完全相反的可能性。

我们对人工环境现代理解的开创性在于：从现在开始，不再是人类必须适应环境，无论气候如何变化，环境可以适应人类舒适的要求。这要归功于这些气候机器。早在 1842 年，机械冷却的发明者约翰・戈里（John Gorrie）就已经认识到这一点，约翰・戈里不仅希望用他的制冰机让私人住宅和医院凉快，还要整个街道和广场都感到凉快[16]。虽然这个提议在当时看起来似乎很幼稚，但它标志着人类完全控制环境的努力的开始，正如在世纪之交，气候技术期刊的标题页恰恰提到的“科学对立”的可能性[17]。从 20 世纪 50 年代开始，这个概念被大规模实施，如：通过密封的防晒窗帘立面和人工照明的组合，试图首次通过触摸按钮完全控制室内气候。自此，空调系统、人造灯和幕墙立面形成了机械组合，以保证恒定的内部舒适性。这些通过一系列设备，以及不再仅仅通过结构设计技术组织内部空间的可能性，具有深远的影响。空调不仅仅是第一台允许自身独立于它所处的内部环境而存在的机器，还是最早的用户友好系统之一。由此，战后时期大规模生产气候装置完全改变了我们的舒适理念，同时标志着互动环境的开始。在不到 50 年的时间里，完成了从集中式、分层组织系统到具有标准化批量生产设备的分散式系统的过渡以及用户友好的定制。当今通风技术的供气和回风的舒适性的个性化不断提升，这些系统是分散、数字化控制的，并且可同步测量有害排放物[18]。

[12] Cf. Bernard Hargengast: “John Gorrie: Pioneer of Cooling and Ice Making”, in: *ashrae Journal* 33, 1991, p. 52.

[13] Charles D. Warner, quoted in Gail Cooper, *Air-conditioning America: Engineers and the Controlled Environment, 1900–1960* [Johns Hopkins Studies in the History of Technology. New series, 23], Baltimore, MD 1998, p. 1.

[14] “*Apparatus for Treating Air*”: U.S. Patent 808 897, [2 January 1906].

[15] Cf. Cooper: *Air-conditioning America*, pp. 23–28 (see Note 13). On the inventor of the “Apparatus for Treating Air”, William H. Carrier, cf. Margaret Ingels: *William Haviland Carrier. Father of Air Conditioning*, Garden City, 1952.

[16] Cf. Hargengast: *John Gorrie*, p. 60 (see Note 12).

[17] *Ice and Refrigeration Illustrated* 34, 5 (1908), front cover.

[18] Cf. Hans Jürg Leibungut: *Lüftung*, online at: http://www.busy.arch.ethz.ch/education/arch_bach/tech_inst_I/03_Lueftung_111221.pdf (accessed on 23 August 2012); Ludger Hovestadt: “Elektrische Intelligenz”, in: *Jenseits des Rasters. Architektur und Informationstechnologie. Anwendungen einer digitalen Architektonik*, Basel/Boston/Berlin 2010, pp. 244–249; Peter Widerlin: “Die Steuerung 2226”, in: Dietmar Eberle and Florian Aicher: *Die Temperatur der Architektur: Portrait eines Energieoptimierten Hauses/Portrait of an Energy-optimized House: The Temperature of Architecture*, Birkhäuser, Basel, 2016, pp. 55–68.

这些发展也应该反映在关于建筑的讨论中。虽然勒·柯布西耶在1929年仍然倡导一个适合所有国家和所有气候的房子，这个房子有一个精确的呼吸系统，室温保持18摄氏度并由一个中央的控制的"确切使用空气（机器）"运作[19]，雷纳·班汉姆（Reyner Banham）和弗朗索瓦·达雷格莱特（Francois Dallegret）在他们的"环境泡沫"理论上，提出了一个便携式"生活包"和"生存背包"，以适应1965年现代游牧民族的个性化需求[20]。在这里，现代建筑作为具有几何秩序的空间艺术的公理原则被建筑作为个体化、拓扑形状的空间理解所取代，而空间也结合表现要求进行表达。这种个性化不仅导致分割的可能性和特定氛围的定义，而且，还可以适用于使用者可能的生理变化。例如菲利普·拉姆（Philippe Rahm）在2002年威尼斯双年展上展示的以他的名字命名的"Hormonium"，他参考瑞士阿尔卑斯山设计了一个空气环境，亮度和温度与瑞士阿尔卑斯山海拔高度为3 000米一致的氛围，因此至少在生理上将游客带入一种人为的、暂时的、消除地理距离的氛围[21]。玛丽亚·艾希霍恩（Maria Eichhorn）在2001年使用"海、盐、水、气候"装置用水蒸气测试内部和外部之间边界的移动，在这项测试中，游客融入氛围中，在其中呼吸，从而挑战了视觉定义的环境[22]。这里的氛围不是由它的几何边界定义，而是在最真实的意义上由它的大气质量——人类周围的空气定义。

区分技术对象的不仅仅是工具，还包括与技术对象相关的知识[23]。与其他设备不同，空调已经实现控制空气的特性——温度、速度、湿度、纯度。但是，设计一个建筑不再被理解和仅被视为耐久性物质，而是根据其性能来判断。当一座建筑不再理解为由四面墙和顶部的屋顶组成，是否可以被认为由可以被设计的环境组成？

工程师对房子定义的"居住的机器"，与19世纪中叶同时发生的房屋升级并非巧合[24]。无论是勒·柯布西耶机器美学中不同功能和细微的语言差别，还是雷纳·班汉姆的气候理论，或是交互式建筑的数字特性，机器的显著的贡献在于可以解释，并由此重新思考、转换、提升、拒绝以及塑造不同的建筑[25]。以勒·柯布西耶的建筑为例，雷纳·班汉姆表明，他的"居住机器"的技术成果将传统承重的、保护的以及隔离的墙体分

[19] Le Corbusier: *Précisions sur un état présent de l'Architecture et de l'urbanisme*, Paris, 1930, p. 66.

[20] Reyer Banham/François Dallegret: "A Home is Not a House", *in: Arts in America* 2 (1965), pp. 70–79. Cf. Alessandra Ponte et. al.: *God & Co. François Dallegret Beyond the Bubble*, London, 2011.

[21] Cf. Federal Ministry of Culture (ed.): *Décosterd & Rahm: physiologische Architektur/architettura fisiologica*, Basel, 2002.

[22] Hamburger Kunsthalle (ed.): *Meer, Salz, Wasser, Klima, Kammer, Nebel, Wolken, Luft, Staub, Atem, Küste, Brandung, Rauch*: [Ein-Räumen – Arbeiten im Museum, 20 October 2000 to 21 January 2001, Hamburger Kunsthalle], Hamburg, 2000.

[23] Martin Heidegger: "The Question Concerning Technology", in: *Basic Writings*, San Francisco, 1993, pp. 321–322.

[24] Georges Teyssot: *Die Krankheit des Domizils, Wohnen und Wohnbau 1800–1930*, Braunschweig/Wiesbaden, 1989, p. 50.

[25] Sloterdijk: *Schäume*, p. 501 (see Note 5).

解成独立的功能部件，即防雨的玻璃墙，抵御阳光的遮阳棚，控制气温的双层墙体，以及防止噪声的隔音墙。为了阐明他的理论，班汉姆选择了勒·柯布西耶位于巴黎的救世军大楼，该大楼建于 1933 年，是法国最早的空调建筑之一；1952 年，为满足现代舒适的要求，它的外观必须完全翻新[26]。然而，勒·柯布西耶的作品实际上反映了建筑现代性对其手段和工具进行客观化的尝试。他从建造的角度出发同时从卫生、视觉和声学的层面对“新建筑五点”进行验证，例如，在针对室内气候控制的实验中，克利夫兰的疗养院，从建造的角度出发对糖尿病患者高度关注含氧浓度[27]，单纯从视觉的角度看，这就像现代博物馆的“白色立方体”这种中性的空间[28]，或从声学的角度看，如同 20 世纪 20 年代开始创造声学中性空间[29]。在战后时期，这种将建筑划分为个性化和自主学科的方式仍在继续，并且也反映在安全、能源、消防安全以及其他法律和规范中，因此建筑学科经历了官僚化，但也经历了学术化。墙的一体化结构不仅导致专业化，而且导致其各种元素和技术工具的隔离，例如通风、冷却和光供应，以及分区选择的区分。对于建筑物的边界，公共和私人，个人和社区之间不再存在明显的区别，但现在这种区别出现在一系列不同的边界之中，例如雷姆·库哈斯（Rem Koolhaas）在佛利山做的普拉达商店项目。使用视觉和技术设备以及射频识别（RFID）技术，传统的带门的墙被一系列视觉的、可控制气候而安全的门阶放大，不仅细分了内部和外部之间的边界，而且通过许多屏幕作为镜子和显示器，也细分了数字世界和模拟世界之间的界限[30]。这些边界不仅仅在空间意义上有所区别，而且在时间范围内也有所区别，就像在西格拉姆大厦的小酒馆中，旋转门上方的安全摄像头的图像被投射到酒吧的屏幕上，引导客人进入大厅并向前走[31]。

先前统一但多义的可被几何认知的空间现在可以被细分为一系列多形式且相互独立的间隙、这些空间不再仅根据其构造边界进行组成，而且由一系列设备例如电梯、自动扶梯和升降平台组成[32]，就像 Made in（译者注：事务所名）巴塞尔艺术博览会扩建的竞赛设计中那样。在这些设计中，设备和建筑类型之间的区分已经过时，因为它们构成了同一

[26] Reyner Banham: *The Architecture of the Well-Tempered Environment*, London, 1969, pp. 154-159.

[27] Shown in: Richard Döcker: *Terrassen Typ. Krankenhaus, Erholungsheim, Hotel, Bürohaus, Einfamilienhaus, Siedlungshaus, Miethaus und die Stadt*, Stuttgart 1929, p. 65. Cf. Cunningham Sanitarium–*The Encyclopedia of Cleveland History*, online: http://ech.case.edu/ech-cgi/article.pl?id=CS6 (accessed 23 August 2012).

[28] Cf. Brian O'Doherty: *Inside the White Cube. The Ideology of the Gallery Space*, Santa Monica, 1986.

[29] Cf. Sabine von Fischer: *Von der Konstruktion der Stille zur Konstruktion der Intimität*, in: Jens Schröter/Axel Volmar (eds): *Auditive Medienkulturen. Techniken des Hörens und Prak-tiken der Klanggestaltung*, Bielefeld, 2013.

[30] Cf. Rem Koolhaas et al. (ed.): *Prada*, Milan, 2001.

[31] Cf. Aaron Betsky et al.: *Scanning: The Aberrant Architecture of Diller + Scofidio*, New York, 2003.

[32] Cf. Sabine von Fischer: "Tetris hoch vier: Wettbewerb Kunstmuseum Basel, Erweiterungsbau 'Burghof'", in: *Werk, Bauen + Wohnen 3* (2010), pp. 50–54.

个整体的一部分，不仅包括建筑物，还包括人。个体而孤立的设备和组件相互之间已经融合，使得它们从作为独立抽象的技术对象，到将设备、建筑和用户组合成单个实体的互联系统，独特而具体。

直到20世纪末，分割还被视为现代化的唯一方式[33]。通常，人们认为技术对象和技术知识之间的关系发展过快的一种因果关系，但它忽略了这样一个事实，即技术对象必须对特定问题做出回应，与之相反，技术知识实际为可能性提供了空间。由于结构设计问题不再仅仅被理解为不同系数的技术专家协商，还由于声音、能见度或简单的气候要求，促进不同氛围空间的美学设计。例如，萨那的洛桑学习中心，不同的空间、噪音和气候边界溶解到各种隆起的空间[34]，或像奥加迪（Valerio Olgiati）的学校 Paspels，教室实际上是插入墙壁之间的。Paspels 的内外墙也在视觉上被发展为屏幕，这绝非巧合[35]。从这个角度来看，我们还需要解释最近的单片或看似单片墙的实验，这不是回归传统的建筑模式，而是将它们理解为直白的知识表达，就如讨论墙的存储容量[36]。

但是，这种表述，在过去的150年里，通过一系列的假体、设备和机器，进行建筑技术升级，不应被建构为一种绝对的确定。这并没有反映出越来越精致的技术体系的合理性，而是反映了现代性中推理性的部分。空间组织和分割的现代性叙事在许多技术发明中找到了它们的物质结合，补充了传统的建造艺术。虽然曾经承重的、保护性的、分割的墙壁保证了外部空间和内部空间之间的明显区别，但这不仅导致其可能被分解为个体的、独立的元素，还有可能将不同的边界错开成一系列多形式和相互独立的空隙，即所谓的环境（mi-lieux）。在这里，边界是可以被重置的地方，建筑活动的起源不再仅仅是构造围墙的行为，而是在更全面的、存在的意义上对个体环境的塑造。

[33] Cf. Caroline A. Jones: "The Mediated Sensorium", in: Caroline A. Jones (ed.): *Sensorium: Embodied Experience, Technology, and Contemporary Art, Cambridge,* MA 2006, pp. 5–49.

[34] Cf. SANAA: Kazuo Sejima, Ryue Nishizawa, 2004–2008: *Topología Arquitectónica/Architectural Topology,* Madrid, 2008.

[35] Cf. Paspels/Valerio Olgiati, Zurich, 1998.

[36] Cf. i. e. Alois Diethelm: "Magie der Mischung", *in: Werk, Bauen + Wohnen 92*, 1/2 (2005), pp. 10–15, here pp. 13–14.; Andrea Deplazes: *Nachhaltigkeit. Grundprinzipien der Architektur*, in: *Architektur konstruieren. Vom Rohmaterial zum Bauwerk. Ein Handbuch,* Basel: 2005/2008, pp. 315–319, and: "Low-Tech Ziegelbau" [Dietmar Eberle in Conversation with Florian Aicher], in: *Die Bauwelt 27–28 (2012)*, pp. 6–8; and: Dietmar Steiner: "Zurück zur Architektur", in: Dietmar Eberle and Florian Aicher: *Die Temperatur der Architektur: Portrait eines Energieoptimierten Hauses/Portrait of an Energy-optimized House: The Temperature of Architecture*, Birkhäuser, Basel, 2016, pp. 35–43.

7

本文是我的论文《墙，机器，环境》（*Mauer, Machine*, *Milieu*）的修订版和更新版，见：*GM9*（2015），第154–165页。我要感谢弗洛里安·艾舍和迪特玛·埃伯勒的建议，特别是关于整体墙的建议。

独栋式 (Solitaire) 来自法语“solitaire”：独自的，孤单的，独来独往的人。一棵单独的树矗立在森林外，一座聚居点外单独的建筑。最初保留用于特殊目的（例如，一个建在洪水易发地点的工厂），特别有政治权力的人。出于这个原因，建筑通常是庄严的结构，如堡垒、城堡或大厦。单独的建筑所有立面都很重要，就勒·柯布西耶的情况而言，即使是六个面，他的高层住宅都是“沐浴”的绿色。

闭合式 (Closed Coverage) 从街道或广场的公共空间角度看，建筑物区域呈现为墙状和连续状。在中世纪城市，街道和广场的后面，是高密度的自然生长发展；当代，后院设计复杂。这与行列的开放式建筑模式和独栋房屋等相反。

街区式 (Block) 围绕街道以封闭建筑模式建造的相互联系的房地产组群。19 世纪城市规划的首选建筑模式，通常采用类似建筑的方法建造围护结构、檐口高度和风格，周围的庭院和其他开发项目通常由私人公司作为投资物业建造，并与 20 世纪 20 年代维也纳建造的补贴住房开发项目的特殊“工人堡垒”形成对比。

板式 (Row) 应对 19 世纪末的城市危机（工业化和工人贫民窟）出现了被“绿带”包围的花园城市（Ebenezer Howard），承诺房屋有花园、阳光、新鲜空气和卫生。1920 年，这个概念演变成带状开发、多层公寓楼、东西向日照，以及远离街区（最重要的是在德国，例如法兰克福的 Ernst May，以及 Dessau 和 Karlsruhe 的 Walter Gropius）。从 20 世纪 60 年代开始，一排排建筑也朝南，向阳。但是带状的发展经常失去城市优势，如公共广场和街道空间。

庭院式 (Courtyard) 一个属于房子的、被建筑物围绕的开放式广场。古德语曾说，定居点，封闭的空间，被蜿蜒的围栏环绕；从墙壁到谷仓到房子；只是后来宫廷（court）才体现了贵族集会地点的含义。地中海地区带院子和壁炉的居住建筑类型（atrium house 院宅）——城市住宅（domus）和乡村别墅（villa）都很普及。在伊比利亚半岛，称之为“Patip”。在阿尔卑斯山以北地区，最初是指围绕工作场地的独立建筑，称为“Paarhop”即有两栋建筑的农庄，也存在一些高等级形式：荣誉法院、修道院、宫殿、城堡建筑、军营、监狱。

7

大厅 (Hall) 一个有屋顶覆盖的大型连通的房间，设施排布不受阻碍，与开放式中庭形成鲜明对比。由于建筑的复杂性，最初用于公共和神圣用途，自古以来主要是教堂建筑和市场大厅，例如集市或大教堂。大厅被中殿或各种岛状物划分，或没有支柱。工业化和钢铁作为建筑材料的出现使这种类型的房间迅速发展为工厂大厅、火车站、仓库等。世界上最大的大厅是位于华盛顿州埃弗雷特的波音工厂，占地近 99 英亩。

一梯多户 (Central Corridor Building) 在德语中，“Spänner”（轭）用于按编号描述单位的主动部分到被动部分。一匹四足马车由四匹马牵引。在公寓楼中，“Spänner”（轭）指每层楼的单个楼梯间连接的住宅单元数量。一梯两户，一梯六户。或者，一个单一的复合体有两个实用区域，双复合体有三个。经济效率随着数量的增加而增加，但密度有一个上限。

统一性 (Coherence) 各部分之间以及整体的对应关系。每种类型的定居点（市中心、郊区、小城镇、村庄）都有自己的密度、流量、公共空间、用途（公寓楼、别墅、农舍、政府或商业建筑、工厂）和建筑类型（独立式、封闭式、混合式）。良好的分配，通常遵循惯例创造统一性。而不协调会随着生长和缩小的过程产生，例如，城市中的农场或服务区域中的工厂。

同质 (Homogeneity) 来自希腊语“homos”：相同和起源，形成。在相同的组成中，均匀性描述了系统元素的组成；与异类相比，某些东西可以是同质的。均匀的体量由一致的结构和类似的建筑元素组成。在建筑学中，这两个术语用于描述材料的外观、建筑结构和城市结构。在连贯性方面，同质性可以是积极的价值；在多样性意义上的异质性也是如此。

场所—结构—表皮—计划

可变性（混合）和灵活性（多样性和变化）使功能的首要地位相对化，增强了场所和建筑结构的价值。场所的要求影响新的使用概念，新的使用概念又会使得场所调整。建筑结构和表皮类型可以作为催化剂，又或是灵活使用的障碍。相互依赖程度增加。

1971年，伊玛目雷扎神社复合体（马什哈德，伊朗）及其周围城市的鸟瞰

IMG 42914 ©Aga Khan Trust for Culture / Michel Écochard (photographer)

概念模型
德莫斯·艾伦
2016ss

建筑层面

本练习将为最后的项目成果制定初步草案。并与城市环境相关的方面，如体量、定位、流通和立面等结合，形成建筑策划。其中要特别注意地面层区域。

成果要求

这项工作必须独立进行，须提交以下内容：

- 概念模式图或概念模型照片 1:500
- 黑白图底总图 1:5 000
- 区域平面图，带有屋顶、地形与环境 1:1 000
- 带有相邻建筑物的剖面 1:500
- 一层平面 1:200/1:250
- 楼层平面图 1:500
- 立面概念和建成的参考图片
- 文字说明
- 带有场地模型的设计模型 1:500

要求

- 现状建筑平面
- SIA 规范 416

目标

这个练习是为最后一个项目做准备的。学生可以单独选择项目“场景”。从现在起，该项目的位置将保持不变，并将深化与之合作。

早期的想法应该使用概念图和模型进行抽象可视化。我们的目标是发展一个概念，将其形象化，并继续通过传统的表现方法继续思考，即总图、平面图、剖图和立面图，这些技能也将因此得到改进。

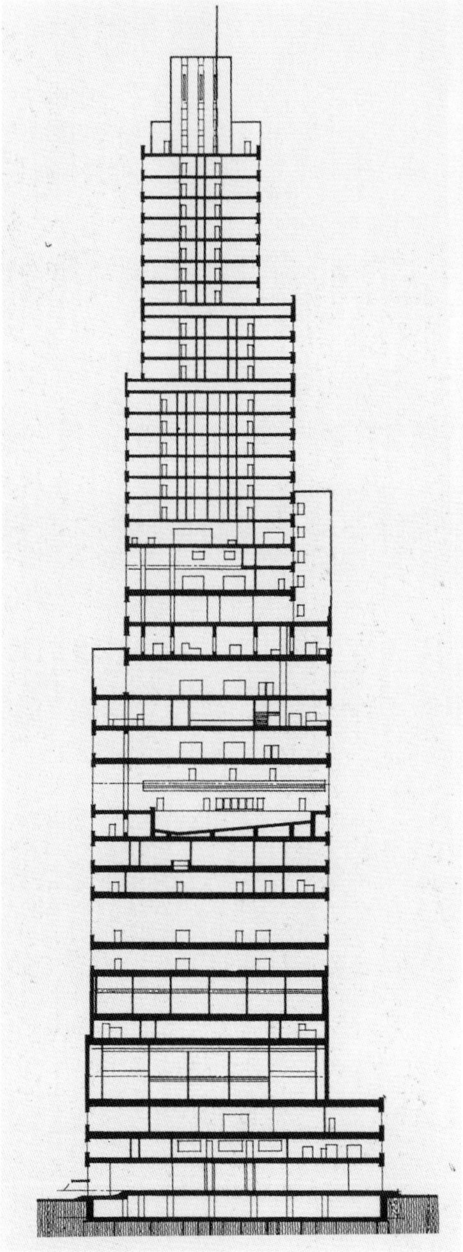

斯塔雷特与范・弗尔切克
市中心运动俱乐部，纽约

Source: Mario Campi,
Skyscrapers. An Architectural Type of Modern Urbanism, Birkhäuser,
2000

斯塔雷特与范・弗尔切克
市中心运动俱乐部，纽约

© FPG / Getty Images

中世纪

Nadia Raymann
2015 ss

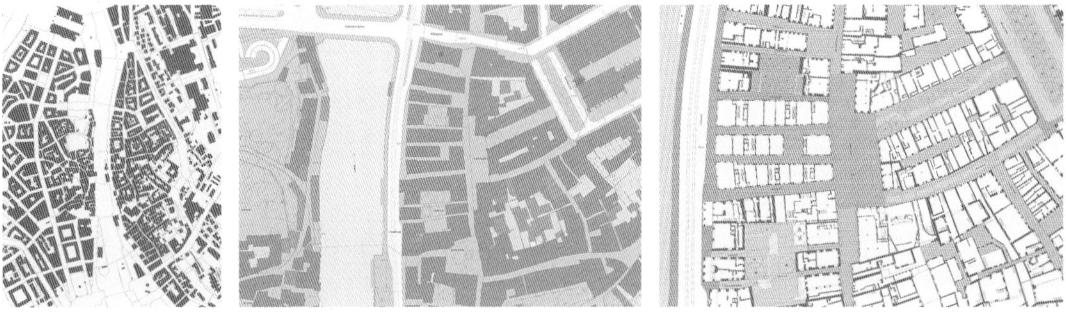

Rina Softa
2011 ss

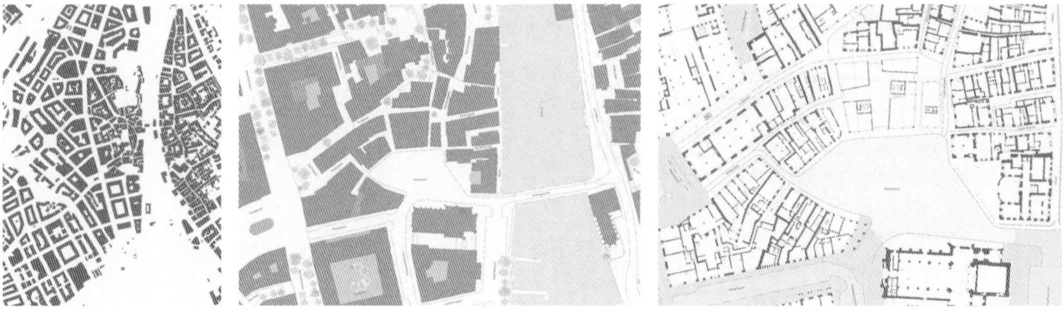

Deborah Truttmann
2015 ss

大规模建设时期

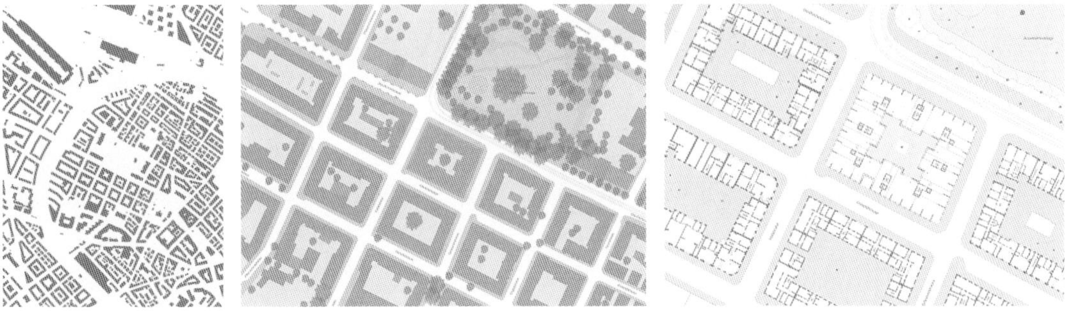

Leonie Lieberherr
2011 ss

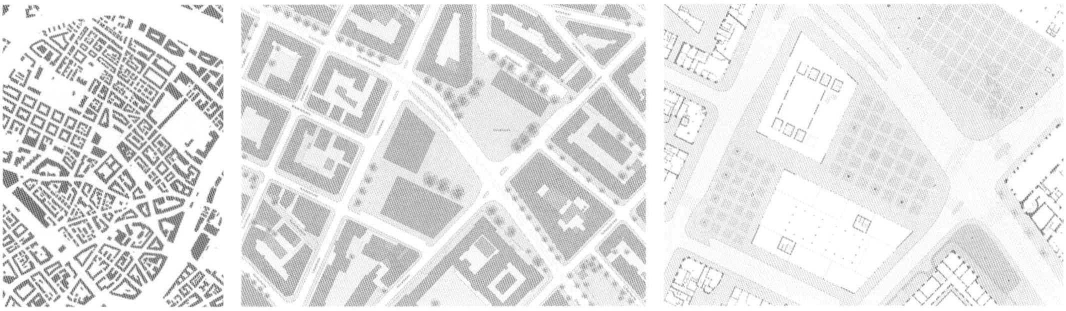

Patrick Perren
2015 ss

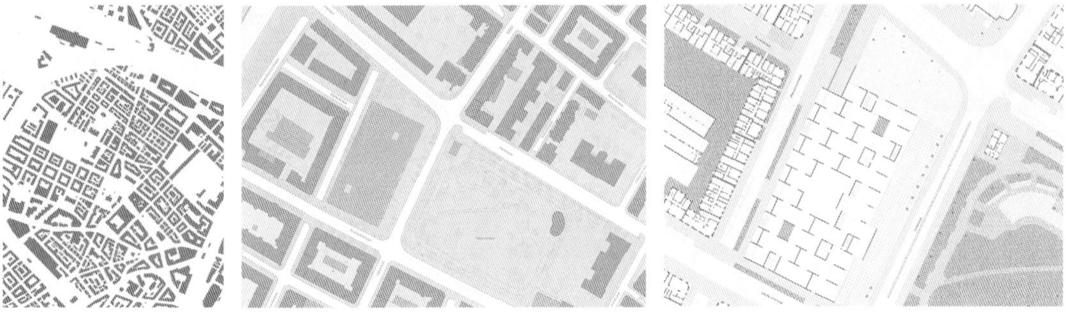

Thierry Vuattoux
2016 ss

现代主义

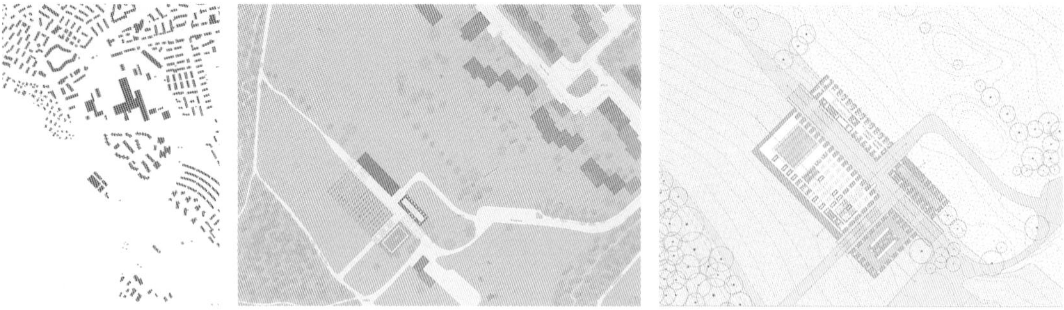

Cyrill Hirtz
2016 ss

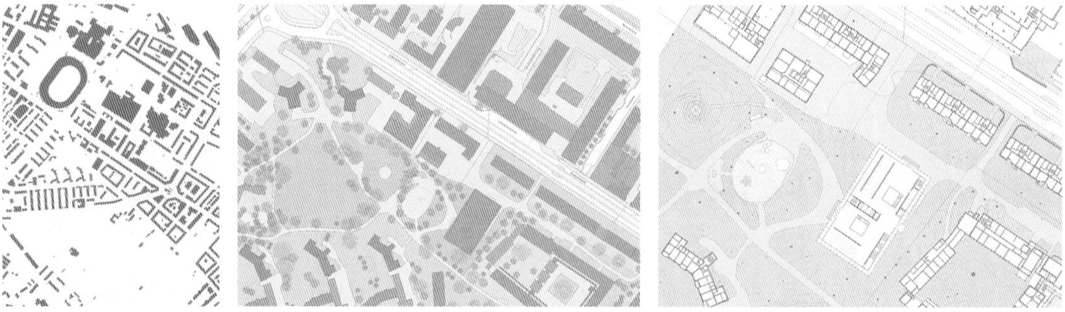

Viviane Zibung
2015 ss

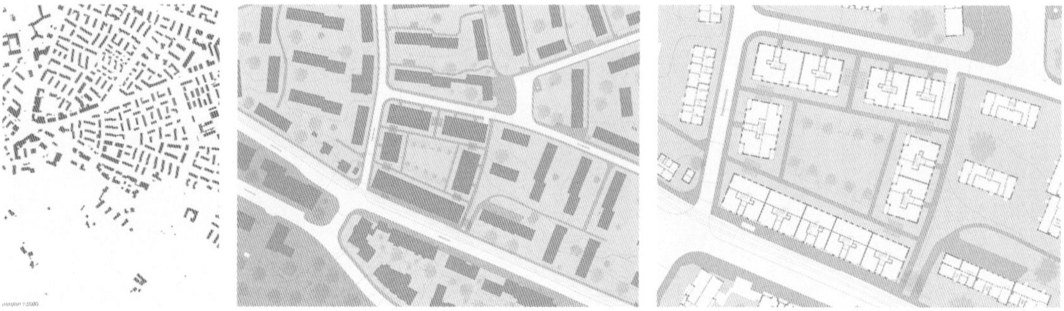

Sandro Lenherr
2011 ss

中世纪

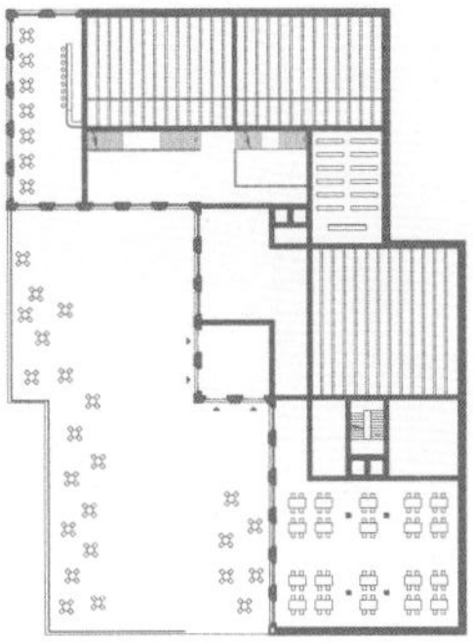

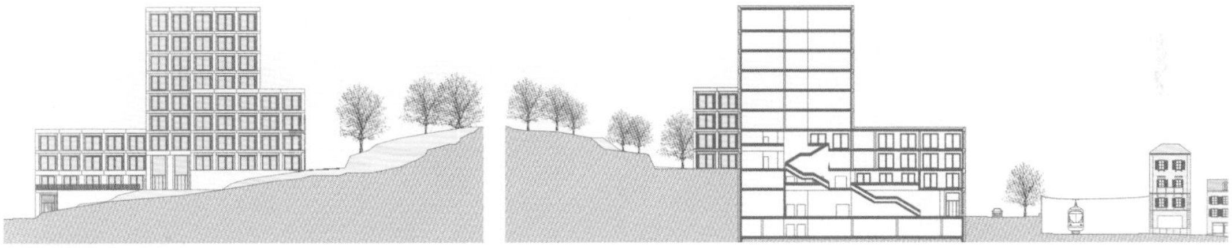

Marco Derendinger
2014 ss

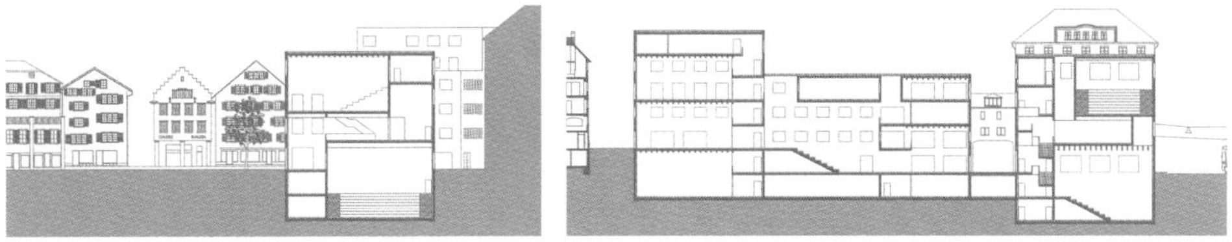

Noël Frozza
2016 ss

中世纪

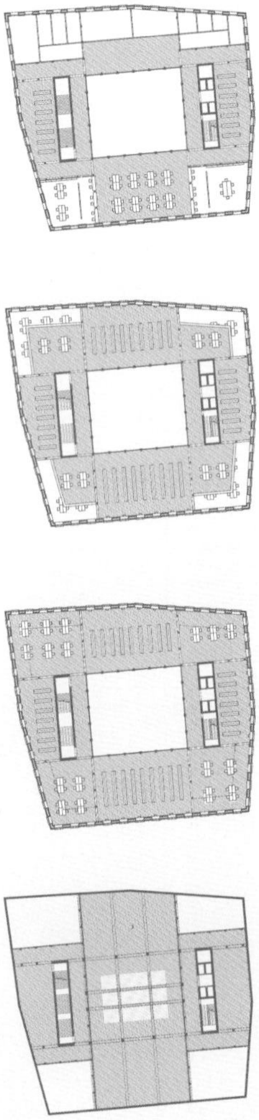

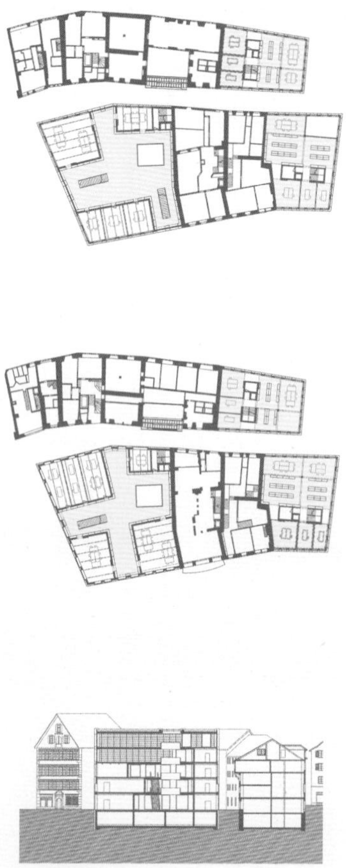

Iso Tambornino
2015 ss

Katarina Savic
2015 ss

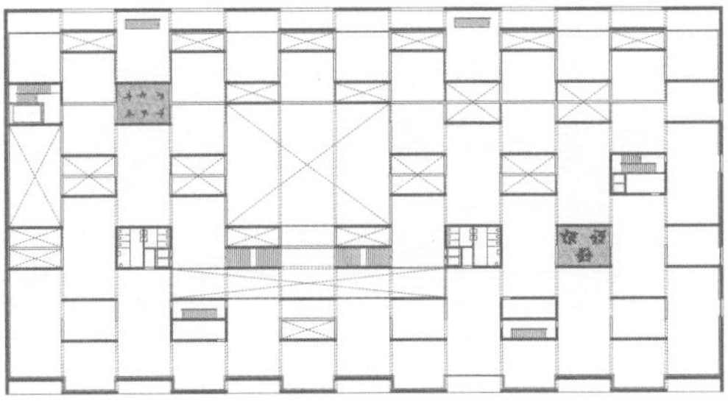

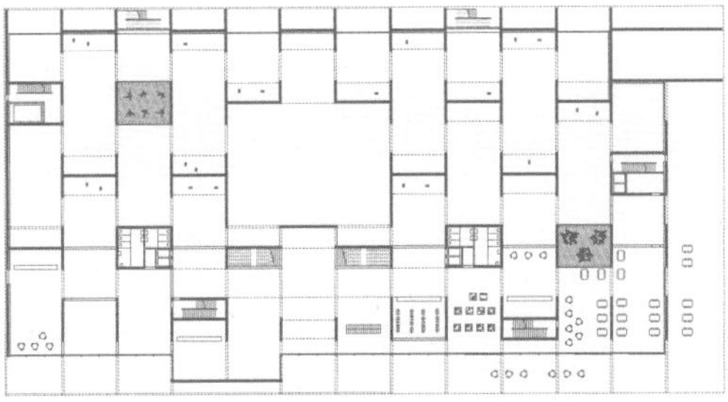

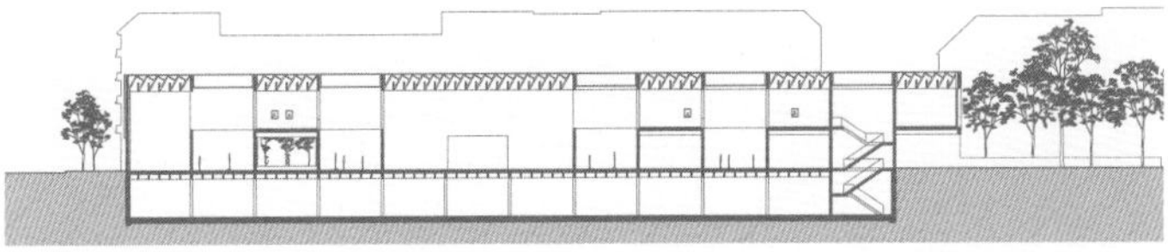

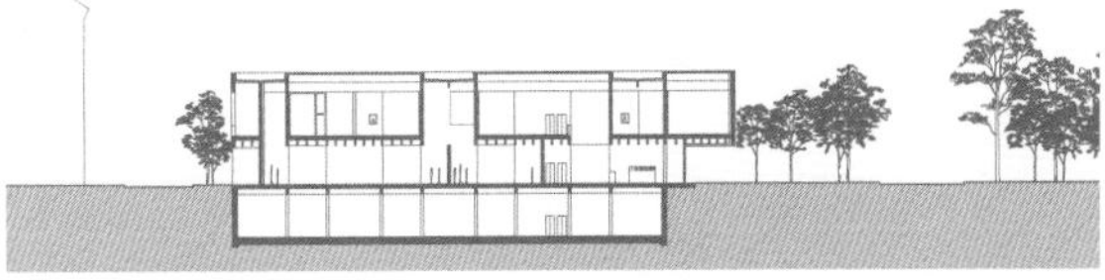

Thierry Vuattoux
2016 ss

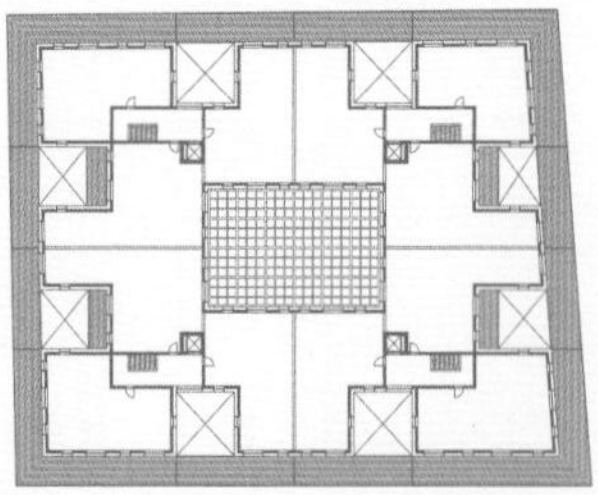

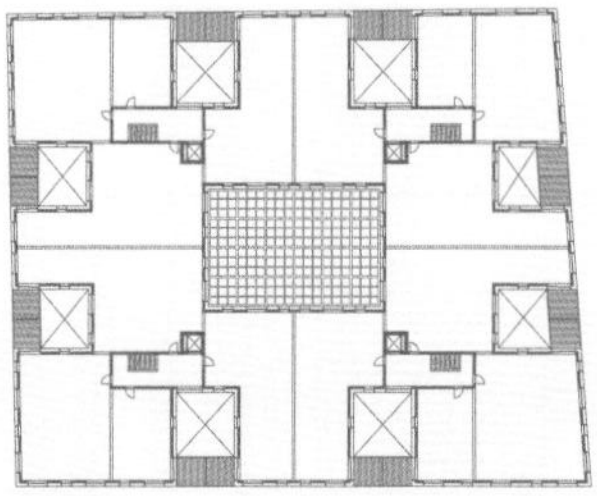

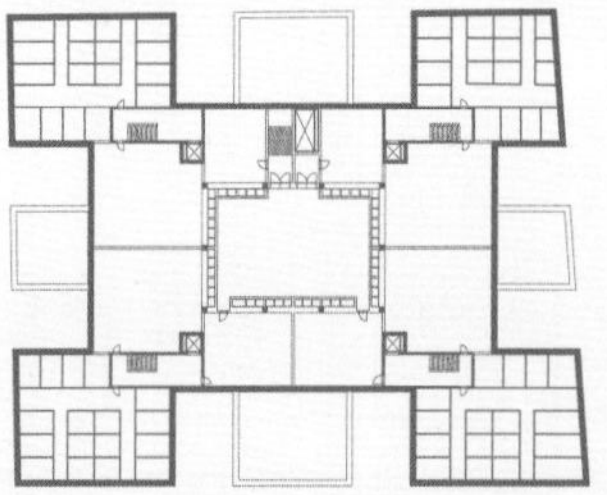

Elena Pilotto
2012 ss

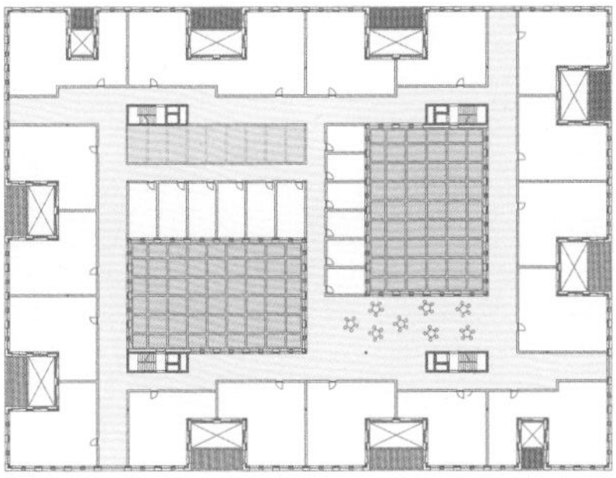

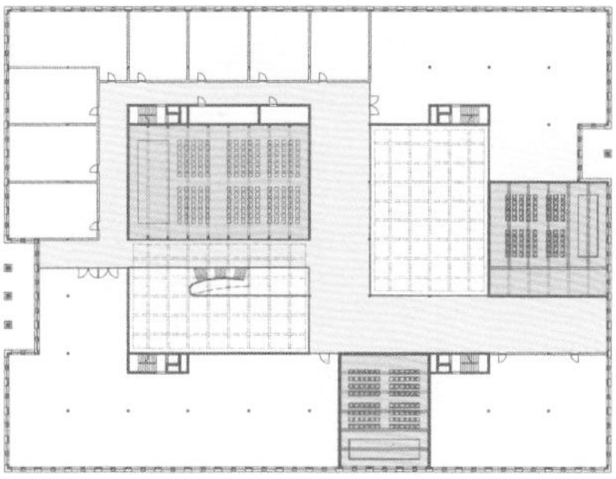

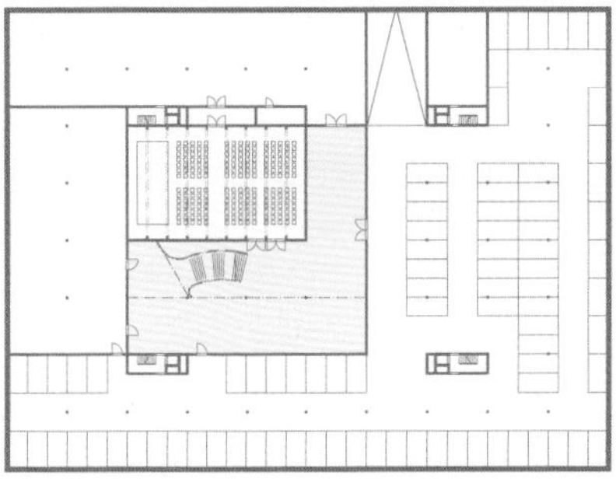

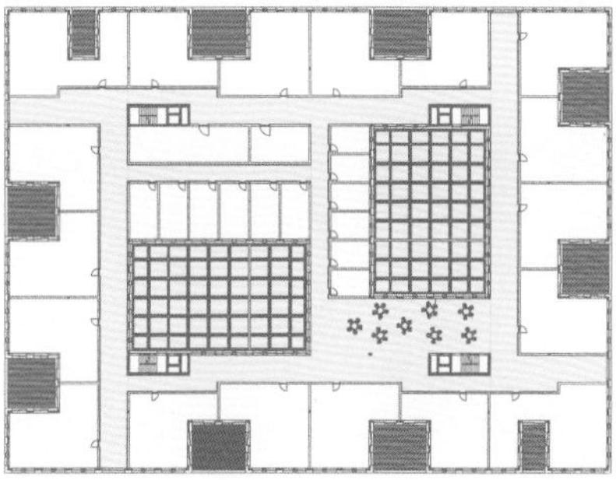

Maurin Elmer
2014 ss

大规模建设时期

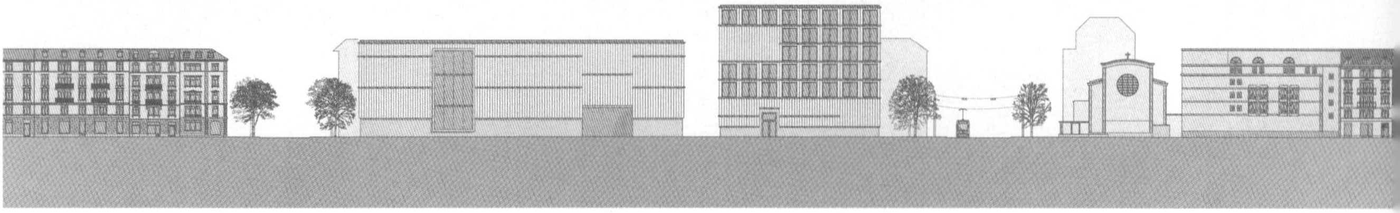

Julian Meier
2016 ss

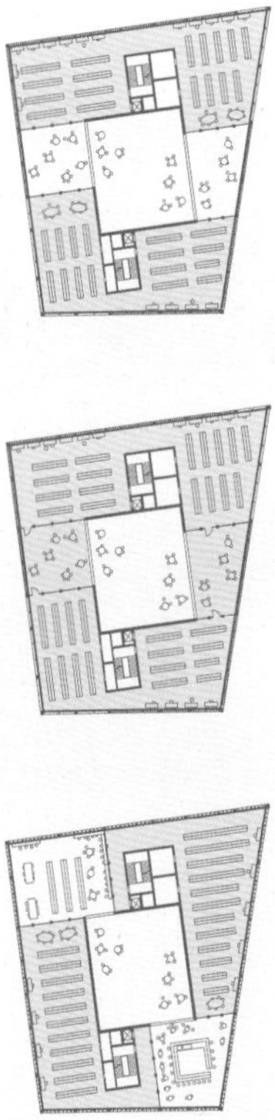

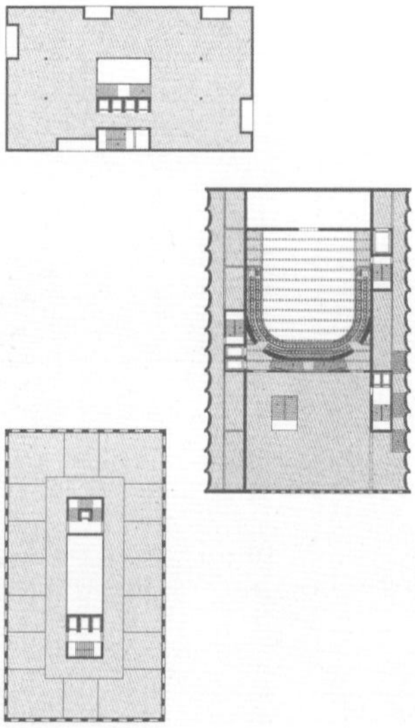

Timothy Allen
2016 ss

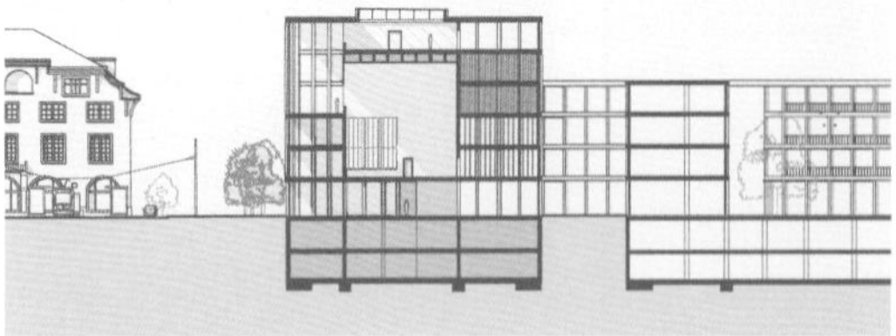

Daniela Gonzalez
2015 ss

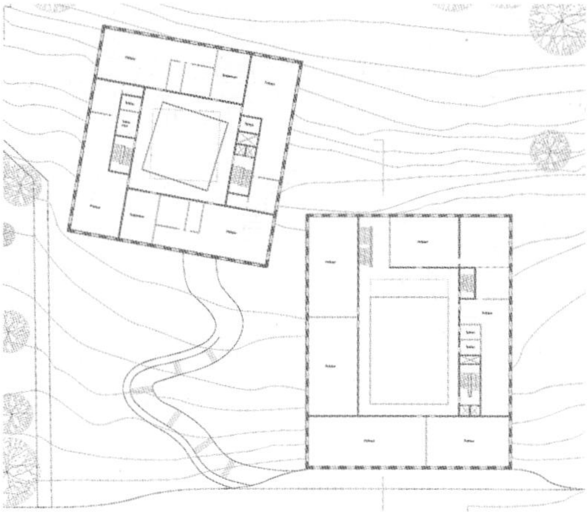

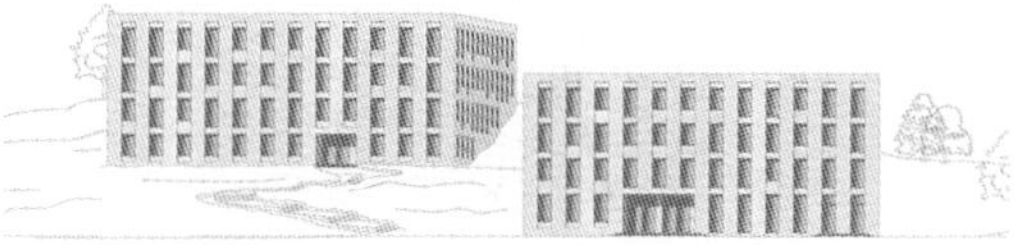

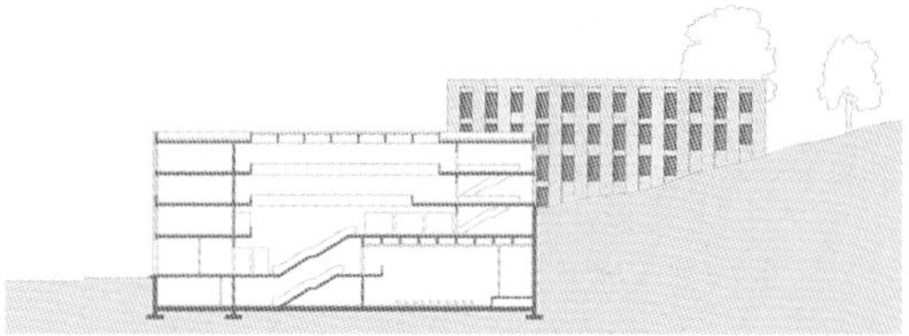

Cyril Angst
2009 ss

现代主义时期

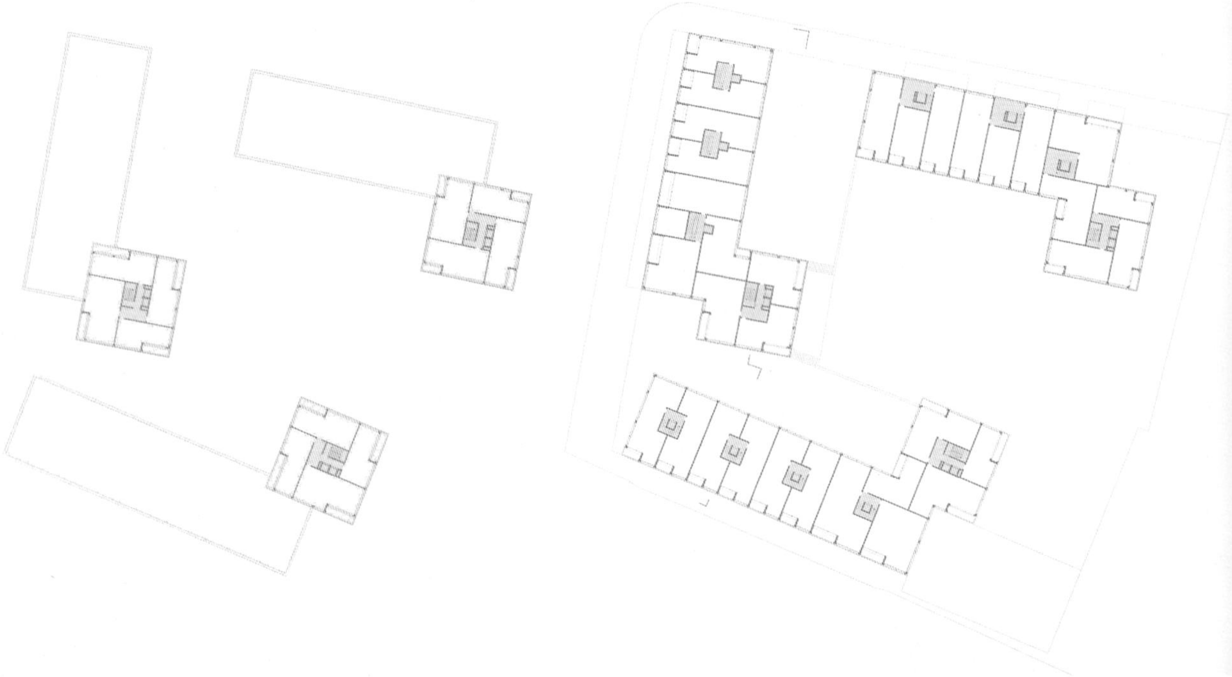

Lena Stäheli
2011 ss

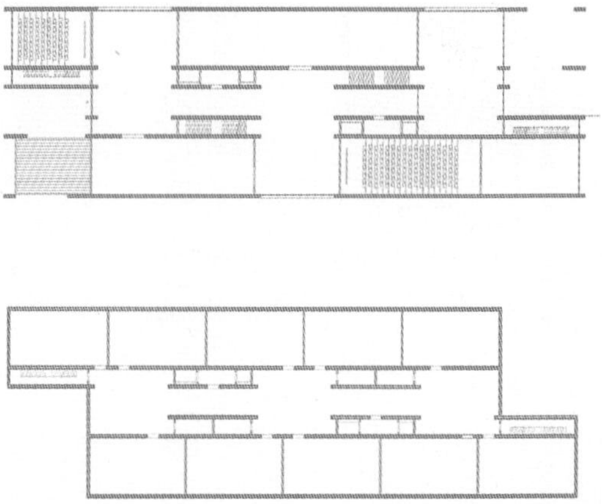

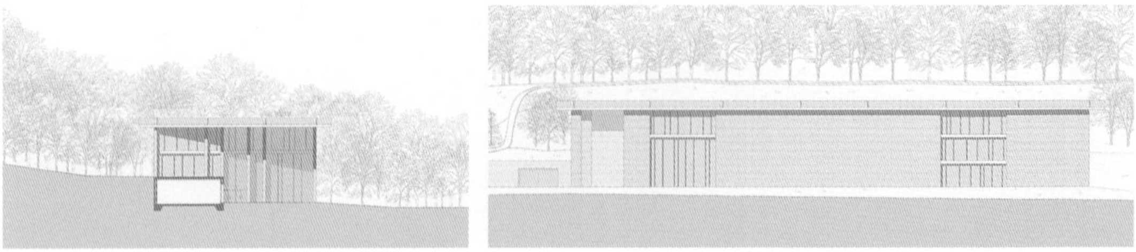

Lena Hächler
2016 ss

中世纪

Marco Derendinger
2014 ss

Benjamin Graber
2013 ss

中世纪

Deborah Truttmann
2015 ss

Noël Frozza
2016 ss

Thierry Vuattoux
2016 ss

Leonie Lieberherr
2011 ss

Luca Rösch
2014 ss

大规模建设时期

Patrick Perren
2015 ss

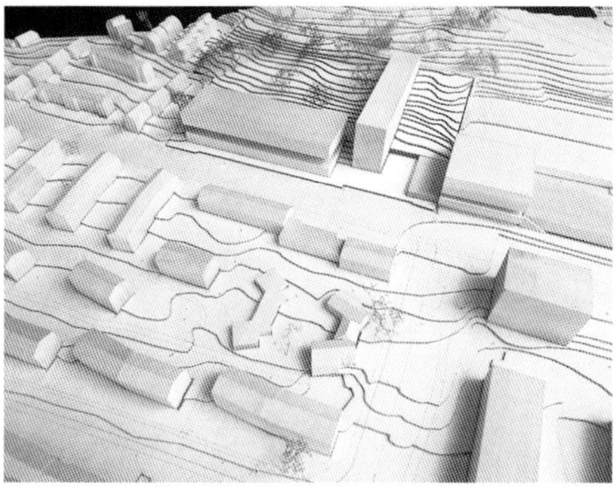

Eva Müller
2014 ss

Tim Kappeler
2016 ss

现代主义时期

Tiziana Schirmer
2013 ss

Benjamin Graber
2013 SS

Adrian Gämperli
2015 AS

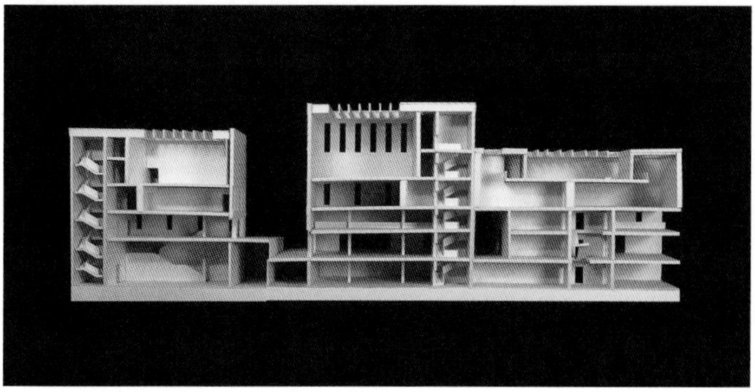

Carola Hartmann
2016 SS

大规模建设时期

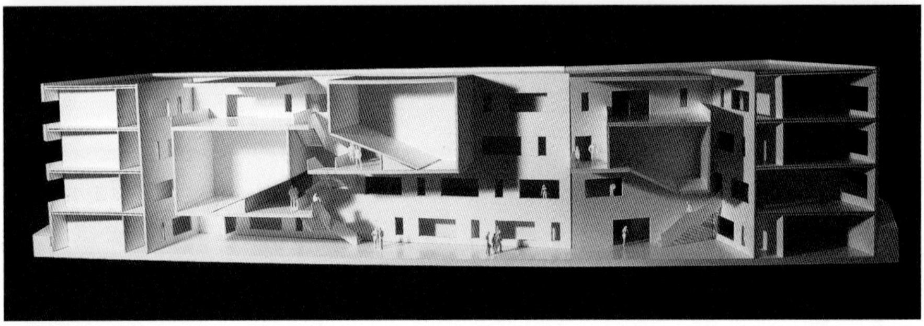

Julian Ganz
2009 ss

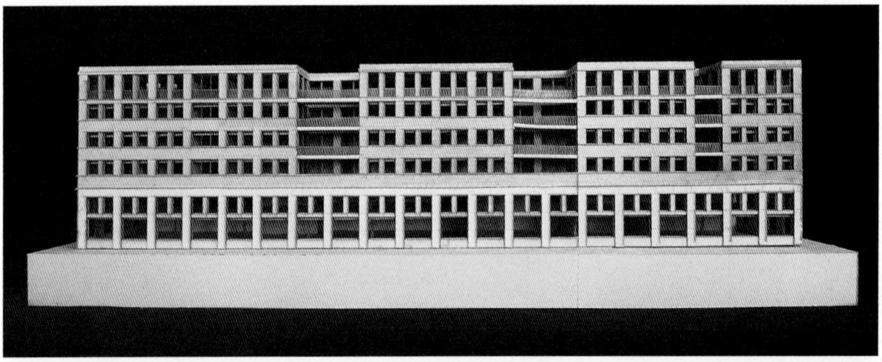

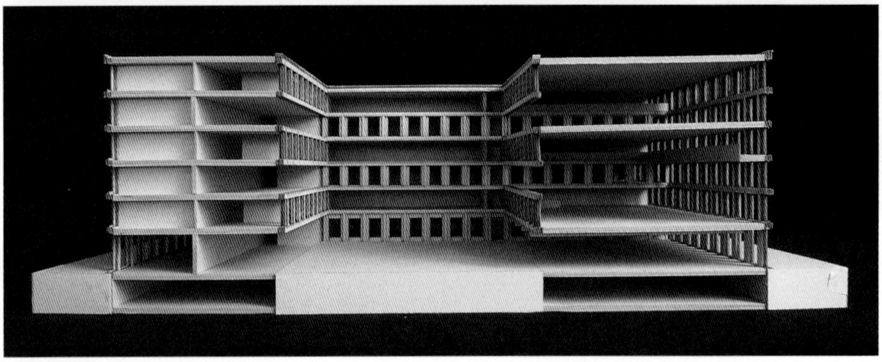

Michael Frefel
2014 ss

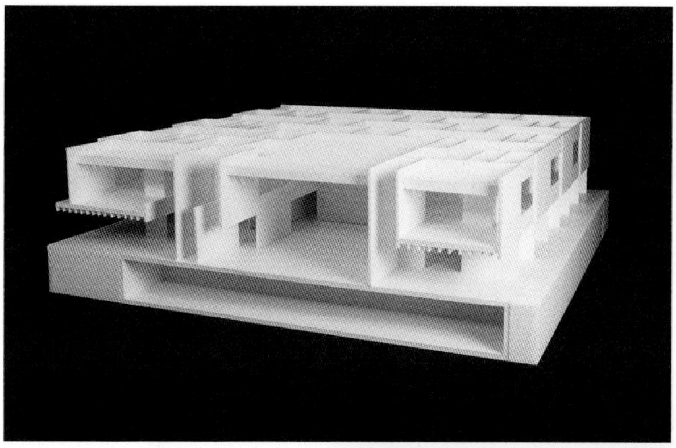

Thierry Vuattoux
2016 ss

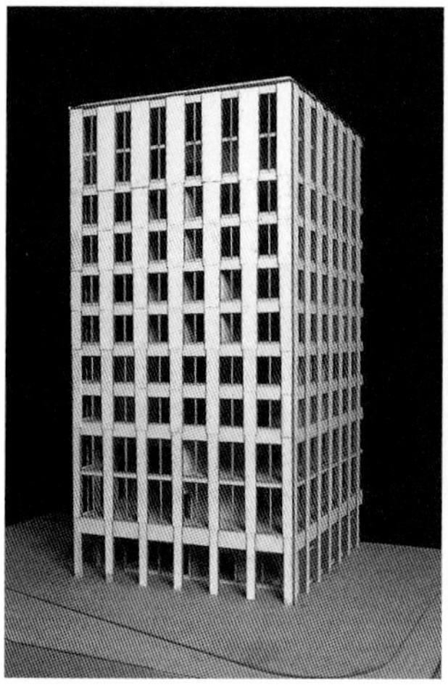

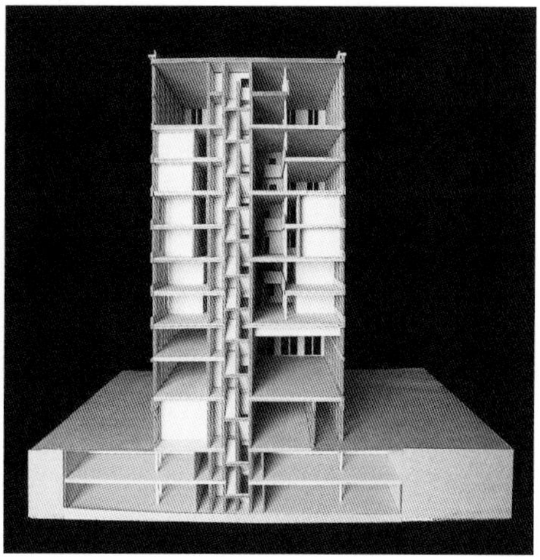

Jakob Junghanss
2015 ss

7

大规模建设时期

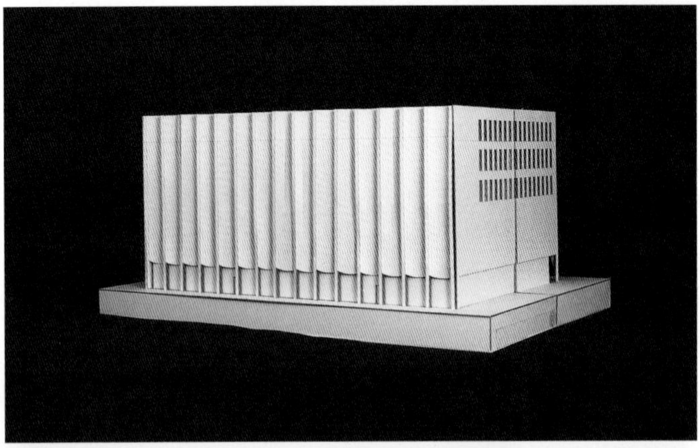

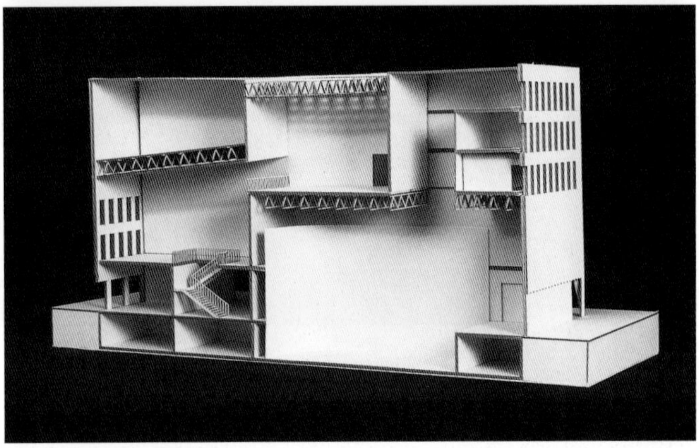

Timothy Allen
2016 ss

现代主义时期

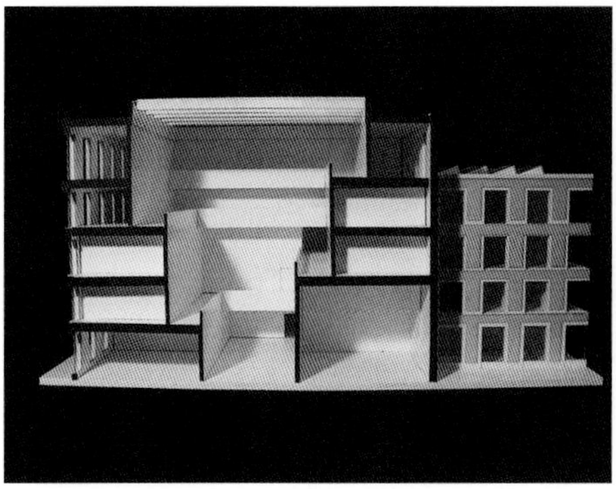

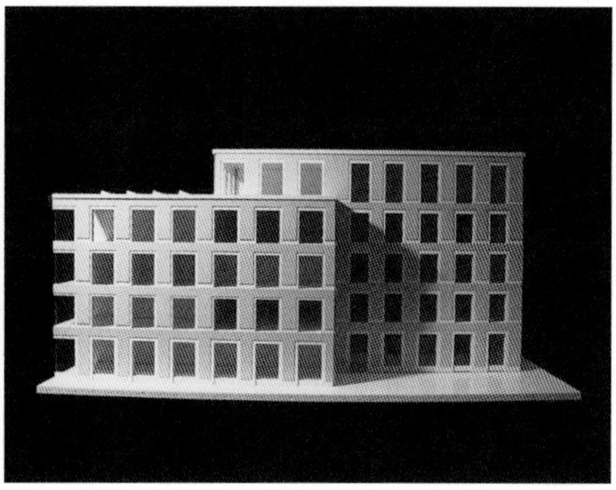

Matthias Winter
2009 ss

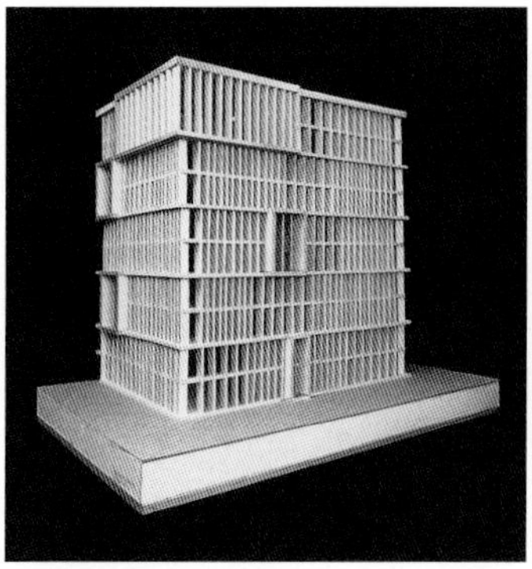

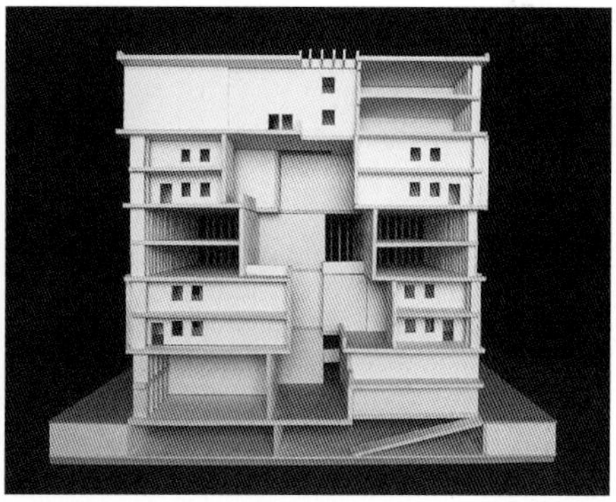

Geraldine Burger
2013 ss

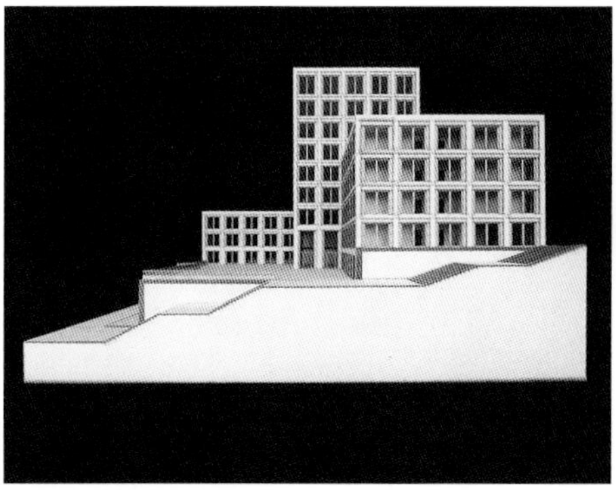

Marco Derendinger
2014 ss

现代主义时期

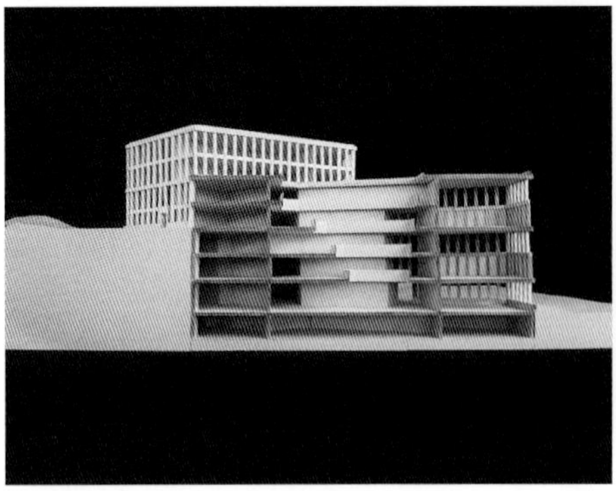
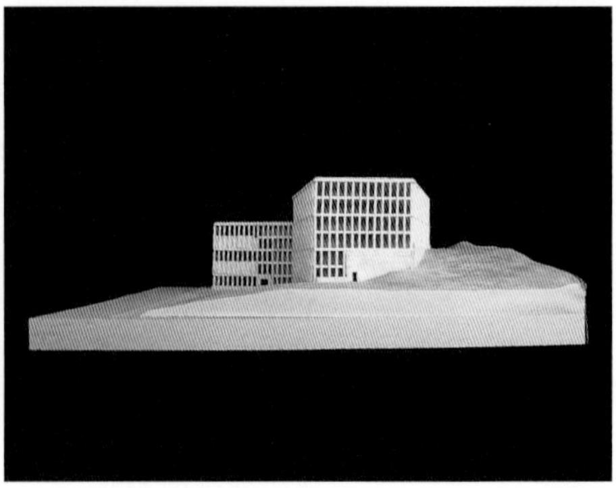

Lea Grunder
2014 ss

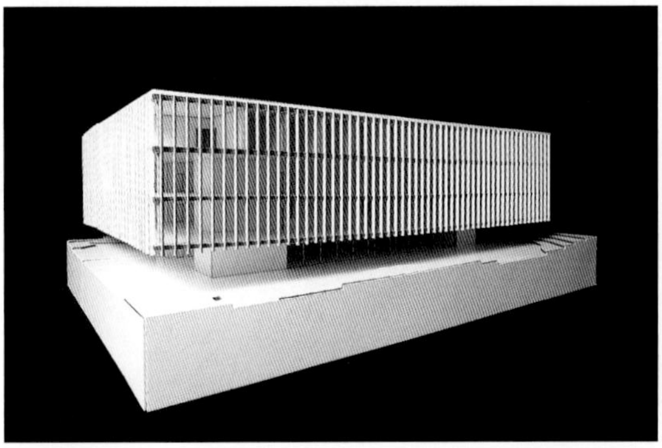
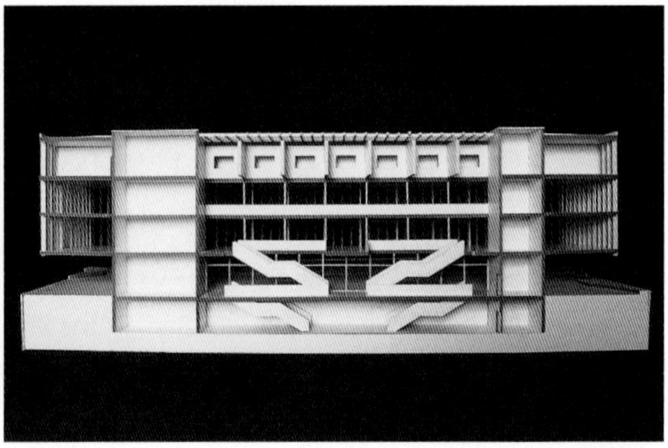

Alexandra Grieder
2015 ss

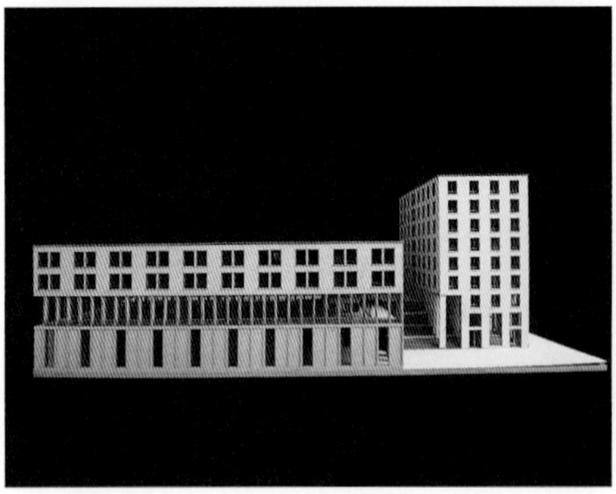
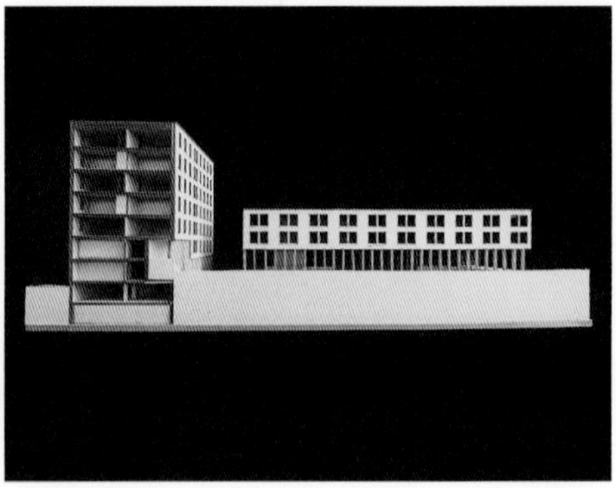

Eva Müller
2014 ss

中世纪

Thomas Meyer
2009 ss

Françoise Vannotti
2009 ss

中世纪

Marco Derendinger
2014 ss

Vincent Prenner
2017 ss

Noël Frozza
2016 ss

大规模建设时期

Silvio Rutishauser
2014 AS

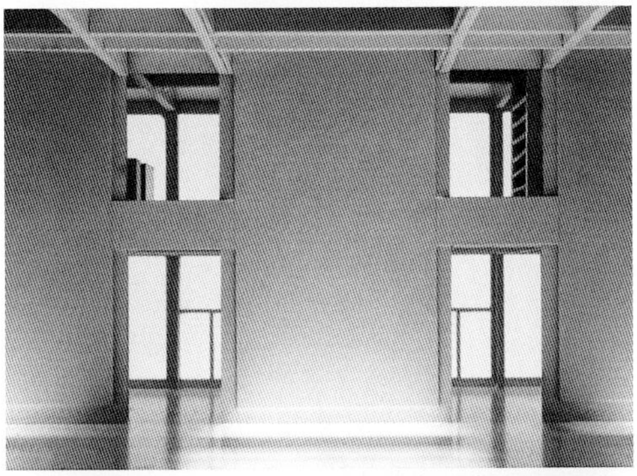

Julian Meier
2016 ss

Patrick Perren
2015 ss

Adrian Gämperli
2016 ss

7

Timothy Allen
2016 ss

Thierry Vuattoux
2016 ss

现代主义时期

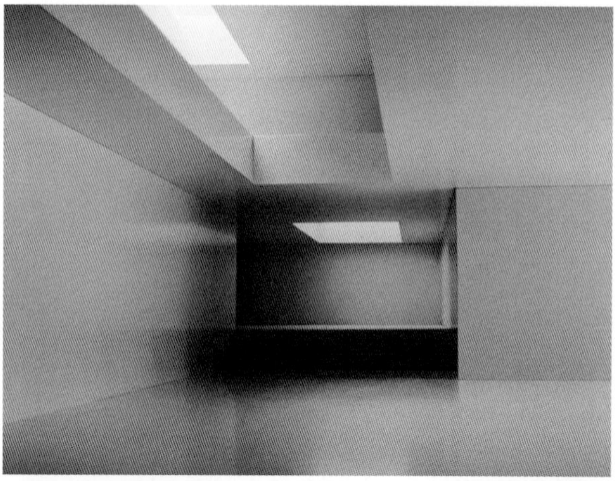

Tiziana Schirmer
2013 ss

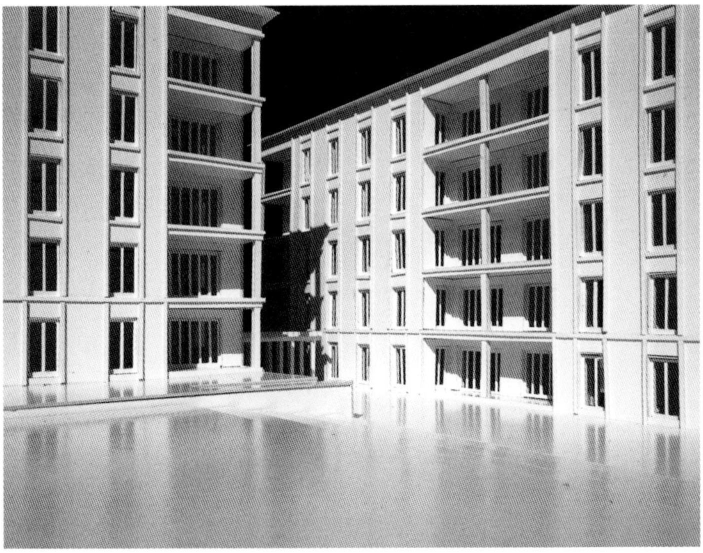

Sandro Lenherr
2011 ss

Tobias Lutz
2015 ss

现代主义时期

Daniel Zieliński
2016 ss

Katrin Röthlin
2016 ss

Christian Szalay
2016 ss

巴斯・普林森, 退离（巴勒克）， 2003 © Bas Princen

8
材料

8 **材料**

我们说起建筑时可以将它作为一种缜密的物体性（gegenständlichkeit）——材料，被引入形式。形体的物性（beschaffenheit）与物的物质性（stofflichkeit）对于建筑而言是本质的。物的物质性或建筑要素的物性首先通过物体的表面所传达。

但仅仅是如此简单而已吗？建筑的物（gegenständ von Architektur）这一概念自身的范畴就很宽泛：可以是人造物、人工制品，或者自然材料；如声与光那样的物理现象，或水与气那样瞬变的物质也包含其中；可以是对物质的观感印象——比如坚硬（柔软）或是多孔（密实）——必须将智识上的规则也纳入考虑——比如网格的秩序或艺术的前提。

物性是不是在一定程度上构成了物的材料独特性？物被感知、解读、渴望、嫌恶，从而与人的行为产生直接的关联，并被种种意图占据。通过这种方式它们获得了意义、满载了情感、累积了历史。因此可以说，物是材料、表面和使用三者之间的相互作用。当事件赋予物以特定情境下的意义时，客观的物质性又如何变化呢？

材料的特性通过表面来传达。可人们在观察表面时常常带着怀疑的目光——它是瞬变的、有欺骗性的，不过外表而已。建筑理论对形成这样的认知发挥了作用，勒·柯布西耶将建筑定义为“体量置于光中所产生的精巧、得体、华丽的相互作用”（1986，29）便是突出例证。由此一切感官的物质性都消失了，这也是建筑理性主义学派的显著标签。这一切作为规则指向了形式秩序和建造系统——故而洛吉耶“原始棚屋”里的柱和梁被认作为理性主义学派的先导。

另一方面，戈特弗里德·森佩尔的观点

则是截然相反的。对他而言，建筑的起源并非结构,而是肌理、织物和材料。他进而追问，这是如何实现的？是人，将两股绳带系在一起，赋予其形式。编织物是不可能像石头那般“客观”的。赋形，给材料以形式，是主观的也必然是表象的，对于森佩尔而言这是建筑的一部分。从他早年对彩饰法的讨论中可知，他选取的立场包含色彩、造型、自由创造的意志，是与古典主义者的纯白理性相对立的浪漫的反叛。

在这样的视角下，如果读到他的建筑教义就不足为奇了：“每一件艺术的创作，每一种艺术的愉悦，都预设了一定的狂欢精神，如果用现代的方式来表述，狂欢祭上弥漫的烛烟就是真正的艺术的气氛。对真实和材料属性（stofflichen）的消减,总是必要的”（2004，438-9）。他的维也纳自然史与艺术史博物馆是对此的证明——空间表皮富丽堂皇得令人难以喘息，空间就像华美的鞘一般。在艺术氛围浓厚的维也纳，一脉相承的是阿道夫·路斯的室内空间——反观他大多数作品的立面则与之大异其趣。他正是由此展开了与装饰的斗争，并成为现代主义的坚守者和规训者。现代主义建筑中扁平化、朴实理性的幕墙立面已经与森佩尔分道扬镳。

这并非毋庸置疑。当下，“氛围”已成为关键词。莫拉文斯基（Ákos Moravánszky）将氛围定义为共感——是所有感官对空间的全面体验。实体、感官回归了，并且伴随着两种方式。其一，关于实体、关于建造实体和材料产生了一种新文化。需要针对其突出特征进行重点设计，而反观过去，材料则消融在建筑之中。“我尝试着在作品中这样使用材料。我相信它们能在建筑的物的语境中获得一种诗意的品质……触感、气息和声学品质只不过是我们必须要使用的语言当中的元素”，彼得·卒姆托（Peter Zumthor）这样写道（2006，10）。这种方式也包括针对日常的、废旧的、回收的材料发展出新类型的用途。其二，空间的煽动性。“建筑必须燃烧”，是蓝天组在50年前的诉求。

假以时日，我们就能知道空间通过媒体的延伸是否会丰富“氛围”的内涵。如果说共感是其存在的一部分，那么先决条件就是对所有感官的激活。

空间的多孔性

埃伯哈德・牧勒格尔

“我也曾彻彻底底地住在（这间房子）里。我相信此处便是我在这世界上居住得最彻底的场所。而当我说起别的女人时，我想这些别的女人也包括我；仿佛她们和我，仿佛我们，都拥有天赋的多孔性、渗透性……我在这儿见过的所有女人最初都是沉默的；我不知道她们后来如何，但最开始的时候她们总是长久沉默着。她们被包覆在空间里，像是被嵌进了墙体，嵌进了房间里的物体当中。当我在这间房间里时，我有一种不能扰乱任何既存秩序的感觉，我是说，仿佛这空间本身，这房间，甚至都并未察觉我的在场，一个女人的在场；这儿本身已经有它的场所存在了。我所在说的大概就是空间的无声。”①

① Marguerite Duras, Michelle Porte: *Die Orte der Marguerite Duras*, Frankfurt am Main, 1982, p.14.

8

无声的空间

1976 年，作家、电影制作人玛格丽特·杜拉斯（Marguerite Duras）那时 62 岁，坐在她巴黎附近诺夫勒堡乡村的老宅中。在一段很长的访谈中，她谈到了房子与她本人、她的书、她的电影之间的多重关系。在杜拉斯的一生中，从她在越南长大到后来在巴黎生活，这是她唯一长久居住生活过的房子。在这里，她写下了那些最重要的著作和电影剧本。她把自己以及她作品中的主人公（基本都是女性）与这间房子联系起来。她将“天赋的多孔性”归于自己和那些女性，这种属性被转到建筑与其空间当中。对她而言，多孔性有两种基本属性。

一方面，它产生了一种渗透性；另一方面，它确保了强大的储存能力。就这里说到的女性而言，杜拉斯所说的多孔性指的是她们所具有的

作家、电影制作人玛格丽特·杜拉斯家中的起居室

Photos © Michelle Porte, *Les Lieux de Marguerite Duras*, Marguerite Duras et Michelle Porte, Minuit, 1977

能力，她们倾听而不评述，并在无声中接纳另一个人的故事。母亲身份也许是这种无言交流的基本形式[2]。孩子在母亲的身体里被赋予形，无声而又自然地经历了作为母体的一部分而成长的过程，离开母体，而在其后全部的生命里始终与母体相互关联。子宫也许是女性身体中最重要的那个“孔”，它是无声的孩子最初的临时“居所”。此时的交流不是通过言语，而是通过物质的交换。玛格丽特·杜拉斯在她自己的居所里，同样发现了这种没有言语却存在于物质中的体认。她小说中的女性人物“被包覆在空间里，像是被嵌进了墙体”。与杜拉斯本人一样，她们与她一同居住在她们自己的居所、自己的房间里，始终保持着无声的在场。而这间房子同样具有“天赋的多孔性”，使之具有渗透性和记忆力。

② 事实上，“material”（物质）这个词，作为一切物质形态的基本要素，与拉丁词汇“mater”有关，有“母亲”的含义。

这么说来，人们可以将房间和空间视作房子里最大的“孔”。当中形成了历史，而后来的人又一代代地在其中居住生活，将他们的生命也储存进去。他们的痕迹在房间里，也在房间更小的构成里，在衣柜、壁龛、抽屉、架子里，永久地存留在抹灰、木材和瓷砖的孔隙里，也在窗帘织物的缝隙里。

8

法国哲学家加斯东·巴什拉（Gaston Bachelard）在表述与“孔”类似的意义时，曾用“蜂巢”来比喻空间中的栖居者“通过长期的居住”，将“浓缩的时间”如蜂蜜般储存起来[3]，从而一再滋养着新的生活。这里指的不仅仅是作为生活的物质痕迹而累积在孔洞之中的那层岁月沉淀或包浆，也是被空间所吸收和释放的那些栖居者的记忆、感觉和经验。如果我在一个房间中生活了足够久，它便会记录下我、我的气息、我的声音、我的身体、我的习惯，以及我全部的特质，以至于我也就成为它自然而然的一部分。这样，房间可以“始终无声”，因为曾占据着它的人始终在房间之中，无论那个人是否还真的在其物质空间里。由此产生出一种平静的实质（matter-of-factness），连接着空间与居住者。人与物所具有的“天赋的多孔性”对于这样的交换起到了关键作用。两者都可开放可封闭、可粗糙可光滑、可透光可不透光。每个人可以对每个空间产生不尽相同的感知，具体感受取决于不同程度的相互渗透性以及储存记忆的容量。

③ Gaston Bachelard: *Poetik des Raumes*, Frankfurt am Main 2007, p. 35.

孔与摩擦

由此，关于建筑的物质性，可以达成一种全然不同的理解。与其讨论某种特定的石材、混凝土、木材、陶瓷、石膏或是金属，不如首先将整座建筑视作同一的物质材料，只不过它们具有不同程度、不同性质的多孔性。如果建筑的布局在小尺度上展开，就像通常的居住建筑那样，那么它会在与居住者的身体非常近的距离上形成很大的表面，产生出很大的“摩擦”。墙体、地板、天花板以及空间中的物体的触觉质感因此变得更加显要。材料必须更加多孔，以使居住者能在其中自由地呼吸。如果建筑的布局更加宽敞，其赋材可以在适应空间的特征时发挥更大自由度，因为房间的尺度本身便允许居住者随心呼吸。在多孔性上的差异，既形成了渗透性很强的材料，也产生了密度很高的材料，这些材料不同的属性可以互补。

材料可以依据不同的多孔性，或依据它更私人化还是更匿名化来进行区分。越具有高渗透性，越具有强大的储存记忆，越能促成人与材料之间更紧密的交互。木材、织物或是石膏等材料比较容易营造出亲密的氛围。它们提供的架构能够容纳居住者的习惯、记忆和生活故事，使之被“包覆”进去。它们能像海绵一般吸收居住者的痕迹并进行再生产。这类材料也影响着房间的声音与气味；它们充分吸收光线，摸上去温暖而柔软。

相对而言，被钢和玻璃包覆的房间则有一种不近人情的氛围，让人感觉疏远。由于材料密度高，生活的痕迹就像挂在表面的水珠，所以它们对于周边所发生的故事更为封闭不可侵。如果材料的表面光滑，这种效应会更明显。它们高度反射着光线。白色也会加重材料的这方面属性。比如，奉行经典的现代主义的建筑师惯用的镀层、玻璃和白漆等材料，会给他们的建筑注入明亮干净的观感，也使之充满了国际式那种缺乏个人特质、仿佛只有暂居者的氛围④。

谷崎润一郎在著名的《阴翳礼赞》(*Inpraise of Shadows*) 一书中曾写到两类材料的区分，他觉得柔软、无光泽的材料更接近亚洲文化，而光滑、高反光、纯白的表面多见于欧洲文化：“当我们看到明亮炫目的东西时，我们往往感到一阵内心的混乱。……当然，我们的文化里也时不时用到银壶、酒杯和瓶子，但是都不会用抛光材质。恰恰相反的是，如果光亮的表面经过一段时间变得发暗失色，我们反而会觉得欣喜。”无光泽、锈蚀的表面可以视作与多孔性对应的特征，而光亮则代表着高密度。

④ 现代建筑中，与光滑而不可渗透的材料组合在一起的通常是非常柔软而多孔的材料，比如绒面地毯、丝质幕布、自然的石材和纹理分明的木材。非个性的疏离感与私人化的亲密感紧密地并置在一起，激发出对材料的迷恋，二十世纪六七十年代就很流行将高反光的塑料材质与希腊厚绒粗地毯搭配在一起。

反常与误解

镜像，它们代表着非常特殊的物理现象。镜子作为一种光滑、反光的表面，有着很高的密度，多孔性极低。不过，对于杜拉斯来说它们却是一种极致的无与伦比的孔洞。就像是无底洞，（电影的）图像被捕捉而又释放，仿佛来自无尽的遥远之处。所以说镜子并不储存，它只是为飞逝的、疏离的、令人生疑的、来去而不逗留的事物开辟了一个孔洞[⑤]。它开启了面向无尽的空间，却也同时将其封存。它并不展现自身的材料性，而是映出人像的虚拟形式，并将其复制。镜子可以是所有的材料，又并非任一种材料。

⑤Duras，p.74.

玻璃则是一种对于建筑来说更重要的材料。其密度和透明性造成了普遍的误解，时至今日对我们这个时代仍有持续的影响。事实上，它涉及一种在空间意义上比镜子更甚的矛盾属性。一种不可穿透的（即孔洞极小的）材料，却通过可透光性伪装成透明的。我们通常会觉得玻璃幕墙是开放性的。但玻璃却几乎是我们所知的渗透性最低的材料。开放性仅仅基于光学效果。切莫低估这一点，它代表了整个时代的普遍感知和对视觉刺激的迷恋，而且仍是有增无减的。

8

奉行经典现代主义的建筑师一直致力于内部和外部空间之间的“流动”。对他们来说，建筑最好能尽量显得多孔。为此设计出的带状连续的大窗，在欧洲的气候条件下，要做到轻薄的尺寸，通常必须用固定的玻璃来建造。那些建筑师们大谈特谈框景，不过得承认，其实是透过了薄如覆膜而严丝合缝的一层窗玻璃。内与外的相互流动限于视觉，而非物质。如今，此番效应借助薄薄一层电脑屏幕而进一步提升，它令我们与真实世界之间的区隔更明显了。这种消费化的视觉观念反馈作用于建筑。有条件的人们透过不可开启的玻璃表面使他们的房间“开放”，于是能在一种被保护的状态下消费外面的世界。然而，在这个被分隔的系统中，多孔性、记忆力和交互感变得不再可能。建筑中的居住者至多可以在视觉上与环境互动。窗，现在也成为屏幕。

气泡与泡沫

这样一来，各个可渗透的孔洞闭合成为孤立的气泡，与相邻的气泡聚合形成一种泡沫态。每个居住者待在各自无法穿透的保护壳当中，将自己隔绝于环境[⑥]。当许许多多这样的气泡聚合在泡沫结构中，面状的分隔膜在它们之间形成，这种分隔膜在外观和效用上类似于固定的玻璃。

⑥ 彼德·斯洛特戴克（Peter Sloterdijk）在他的“球形三部曲”《气泡，球体，泡沫》中用这一意象描述了当代视角下的人类通史。

多孔性与记忆力不复可能。我们甚至可以发现泡沫的意象在材料层面上的物质显现。继玻璃之后，聚氨酯（PU）泡沫、泡沫玻璃、泡沫铝之类的建筑材料成为目前使用最广泛的外墙材料。事实上，这类物质对建筑的居住者而言，既隔离了能量也限制了社交。泡沫和玻璃类的材料让热量、空气、气味以及相当一部分噪声无法穿过。而且，与多孔的材料不同的是，它们几乎无法承载历史记忆。它们无法与周边环境发生交互，也就意味着无法为之做出反应或调适，也无法记录或保留任何痕迹。这类材料要么保持一成不变，要么在外界变化的作用下发生毁坏。它们凭借一种特殊的方式不着岁月痕迹，这种美学特征正愈发剧烈地改变着我们的城市面貌。

西方社会的一大悖论在于，我们最大限度地追求技术和能量层面的隔离，并将其视作一种改良的目标，但是在社会心理层面我们却承受着由日益深重的隔离造成的苦果，即使个体之间看似联系得更紧密也无济于事。当今对混凝土的广泛使用显然暴露出了这种充满焦虑不安的副作用。混凝土的高密度属性决定了其较低的多孔性，而且混凝土瞬间成型后的状态很难再次改变逆转。材料的僵化和隔离已从结构上限制了人们日益增加的行为自由度。

渗透作用与昏迷状态

建筑史上的记载，更多的是人类长久以来如何通过形式和装饰来尽量增加建筑的多孔性，而非镜面和玻璃的光滑、混凝土的坚硬。灰泥和石雕的精巧形状在面对时光的沉积时是十分脆弱的，不过却展现出材料的可塑性。在建筑和城市之间、空间和居住者之间可能存在摩擦。然而如今人们却很少再为之心动。曾经被珍视的旧物光泽或岁月沉淀现在被视为污垢。不过这种沉淀仍然有技术上的价值。比如，未经处理的木材本来对湿气和灰尘非常敏感，容易变得斑驳或吸水膨胀。经过一段时间的使用或风化后，时间的痕迹在孔隙中缓慢累积，形成保护层。木材逐渐与周围环境达成平衡，一旦达到稳定状态后就不再发生大的变化了。与涂漆的材料相比，其孔隙始终保持开放性、渗透性和吸收性。多孔材料变成了一种半透膜，可以吸收一些物质，又让别的物质通过。

这种内外渗透平衡的状态具有重要意义。材料可以屏蔽负面影响，但仍然对互动和变化保持着开放。

玛格丽特·杜拉斯所住所写的那座房子，是一座法国乡村的老宅，有高高的覆瓦屋顶。客厅的砂质灰泥铺在高高的砖石结构上；门扇上方是前一个夏天留下的一簇簇干薰衣草；屋顶下的深色横梁挂着蜘蛛网；柔软的毯子覆盖在低矮的躺椅上；细长的门扇和它的玻璃格扇向花园敞开。房间吸纳了居住者的个性和生活故事，如今仍散发出她的气息。假若我们能看到玛格丽特・杜拉斯坐在她的桌子旁，就会建立起那种和谐整体的感觉。当今天的我们变得越来越向往灵活的移动，努力摆脱行囊而不是积累行囊的时候，我们可能会觉得眼前这图景是过时的。不过，基本上没人会在完全光洁的空间中感到真正舒适。那么，怎样的一种多孔性才能符合当代社会的需要呢?

我们的负担比以往更少，西方国家变得比以往更清洁、更安全（至少表面上如此），而且我们比以往任何时候都更紧密地联系在一起。为了使我们能够融入和享受所有这一切，我们需要的是与环境建立一种调适良好的、相互渗透的关系。

“渗透”（osmosis）这个词在物理上描述了微小颗粒通过半渗透屏障层的定向流动。这类膜材料只允许特定的粒子从其中一侧通过到另一侧。它对两侧都起作用，就像一个过滤器，能阻拦不受欢迎的元素，只允许所需的元素通过并提高其品质。这样，内部和外部、私密和公共、受保护和未受保护的对立之间就可以建立平衡。因此，符合当代需求的多孔性应该能提供灵活可变的空间，可以轻松调适孔隙的大小和质地。组成空间的材料应该能够促进精准定向的互动，无论是内与外的互动，还是居住者、建筑和城市之间的互动，从而能对不同的情境做出反应。

然而，如果交互作用受到低渗透材料覆层的阻碍，抑或使用了非常致密的建筑材料，松散的材料就不能再发挥其渗透特性。复杂的建筑设备系统可能会试图用机械方式弥补这样的缺点。然而，这种系统只能交由自动控制，而不能通过内部和外部、建筑和用户之间的直接交互来自我调节。多孔性的建筑可以在渗透作用下与环境沟通，但不可渗透的结构体却会成为只服从于自身规律的机器。这使建筑的身体陷入昏迷状态（coma），于是只好依赖人工通风。一旦有居住者引起非常规或干扰性的情况，都可能导致整个系统崩溃。因此，人性化的调整是被禁止的，城市成为一个密不透风的监护病房。像巴黎的蓬皮杜中心或伦敦的劳埃德大厦这样的建筑，其美学魅力汲取自技术溢出的时髦建筑形象。尽管从那个时代开始建筑设备系统的成本就在不断提升，其技术到如今却变得不可见了。它不再是一个帮助建筑与外部进行通风的有机组织，而是整栋建筑都成了彻底被机械化的机器人。在虚假的实体与其使用者之间，形成了一种错乱的关系，这种关系不容违背，导致与现实的分离，并阻止了交流互动。内部和外部、人和机器泾渭分明。

其势所趋

玻璃、金属和塑料这类不渗透的材料，如果能使用得巧妙周到，也可能成为建筑在空间意义上的交互性元素。这些材料用于机械可调控的部件时，允许建成结构体的多孔性发生变化。如果居住者可以用自己的力量来操纵这些部件，就好比操作车窗和车门一样，那么居住者自己就可以成为建筑的渗透化系统的一部分。他们可以根据自身的舒适或不适感来手动调节建筑围护结构的多孔性。得益于这样的接触，一种无言的物质交流在人类与建筑之间发生。

一座建筑中，若材料的多孔性和空间结构的可变性能相互补充，则可以适当地、明显地恢复人与建筑之间理智与情感的统一[⑦]。建筑可以再次变得可被触及、富有情感。它可以记录痕迹，积淀历史。人类可以“被包覆在空间里”，成为建筑不可分割的一部分，同时保持自主。由于空间结构易于理解，这样一个多孔的建筑可以发展出一种平和的实质，使其可接近、可沟通。建筑、居住者和环境之间，不再是紧张关系，而可能存在一种共生平衡。建筑会变得宁静，“仿佛这空间本身……甚至都并未察觉我的在场：这儿本身已经有它的场所存在了。我所在说的大概就是空间的无声。”[⑧]

⑦ 迪特玛·埃伯勒在位于奥地利卢思特瑙的“2226”项目中，对无需设备系统的多孔性建筑的品质进行了探索。他与约翰·哈布拉肯所倡导的“开放建筑”理论基于建筑空间上灵活、多层的想法，可以认为这类建筑是在结构上具有多孔性的。

⑧ Duras, p. 14.

材料 (Material) 德语表述为"stoff"，源自法语"étoffe"，即纺织物、布料、物料。与拉丁语"stuppare"相关，即用棉布堵住缺口、缝补破洞。如今表示织物、布料、内容等意义。材料的意义是对立于精神、智识的，指向物质、具体、可感知的。材料呈现多种多样的集合体形态，有纯净的也有混合的，并且处于一种变化的状态。在德语中，"Stoffwechsel"一词的字面意思是"材料变化"，意味着新陈代谢，这是人类生活中的一个基本过程。森佩尔将其解释为文化意义：文化意义上的技术通过织物的编织、缠结和捆系而被创造出来，这在石建筑的装饰中重新浮现。

表面 (Surface) 包裹某一体积的薄层；内和外之间的分割层或边界层。从抽象的数学意义上来说，表面仅限于二维，但是，物的表面实际上有不同厚度，并为之赋予了一种触觉可感知的维度。玻璃的表面没有体积感，而蓬松的羊毛有更多的体积感。这种特性与内容物的特性可能有差异；因此，表面被认为是表象性的、有迷惑性的。粗粝、多孔的表面（如粗糙的木头）往往给人一种更可靠、更真实的印象。

自然 (Nature) 源于拉丁语"nasci"：起源，诞生。"自然"是一个复杂的、动态的结构；这个词既可用来表示整个宇宙，也可用来表示某一事物的实质、本质。对柏拉图来说，它是浑然一体的宇宙，对亚里士多德来说，则是观察的对象。而后者也是当代科学的立足点。人类连同其文化是自然的对应物。生态学反映了两者的关系，不是对立的关系，而是开放的、敏感的相互作用。在建构主义理论中，自然只不过是一种建构。

锈 (Patina) 源于意大利语"patina"：薄层。由于老化而导致的表面外观的变化。它是物件年代的一种表征，有些情况下是令人困扰的（如油画氧化变黄），有些情况下是令人赞许的（青铜雕塑的锈泽）。除了美学和材料方面的因素外，锈蚀还能创造一个保护层，因此这种属性有时被人们加以利用（铜的绿锈、铁的铁衣，或铝的致密氧化膜）。

光 (Light) 歌德认为，发光的不是光本身，而是被照亮者。勒·柯布西耶的看法印证了这一点，他将建筑定义为"体量置于光中所产生的精巧、得体、华丽的相互作用"。当光波遇到物体时，会因表面的不同而发出不同的光芒。光在与阴影的相互作用中产生了雕塑性。一个表面"吞噬"的光线越多，使阴影部分可见，体量就越有雕塑感；表面反射的光线越多，就越显得无形。

多孔性 (Porosity) 源于法语“poreux”：可渗透的，海绵状的，多孔的。表示材料的空隙与总体积的比率。从技术视角来看，高孔隙率对于绝缘材料是非常重要的。多孔材料摸起来有温暖的感觉，因为其中密布的气囊会减少触摸时的体温传导。从视觉上而言，孔隙会“吞噬”，使材料显得厚重。由于孔隙往往是侵蚀的结果，所以多孔性也隐含着一个时间维度。这样的材料“吞噬”并储存着能量、时间和记忆。

氛围 (Atmosphere) 在一个特定的地点和特定的时间，感官（外在）与心智（内在）印象的协调。在《空间的诗学》（*The Poetics of Space*）中，加斯东·巴什拉的观察围绕着内部和外部的辩证关系，这种相互作用既没有明确表象也没有明确界限。诗意的空间在为空间注入内在的生命的过程中扩展了客观的空间。当两者接近和谐时，其结果是一种被体验的和谐氛围。这对建筑的意义越来越大，表现为对于空间氛围的认知。

感官 (Senses) 感官是我们得以获悉世界的媒介。亚里士多德将其界定为视觉、听觉、嗅觉、味觉和触觉五种。如今，神经科学家们在此基础上增加了其他几项：平衡感、疼痛感和内部感受等。以手部为例可知，触觉和动觉、被动和主动等不同感官总是一起作用。感官创造空间（Edward T. Hall）。触觉带来了听觉和视觉之外的东西，焦点视觉带来了与边缘视觉不同的东西。在我们的文化中，对视觉的偏爱导致对其他感官的忽视；感官丰富性的削减，意味着失去了世界的一部分。

感知 (Perception) 感知扩展了印象，在智力和感官的互动中创造了一些真实的东西。对歌德来说，思想和身体及感知器官是相互影响的。对他来说，认识是一个持续的过程，在这个过程中，看见导致观察，观察导致反思，反思导致多种组合——这意味着每一次专注的观察都能产生一种理论。反之它又对感官的印象进行排序和评估——换句话说，人们看见的是自己所知的东西。

材料性

物的材料性会引发对感观属性的深入体验。对于身体和建筑的空间都是如此。物理空间的靠近对应于身体的亲密，之于氛围是一种前提条件。由此我们可以推断，私有空间具有特殊优势地位。相比之下，城市环境中的建筑则体现一种更为疏远的氛围。由此，我们得出建筑材料性和室内材料性的区别。前者与场所的永久性相联系，而后者则与使用者不断变化的需求同步。

城市层面

学习有关材料及其特点、加工和应用的实质性知识。

成果要求

项目工作以两人小组合作的方式完成。须提交关于所选择的地面、墙体、天花板和可拆卸部分的材料：

— 记录材料纹理的照片一张
— 记录材料运用和处理情况的参考图片一张

— 材料的技术描述，要求如下：
— 材料 / 物质的描述
— 相关的材料特征，如尺寸（最小 / 最大尺寸、强度等）、所需的接缝、加工类型、使用的可能性、表面的属性、维护等等

— 所需施工类型的描述
— 用作地板、墙体和天花板的相关结构值，包括材料的保温（密度、导热性、蓄热能力）和消防安全（防火指数）方面。

要求
— 材料档案

目标

了解材料和物质的特性，以及加工和利用的可能性。

8

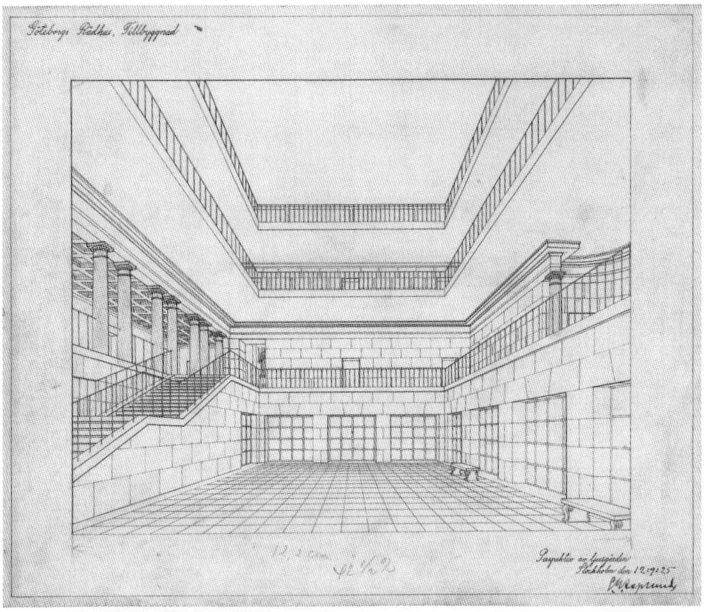

哥德堡法院扩建，建筑师贡纳·莉莲，光井透视图，1925

建筑、设计、收藏中心
ARK M, 1990

哥德堡法院扩建

© Krister Engström

内部模型
Jakob Junghanss
Fabian Kuonen
15 AS

建筑层面

前期任务中的一组房间将被细致深化。选择房间的顺序、比例和特征，并选择足够的材料。模型将作为创造设计的真实形象和验证空间现象的一个不可替代的方式。特别是可以用模型来研究光影和空间印象。

成果要求

项目工作以两人小组合作的方式完成。必须提交以下资料：

- 这组房间的平面图和剖面图，特别关注内部和外部的关系 1:500。
- 模型，1:20 或 1:33，包含材料表达
- 三张室内照片，重点放在光、材料和表面肌理上（模型照片，不可用效果图代替）。
- 对概念的文字描述，并说明材料选择的理由。

要求

— 手工制作笔记本 I–IV

目标

了解材料、表面、工艺和入射光线对房间氛围的影响。室内气候环境也必须加以考虑。协调性和舒适性是至关重要的标准。

阿道夫·路斯，卡马别墅
克拉伦斯，1903—1906
雨果·埃利希设计，1912，
卧室

© Roberto Schezen / Esto

8

Lucio Crignola
Maximilian Fritz
2014 ss

Noël Frozza
Thierry Vuattoux
2016 ss

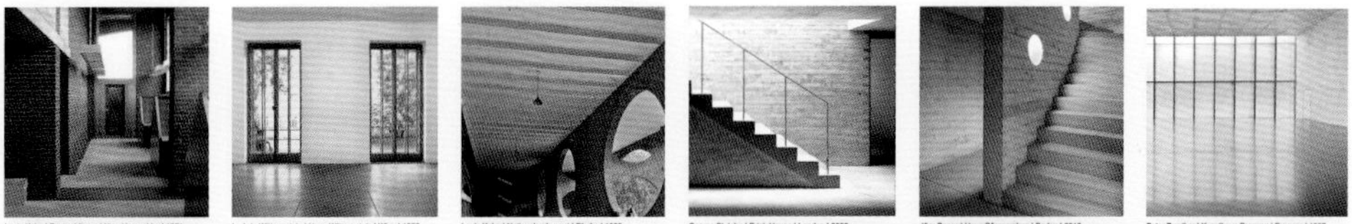

Louis Kahn | Exeter Library | New Hampshire | 1971

Ludwig Wittgenstein | Haus Wittgenstein | Wien | 1928

Louis Kahn | Nationalparlament | Dhaka | 1983

Caruso St John | Brick House | London | 2005

Jörg Boner | Haus Bärengraben | Baden | 2015

Peter Zumthor | Kunsthaus Bregenz | Bregenz | 1997

Backstein

Wand 1: Backstein Blockverband (6 Läufer, 1 Binderschicht)

Materialeigenschaften
Backstein ist ein keramisches Bauprodukt, dass bis zur Sinterung gebrannt wird. Hauptbestandteile ungebrannter Backstein-Rohmischungen sind natürliche Tonminerale. Die Haupteigenschaften des gebrannten Klinkersteins dessen Frost- und Witterungsbeständigkeit und geringe Wasseraufnahme. Je nach Beimischungen kann die Farbe zwischen Rot, Gelb, Weiss, Grau und Schwarz variieren. Der Backstein ist ein in Form gebrachtes und gebranntes Bauprodukt und muss nicht mehr bearbeitet werden.

Verarbeitung/Oberflächenqualität
Die Oberfläche des Backsteines wird nicht bearbeitet und bleibt unberührt. Die einzelnen Steine werden mit einer Mörtelfuge verbunden und zu einer Mauer aufgeschichtet. Der Verband der gewählt wird bestimmt die Stärke und Festigkeit der Mauer massgeblich und Fugenfarbe und Fugenausbildung beeinflussen den Charakter der Wandfläche massgeblich.

Arbeitsgattung
Maurerarbeiten

Bauphysikalische Kennwerte

Rohdichte	2100 kg/m3
Wärmeleitfähigkeit	1.2 W/mK
Wärmespeicherkapazität	0.9 kJ/kg K
Brandkennziffer	6

Kunststein gegossen

Boden 1: Terazzo Platten, gegossen

Materialeigenschaften
Kunststein ist ein Betonerzeugnis, das äusserlich nicht als Beton erscheint, sondern mit eigenen charakteristischen Gepräge in Struktur und Farbe Naturstein gleicht. Das Entfernen der Zementhaut und die Bearbeitung der Oberfläche lässt das typische Abbild der Schalung verschwinden. Die Zusammensetzung und Eigenschaften sind dem Beton sehr ähnlich, wichtigster Unterschied sind die Oberfläche sowie Zuschalgsstoffe und Bindemittel.

Verarbeitung/Oberflächenqualität
Kunststeinplatten werden im Industrieverfahren vorgefertigt und auf die Baustelle geliefert. Die Plattengrösse und Stärke kann nach Belieben ausgwählt werden. Somit kann eine sehr hohe Qualität erreicht werden. Die Oberfläche kann durch verschiedene Schalungsmöglichkeiten sehr fein und homogen gefertigt werden.

Arbeitsgattung
Maurerarbeiten

Bauphysikalische Kennwerte

Rohdichte	2600kg/m3
Wärmeleitfähigkeit	2 W/mK
Wärmespeicherkapazität	2.5kJ/kg K
Brandkennziffer	6

Sichtbeton

Decke 1: Ortbeton, Portlandzement

Materialeigenschaften
Beton ist ein zahflüssiges Gemenge, das durch die chemische Reaktion von Zement, Wasser, Zuschlagsstoffen und Zusatzstoffen innerhalb einer Schalung zu einem steinartigen Material erstarrt. Der Anteil der Zuschlagsstoffe beträgt 80% der Masse und gibt dem Beton seine Druckfestigkeit. Beton wird vorwiegend für Bauteile mit statischer Beanspruchung, meist mit Eisenstäben bewehrt, sogenannter Stahlbeton. Der Stahl gleicht dabei die schlechte Zugfestigkeit des unbewehrten Betons aus.

Verarbeitung/Oberflächenqualität
Die Decke ist eine Ortbetonkonstruktion mit einem Traggerüst, weiches die Schalungstafeln abstützt. Die Decke wird armiert und in Etappen gegossen. Nach dem Erhärten des Betons wird die Schalung entfernt und die Oberflächenstruktur zeigt sich als Abbild der Schalung. Der Beton wird nicht weiter berarbeitet und kriegt seine endgültige Farbe und Festigkeit nach 28 Tagen.

Arbeitsgattung
Maurerarbeiten

Bauphysikalische Kennwerte

Rohdichte	2400kg/m3
Wärmeleitfähigkeit	1.8W/mK
Wärmespeicherkapazität	1.1kJ/kg K
Brandkennziffer	5.3
Druckfestigkeit	42.5 - 62.5 N/mm2

Stahl

Geländer: Stahl patiniert

Materialeigenschaften
Stahl ist eine metallische Legierung, deren Hauptbestandteil aus Eisen besteht und mit den zusätzlichen Elementen Chrom, Aluminium und Silizium. Durch die gezielte Zugabe von Legierungselementen können die Eigenschaften auf einen grossen Anwendungsbereich angepasst werden. Stahl wird oft im Bauwesen eingesetzt, da er sich durch eine grosse Form und Dimensionsstabilität auszeichnet und extrem hohe Belastungen aushält.

Verarbeitung/Oberflächenqualität
Das Eisen wird mit den anderen metallischen Elementen im Ofen geschmolzen zu Stahl. Er zeichnet sich durch glänzende Oberfläche aus. Der Stahl wird mit einer schwarzen Patina bestrichen. Es erhöht die Wetterbeständigkeit und erlaubt eine rostfreie, farbige Oberfläche zu haben.

Arbeitsgattung
Metallbauarbeiten

Bauphysikalische Kennwerte

Rohdichte	7800kg/m3
Wärmeleitfähigkeit	53W/mK
Wärmespeicherkapazität	0.9 kJ/kg K
Brandkennziffer	6

Sichtbeton | Bretterschalung

Wand 2: Ortbeton, Portlandzement (Normo 4)

Materialeigenschaften
Beton ist ein zahflüssiges Gemenge, das durch die chemische Reaktion von Zement, Wasser, Zuschlagsstoffen und Zusatzstoffen innerhalb einer Schalung zu einem steinartigen Material erstarrt. Der Anteil der Zuschlagsstoffe beträgt 80% der Masse und gibt dem Beton seine Druckfestigkeit. Beton wird vorwiegend für Bauteile mit statischer Beanspruchung, meist mit Eisenstäben bewehrt, sogenannter Stahlbeton. Der Stahl gleicht dabei die schlechte Zugfestigkeit des unbewehrten Betons aus.

Verarbeitung/Oberflächenqualität
Die Wände werden vor Ort mit hölzernen Schalungsbrettern geschalt, die Armierung eingelegt und in Etappen gegossen. Die Maserung des Holzes zeigt sich als Abbild der Schalung an der Oberfläche der Zementhaut. Die Leuchten werden als positive Form in die Schalung eingelegt, sodass die Öffnungen nach dem Ausschalen ein Teil der Architektur sind und keine zusätzlichen Elemente benötigt werden.

Arbeitsgattung
Maurerarbeiten

Bauphysikalische Kennwerte

Rohdichte	2400kg/m3
Wärmeleitfähigkeit	1.8W/mK
Wärmespeicherkapazität	1.1kJ/kg K
Brandkennziffer	5.3
Druckfestigkeit	42.5 - 62.5 N/mm2

Hartbeton

Boden 2: Hartbetonbelag

Materialeigenschaften
Beton ist ein zahflüssiges Gemenge, das durch die chemische Reaktion von Zement, Wasser, Zuschlagsstoffen und Zusatzstoffen innerhalb einer Schalung zu einem steinartigen Material erstarrt. Der Anteil der Zuschlagsstoffe beträgt 80% der Masse und gibt dem Beton seine Druckfestigkeit. Beton wird vorwiegend für Bauteile mit statischer Beanspruchung, meist mit Eisenstäben bewehrt, sogenannter Stahlbeton. Der Stahl gleicht dabei die schlechte Zugfestigkeit des unbewehrten Betons aus.

Verarbeitung/Oberflächenqualität
Bei der Verarbeitung von Hartbetonbelägen werden auf der Baustelle verschiedene Zuschlagsstoffe beigegeben. Während des Einbaus wird die Hartbetonmasse maschinell verdichtet und geglättet. Dadruch entsteht eine homogene fugenlose Oberfläche.

Arbeitsgattung
Maurerarbeiten

Bauphysikalische Kennwerte

Rohdichte	2400kg/m3
Wärmeleitfähigkeit	1.8W/mK
Wärmespeicherkapazität	1.1kJ/kg K
Brandkennziffer	5.3
Druckfestigkeit	42.5 - 62.5 N/mm2

Timothy Allen
Okan Tan
2016 ss

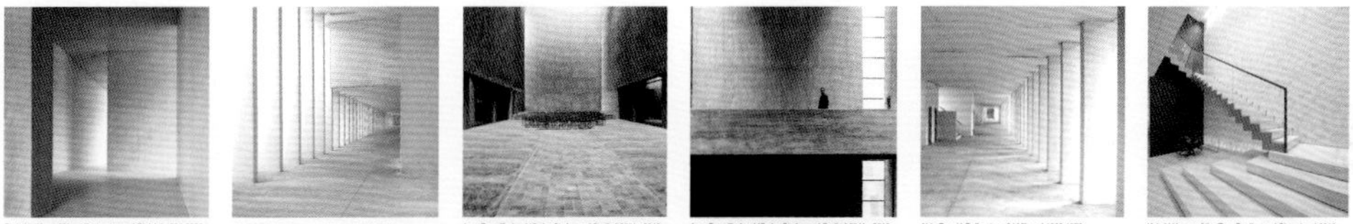

Christian Kerez | Haus Fosterstrasse | Zürich | 1998-2003

Aldo Rossi | Gallaratese 2 | Milano | 1968-1973

Arno Brandlhuber | Kirche St. Agnes | Berlin | 2011 - 2013

Arno Brandlhuber | Kirche St. Agnes | Berlin | 2011 - 2013

Aldo Rossi | Gallaratese 2 | Milano | 1968-1973

Kokai | House of the Tree Penthouse | Shenzhen | 2012

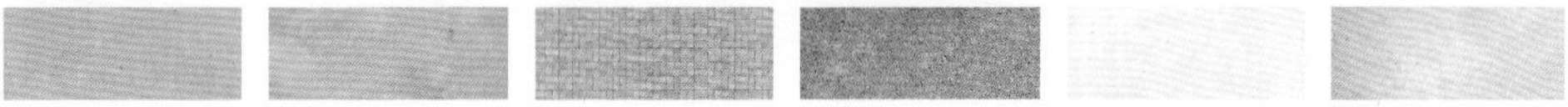

Sichtbeton

Decke / Wand: Ortbeton, Portlandzement

Materialeigenschaften
Beton wird durch Mischung von Zuschlagstoffen, Zusatzmitteln, Zuschlag, Zement und Wasser hergestellt. Dabei beträgt der Anteil des Zuschlages rund 80% der Masse aus.
Der Beton nimmt die Druckkräfte auf, die Zugkräfte werden durch die Stahlbewehrung aufgenommen.

Verarbeitung/Oberflächenqualität
Die zu Betonierenden Bauteile werden vor Ort mit grossflächigen hölzernen Schalungstafeln geschalt, die Armierung eingelegt und in Etappen gegossen.
Nach dem Ausschalen wird die Oberfläche vom Schalungsabdruck befreit.

Arbeitsgattung
Baumeisterarbeiten

Bauphysikalische Kennwerte

Rohdichte	2400kg/m3
Wärmeleitfähigkeit	1.8W/mK
Wärmespeicherkapazität	1.1kJ/kg K
Brandkennziffer	6
Druckfestigkeit	40 - 60 N/mm2

Betonbodenbelag

Boden 1: Ortbeton, Rohbelag

Materialeigenschaften
Bodenbelag aus Zement, Zuschlägen, Hartstoffen, Wasser, gegebenenfalls unter Beigabe von Zusätzen.
Betonböden sind für leichte bis schwere Beanspruchungen geeignet. Sie sind wasserfest und weisen eine mittlere bis hohe Abrieb- und Schlagfestigkeit
auf und sind nicht beständig gegen Säuren.

Verarbeitung/Oberflächenqualität
Bei der Verarbeitung von Hartbetonbelägen werden auf der Baustelle verschiedene Zuschlagstoffe beigegeben.
Während des Einbaus wird die Hartbetonmasse maschinell verdichtet und die Oberfläche geglättet.
Dadurch entsteht eine homogene, fugenlose, leicht glänzende Oberfläche.

Arbeitsgattung
Baumeisterarbeiten

Bauphysikalische Kennwerte

Rohdichte	2600kg/m3
Wärmeleitfähigkeit	1.6W/mK
Wärmespeicherkapazität	1.1kJ/kg K
Brandkennziffer	6
Druckfestigkeit	80 N/mm2

Klinkerfliesen

Boden 2: Steinzeugfliesen (Klinker)

Materialeigenschaften
Es handelt sich um ein vollkommen durchgesintertes und sehr kompaktes Produkt, dessen wesentliches Merkmal seine extrem niedrige Porosität mit einer Wasseraufnahme von < 0,5 % ist. Auf Grund der sehr geringen Wasseraufnahme ist Feinsteinzeug frostbeständig.

Verarbeitung/Oberflächenqualität
Unglasiertes Feinsteinzeug hat eine sehr gute Abriebbeständigkeit und eine hohe Bruchfestigkeit. Dadurch ist es hervorragend geeignet für Flächen mit intensiver Nutzung. Durch unterschiedlich gefärbte Keramikpulver oder durch lösliche Salze erhalten die Steine eine differenzierte Oberfläche.

Arbeitsgattung
Belagsarbeiten

Bauphysikalische Kennwerte

Rohdichte	2400kg/m3
Wärmeleitfähigkeit	4.8W/mK
Wärmespeicherkapazität	1.2kJ/kg K
Brandkennziffer	6
Druckfestigkeit	20 N/mm2

Beton sandgestrahlt

Treppe / Galerie: Ortbeton sandgestrahlt

Materialeigenschaften
Ein Gemisch aus Kies, Sand, Zement und Wasser. Um bestimmte Eigenschaften zu erreichen, werden je nach Anwendungsbereich Zusatzmittel (Verflüssiger, Luftporenbildner oder Verzögerer) sowie Farbstoffe hinzugefügt.

Verarbeitung/Oberflächenqualität
homegene, aufgeraute Oberfläche, Strapazierfähiger Beton.
Betonprodukte können oberflächlich Poren oder auch Haarrisse aufweisen. Die ausgehärteten Betonprodukte werden mit feinen Stahlkugeln (1 bis 2 mm), die mit enormer Geschwindigkeit gegen die Oberfläche geschleudert werden, aufgerauht. Die Zementhaut wird abgetragen, und die Zuschlagkörner treten hervor.

Arbeitsgattung
Oberflächenbehandlungsarbeiten

Bauphysikalische Kennwerte

Rohdichte	2400kg/m3
Wärmeleitfähigkeit	1.8W/mK
Wärmespeicherkapazität	1.1kJ/kg K
Brandkennziffer	6
Druckfestigkeit	40 - 60 N/mm2

Kalkputz

Stützen: Betonstützen mit Kalkverputz

Materialeigenschaften
Durch ihre hohe kapillare Leitfähigkeit und ihre unübertroffenen Diffusionseigenschaften können Kalkputze Luftfeuchtigkeit aufnehmen, zwischenspeichern und bei Bedarf wieder abgeben. Das verbessert spürbar das Raumklima.

Verarbeitung/Oberflächenqualität
Kalkputz wird zweilagig aufgebracht. Er ist kein Dünnputz und sollte mindestens 10mm dick sein. Der Deckputz als feinste Schicht versiegelt sozusagen den Grundputz und bestimmt durch seine Farbigkeit und Struktur das Aussehen der fertigen Wand.

Arbeitsgattung
Oberflächenbehandlungsarbeiten

Bauphysikalische Kennwerte

Rohdichte	1800kg/m3
Wärmeleitfähigkeit	0.8W/mK
Trockenrohdichte	1,3 kg/dm3
Diffusionswiderstandszahl	10

Sandstein

Treppenstufen: Sandsteinplatten überlappend

Materialeigenschaften
Sandstein ist ein klastisches Sedimentgestein mit einem Anteil von mindestens 50 % Sandkörnern. Die Sandkörner sind per Eigendefinition zwischen 0,063 und 2 mm groß und bestehen aus verschiedenen Mineralen, meistens jedoch aus Quarz. Sandstein ist relativ resistent gegen chemische Verwitterung.

Verarbeitung/Oberflächenqualität
homogene Oberfläche.
Sandsteine sind relativ weich und lassen sich leicht verarbeiten, besonders gleich nach der Gewinnung im noch bergfeuchten Zustand. Trocknen die Sandsteine, so steigt ihre Festigkeit an. Aufgrund ihrer Vielseitigkeit hinsichtlich Farbe und Härte werden Sandsteine seit Jahrhunderten als Bau-, Schleif- oder Schmuckmaterial verwendet.

Arbeitsgattung
Ausbauarbeiten

Bauphysikalische Kennwerte

Rohdichte	2500kg/m3
Wärmeleitfähigkeit	4.7W/mK
Wärmespeicherkapazität	1.2kJ/kg K
Brandkennziffer	6
Druckfestigkeit	38 - 109 N/mm2
Biegezugfestigkeit	6 N/mm2

Marc Hunziker
Katarina Savic
2015 ss

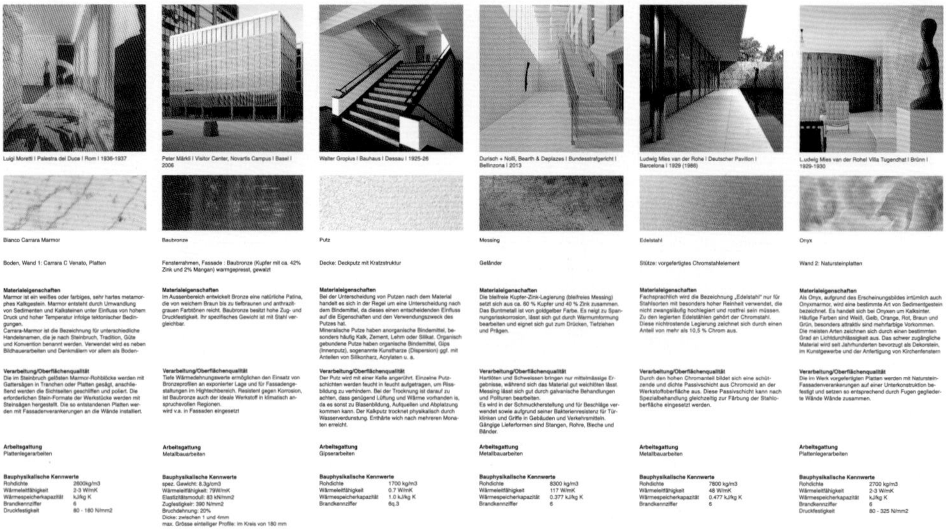

8

Robin Schlumpf
Daniel Zieliński
2016 ss

Alana Elayashy
Christian Szalay
2016 ss

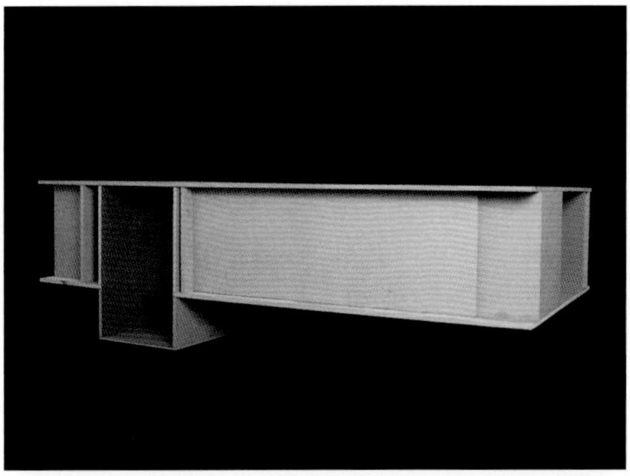

Sohpie Ballweg
Philipp Bleuel
2017 ss

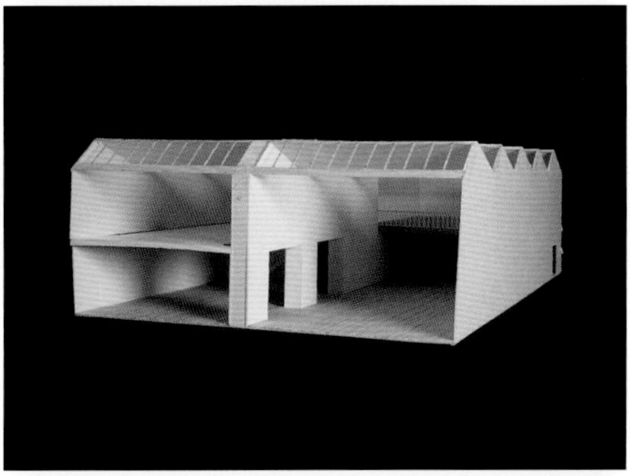

Mara Huber
Beatrice Kiser
2017 ss

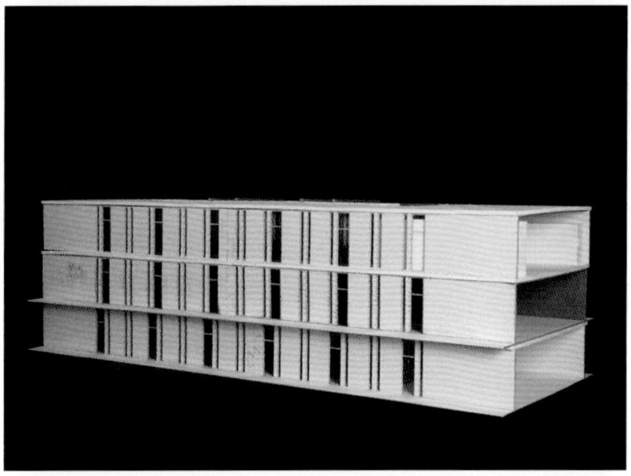

Rémy Carron
Samuel Dayer
2017 ss

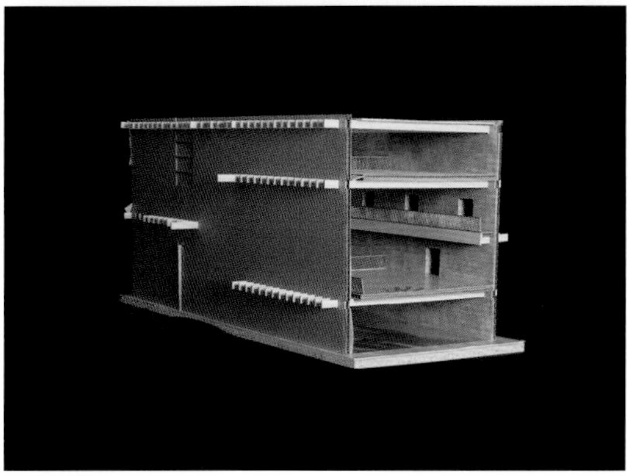

Maximilian Dietschi
Marius Mildner
2017 ss

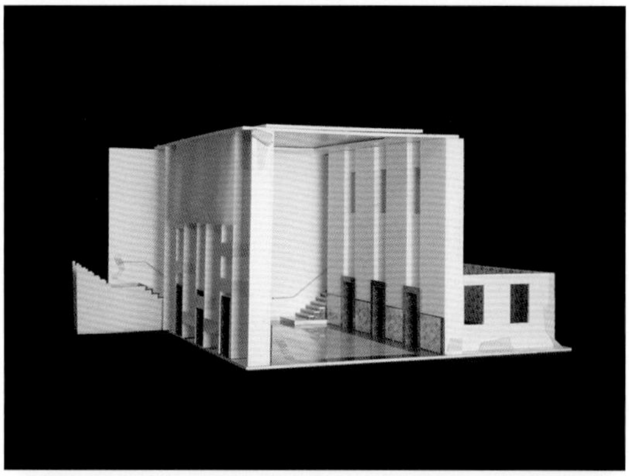

Nicola Merz
Vincent Prenner
2017 ss

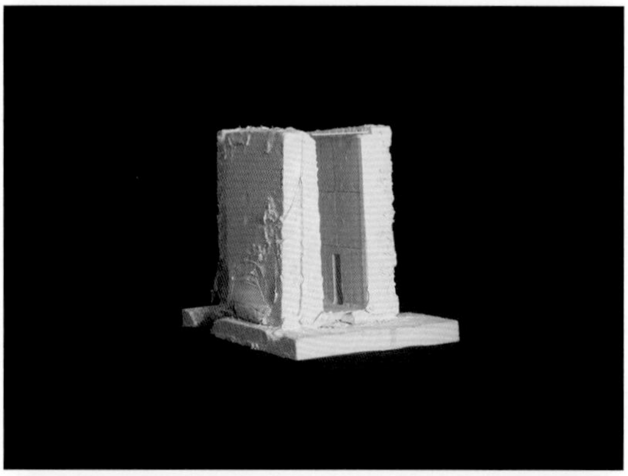

Louis Strologo
Darius Tabatabay
2017 ss

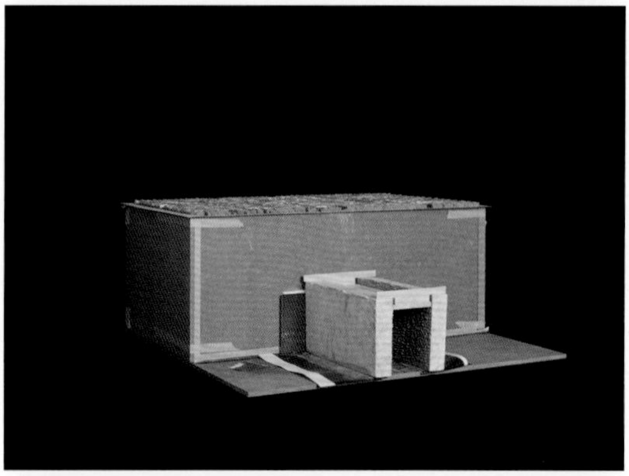

Larissa Strub
Lucie Vauthey
2017 ss

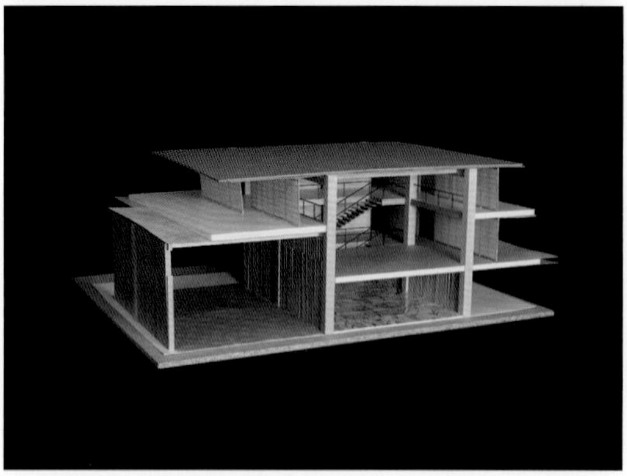

Marko Mrcarica
Li Andrew Xingjian
2017 ss

Mario Sommer
Andrea Zarn
2010 ss

Claudio Arpagaus
Valentin Buchwalder
2012 ss

Mira Elsohn
Maximilian Fink
2012 ss

Timon Ritscher
Louis Thomet
2012 ss

Elena Pilotto
Lino Saam
2012 ss

Raphael Disler
Benjamin Graber
2013 ss

Eva Müller
Nina Stauffer
2014 ss

Marc Hunziker
Katarina Savic
2015 ss

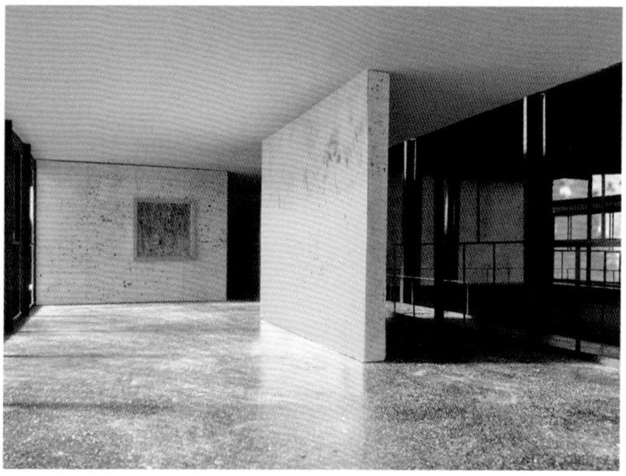

Alcide Bähler
Timon Dönz
2015 ss

Joos Kündig
Iso Tambornino
2015 ss

Jakob Junghanss
Fabian Kuonen
2015 ss

Mevion Famos
Manon Mottet
2016 ss

Julien Graf
Reto Habermacher
2016 ss

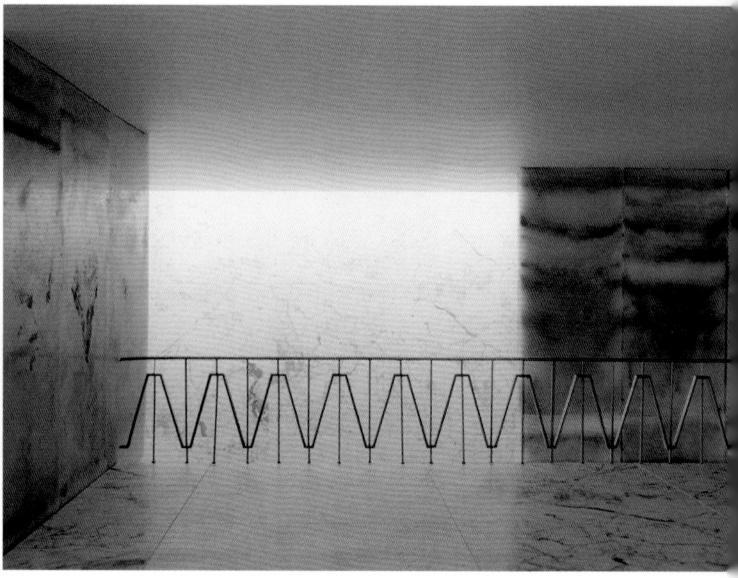

Robin Schlumpf
Daniel Zieliński
2016 ss

Maximilien Durel
Cyrill Hirtz
2016 ss

Kerstin Spiekermann
Nicolas Wild
2016 ss

Pawel Bejm
Fortunat Cavigelli
2017 ss

Rémy Carron
Samuel Dayer
2017 ss

Mara Huber
Beatrice Kiser
2017 ss

Nicola Merz
Vincent Prenner
2017 ss

安德烈亚斯·古尔斯基，科潘，2002，有色印刷，206 cm × 262 cm × 6.2 cm
Courtesy of Sprüth Magers Berleri London

9

场所
结构
表皮
计划
材料

在第九步也是最后一步中，项目达到最高的完成度。从城市状况到建筑物的结构生成，从使用者的选项到使用者的界面，构想的方方面面都被整合为一体——这不仅是组织起来而已，也并非纯粹的创作。因为前者无法真正达到满足复杂性的程度，而后者强调艺术追求甚于履行职责。

根据亚里士多德的定义，“整体”这一概念包含着开始、中间和结束。一座建筑，哪怕它存在于一种具有强大影响效应、可以被广泛理解的时空背景之下，但建造始终发生并终止于一个场所。这就意味着建造区别于完全开放的结构，也就是那些普适于任何事物、任何一处的构架。建造在很大程度上由其发生场所的文化所确立。灵活自由的使用方式应当在这个框架之中得以保留。

整体融合了各个部分、各个步骤，这种方式好比是在创造一种富有意义的人形。阿尔伯蒂对这一问题曾作出经典的界定：“身体各个部分合乎理性而和谐，以至于任何东西一旦增加、减少、替换，都是对它的损害。”（1755）虽说项目是一步一步发展起来的，但每一个单独的步骤都要与其他步骤相互关联。绝对不会有那种好像发展过程并不存在的情况——恰恰相反，每做一步，都要回溯此前的步骤，因为会对其有不同角度的理解，概念就这样变得有深度而丰满。

这样一步步地展开保证了设计和建成物可以具备完整性，而完整性正是好建筑的特征。无论是场所、结构与表皮这些强调建筑永久属性、公共作用的方面，抑或是计划和材料这些强调变化属性、私密部分的方面，对它们之间的区分不再加以辨别。无论如何，将各个部分整合为一体的过程将为设计注入一种品质，为建筑物赋予一些个性。

关于整体这一问题，古典的释义中往往会提到关联性——既在各个部分之间，也在部分与整体之间。合适与平衡是必须要达到的状态，并由此导向一种和谐，体现于韵律与比例。尽管如今古典的准则不再被奉为圭臬，但其中关于整体性的观点仍然存续。20世纪晚期，关联性的重要意义在一种全新的视角下被重新强化，也就是生态学的视角。

在此，同样有必要强调关系的重要性。一切事物都会产生影响；蝴蝶轻轻地一扇翅膀甚至也可能引发灾难海啸；力的作用会引发反力的作用；系统会随着变化而调整；事物是动态的。生态系统具有反身性、不可测性以及动态平衡的特征。

对于社会系统，也可以用同样的方式来描述：一方面，是习俗和社会文化认同的关联；另一方面，是人的行动，行动只在一定程度上可预测并且处于动态的平衡之中。而对于建筑，别无他法，也必须通过这种方式来理解，因为它本身即为动态的行动，而且总是与特定情境有密切关联。当行动在这样的语境中展开，对于自身所维系着的种种关联有所感知时，它才能像谚语中所说的那样，“传递生动的火焰，而非留存已逝的青灰”，动态性体现于传续的建造行为，建成之后的特定形象则是结果。

工作日，礼拜日

迪特玛·埃伯勒

建筑是为我们的人工生活带来秩序的一种力量——其作用的程度正在显著增加。尤其当那些曾经有效的秩序正在快速剧烈的变化中崩塌——比方说我们处理时间的方式。我们早已模糊白天黑夜的界限。然而时间管控所造成的持续力量是惊人的，就好比工作日和礼拜日的划分。那么自然地，我们可以从这一角度来思考建筑的领域。

杜登德语大词典明确指出，工作日（workday）是允许工作的日子；与之相对的概念有劳作日（working day），也就是实际上用于开展工作的日子；还有与之相对的概念是礼拜日和公共假日，也就是不被允许工作的时间。这使得非工作日超越了大部分庸常的日子,而工作日只是“与平日无异的一天”。早期的词典将这平常的一天定义为“日常生活，平常的一天，周中的一天：其反义是礼拜日和假日”。[①]

这是否意味着工作日等同于日常？在许多方面的确都是如此，因为日常里缺少那种能将工作日转为礼拜日的决定性差异。日常就是“一如往常的一天”,整齐划一,平庸无奇。另一方面,工作日充斥着劳动、事务,与礼拜日和假日期间的仪式庆典相互对立。工作日无非上班、下班、休息——这些都是日常生活平平淡淡的组成。礼拜日则是关于教堂、参观博物馆、足球赛这些事——布道、美学和奇观。

① Johann Heinrich Campe: *Wörterbuch der deutschen Sprache,* 1807. Cited in: Klaus Laermann, *Alltags-Zeit*, Course Book 41, Berlin, 1975, p. 88.

关于事务

工作日里人们往往把手弄得很脏，也不为美观做过多防护。不过工作日自有其金科玉律。那些奉行准则而生活的人们都能清楚地意识到。雷纳·沃纳·法斯宾德（Rainer Werner Fassbinder）就是这种工作日人格，据说他认为忙碌即正义。

工作日具有一种存在于世（being-in-the-world）的特性，被时间的流动左右着。工作日意味着做事、创造、制作和运转，也即增长与发展，现实与潜力；工作日具有事件的性质。属于工作日的事，是人们与之互动并为之忧心的那些事。

工作日的事有不同的时间尺度。其中一些服从于直接的消费、直接的获取；另一些，则是长久的事，是为长远而服务的。日复一日地利用人的能力来工作，有赖于财富的经济分配。因此人们往往特别看重坚守和忍耐的品质。在实际的事务中也不难察觉到：工作日里，持续和熟练是把握机会的前提条件。

工作日的发生是与空间中的事物相交互的过程。这里所说的是生活的空间，而非抽象的空间。不是说有一个既存的空间，然后工作日在其中发生。也不是说工作日创造出一个空间——工作日原本就已经是空间的概念。如莫里斯·梅洛庞蒂（Maurice Merleau-Ponty）所言，人的存在是空间的，恰如空间是本质的。生活的空间不是几何的空间。这对建造行为和建筑产生了影响。施马索夫让我们关注到建筑物依附于我们的行为这样一个事实："与建筑物的交互起源于我们的身体，其影响也总是回归于身体。"②

这里所说的并非两个几何体的对峙——我们在此处，建筑物在彼处。无论主动还是被动，我们总会在我们的时间里参与到空间中，而且是"完完全全地（lock, stock, and barrel）"。上述区别体现在德语中"主观意义上的身体"（subjective body，德语：Leib）这一说法，它对立于中性的物或客观意义上的身体。当身体是主观意义上的身体，它连带着所有感官，处在动势中，与其所处环境相关，也关联着自身的前景与过往。"我的身体是一个原物（thing-origin），是供以参照的原点。……是一切空间状态的度量。……我的身体存在之处必然是与其有关的所在"，梅洛庞蒂是这样表述的③。

与境况、周遭以及具身性的沾染（This contamination through circumstance,the environment, and corporeality，原文：durch），以特殊的方式界定了工作日的特征。而另一方面，礼拜日则代表着平和、整洁和精神性。由此可以延伸出一系列的并置关系：

工作日的领域	礼拜日的领域
物	概念
文脉	对象
实践	理论
具体	抽象
进程	结果
惯例	灵感
边界	开放
变体	新创
工艺	设计

② August Schmarsow: *Unser Verhältnis zu den Bildenden Künsten. Sechs Vorträge Über Kunst und Erziehung.* Teubner, Leipzig, 1903, p. 105.

③ Maurice Merleau-Ponty, *Vorlesungen.* Cited in: Stephan Günzel, *Maurice Merlau-Ponty, Werk und Wirkung,* Vienna 2007, p. 69.

工作日被贬为沉闷、多艰、平凡与单调。反之，礼拜日引着漫步者“从灰色的城墙……向着太阳，向着自由”。礼拜日布道后萦绕的轻柔余音在人们心中的地位远远高于“日常的拙劣闲话”（Gotthold Lessing）。不过亨利·列斐伏尔（Henri Lefebvre）对此进行了反驳：这世界呈现着“一种隐藏在日常生活的平庸表象之中的力量，一种在寻常之中却异乎寻常的存在”④。

④ Henri Lefebvre: *Everyday Life in the Modern World*. Cited in: Ben Highmore: *Das Alltägliche bewohnen*, in: *Daidalos 75*, Berlin 1999, p. 40.

由工作日所组成的世界占据了我们大量的时间。就建筑业而言，有95% 的建筑是用于工作日的，剩余的少数才用于礼拜日。对这一状况的错误估计，难免造成人们通常是在礼拜日才更活跃的印象，但这其实是种误解。

特征

工作日处理的事是生活必须之事。它导向的是工作、再生产、交换、消费、消遣。这些事都是实实在在的，发生在具体的地方，由怀抱目标的人们执行着。在列斐伏尔看来，工作日支配着“自我、床、卧室、居所、住房。……它包含着激情、行动以及生活场景的重心，故而直接暗示着时间。它可以通过许许多多不同方式来限定：它可能是指向性的、情境性的或关系性的，因为它本质上是质性的、流变的和能动的。”⑤与礼拜日那些显要物和纪念物相对的是，工作日总是受到诸多因素影响。当中起决定性作用的并非既定的规约，而是具体的事物。尼采曾说，“在万物之上高悬着偶然之天空、清白之天空、意外之天空、骄纵之天空”⑥。工作日是具体的、偶然的、放浪形骸的。

⑤ Henri Lefebvre: *The Production of Space*, Oxford / Cambridge, 1991, p. 42.

⑥ Friedrich Nietzsche: *Also sprach Zarathustra*, Munich, 1967, p. 166.

礼拜日为布道、真理和美而留出。它具有抽象、权威、整洁和完美的特点，这与它偏重概念性这一特征相符。虽然基于因果进行合理推断的条理性主导着人们的理性思考，工作日的特征则是在不明说的、先于意识的惯习与意志的本能行为之间所进行的反复交替。法国社会学者米歇尔·德·塞托（Michel de Certeau）觉察这个世界具有一种无政府主义的潜力。他清楚地知道“细微的、独特的以及种类繁多的伎俩……已成为某种不起眼的创造乃至日常惯例的，通过操作不可见但固定的手法而达成的非法行为……微弱的工具性，简短的纪律清单，小却不会出错的流水线机床……”⑦。

⑦ Michel de Certeau: *Praktiken im Raum*, Paris, 1980. Cited in: Jörg Dünne und Stephan Günzel: *Raumtheorie*, Berlin, 2006.

精神病学家伍尔夫冈·布兰肯堡（Wolfgang Blankenburg）认为这些所谓“小却不会出错的流水线机床”对于顺利生活至关重要；人不可

能在每一次行动中都进行周全的思考，而必然要依赖惯习：“本能的自我理解和自足（自立），彼此之间是辨证相关的。自立者的自决（self-determination）跳脱于茫茫事件之海中那些‘凭借自身’发生、而且只能将其理解‘为其自身’的事件，却仍旧延续着与它的关联。自知（self-awareness）和自立之间存在着对等的关系。自立建立在自明（self-evident）的基础之上，同时也使之变为否定命题。”[8]

工作日的时间也是建立在相似的基础之上：具体的、被经历的时间，特定的某一种时间（如日常琐事）、时刻、时间段。它与特定领域的活动锚固在一起，提供指向性，为恒定长远而计；它独立自足，有始有终。这种时间关联着生计与技艺并维持着效用。与之相反的是在各方面都被冻结住的那种时间：被碎片化为极小的相同单元，是无特征的、可数的、线性的、单调的、机械打卡的时间——而这些特征统统都是为了与那些墨守成规、界限分明的新机制（new mechanisms）达成同步的先决条件。

[8] Wolfgang Blankenburg: *Der Verlust der natürlichen Selbstverständlichkeit*, Berlin, 2012, p. 124.

场所

这就是现代主义的充满算计的时间，如同现代主义的空间一样，无边无尽。而相反的，工作日的时间与空间则触手可及（译者注：海德格尔的理论中这个词有时被翻译为“在手”）。海德格尔主张我们所处的物质世界，由人和人的行为塑造，是此处，是“存在”，其特点是要与物打交道：“‘在手’的存在者向来各有不同的切近，这个近不能由衡量距离来确定。这个近由寻视‘有所计较的’操作与使用得到调节。……周边环境的有效性不在于一个不变的观察者脱离于现象存在的理所当然，而是对于日常生活中存在的细致关照。”[9]（译者注：翻译参考了《存在与时间》中译本，生活·读书·新知三联书店，第二十二、二十三节。）

[9] Martin Heidegger: *Sein und Zeit*, Tübingen, 1963, p. 102, 106.

触手可及的，是我们要与之打交道的“物”，也是我们要为之寻视、烦忙的。“物”形成场所，正如海德格尔在他启发了建筑师的讲义《筑，居，思》（1954）中通过一座桥的例子所阐释的：“桥是一物——而且是作为对四重整体（译者注：指“天、地、神、人”）的聚集。……桥‘轻松而有力地’飞架于河流之上。它不只是把已经现成的河岸连接起来了。在桥的横越中，河岸才作为河岸而出现。桥特别地让河岸相互贯通。通过桥，河岸的一方与另一方相互对峙。……始终而且各不相同地，桥来回伴送着或缓或急的人们的道路。”[10]场所之营造，空间之形成，都是通过桥这样的物来实现的。

[10] Martin Heidegger: *Poetry, Language, Thought*, translated by Albert Hofstadter, Harper Colophon Books, New York, 1971, p. 6.

物与场所之间的相互作用是根本的，所以理所当然地要从中寻找设计的明确起点。为达成这一目标，设计必须对环境进行保存。斯堪的纳维亚建筑有这样一种对文脉的直觉，正如丹麦建筑师凯·菲斯克（Kay Fisker）所说："人、对房子的使用、时间的消磨，是这些将魅力赋予了平凡的住宅，应该由这些因素来引导我们。我们必须给普通平凡的住宅以应有的尊重。那些巨石般孤立的标志性建筑，如果周围都是些丑陋不堪的景观，它们自身也将无处置放。建筑的环境必须有序，这是首要的事情。"[11]

⑪ Kay Fisker: *Persondyrkelse eller anonymitet*. In *Arkitekten 26* (1964). Cited in: Erik Nygaard: "Kay Fisker und die funktionale Tradition". In: *Die Architektur, die Tradition und der Ort*, Vittorio M. Lampugnani (ed.), Stuttgart/Munich, 2000, p. 193.

结构

对任何建筑而言，是结构为之构成了背景，如同本当自明的事物构成了其自发性的背景，也如同场所和文脉构成了单体建筑的背景。在工作日的建筑中，它勾勒出对于实用价值的潜在限制。结构为人及其媒介提供了一种由筑造和开发构成的建造组织，对结构这一概念的外延则是将它理解为可以相互联系形成复杂图形的基本空间架构。

9

在这个概念（译者注：指"结构"）方兴未艾之时，经典现代主义的危机已在眼前，即 1953 年国际现代建筑协会（CIAM）在法国艾克斯的解散以及十次小组（TeamX）的组建。此前几年，坎迪利斯凭借他在

幽灵与城市
乔托（乔托·迪·邦多纳1266-1337），
圣弗朗西斯的传说

Source: Scala Archives, Florence

卡萨布兰卡的住宅项目以及与北非传统聚落相关的另外一些项目，已经引起了人们的注意——他的项目可以视作一种三维的脚手架结构，由使用者的生活填充其间，必须经过人们的改造才算真正完成。结构与填充的这种相互作用在此后不久就成为主要的范式。坎迪利斯的主要捍卫者之一尤那·弗里德曼（Yona Friedman）提出："构成城市的建筑物必须被当作骨架，有待人们根据需要对其进行填充。这些架构具体该如何填充改装由每个居住者自行决定。"[12]

20 世纪 60 年代达成了一种清晰的认识：结构并不仅限于是结构的、空间的。某些情况下，它可以被阐释为社会结构；还有些情况下，可以是临时性的。十次小组的创立者、荷兰结构主义的领军旗手阿尔多·凡·艾克宣称："无论何时、无论何地，人本质上是相同的。人的精神始终不变。不过，人会随着环境的变化以不同的方式发展其精神。现代建筑……已过犹不及，以至于它只关注差异和新生，而无视过往和永恒。"[13]

[12] Yona Friedman: "Die 10 Prinzipien des Raumstadtbaus", lecture Essen 1962. Cited in: Ulrich Conrads: *Programme und Manifeste zur Architektur des 20. Jahrhunderts,* Braunschweig, 1975, p. 176.

[13] Aldo van Eyck: speech at the 1959 CIAM Congress in Otterlo. Cited in: Kenneth Frampton, *Die Architektur der Moderne*, Frankfurt/Vienna, 1995, p. 234.

"外部的内里和内部的外在"，
佛罗伦萨大教堂正面，
伯纳多·巴加泰勒（又名波切蒂，1548–1612）设计

Source: Museo die Opera di Santa Maria del Fiore/Rafaello Benici/Archivi Alinari, Florence

在 1964 年纽约现代艺术博物馆举办的“没有建筑师的建筑”展览及其同名出版物中，鲁道夫斯基写道：“集体的建筑是一种公共艺术，它并非出自少数知识分子或专家，而是由全体人民自发的、连续的活动所构成的，受到普世遗产的支撑，受到普遍经验的影响。……（我们今天才意识到的）此类建筑的美出自一种不寻常的理解力，关乎如何处理实际问题。这些建筑的形式，有的是历经许许多多代而传承下来的，和工具的形式一样，都具有长久不衰的价值。”[14] 从这段话中生发出类型学的观念，多数情况下关乎无名建筑。进一步地发展、深究此类“无名”知识的使命，恰恰是要寄托于工作日的建筑。

[14] Bernard Rudofsky: *Architektur ohne Architekten*, Salzburg, Vienna, 1989, p. 8.

表皮，公共领域，使用者

内与外、冷与暖、私人与公共之间的边界，将隐私、亲密的空间保护并隐藏起来，同时也将社会、公共的空间彰显并体现出来，边界自身具有物质性。实际上，欧洲城市建筑的特征在于它展现于公众的一面有着华美的物质实体性。其外观取决于公共空间而非建筑物的内部空间。这与现代性的基本教条截然相反。

与此形成对比的是，作为建筑理论家和 19 世纪最重要的建筑师之一的森佩尔不仅认可了表皮和墙所具有的自治性，而且还将其认作建筑的首要元素。他视墙为织物、覆盖物或衣物；他确信“粗糙的编织作为一种将‘家’、内部生活从外部生活中分离出来的手段”，对这种手段的应用先于单纯为建造而建造的墙体、石头或任何其他材料[15]。他进一步论述道：“墙体的覆层是原始的，是空间和建筑意义的本质；而墙体本身是次要的。”[16] 接着他又指出：“建造墙体的技术……必然具备着并且传承着对建筑本身风格发展最重要、最持久的影响，故而必须将其视为一种原初的技术。”[17]

[15] Gottfried Semper: *Der Stil in den technischen und tektonischen Künsten oder praktische Ästhetik*, Vol. 1, Frankfurt, 1860, p. 228.

[16] Gottfried Semper: V*ergleichende Baulehre*, 1849. Cited in: Heidrun Laudel: *Gottfried Semper, Architektur und Stil,* Dresden, 1991, p. 105.

[17] Semper, *Der Stil*, p. 233.

因此，墙是自主的，也是首要的，之所以如此是因为墙被覆层所包裹，由于森佩尔将装饰加入了编织的范畴，并且认为编织和装饰同样是必须的——在纺织技艺（textrin）中两者是同步的。装饰不是一种附属物，因为它表露出“空间概念真实、合法的表征（representation）”[18]。森佩尔也看到了这种表征，是以节庆和仪式的原始形式出现在公共空间中的，而且他用了“纪念”一词——意即集体记忆。由此他明确指出，建筑是关乎公共生活和历史的事物。

[18] 同上, p. 229.

所以，与场所发生联系、与场所进行对话是难以抗拒的。表征并不是要将内转向外，而是要用场所的语言来表述，运用一些传统，呈现出其潜力。比方说，习惯可以刻画出城市不断变化的特性。正是这些因素营造出其独特的氛围，也因此产生游戏性（playability）。

使用者与计划

游戏性——游戏，节庆，仪式：这是森佩尔。节庆和工作日？老勃鲁盖尔（Bruegel）的画作——例如，1560 年的《儿童游戏》——展现出节日、游戏和工作日互不矛盾的并存方式。而深化它们彼此间的矛盾则是现代所特有的。在德·塞托无政府主义的所谓“并不起眼的创想和微不足道的诡计”中，它们之间的相互作用仍在上演。矛盾本质上是脆弱的，并且可被察觉。在建成环境作为布景的舞台上，新的参与者们变得可被察觉：他们是路人。由建筑表皮所限定的公共空间是他们的栖居之地。当中的持久性和惯习确保了其游戏性。这些路人正是 21 世纪的使用者。

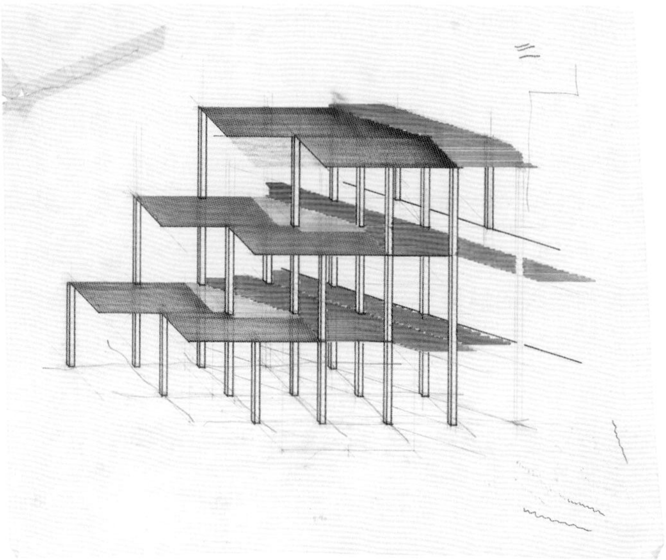

构造之诗
马可·扎努索，草图

Source: Archivio del Moderno, Accademia di Architettura Universita della Svizzera italiana, Mendrisio

与之形成鲜明对比的是经典现代主义时期的使用者：这些使用者按理要通过功能（function）来廓定建筑物的结构及其外形——由建筑师（所谓“新人类”）服从他们的最大化利益并转译为一种抽象设计。当结构主义出现后，使用者成为可以对空间进行占据的角色，可以自己定义其功能，通过自己的方式利用空间，从而生产空间的内在本质——使用者充满生产力地消费着空间，并成为生产者。“如果没有生产，就没有消费；不过，如果没有消费，也没有生产，因为那样生产将是毫无意义的。……生产所创造的物质是消费的外部对象。”[19] 那些使用空间的人、那些自己决定功能的人，生产并最终设计了空间；他们所掌控的领域现在成为占据主导性的空间关系。空间的使用与建筑结构脱离；在中欧以外的很多地区这已经是现实了。

[19] Karl Marx: *Grundrisse der Kritik der politischen Ökonomie*, reprint Moscow 1939–1941, Frankfurt 1972, p. 12.

9

表皮，材料，感官的愉悦

消费性生产是政治经济学的一个术语，与生产性消费相对。两者相互作用形成工作日的新陈代谢机制，工作者和消费者之间，起到中介作用的是作为产品或消费品的物。“在生产中，人是客体化的；在消费中，物是主体化的……如果没有消费，就没有生产。”[20]

[20] 同上, p. 11.

上述工作日的新陈代谢机制发生在特定文脉之中，在特定地方的背景之下。它发生在催生这一机制的结构的背景之下，也在由可塑的围护结构和立面所构成的公共空间的架构之内。新陈代谢是一种生活事件，一种活动。作为生产过程时，它等同于建造、消费、耗费、享受、挥霍。消费和消耗——也即表皮和透明薄纱的表层。这同样也是建筑的一部分。

材料性和感官的愉悦确立了表皮的内在价值。与围护结构和空间相对照，表皮具有自身的价值和自身的性质——感官的愉悦是其媒介，舒适是其目的。同时，舒适也可以理解为一种氛围，能够为人提供康乐，并且允许使用者通过行动来自主调适——在工作日的语境里。与之相对的，是对物品进行支配的奢侈——在礼拜日的语境里，好比对精神价值的支配。

感官的愉悦——对表皮的应答——本身即是一种主动的关系。现代神经学早已摒弃了被动感知与主动意志相对立的观点。更确切地说，被动接受即是主动行动，主动行动也是被动接受。凝视的眼被物所指引，抓握的手被物激发触感。

建造与使用者之间的关系导向了这般结果：如果施马索的主要关

注点仍是身体及其行为，半个世纪之后的法国哲学家加斯东·巴什拉在《空间的诗学》中则关注我们的行为、物和空间。“被体验的建筑不是一个没有生命的箱体。人所栖居的空间超越了几何的空间。”[21]“令人愉悦的物相较于那些不与人发生关联的物，那些仅仅是几何现实所定义的物，上升到了更高层次的现实。它们不但依循着某种秩序各就其位，而且这种秩序是在交流之中的。家庭中的劳作如旋转的纺锤在不同的物之间搭接起彼此连接的线索……。”[22]可以明确的是，这些所谓“连接的线”并不是神秘主义的隐喻，因为他还描述了它们是如何通过繁忙的日常生活来旋转牵连：“亨利·鲍思高（Henri Bosco）说，在手的压力和表面温度的作用下，柔软的蜡穿透这种光滑的材料。慢慢地，桌面呈现出深沉的光泽。那种光线仿佛是从百年老白木中散发出来的，它来自那棵已死树木的实在的中心，被磁力摩擦吸引出来，最终像一道新的光那样在表皮上漫溢开来。时光的指尖充满了神奇的力量，宽大的手掌从无生命纤维块的厚实体块中引出了潜在的生命力。在我惊奇的目光之前发生的

[21] Gaston Bachelard: *Poetik des Raumes*, Munich 1960, p. 78.

[22] 同上, p. 98.

现代人在他自己投影的扭曲镜子里，
罗伊·利希滕斯坦，“走出去”，1978

事情，就是造物。”[23]

交织在一起的，并不仅仅是接受与行动（译者注：被动的接受与主动的行动）。在每一个感知的过程中，记忆与愿景、过去与未来都被交织起来。接受从来都不限于单一的感官——从神经学的角度，互联作用无时无刻不在发生。“（人脑中）十亿个神经细胞中的每一个都在向大约一万个其他神经细胞传递信息。在此过程中伴随着信息分布，也即信息分流（divergence）的过程。每一个点同时关联着一万个其他点：神经细胞中的每一个都接受着来自其他一万个细胞的信息：汇流（convergence）的原理。分流与汇流。大脑系统的体系结构（architecture）与现代意义上的思维机器大不相同。”[24]感官意识不仅限于视觉、听觉、嗅觉、味觉和触觉这五种经典的感官；如今还加上了温度感、疼痛感、平衡感、具身感；最后，还有记忆和愿景。它们和任何一种意识相似，都是可以被养成、被呈现的。艺术的实践具有这样的作用，正如加斯东·巴什拉所解释的：“每一位家具的诗人，出于本能都能知道旧柜子的内部空间之深。柜子的内部是一个内心空间，一个不随便向来访者敞开的空间……和薰衣草一起渗透进入柜子里面的是四季的历史。只需薰衣草就能在排列和谐的一叠叠的床单里放进伯格森的绵延［译者注：原文中这一概念来自法国哲学家伯格森（Bergson）］。难道不该等那些床单，用我们的话来说‘浸透了薰衣草’以后，再拿出来用吗？……‘柜子装满了衣物，甚至有些隔层洒满月光，我可以将它们展开。’安德鲁·勃勒东（André Breton）的诗句把形象带到了超常的层面，理性的精神根本不想达到它。超常之处总在活生生的形象顶端。”[25]

感官的超常之处、物质之于感觉的存在、多样性与丰裕性——催生了有生命的表面。森佩尔坚称：“每一件艺术的创作，每一种艺术的愉悦，都预设了一定的狂欢精神——狂欢祭上弥漫的烛烟就是真正的艺术的气氛。”[26]他强调了节庆和烛烟，而这涉及建筑。森佩尔在维也纳的博物馆作品为之提供了杰出的例证。同样，比森佩尔年轻两辈的伟大的纯粹主义者阿道夫·路斯也印证了这一点——他的室内空间即是如此！而再年轻一辈里，出现了卡洛·斯卡帕（Carlo Scarpa）这位精通材料游戏的大师，细节上的精湛技艺妙趣横生。材料性、细节、可触性和社会交互的这般相互作用形成了氛围——用格诺·伯梅（Gernot Böhme）的话来说，它是“感知者和被感知者的共同现实”[27]。

[23] 同上，p. 97.

[24] Ernst Pöppel: “Im Kopf”, in: *Über Denken*, Rotis, 1999, p. 24.

[25] Bachelard: *Poetik*, p. 110.

[26] Semper, *Der Stil*, p. 231.

[27] Gernot Böhme: *Atmosphäre. Essays zur neuen Ästhetik*, Frankfurt, 1995, p. 34.

9

基础，规则

“驯化之物”，那些在被处理的过程中获得独特光辉之物，在工作日的家户当中很寻常，但要称其为表面（surface）的富丽堂皇（opulence）则十分牵强。像路斯在维也纳的美国酒吧（Kärntner Bar）那样的小空间，刚好足够展现对材料使用的精通，不过其中也加入了尺度、比例和几何。这些是建筑设计的基石，而且准确地说是无时间性的。这些基本原则既适用于工作日建筑，也同样适用于礼拜日建筑。它们不仅在前者有效，事实上也源于此。长期以来，分区（division）和构成，作为比例和几何的基础，是借助线和尺子等工具实现的，并指导工作日里简单操作的效用。但将它们从操作上升为正统学说（doctrines）——如哥特式大教堂的三角构图法则、阿尔伯蒂立面的方圆相切的形式法则、勒·柯布西耶的模度——都是在礼拜日的建筑中才能大放异彩。而始终未变的是，这些基本原则在建筑创作的所有领域都是有效的。

表面的多样性与丰富性，
约瑟夫·弗兰克，材料设计“果树”，1943–1945

如下的规则和规范在其中发挥着作用：技术的规则，如工程建造、静力学和建筑物理；建筑学科的规则，它们是在学科的理论和历史中制定的；社会的规则，如社会学、经济学和心理学；形式设计的规则，无论其遵循格式塔原理的简明（Prägnanz）还是符号学的意义。除此之外，还有数字媒介的新规则以及随之而来的新几何法则。无论如何，这些规则必须与实践对规范的作用相协调：场所的独特性，惯习的特点，使用过程中的实践，以及对待物的方式。建筑的秩序绝不仅由自身所决定，正如兰普尼来尼所说："建筑必须是谦卑的，遵循其内在内生的乌托邦：即秩序的乌托邦。建筑的结构总是包含有序和无序这一对辩证关系；这是项目与现实之间共同作用的结果。"[28]保罗·瓦莱里（Paul Valéry）同样提出了这方面的观点，并加入了建筑的一个基本维度，即持久性的维度："人出于身体的驱使而渴求那些有用的或舒适的东西；灵魂则使我们产生对美的追求；但是，世界的其余一切，无论在其规律之中或是意料之外，都要求我们把每个作品都放在既存环境中去观察。"[29]（译者注："人的创造要么是出于身体的驱使，它使人渴求那些有用的或舒适的东西；要么是出于对他的灵魂的渴求，也就是以美为名的追求；但是，此外，由于建造者必须应对全世界的其余一切，而它们都将消解、扰乱或破坏他的创作，因此他必须通过第三种原则有意识地寻求与作品的沟通，从而表达一种他所希望的，它们对自身终将毁灭的命运的抵抗。因此他追寻着坚固与持久。"据原文 Socrates pp.128–129。）

[28] Vittorio M. Lampugnani: *Architektur als Kultur*, Cologne, 1986, p.338.

9 [29] Paul Valerie: *Eupalinos*. Frankfurt, 1973, p.99.

因此，工作日和礼拜日是密切双生的——是世俗的、有用的、具体的，同时也是精神的、无为的、抽象的、长久的。倚重其中之一，或是认为毫无功用的表象不如实际功用的光彩，是错误的观点。这是基于人的使用——实在的、具身的人；而非抽象为"新人类"的人。

如果我们试图将礼拜日转为工作日，或将工作日延长到礼拜日，那将使我们无法再接受建筑，而建筑将沦为初步设计或成为肤浅的现象。

为工作日而建筑，意味着将其关注的事物、永恒的规则和规定纳入考量。这里没有建筑的新配方，也没有新教条，这就是所谓"工作日建筑"。建筑不是艺术；它不是概念性的。它需要坚持学科的秩序，设置于某个地方的场景之中，作为一种背景服务于那些使用建筑的人。这些内容确实是古老的，然而也不乏新的意义，尤其在当今世界压倒性的"标志性建筑"占据着绝对主导的情况下。我们应该站在这种趋势的对立面，与弗兰克－贝特罗德·赖斯（Frank-Berthold Raith）一同呼吁："建筑师承认他们全面无能为力，不仅对于建筑物的生产无能为力，对于建筑的反响或者说建筑的消费同样无能为力……建筑学并不是宇宙论，但它可以作用于文化意义的网络，促进其持续分化。”[30]

从场所和文脉——事件组成的网络——开始建筑，并不意味着全览整体形式，而是在实施工程中将其作为一个事件来解读。借用伯纳德·屈米（Bernard Tschumi）的一段话，建筑不是就设计来选择条件，而是应对一系列条件而进行设计。设计发源于场所，它不是对场所进行重复，而是要经过一番挣扎为场所赢取新的选择权。与此类似的提法也出现在卢修斯·布克哈特（Lucius Burckhardt）的“最小限度的干预”概念中。

对待场所的谦卑同样适用于建筑中重要的受众，即使用者。单一的、理想的使用者这一概念已经消失；取而代之的是一个新的形象，即路人。本雅明指出对建筑的感知“既是分散为个体的，也是通过集体的”——触觉和视觉（译者注：作为感知的媒介），“往往依靠习惯而非依靠注意力；往往通过随机的观察而非通过主动的关注”[31]。

这符合霍尔对边缘视觉相较于焦点视觉的强调与重视，对近似知觉（触觉、嗅觉、听觉）的重新评估也可以作为上述观点的补充，它们在工作日中具有重要的意义[32]。

[30] Frank-Bernhard Raith: “Das Alltagsleben der Architektur”, in: *Daidalos75*, Berlin, 1999, p. 14.

[31] Walter Benjamin: *Das Kunstwerk im Zeitalter seiner technischen Reproduzierbarkeit*. Frankfurt, 1976, p. 47.

[32] Edward T. Hall: *Die Sprache des Raumes*, Düsseldorf, 1976.

指向标

设计实践的逆转？重新评估设计的要素和时机？确实是古老的，然而也不乏新的意义？在前沿的建筑实践与关于建筑的沉思之间，或许只有为数不多的建筑师能够像约瑟夫·弗兰克一样转换自如。他于1885年出生于维也纳附近，对阿尔伯蒂有深入研究，于1910年开始他独立的建筑实践，随后成为维也纳住宅区设计界最重要的建筑师之一；那些体现维也纳式现代主义精神的私人住宅项目使他声名鹊起。他是奥地利工会的联合创始人，并于1931年担任维也纳工人联盟住区（Werkbundsiedlung Wien）的顾问。在这期间，“建筑作为符号”的观念开始浮现，相当于与教条现代主义针锋相对。1933年移民瑞典后，他很少再有作品问世，而转向了文学和平面作品的创作，这些作品涵盖了从想象建筑到纺织品设计等方方面面。他的大量纺织品设计至今仍是尚未开发的宝藏。

弗兰克意识到他投身于欧洲建筑中演进而来的，一种和人类形体、行为相适应的比例与和谐的永恒理念。根据他最著名的一段陈述，这种文化跨越了“我们所知的整个人类历史。而这一想法本身足以成为现代建筑的基础”[33]。由此而来的任何抽象的、理想化的结果都是激进的:“如今，所有想要充满生机地创作的人，无论出于何种准则都不应该忽视或是选择性地搁置一些事物。……想要充满生机地创作的人，必须接纳当下的所有一切活生生的事物。我们这个时代的精神，连同它全部的多愁善感，夸大其词，索然无味，这一切都至少是活生生的。……现在我们终于该意识到，并没有任何不可动摇的目标。”[34]

他对生活中平凡事物的包容与深刻的自我观察相连：“我很清楚，任何系统都不足以做到这一点，因为这需要直觉。”[35] 而且，“建筑的目的无法用言语表达。它并不是为烹饪、吃饭、工作或睡觉，而是为生活[36]。每座建筑都取决于许多东西，不是仅靠计算得出的形式就足够的，因为人在建筑中所能感受到的幸福感取决于设计者的敏锐，而这一点是工程师所不具备的。”[37]

[33] Josef Frank: *Architektur als Symbol*, Vienna, 1931 (reprint 1981), p. 166.

[34] 同上, pp. 171–172.

[35] 同上, p. 172.

[36] 同上, p. 150.

[37] 同上, p. 57.

美 (Beauty) 不是一个概念，而是如尼采所说，只是一个词？与此相对，奥古斯丁认为真理——是超越我们零散的知识的所在——在美中闪现。对于毕达哥拉斯派来说，它是数字、尺度、比例、音乐和和谐。阿尔伯蒂则为美增加了一种注解，即存在某种东西，对它来说任何的添加、减少或改变都会使其失色。弗里德里希·席勒（Friedrich Schiller）的观点是，美是为充满感受力的心而存在的。而对克里斯蒂安·摩根斯坦（Christian Morgenstern）来说，它是人们通过爱所看到的一切。所以它是一种活动？尼采认为，美不是偶然的，从正确的角度出发至关重要——借助身体，借助力量，借助逻辑，借助“醉”。然而，剩下的不过是一层面纱。

艺术 (Art) 康德（Kant）认为，艺术的目的是无利益的满足。自我发展是其衡量标准，自由是其要求。阿道夫·路斯的观点也印证了这一点，与建筑不同的是，当艺术作品被带到世界上时，并不存在人们对它的预设需求。可是建筑却必须满足需求。艺术品对任何人都没有责任，而建筑对所有人都有责任。艺术品的目的可以是让我们感到不舒服，而建筑是为了让我们感到舒适。建筑必须远离艺术。但这种不加限制的二元对照对建筑来说是正当的吗？果真如此的话，那建筑的艺术又是什么？

原创性 (Originality) 源自拉丁文“origo”：原创；真实，不掺假，独特。原创是一种创造；在这一点上，绘画领域中浪漫主义所重视的艺术天赋挑战了理性启蒙，并带来了约翰·戈特弗里德·赫尔德（Johann Gottfried Herder）所谓的“以跳动的心脏对抗头脑的主导地位”。真理不是永恒的理性，而是每个人的生命力和他们所在的地方，从这个角度来看，最好的、最天才的心智不是在书斋中习得的——他们往往被自己的内在激发出行动，具有真正的原创性。对事物特性的尊重也体现在对环境的尊重，这意味着建筑创作的原创性有别于随意的原创性。

适宜性 (Appropriateness) 适宜性是一种均衡性的标准，即根据意图来考虑措施，根据期望的结果来考虑手段。适宜性是必要的，但不是客观的：在特定情况下，措施、手段和意图要相互协调。以这种方式创造的整体——例如一座建筑——由各个独立部分组成。个体的特性与普遍的联系：将两者放到正确的尺度上，就会产生一种适宜性。适宜性在拉丁语中为“decorum”，维特鲁威认为它是建筑之美的一个基本方面。

立场 (Standpoint) 人类的能动性——包括认知——既不是本能行为也不是被动行为。它是有意的；每当出现一个行动者时，都

9

包含着一个立场。康德的认识在20世纪被激进化：根据海德格尔的理论，我们作为能动者，连同我们的立场，总是等同于我们所打开的世界，而这个世界则是来迎接我们的。建筑和立场两者都面对着外部世界，它们彼此之间有着不可分割的联系。就像不可能认为建筑是客体性的一样，同样不可能存在一个飘忽无所依的立场。

可持续性 (Sustainability) 可以追溯到18世纪的中欧林业管理。为了防止森林进一步枯竭，被砍伐的木材不能多于重新生长或种植的木材。可持续性是资源管理的一个指导原则，目的是维持一个稳定的系统——谨慎对待资源。今天对可持续性的理解建立在三大支柱之上：社会、经济和生态。随着1987年布伦特兰报告的出台，可持续性成为一种政治途径。

当代性 (Contemporaneity) 密斯认为，建筑的现代性的关键是"时代的意志转化为空间"——根据任务的性质，运用当下时代的方法来创造形式。建筑是与时俱进的；然而，时间不是目的，而是由它来产生可用手段。现代性与此相反。自从"古今之争"（Querelle des Anciens et des Modernes）以来，人们已经广泛接受了这样的观点：过去的东西应该被剥离。对于20世纪20年代的一些激进分子来说，只有我们的时代：机器的时代。然而，他们的一些同辈很快就开始反对这些居住的机器、坐的机器。

综合 (Synthesis) 源自希腊语词"synthesis"。聚集，组合。自从第一部伟大的建筑学著作——维特鲁威的《建筑十书》（写于公元前1年）问世以来，人们就对这门艺术提出了综合的要求。实用（utilitas）、坚固（firmitas）和美观（venustas）这三个原则是建筑学整体的立足基础。这说明了两件事：1. 如果只偏爱其中之一，就忽略了建筑的核心——综合。2. 这三个要素中的每一个都是基本要素；没有哪一个可以从其他要素中抽离出来；三者联系也很重要，没有任何一个可以单独成为建筑学的基础。

理性 (Rationality) 源于拉丁语"ratio"：理性，指的是基于理性的各种类型的思考和行动，例如，理性（逻辑）优先于经验主义，以及思考或行动的每一步的可确认性。理性以外的其他理由（如宗教、传统）通通被摒弃。自人们对古典规范的否定（Querelle des Anciens et des Modernes，17世纪末）之后：理性被等同于现代主义（也包括建筑领域），例如，卡洛·洛多利（Carlo Lodoli，1690—1761）的激进功能主义。理性在狭义上也有这一含义：在20世纪的意大利兴起的建筑流派，以具有基本几何形状的建筑为特征。

场所 结构 表皮 计划 材料

这个最后的练习将用所学的知识把所有的主题集中起来合并在一个独立的项目中。教学课题的进展有助于准确地对建筑的各种要求进行优先级排序，并发展出应对任务和场所的各自的方法。一方面是场所的具体条件，另一方面是普遍制定的类型学案例，在这两极之间创造了项目设计者可以自由移动和创新发展的空间。通过这种方式，使具体的、当代的、更好的设计从一般原则中被发展出来。

立面模型
Pablo Vuillemin
2014 ss

建筑层面

最后这一项目建立在练习 7 中完成的准备工作之上。在城市环境中规划一座建筑或建筑群。现有建筑将被完全拆除或部分拆除（至少是在练习中假定拆除）。确定一个城市发展的概念。这个概念要能够概括出对现有地块结构和城市总体规划的处理。在接下来的步骤中，根据空间功能分配将结构、流线和楼层的布局明确下来，并且通过深化立面设计来显示方案对城市环境的干预。将一组房间的材料性特征表达出来，重点是表达由此产生的氛围。

成果要求

最后的项目将独立完成。必须提交以下内容：

图板 1　城市层面
- 书面说明和项目信息
- 1:500 插入式模型的照片
- 1:5 000 图底关系图一张
- 1:1 000 的总平面图一张，包括屋顶透视和地形
- 1:500 底层平面图一张，包括开放空间和周围建筑的平面
- 1:200/1:250 有代表性的立面图一张

图板 2　建筑层面
- 根据 SIA 416 进行面积计算和表达。
- 参数表
- 表达一组房间材料性的模型照片
- 1:200/1:250 标准层平面图一张
- 1:500 其他平面图
- 1:200/1:250 有代表性的剖面图一张，包含周边场地
- 解释概念的图表、象形图、示意图等

模型
- 1:500 插入式模型
- 1:75/1:50 剖面模型

要求
- 图底关系图 1:5 000
- 总平面图 1:1 000
- 底层平面图 1:500
- 场地模型 1:500
- 现有结构的平面图
- 空间功能配置
- 面积表和参数表
- 绘图笔记本 I–IV
- 一般规范

成果要求

为期一年的课程的最后练习要将之前关于场所、结构、表皮、计划、材料以及它们之间的相互作用的讨论整合起来，创造出一个最终的项目。在这两个学期中获得的技能使学生能够解决这些复杂的任务。逐步完成这些复杂的任务教给学生一种循序渐进的方法。网络化的思维、同步性和维持可持续性的目标都是这种方法不可缺少的方面。

项目的各个部分和步骤通过这样的方式整合，从而创造一个有意义的整体。尽管项目是从前一个步骤发展到后一个步骤，各个步骤之间始终是相互关联的。而且，前面的发展绝不会消失——恰恰相反，每发展一步，我们都会回头看之前的步骤，因为它们会再次以不同的方式出现，概念也在不断深入和丰富。

这种展开方式确保设计和建筑物具有完整性，而这恰恰是好建筑的特性。场所、结构和表皮这些强调建筑永久性和公共性的方面，以及计划和材料这些强调变化性与私密性的方面，无论它们之间的区别如何，上述方法都是适用的。在各种情况下，确保各个方面协调一致的发展过程能使设计具有质量，使建筑具有特性。

卡洛·斯卡帕，维琴察盖洛工作室，1962–1965，室内

Vaclav Sedy © CISA-A. Palladio

乔瓦尼·穆齐奥，米兰
Ca' Brutta, 1919–1922

© Gabriele Basilico/Archivio Gabriele Basilico, Milan

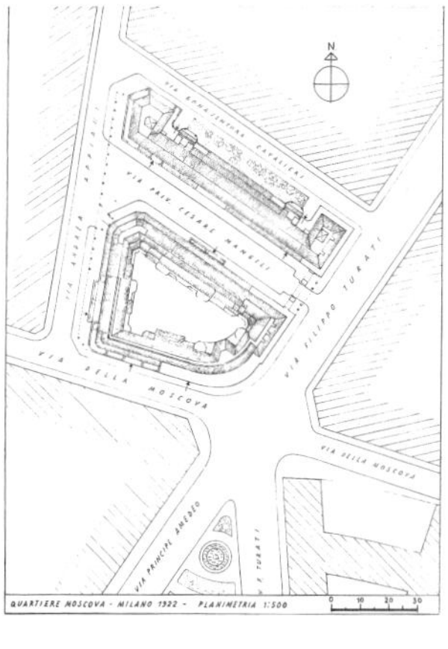

乔瓦尼·穆齐奥，米兰
Ca' Brutta, 1919–1922
莫斯科瓦区–米兰，1922
1:500平面图

© Archivio Muzio

中世纪

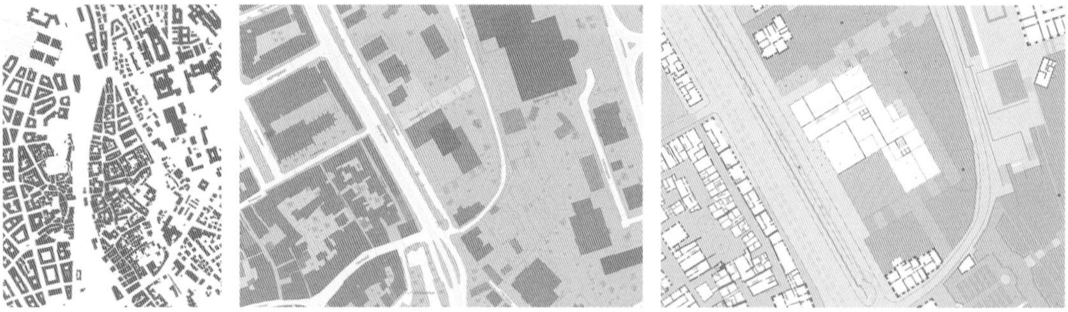

Marco Derendinger
2014 ss

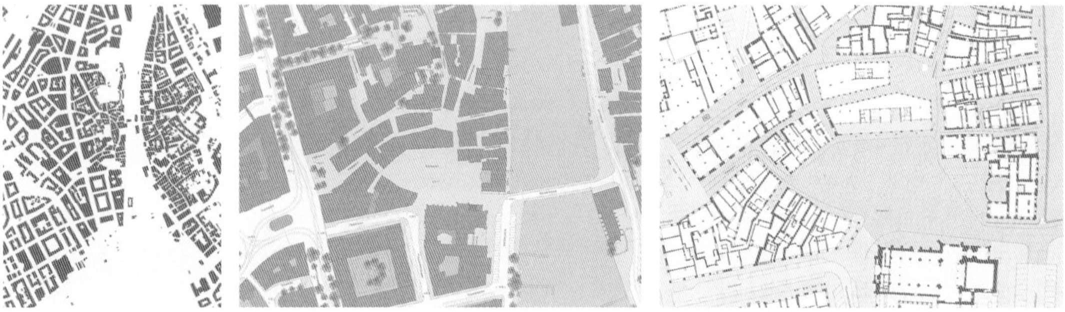

Silvio Rutishauser
2015 ss

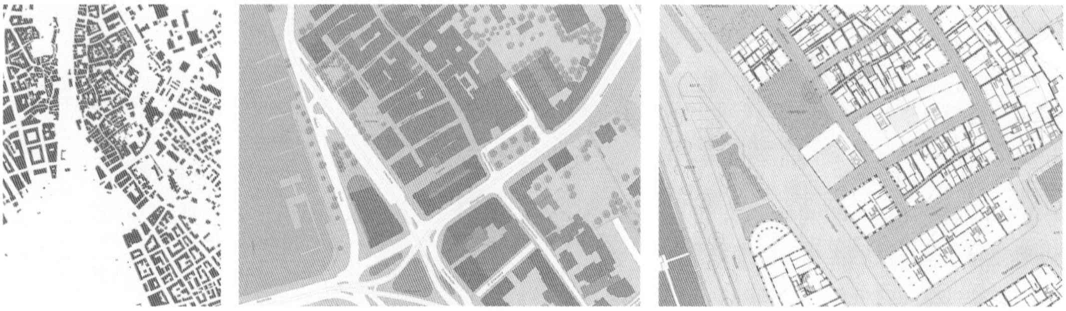

Noël Frozza
2015 ss

大规模建设时期

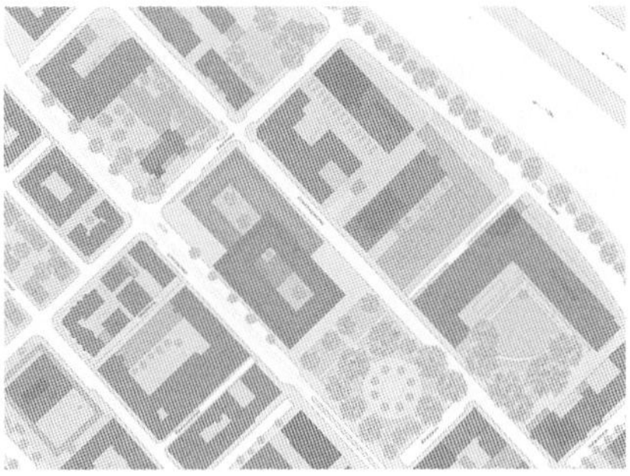

Luca Rösch
2014 ss

Daniela Gonzalez
2015 ss

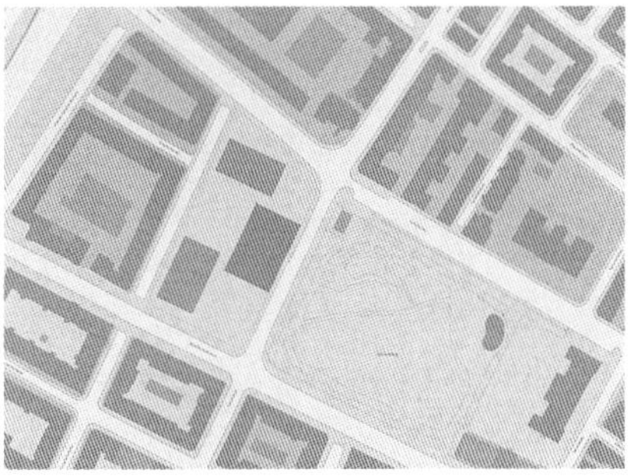

Timothy Allen
2016 ss

现代主义时期

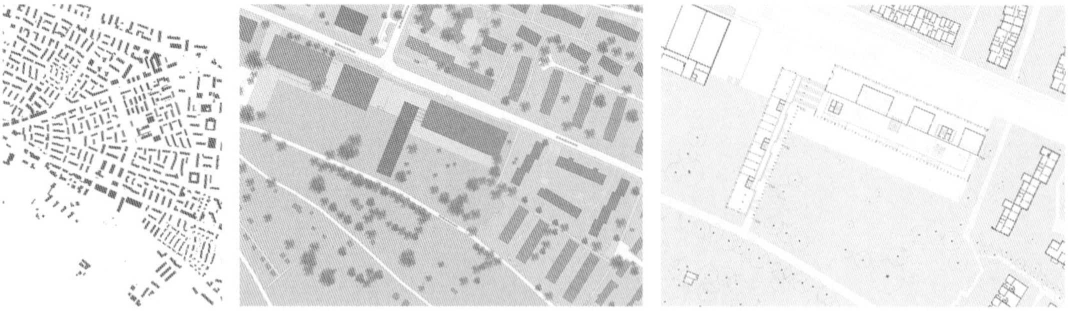

Eva Müller
2014 ss

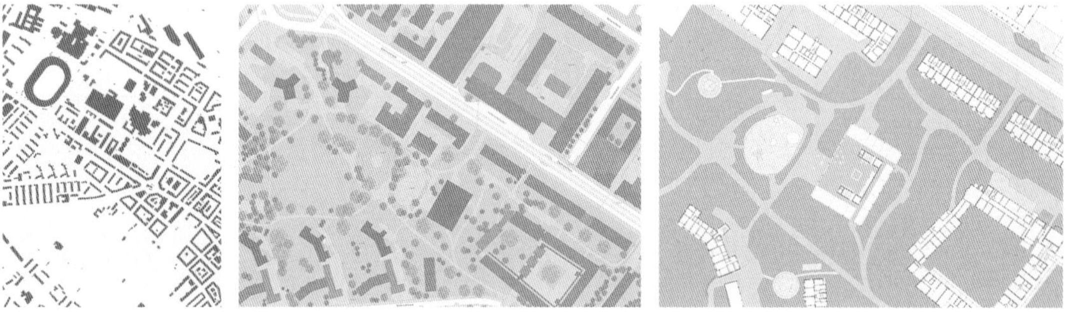

Jan Helmchen
2015 ss

Christian Szalay
2016 ss

中世纪

Françoise Vannotti
2009 ss

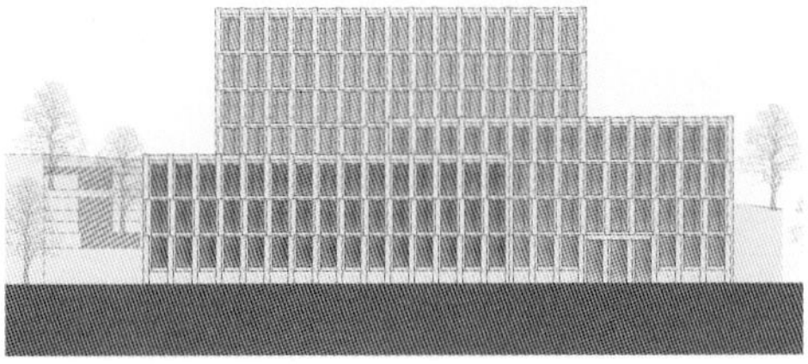

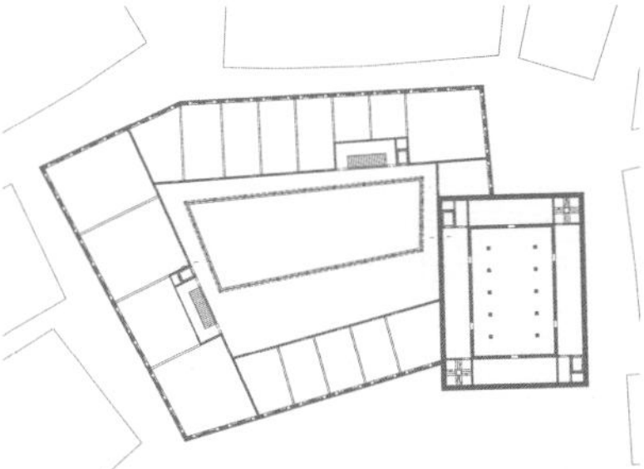

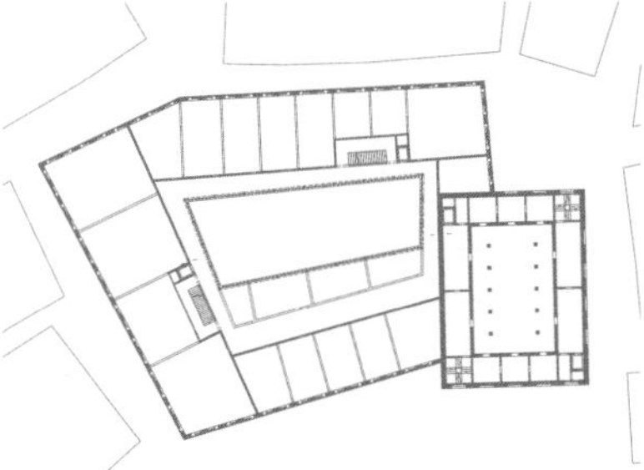

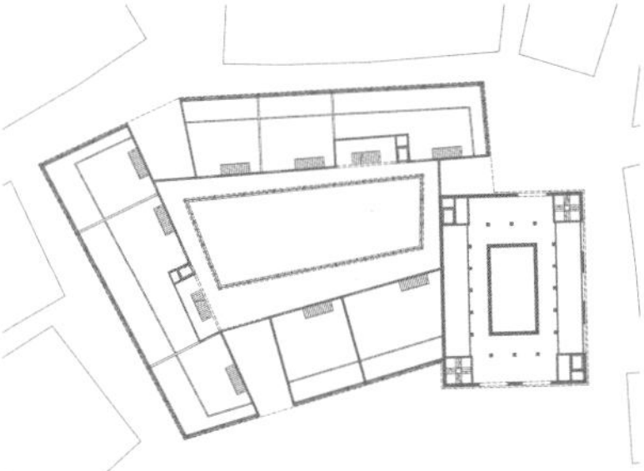

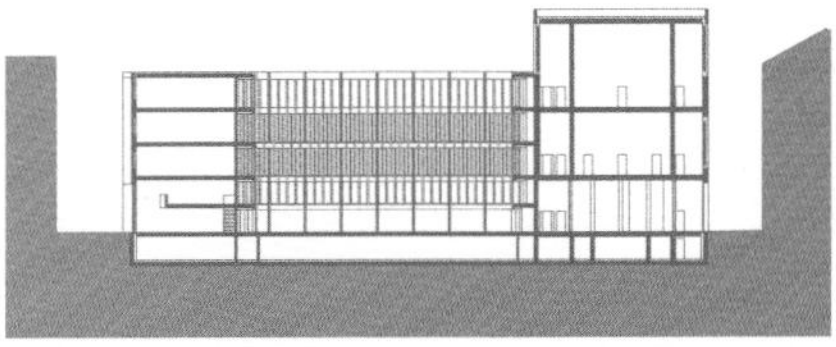

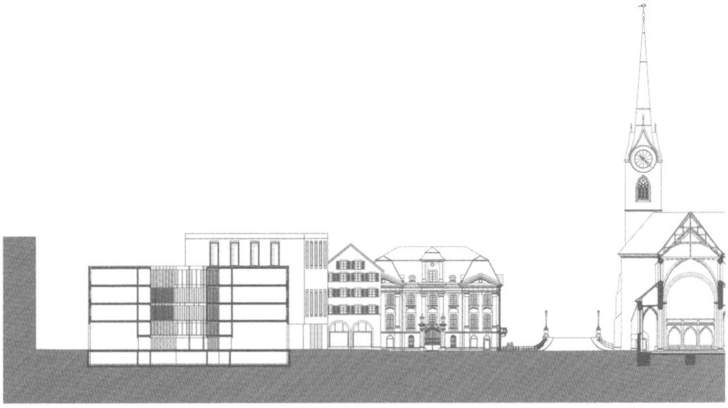

Vanessa Feri
2017 ss

9

中世纪

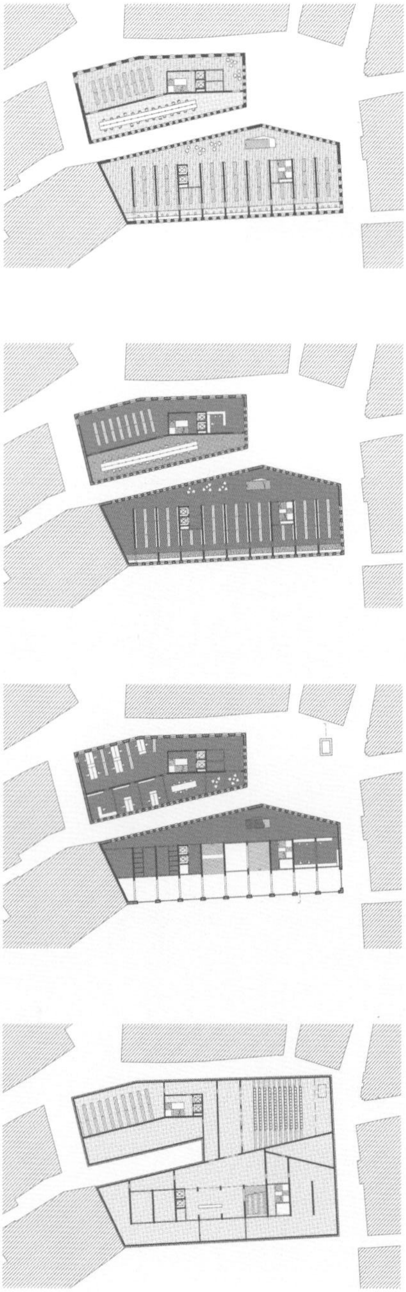

Silvio Rutishauser
2015 ss

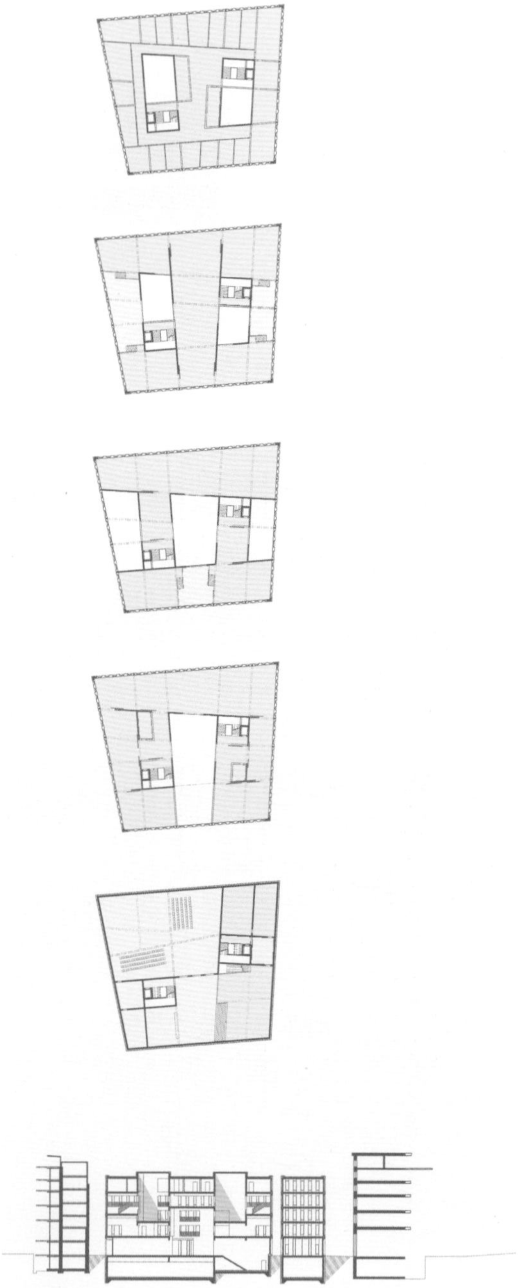

Deborah Truttmann
2015 ss

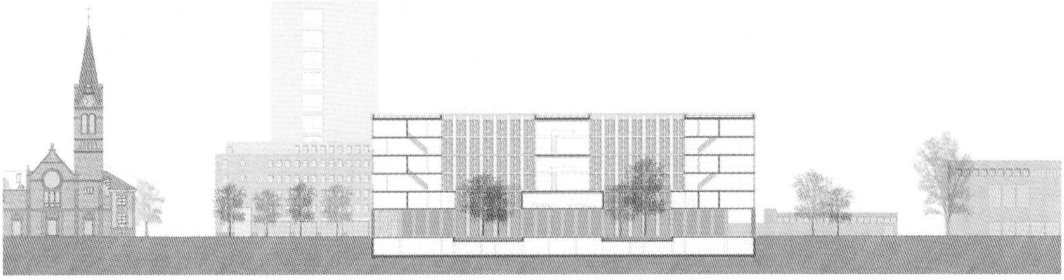

Nadine Weger
2014 ss

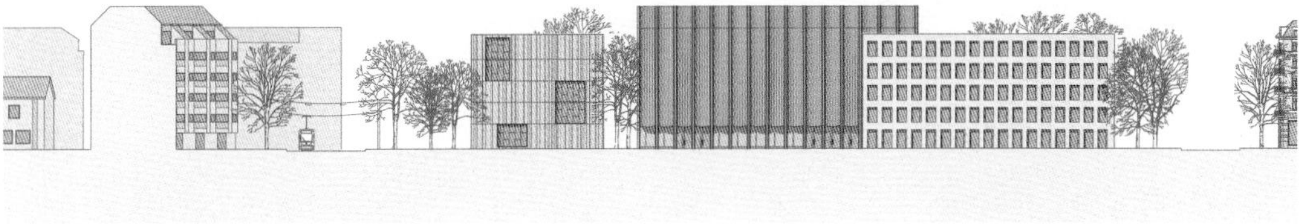

Timothy Allen
2016 ss

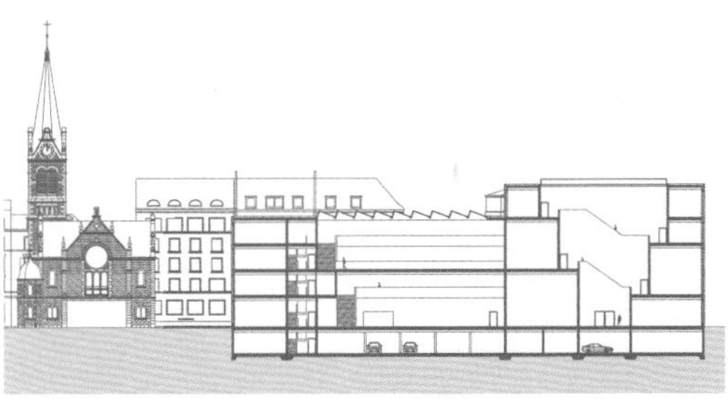

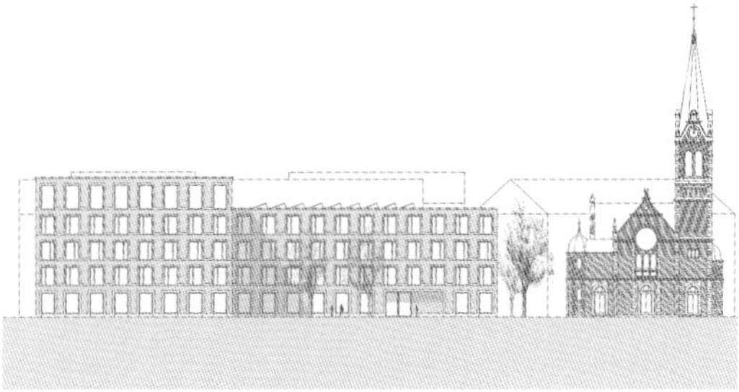

Matthias Winter
2009 ss

大规模建设时期

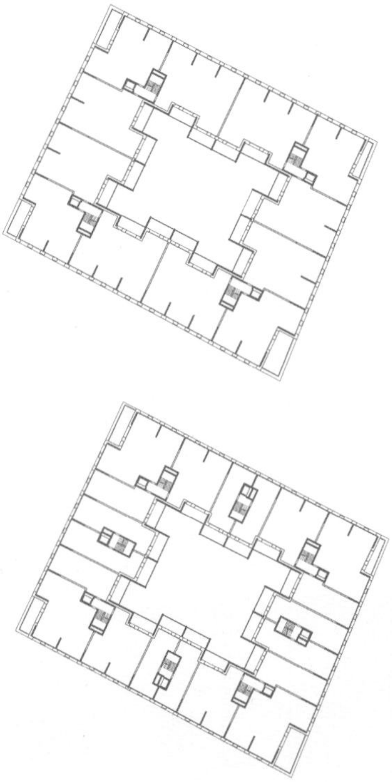

Leonie Lieberherr
2011 ss

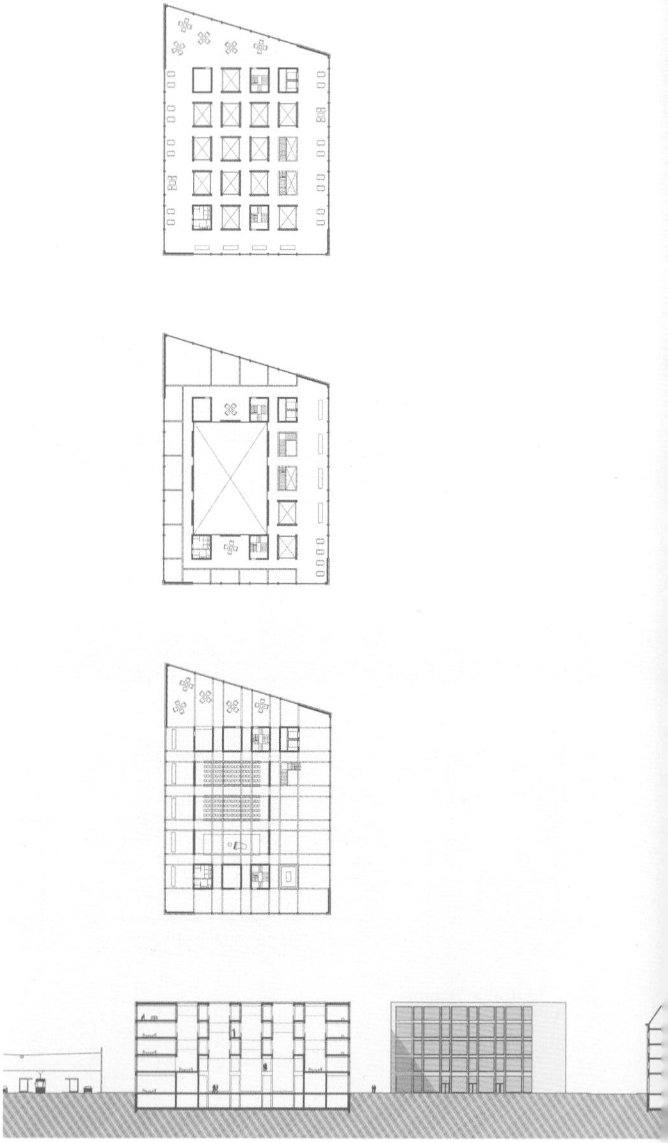

Patrick Perren
2015 ss

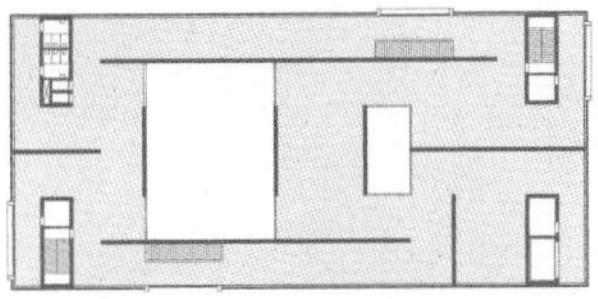

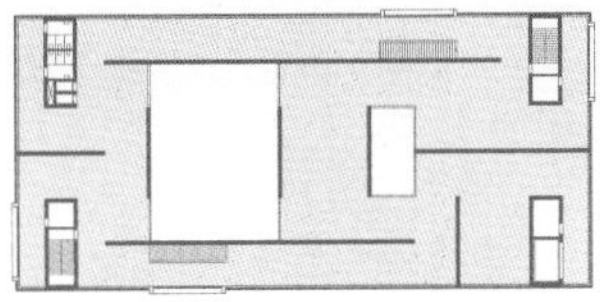

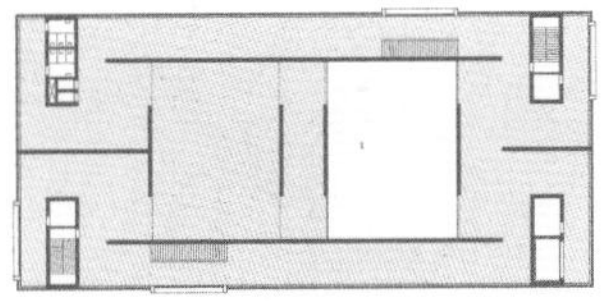

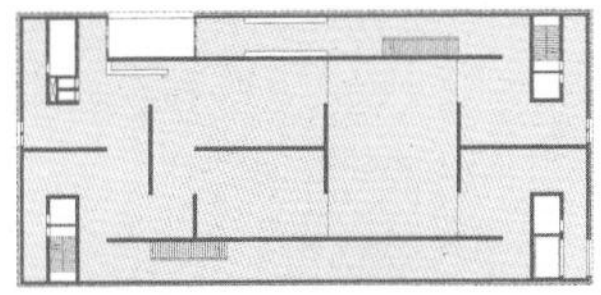

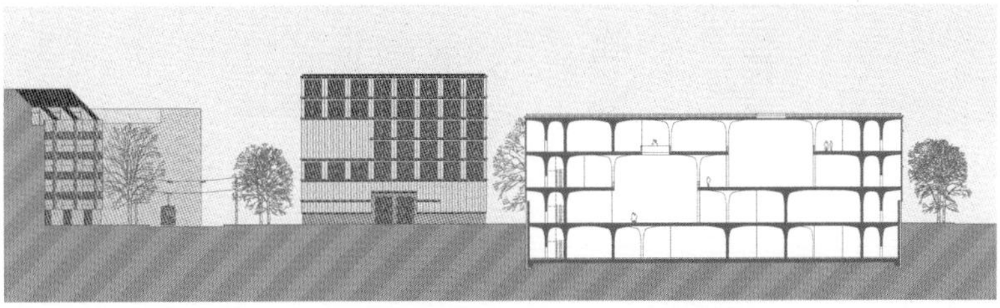

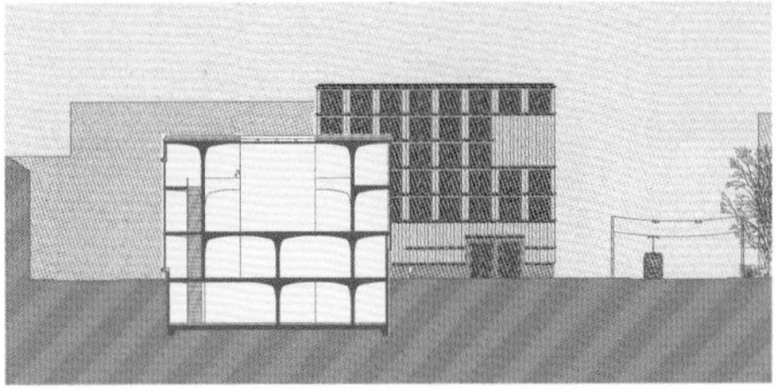

Julian Meier
2016 ss

现代主义时期

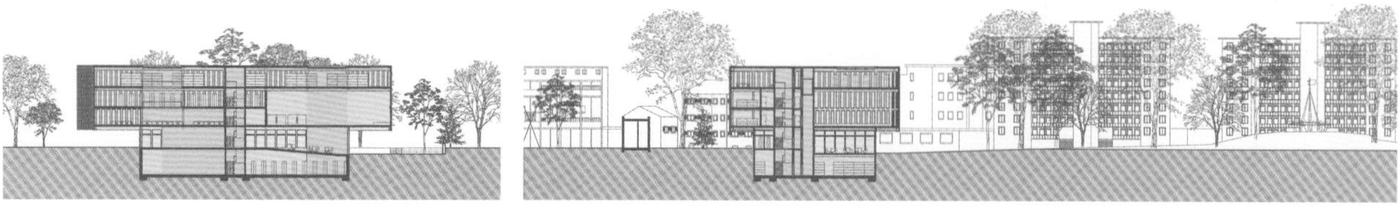

Alcide Bähler
2015 ss

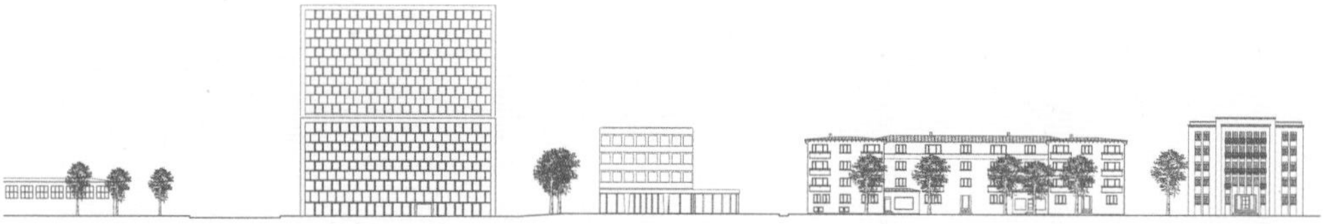

Lea Gfeller
2012 AS

Tobias Lutz
2015 ss

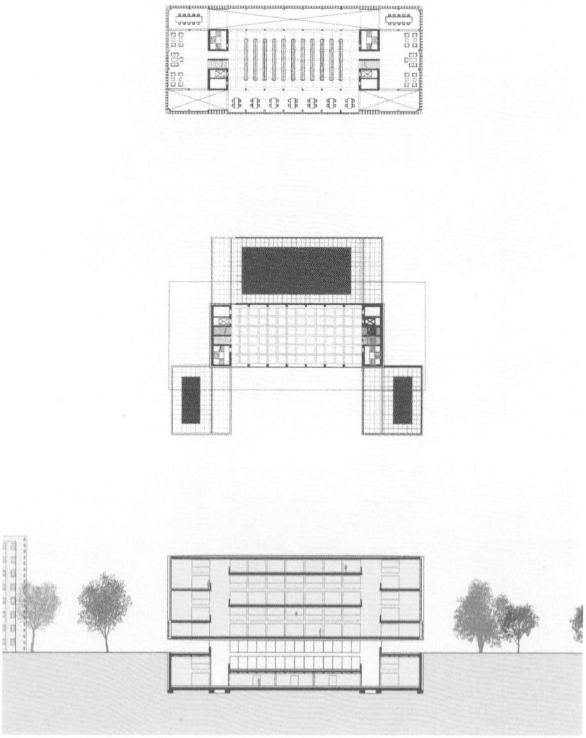

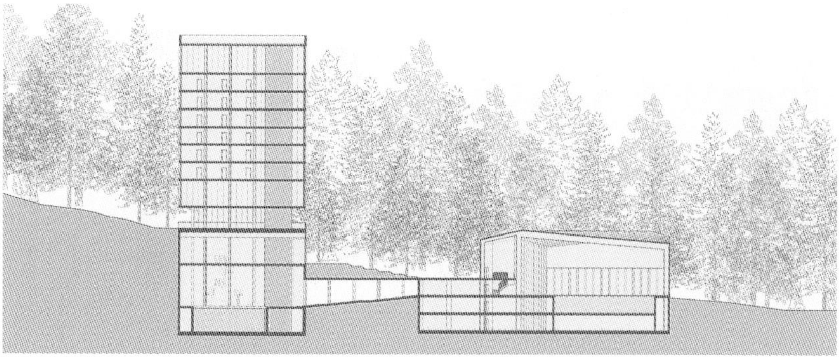

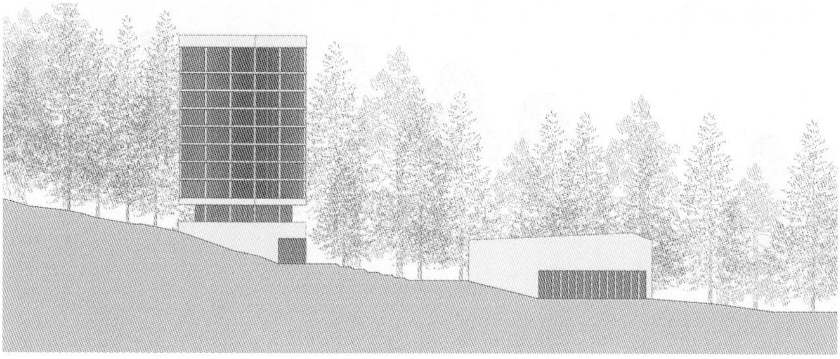

Katrin Röthlin
2016 ss

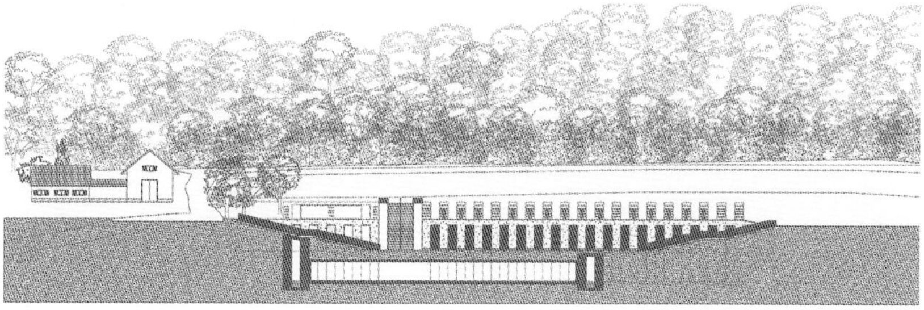

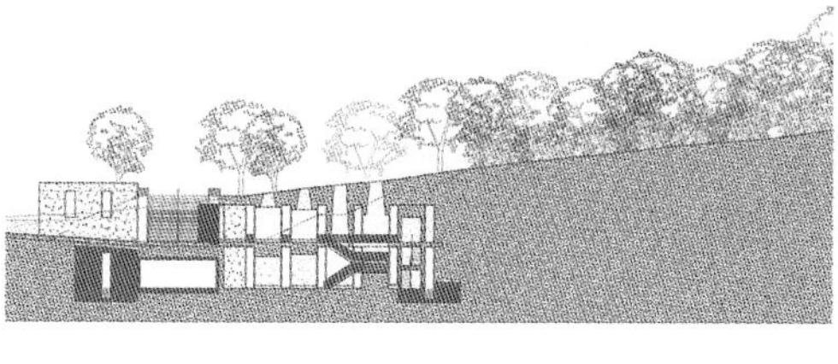

Cyrill Hirtz
2016 ss

现代主义时期

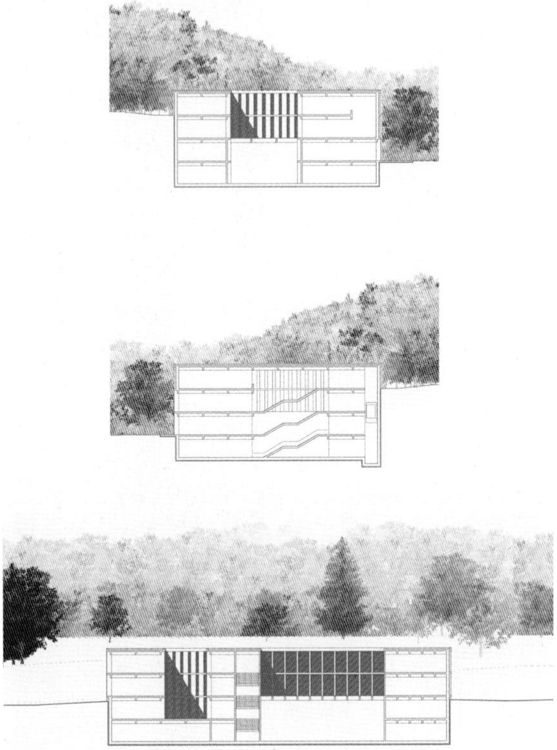

Christian Szalay
2016 ss

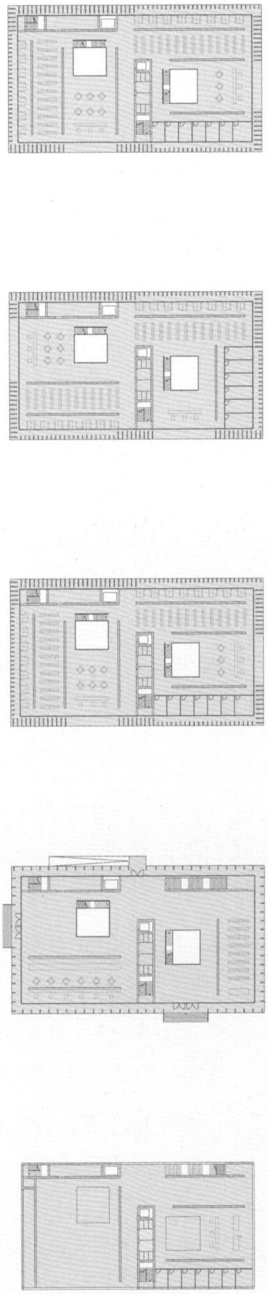

Viviane Zibung
2015 ss

中世纪

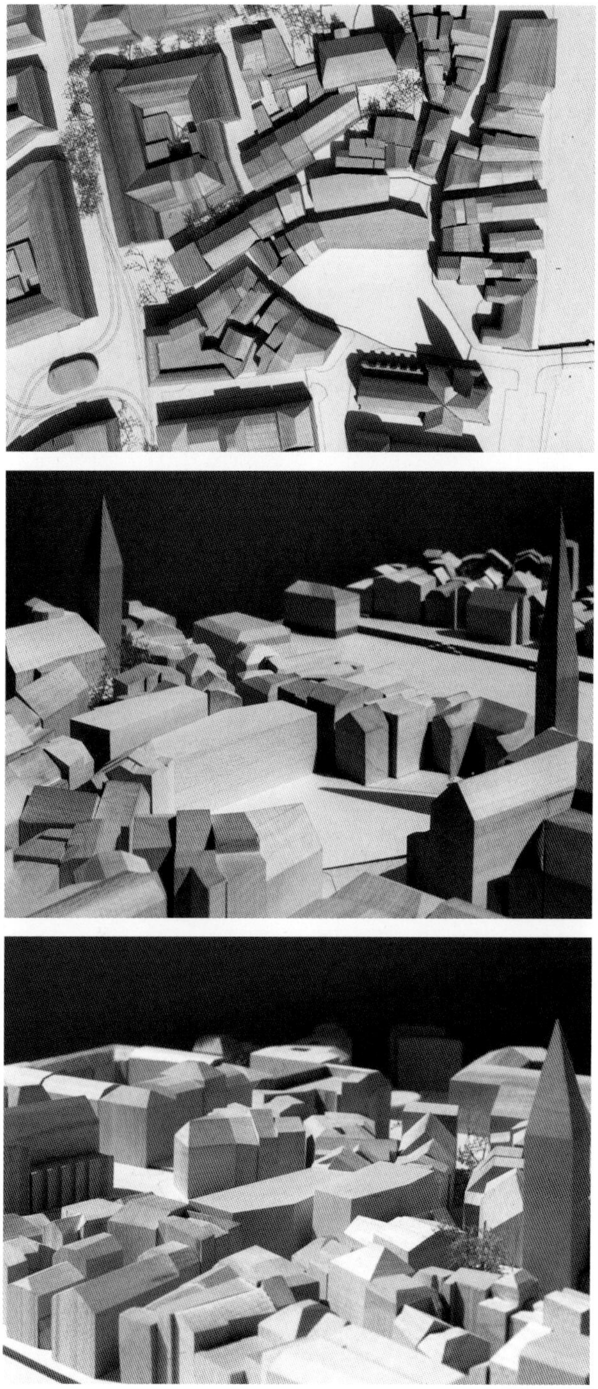

Silvio Rutishauser
2015 ss

中世纪

Sara Finzi-Longo
2016 ss

Erich Schäli
2017 ss

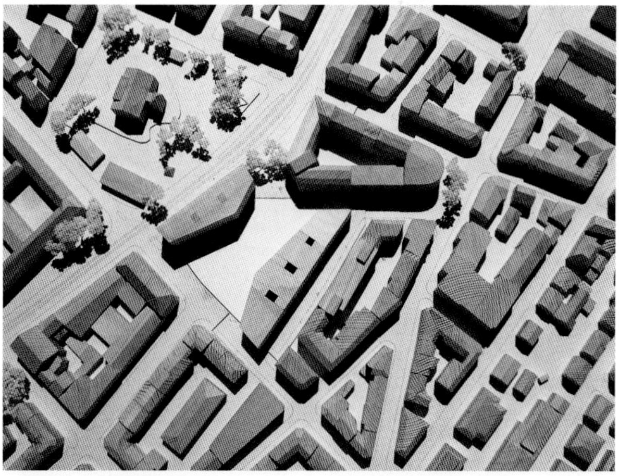

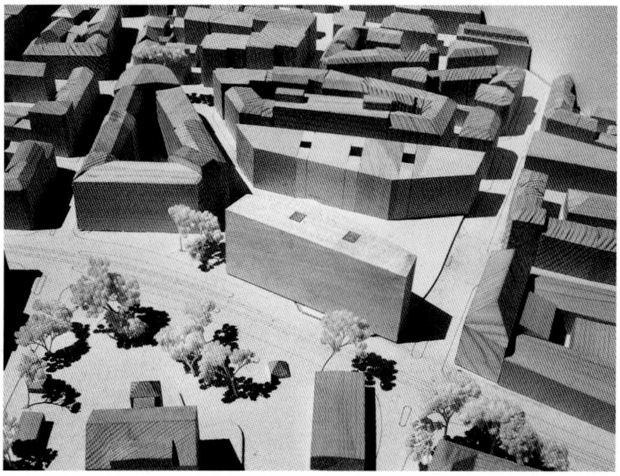

Christoph Zingg
2012 ss

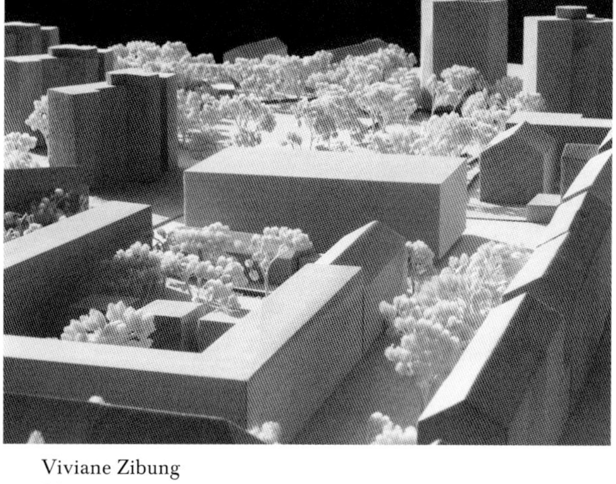

Viviane Zibung
2015 ss

大规模建设时期

Nadine Weger
2014 ss

Julian Meier
2016 ss

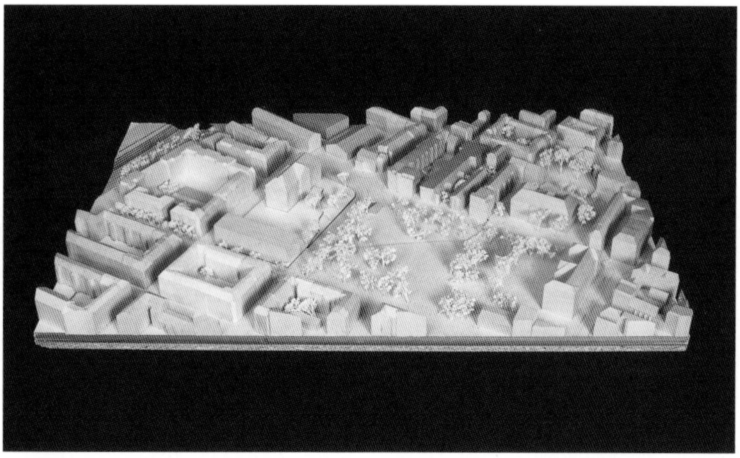

Nirvan Karim
2015 AS

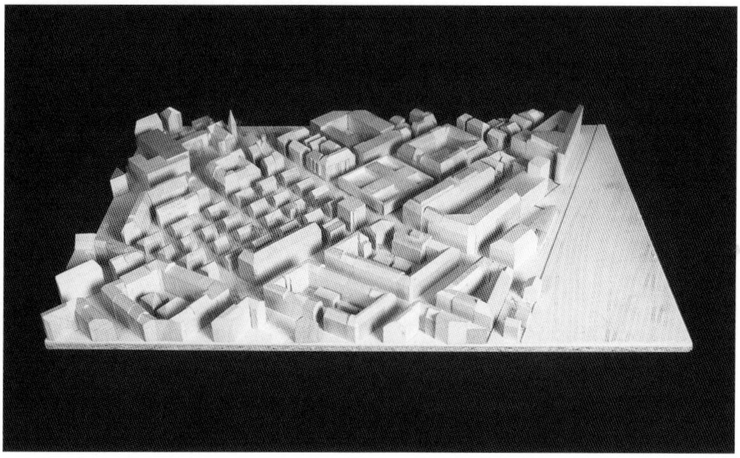

Lucia Bernini
2017 SS

现代主义时期

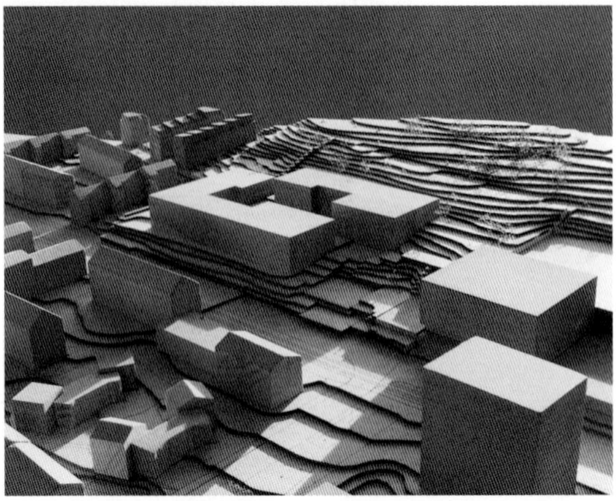

Lisa Neuenschwander
2017 ss

Timmy Huang
2017 ss

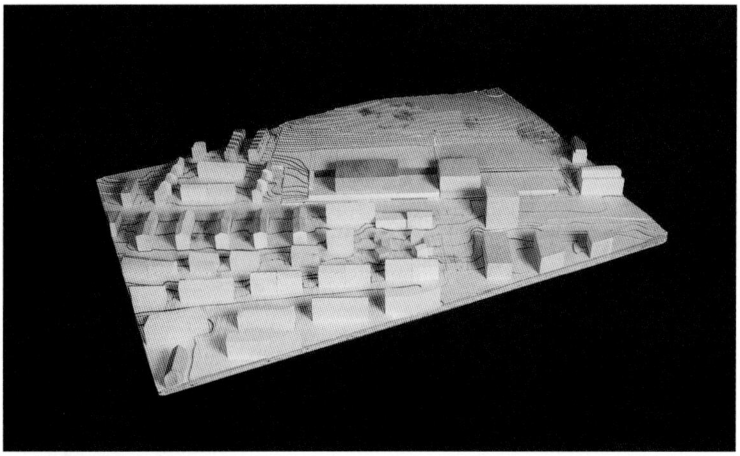

Fortunat Cavigelli
2017 ss

Daniel Zieliński
2016 ss

现代主义时期

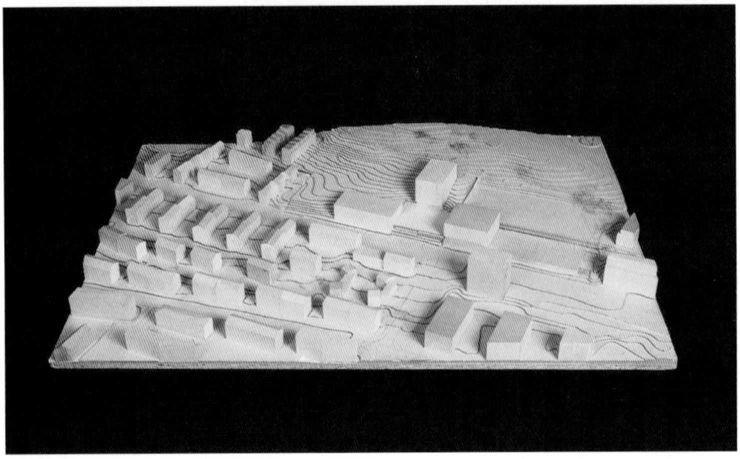

Nina Rohrer
2017 ss

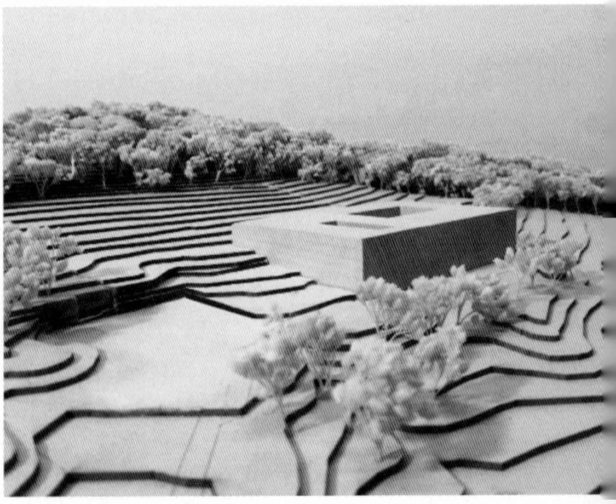

Christian Szalay
2016 ss

中世纪

Nadia Raymann
2015 ss

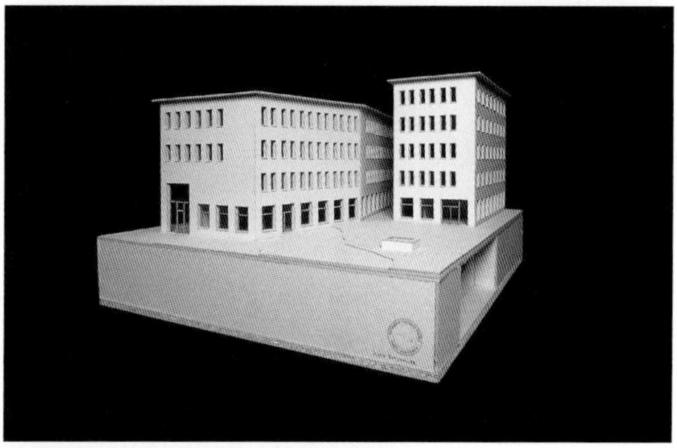

Silvio Rutishauser
2015 ss

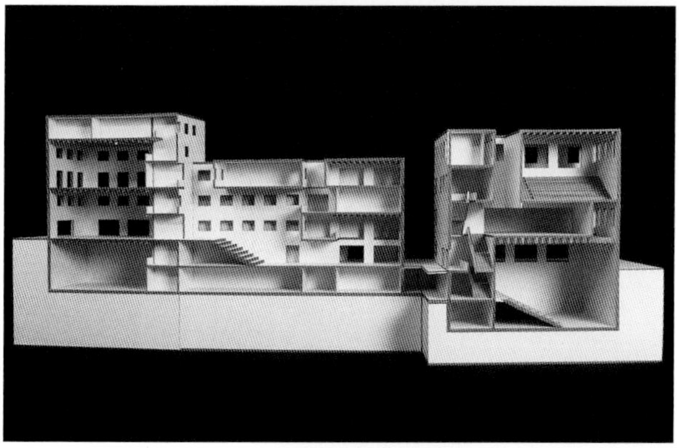

Noël Frozza
2016 ss

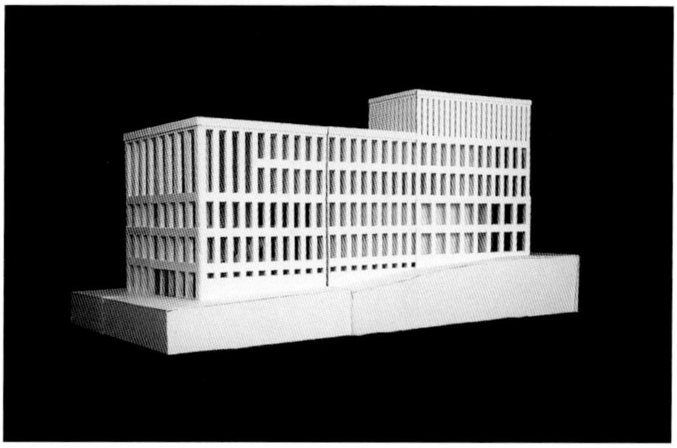

Sara Finzi-Longo
2016 ss

大规模建设时期

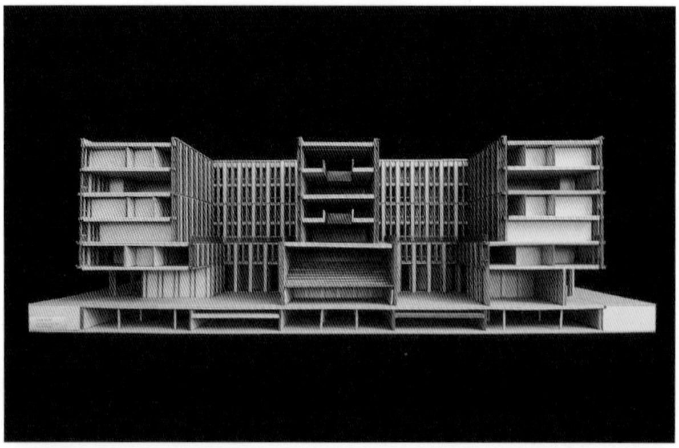

Nadine Weger
2014 ss

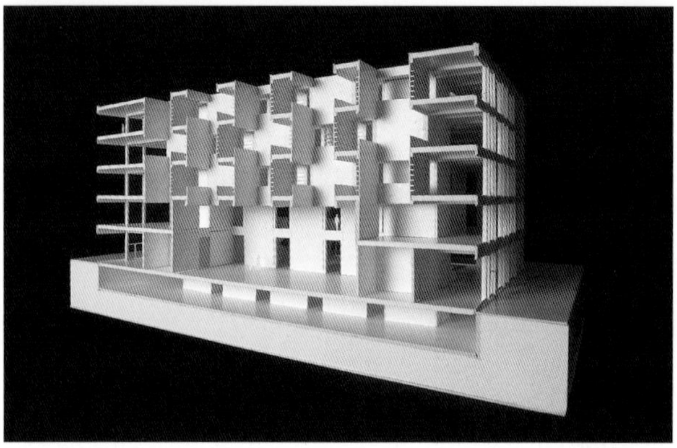

Patrick Perren
2015 ss

现代主义时期

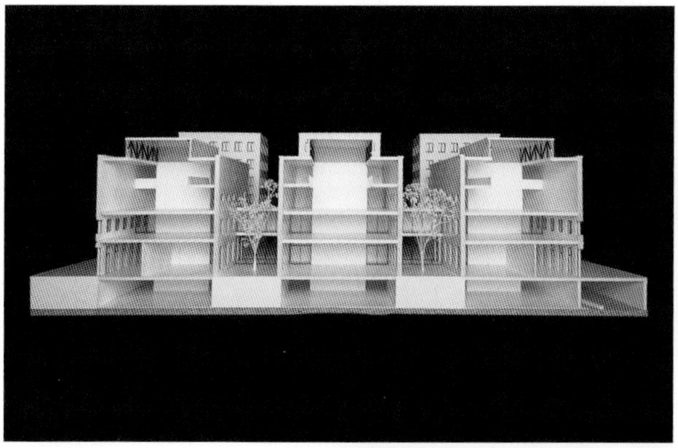

Yueqiu Wang
2013 SS

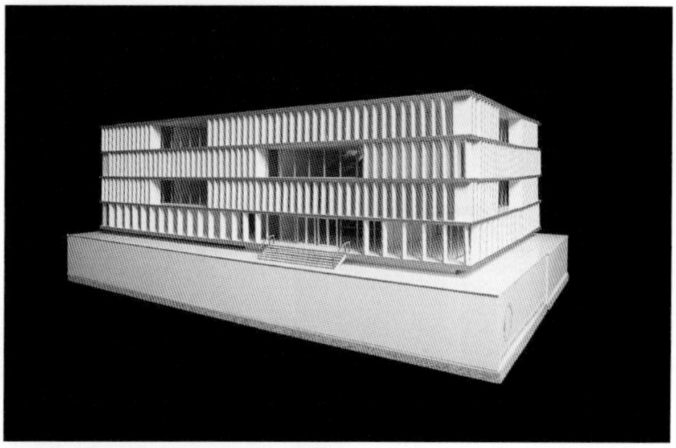

Viviane Zibung
2015 SS

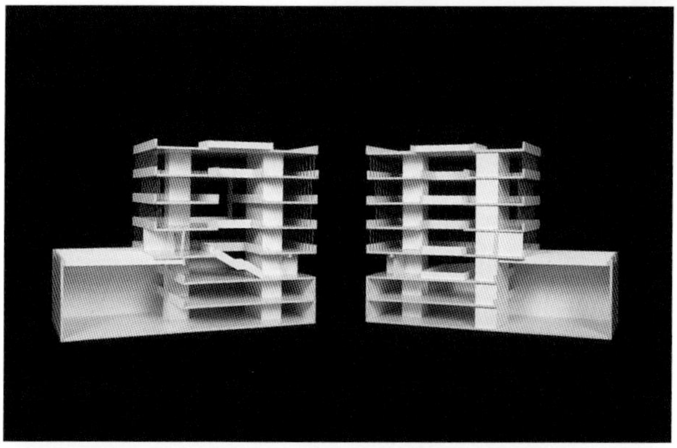

Maximilien Durel
2015 AS

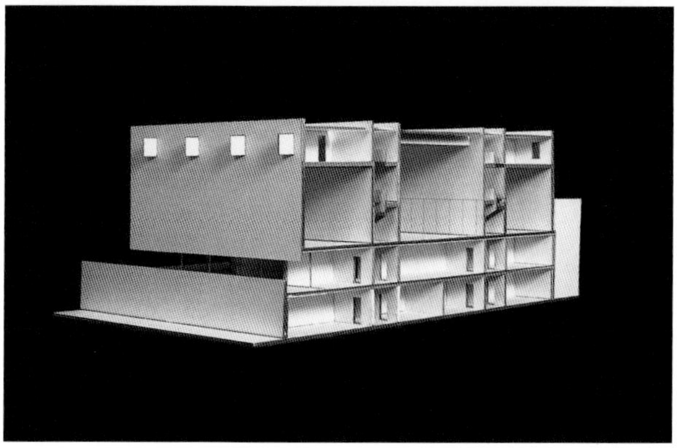

Grégoire Bridel
2016 AS

中世纪

Sophie Ballweg
Philipp Bleuel
2017 ss

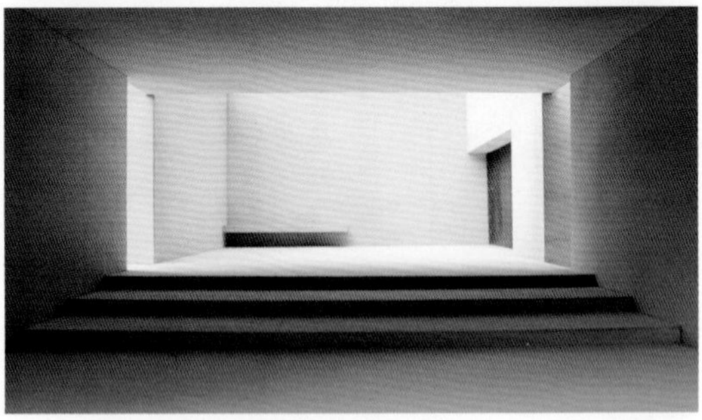

Isabel von Bechtolsheim
Rafael Zulauf
2013 ss

Lucio Crignola
Maximillian Fritz
2014 ss

Jan Honegger
Ekaterine Scholz
2017 ss

Marius Mildner
Maximilian Rietschel
2017 ss

大规模建设时期

Matthias Winter
2009 ss

Fatma Graca
Valentina Grazioli
2014 ss

Lisa Lo
Raphael Stähelin
2011 ss

Thomas Meyer
2009 ss

大规模建设时期

Fabian Reiner
2015 ss

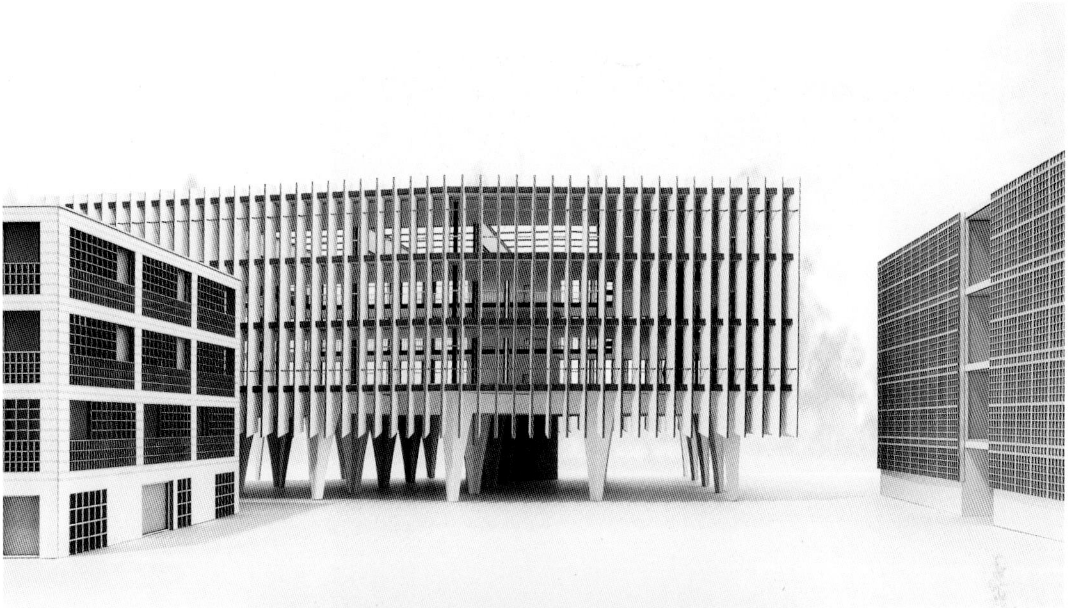

Artai Sanchez Keller
2016 ss

现代主义时期

Micha Weber
2008 ss

Timothy Allen
Okan Tan
2016 ss

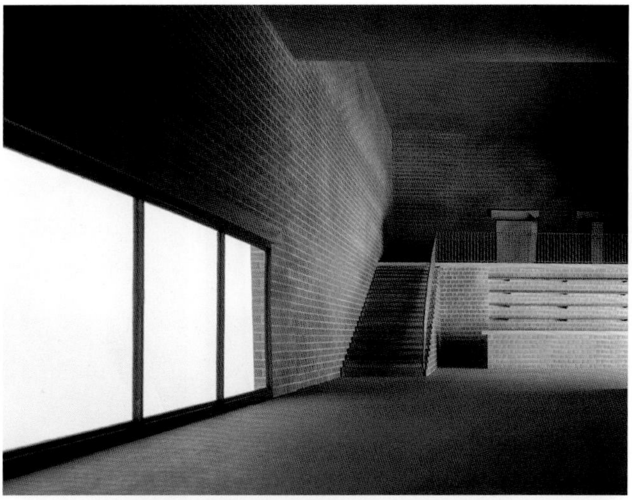

Jana Bohnenblust
Ming Fung Ki
2017 ss

现代主义时期

Cyrill Hirtz
2016 ss

工作中的学生

终期评价
2008 AS

建筑设计课的学习行为：教什么及如何学？

贾倍思

建筑设计课是建筑院校的基本教学环境。在设计课上通过老师和学生的互动而实现知识和技能的传授。设计课的效果取决于教案设计——不仅是内容，而且包括互动的管理。这篇文章从戴维·科尔布（David A. Kolb）的经验学习理论讨论设计课的本质问题。他的理论有两个向量组成，“理解”和“转换”。N. 约翰·哈布瑞肯（N. John Habraken）认为对大量性建筑的形态的“理解”比对特殊建筑（如纪念性建筑）的理解更重要。而根据唐纳德·舍恩（Donald Shöne）的理论，“转换”是在一系列的行为或“边做边学”的过程中完成的。科尔布按学习模式将学生分成四种类型。本章指出，“应变型”的学生是建筑教学的方向，因为设计课强调“边做边学”的能力。埃博勒教授领导的教学组对教案和组织两方面都进行了探索。

1 设计课的环境与争论

设计课[①]是所有建筑院校课程的重要组成部分，是建筑院校区别于其他专业院校的特有教学环境。它是一个复杂的社会环境。在这里，观念、技能、建筑思想通过教师与学生间的互动得以传递、展示和评估。它是对真实的建筑环境的模拟。在这里，学生要掌握建筑的视觉表现方法，要学会运用建筑语汇，更要学会建筑思维方式。无论“语汇”“建筑思维”的含义，和设计室的代名词在建筑教育史中怎样变化，设计工作室一直是植根于建筑教育传统，是建筑学所特有的教育方式。舍恩认为，设计工作室着重培养处理问题的能力[②]。它开创和发展了一种以项目为主导的“边做边学”（learning-by-doing）的教育传统。

然而，作为模拟建造环境，激发社会交往和创作的环境的设计工作室，面临两个相互关联的矛盾。第一，设计是否真实准确地模拟现实。某些学校的教学可能忽略普通的大量性的建造环境中的普适性价值，如时间、变化和人的作用。第二，知识和技能是否有效地传授给学生。过于抽象的概念教学，是无法将概念通过技能在空间和技术上设计体现

① 受教师反馈的场所。巴黎艺术学院（The Ecole des Beaux-Art，或称布杂）的设计室称为图房，包豪斯称之为工坊，在二次大战后的美国综合院校中，它又改叫设计试验室（顾大庆，2001：20-36）。本章采用舍恩的概念，强调大环境，既包括课程教案，也包括教室、模型室、场地和互联网。

② Donald A. Schön: *The Design Studio*, RIBA Publications Limited, England, 1985, pp. 5 - 6.

出来。两个问题是相互关联的：

(a) 现实和设计课对现实的模仿存在着偏差；

(b) 教师的教学和学生的学习之间存在的偏差。

无论是设计工作室的内容还是组织方式，都面临新时代的挑战。设计工作室的有效性不能脱离世界性的教育变革大背景而独立存在。以知识为基础和动力的经济发展自 20 世纪 60 年代开始对专业教育提出挑战。教学方式逐渐从教师上课辅导，转向学生从不同渠道自学，并要构建自己的知识结构[③]。教育家大都认为教学和考核的目标应转向培养高层次思维能力的学生。以问题为基础的教学法（Problem Based Learning, PBL）因此出现，并作为教育改革方向而为许多专业学科广泛采用。这种教学法注重学生的学习技巧的培养，着重“怎样学”，而非“学什么”[④]。PBL 的特点和意义表现在这几个方面：首先，由于教学的重心从教师转向学生，学生的主动性增强；其次，教育的目标从专业训练转向终生教育和全方位能力的培养；再次，教学方法从注重学生群体的统一标准模式，转向鼓励学生的个性发展，鼓励原创性而非模仿力；最后，学习内容从孤立的课程设置转向知识的综合运用[⑤]。

以问题为基础的教学法并不会直接给建筑院校设计教学提出相关议题，但是有助于加深对设计工作室的特色的认知并指明了改进的方向。

③ Jia Beisi: “Problem-based Learning in Crossing University Joint Studio of Architecture”, *Time+Architecture* (in Chinese) 13, 2001, pp. 55–56.

④ Jia Beisi: “Evaluation of an Architectural Studio with Problem-based Learning (pbl) Concept”, Proceedings of the Chinese Conference on Architectural Education, 23-25 October 2002, Wuhan, organized by the National Supervision Commission for Education in Architecture and the Central China University of Science and Technology, 2002, pp. 96-102.

⑤ 同上, p. 166.

2 科尔布的体验认知模式

美国哲学家和教育家约翰·杜威（John Dewey 1859—1952），对整个 20 世纪教育思想影响深远。他将学习视为经验、概念、观察和行为交织一起的辩证过程。“所谓教育问题，就是在行动之前以足够的时间进行观察和判断。”[⑥]

戴维·科尔布以杜威的学说为起点，并结合库尔特·列文（Kurt Lewin, 1890—1947）的社会心理学研究，以及琼·皮亚杰（Jean Piaget,1894—）对儿童心理成长的研究，指出三者的共同点，即经验认识过程。他借用了卡尔·荣格（Carl Jung,1875—1961）的心理学理论，把人的心理特征划分成不同类型。但科尔布反对把心理类型视为固定的，而认为它是在和环境的互动中形成并在互动中变化的。“我们对新事物的判断过程决定了我们的选择和决策。而我们的选择和决策，某种程度上决定了我们经历的事务。这些事务又决定了我们未来的选择。由

⑥ Dewey, cited in: David A. Kolb: *Experience as the Source of Learning and Development*, Prentice-Hall, Inc., New Jersey, 1984, p. 22.

此，人们通过选择自己经历的事务创造了自己。用泰勒（Tyler）的话说，我们在编制自己的'程序'。人的个性来自我们的选择和结果所形成的习惯和'程序'[7]。由此他提出了经验认知模型（Experiential Learning Model），这个模型体现了三方面的内容：

（1）人的知识的形成是在两个相互垂直的认知过程向度上进行的；
（2）四种类型的学习方式；
（3）知识的增长是一个螺旋向上的过程。

（1）学习过程维度

一个知识的形成是一次经验的转型，而经验的转型分成"四个循环步骤：直接经验获得（concrete experience），对经验的观察和反思（reflective observation），从而形成抽象概念（abstract conceptualization），最后将概念置于行为实验（active experimentation）中检验"[8]。在这个过程中，直接经验和抽象概念，观察反思和行为实验分别是两组在图式中相互垂直交叉的向量。前者称为知识向量（prehension dimension）（图中垂直轴），两端分别是两种相反的经验类型，通过感知（apprehension），直接获得的经验，称之为直接经验。而通过理解（comprehension）而获得的经验则叫作抽象概念。两者都是知识的内容，直接经验来自人接受物质世界的刺激而形成的感觉。抽象概念指理论知识，是代表人对外在世界的认识符号，这种知识是靠理解而非感觉获得的。图式中的水平向量称为转形向量（transformation dimension）（图中水平轴），代表对知识的加工和转变的认知行为。行为有相对的两种，一种是内向的思考，所以叫观察反思。另一种是外向的行动，叫行为实验。学习就是对知识的内容（垂直向量）进行加工（水平向量）。学习就是对直接体验和抽

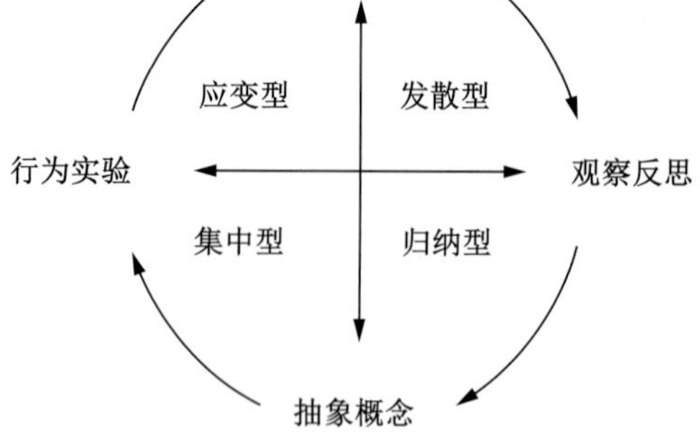

科尔布认知模型

[7] David A. Kolb: *Experience as the Source of Learning and Development*, Prentice-Hall, Inc., New Jersey, 1984, p. 64.

[8] 同上, p. 40.

象的经验表述的加工转型，使之成为知识。

（2）四种学习类型

基于知识的种类和转型，科尔布进一步划分了四种基本的学习活动类型。对直接经验进行观察反思的学习法称作发散法（divergence），通过观察反思形成抽象概念的学习法称为归纳法（assimilation），而对抽象概念进行实验应用的学习则叫作集中法（convergence）。最后，从实验结果中获得直接经验的行为称作应变学习（accommodative）。学生们通常都只有一种或两种学习方式最擅长，而其他方式则相对较弱。他的学习模式冠之以其最强的那一种。学生的学习模式可以用科尔布发明的学习模式测试题（Leaning Style Inventory，或 LSI）来测试[⑨]。根据大量测试结果的研究和临床观察，科尔布对四种基本学习模式特征的描述如下：

⑨ 同上，pp. 77 - 78, 93.

– 发散型学习模式体现于较强的想象力，以及对事物和价值的敏感。学生可能会有从多角度来观察具体情形的很强能力，然后将多种关联组织成为一个有意义的完全形体。这种模式强调的是通过观察而非行动来适应变化。这种学生在要求提出不同的意见和方法，比如在像“头脑风暴”这样的学习环境中往往表现很好。他们除了对人有兴趣外，想象力丰富，事事从感觉出发。由于对人的感觉和价值较敏感，他们抱着开放的心态去听取意见，收集资料，在模模糊糊的情形下去应用。

– 归纳学习模式的长处在于其归纳推理以及创造理论模型的能力，这种学生能将不同的观察结果总结，形成一个完整的解释。他们不太注重人，而是更多地关心理念和抽象概念。应用价值不是评价理念好坏的标准；理论的逻辑性和准确性才是最重要的。归纳模式的人能从事需要较强思考能力的活动，如收集信息、建立概念模型、检验理论和理念、实验设计和分析量化数据等。

– 在集中学习模式中的学生最擅长于解决问题、做出决定以及理念的实际应用。传统的智力测验中，当每一个问题只有一个正确的答案或者解决方法的时候，他们的表现一定很好。知识以演绎论证的方式来组织聚焦在特定的问题上。这样的学生往往受制于自己的情绪。他们更愿意处理技术上的任务和难题，而不愿意去面对社会和人与人之间的问题。集中学习模式强项体现在与决策有关的活动中，譬如创造新的思考和做事方式，试验新的理念，选择最佳的解决问题的方法，确定目标，以及做决定。

－应变学习模式的强处是做事情，通过做设计和做项目来获得新的体验。这种学生对于寻找机会、尝试冒险和从事实际行动都很有兴趣。他们可以很快地适应瞬息万变的环境，摒弃计划或理论。他们往往是用直觉、尝试和在错误中学习的方式来看待事物，他们依赖他人资料信息而非自己的分析来解决问题。他们忙于事务，亲力亲为，影响并且带领其他人从事实质性工作。

（3）面向知识的螺旋演进

学习是一个迈向更高层次认知的连续过程。一个好的学习者知道如何均衡地应用这四种学习模式。

理解和转型是学习设计基本能力。设计工作室的学习包括认知的全过程。柯克（Kirk）是这样分析阿尔托的设计过程和决策模式的。

> 首先，一个设计问题是由很多，甚至相互矛盾的观点、目标、功能需求和个人喜好所组成的。然后是对这些大量混乱的信息的搜集过程，设计师必须对整个问题的理解达到合适的点——虽然不需要完全理解。这样设计师才可以调动创造潜力，导出许多想法和潜在的答案。最后通过综合和删选，提出可以平衡设计问题的想法。[10]

这个过程和一般设计不同的是评估的环节。评估的结果导致新一轮的决策。柯克的决策模式分成五个步骤，即信息分析、试探（不同方案）、评估、综合和建议性方案。建议性方案需要放到限定条件中去检验。这个过程循环往复，不断扩大。“在每个环节上不仅方法是重复的，决策也是重复的过程。”[11] 这种螺旋上升的设计过程和科尔布的学习过程相类似。

设计工作室的学生需要不停地优化设计方案。这个重复的过程包含了不断扩展的分析、试探、评估、综合和草案。在这个对真实方案的模拟过程中，需要教师的介入。

科尔布理论的最大贡献在于揭示了职业教育在变得更加有效的同时，如何一步步束缚个人创造力，以及如何解决这个问题。职业训练是将学生学习模式定型的最主要的因素之一。“我们面对的每一项任务都要求一套与之相对应的技术以求达到有效的结果。任务需求与个人技术的有效匹配是一种能力的提高。”[12] 科尔布还认为，职业教育学校在这

[10] Stephen J Kirk und Kent F. Spreckelmeyer: *Creative Design Decisions: A Systematic Approach to Problem Solving in Architecture,* Van Nostrand Reinhold Company, New York, 1988, p. 9.

[11] 同上，p. 41.

[12] 同上，p. 93.

个日新月异的社会中存在严重的问题。他说:“特定的人从事特定的工作，这在过去社会中曾被认为是最理想的，而将来则会带来广泛的危机。”[13] 为了减少或者解决这种问题，科尔布建议在课程编制中必须同时考虑三方面的需要，即内容需要、学习方式需要以及人的全面成长和创造性培养的需要。但实际情况是，只考虑到内容需要，即“教什么”，而忽略其他方面的需要。一方面，为了让职业教学变得更加有效，被认为是适合特定职业的学习模式必须要被纳入考虑之中；另一方面，除了专业的发展训练之外，教师们还必须设定关于学生的成长和创造性的目标。学生们必须去体验不同的学习模式，以及这些学习模方式中存在的压力和矛盾。因为“正是通过解决这些压力，学生的创造力才得以爆发”。[14]

[13] Whitehead 1926, cited in: ibid., p. 183.

[14] 同上, p. 202.

3 设计工作室的知识向量

科尔布的学习模型包括知识向量的垂直轴（直接经验对抽象概念）和转形向量的水平轴（反思对行为实验）。直接经验来自个人的直接经验；抽象概念来自讲座和理论。一般工作室里教授的不是现实，而是现实的总结和原理。

哈布瑞肯认为应该从三个方面建立对日常生活环境的知识体系，即环境的普适价值、环境的变化和稳定性以及使环境价值得以持续的分工系统。[15] 对过去的和现存的环境价值的知识要进行组织，使之能够延续到未来。他也特别强调学习方法中合作技能的训练。这种技能包括对经过检验的优秀形态的转变能力，设计中运用模式的能力，以及建立元素系统的能力，使不同的形体保持统一的风格。他强调的知识和技能不属于科尔布学习模型中的水平向量，而是垂直向量中的抽象概念，因为他所说的知识和技能是梳理过的，是对现实环境的研究成果。

[15] 约翰·哈布拉肯:“一直存在的问题:对于建筑长期趋势的某些论调及其对建筑教育的影响”, *Shaping the European Higher Architectural Education Area—Transactions in Architectural Education No. 18*, Art if Text S.A., Greece, 2003, p. 39.

哈布瑞肯认为这种设计工作室普遍存在的问题是脱离现实，无视对大量性的普通建造环境的模拟。

普通建造环境的现实包括三个本质方面:

（1）价值共享：好的建造环境特征是本地所有建筑都呈现出共有的品质。而设计工作室却只研究特殊的建筑。

（2）变化和转型：好的建筑必须适应时间的变化。可持续的建筑表现细微的差别和适应性。而一般设计工作室过于强调单一的功能和一成不变的形态。

（3）设计参与和责任分享：可持续的日常环境是由不同的主体在不同的层面上共同建造的，因为建筑是一个复杂的体系，需要不同的设计者参与。建筑师不仅在造型上，而且在和其他组员合作和信息为基础的决策中起到协调作用。“将建筑视为自我主导的设计，在真实的日常环境中根本不存在。”[16]

[16] 同上, p. 37.

和哈布瑞肯关注教学的内容一样，杰里米·蒂尔（Jeremy Till）通过列举20世纪几个著名的建筑院校，如20年代格罗皮乌斯领导的包豪斯、70年代波雅斯基（Boyarksy）和英国AA（Architectural Association），及90年代彼得·库克 (Peter Cook) 的巴特莱特建筑学院（Bartlett School of Architecture, University College of London），认为它们只是形式不同，基本操作一样，学生都不得不而且痛苦地模仿教师的方案和形体。建筑教育“成功”把学生从现实世界中排除出去，“在追新逐异的过程中，否认平凡世界的存在”。[17]

[17] Jeremy Till: *Lost Judgment*, EAA Prize 2003–2005, http://www.openhouse-int.com/competition.html, 2005.

4 建筑设计工作室的转型向量

通过大量的调查，科尔布和他的同事认为建筑学的学习方式是应变型。好的建筑学生属于应变型的学生。

要认识设计教学的本质，我们需要水平向量的知识转移。设计工作室是知识转移的场所。直接经验和抽象的理论是在反思、观察和实验中学习到的。用舍恩的话来说，设计教学的本质是边做边学或者在行动中反思（reflection-in-action）。“在行为过程中有时我们偶然地发现预料之外的结果，对此我们做出思考，在做的过程中究竟做了什么？这个过

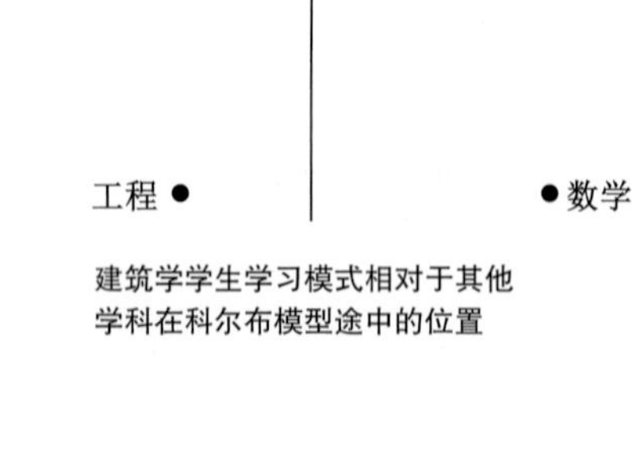

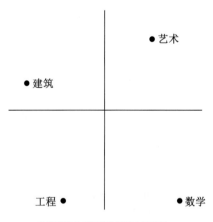

建筑学学生学习模式相对于其他学科在科尔布模型途中的位置

程我称之为在行动中反思。”[18]

[18] Donald A. Schön: *The Design Studio*, RIBA Publications Limited, England, 1985, p. 23.

唐纳德·舍恩主修哲学，1955年获得哈佛大学哲学博士学位，曾任麻省理工学院（MIT）城市研究和教育教授以及多家政府或私营机构的顾问。他的研究重点是职业教育。由于他在建筑教育研究（尽管并非他的研究重点）方面贡献杰出，特别是提倡把建筑设计工作室教学法引入其他专业领域，对于长期自我封闭——好像一个坚信自己可以给自己看病的医生和长期受其他学科打压的建筑学来说—— 因为它缺少科学实证，犹如找到了一颗启明星。舍恩认为任何理论都无法直接解决现实操作中的具体问题，而且现实世界变化快速，理论滞后于现实的矛盾更加突出。专业人士不得不边干边学，这就要求职业教育要训练学生掌握边干边学的方法，而这正是建筑学教育中的设计工作室的教学特点[19]。

[19] 同上，p. 20.

他坚信设计工作室的教学之所以重要是基于设计本身的特点：

–“现成的设计理论和具体的操作判断之间存在一段距离，需要用在操作中反思来弥补。”

–“设计方案的完善过程是对方案本身的评价和修正的过程，是在操作中学习的过程。”

–“因为设计带有创造性成分，设计者没有先例可循，只能边干边学。”[20]

[20] 同上，p. 190.

设计教学包括一系列重复的行动、实验和对实验结果的反思。设计课的实验“既像又不像科学实验”。设计课题要考虑特殊的场地和需求，和真实的项目有相似之处。但研究的范围小，实验的节律比真实项目要快。和科学实验只求找到唯一的答案不同，设计课通过草图，同时探讨多种答案，答案永远不止一种可能性。在设计过程中，操作不外乎三种：考察新的知识（“这是怎么回事?”），探索新的现象（“哪里看起来不舒服？”），和将用新的知识来改变一件事物（“如何控制整个局面?”），使之更加完善[21]。

[21] 同上，pp. 25 - 26.

设计课上，学生学习“在检验理解力和求得教师很肯定的压力下，将反思和行动结合和并行”“讲述、示范、提问、转形、反思、仿效、批判，所有这些活动都可以链接成多种组合方式，所有随后的行动都会建立在之前的行动、讲述、转化和反思的基础上”[22]。舍恩的观察和分析证实了设计教学主要表现在观察反思和行为实验两种知识转化方式上。

[22] 同上，p. 76.

正如舍恩所观察的，行为实验是通过草图、绘图以及学生制作模型来进行的，而观察反思则主要由口头谈话来表现。知识的转化只有在示范及谈话都能顺利和有效地进行时才有实现的可能。“对学生来说，每一个将指示变为行动的尝试都是一次实验，检验他是否准确地解析老师指导中的含义……作为教师，他的每一句意见都是一种尝试的反思结果，目的是为了检验学生在理解内容和问题方面的表现。而他的说话内容则检验了他自身的知识水平。”[23]“在行动中反思”是教师和学生双向的互动。

[23] 同上, p. 69.

舍恩关于设计工作室教学的描述集中在认知模型中的水平向量上。学生模仿教师的示范。一个典型的反思模仿包括四个步骤。

（1）学生发现老师对方案的反馈；

（2）按老师的指示修改方案；

（3）反思自己的方案修改；

（4）将设计方案转变为自己的方案[24]。

[24] 同上, p. 74.

按舍恩的观察，学生被迫放弃 —— 至少在最初的阶段——他们自己对于设计的观念和方法。“一个好学生必须放弃对教师的不信任。”[25]教师必须带入自己的经验和设计概念，来弥补知识的空缺。这说明垂直向量上的概念和经验的合理性取决于教师。

[25] 同上, p. 58.

舍恩注意到，在反思和模仿过程中，学生不可避免地要放弃自己的经验和信念：

> 尽管学生和教师的互动并非都是模糊、空洞或朦胧的，设计课本质上是潜在的条件。 设计课的前提是，在学生知道自己正在做什么之前已经要开始做设计。所以根据这种经验，设计室导师的示范和描述就对学生来说从一开始就已经有意义了，帮助学生学会教自己如何去设计…… 他们必须这样做，而不去考虑在他们想要交流的内容中可能存在的含糊、朦胧或隐讳[26]。

[26] 同上, p. 62.

舍恩坚信，反思性模仿（reflective imitation）是设计教学中的主要方法，学生必须要学会和适应它。“甚至，学生还需要放弃其他的与此相冲突的学习方式。”[27]

[27] 同上, p. 75.

蒂尔虽然没有直接说明设计工作室应该怎样开展，但他认为教师应该像考官，学生应该自己去寻找答案，学生必须形成自己的思维逻辑，建立自我评判和形成自己的目标的能力[28]。设计课应该鼓励学生发展自己不同的学习方式，而不是只是依赖教师，完成理解向量上的工作。

[28] Jeremy Till: *Lost Judgment*, EAA Prize 2003–2005, *http://www.openhouse-int.com/competition.html*, 2005.

5 结语

建筑教育所存在的问题也是一般职业教育存在的问题，对教育理论和思想的研究可以揭示设计教学问题的本质。科尔布认为一个学习过程包括知识和转型两个向量的活动。

知识向量包括两个对立内容，即直接经验和抽象概念。哈布瑞肯认为知识向量应该重视大量性普通建造环境，而不是特殊及标志性建筑。否则，设计工作室的教学在模拟真实环境不仅有缺陷，而且造成教师的教和学生的学之间的矛盾。改进教学的方法需要审视知识向量的两个内容。教案的组织首先要对现实环境的内容进行重组。他认为现实应包括对普通环境共享价值的认识，对稳定性和变化的结构规律的认识，以及对设计职责分配的认识。其次，设计工作室的中心应该从教师转向学生。学生对环境的直接体验也应成为教学活动的一部分，是他们能够增强对环境的敏锐的判断力。

科尔布的认知模型的（知识）转化向量包括两个对立的行为，即观察反思和行为实验。根据舍恩等人的研究，设计教学主要表现在转化向量。教学的效果取决于学生的行为实验的质量和积极性，包括方案修改、呈现概念和现实的草图和模型。 教学的效果也取决于教师对学生草图和模型所呈现出来的实验结果的观察和反思。 而学生的实验至关重要，因为没有草图和模型，教师无从观察或反思，对设计无法提出意见。也就是说，没有学生行为实验，一个教学过程无法开始。舍恩将设计课的知识转化（学习）的典型方式称为“在行动中反思”。

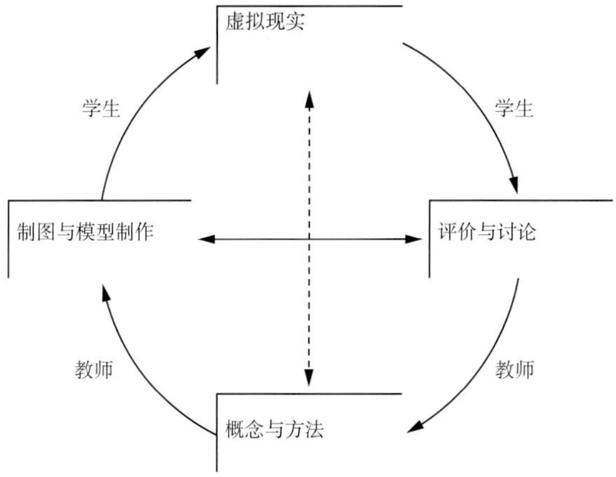

设计课中知识转化的过程

将科尔布的学习模式和舍恩的设计课理论结合起来分析，可以解释一个好的设计师为何是“适应型”，建筑教育为何将学生变成“适应型”的学生。因为只有勤于实验的人才可能进行有效的“行动中反思”。对普通建造环境的知识结构的重视，高频率高质量的学生实验过程的表现以及有效的教师反馈，并由此形成设计工作室的适应型教学方式，二者需要一个清晰的教案。本书提供了一份优秀的教案样板。

建筑学与计算机科学，计算机科学与建筑学

米歇尔·兰扎
马塞洛·纳索

M.N.| 这本书尝试对建筑教学进行系统化的梳理。其中是否有一些内容与计算机科学范畴内的方法和主题形成了照应？

M.L.| 软件工程与建筑学之间存在一些相似性，两者都需要面对如何建造、维护以及逐步发展庞大系统工程的问题。

软件与建筑的区分在于，它并没有场所的属性——没有上下左右的区分。当中的一切都是无所不在的，却也没有任何确切的所在。距离的概念是不存在的，具体是在哪里写的、在哪里完成的，这些也无关紧要。在运行期间，当系统的命令执行起来的时候，一切的距离都在事实上坍缩为虚无。

然而结构的命题是成立的。作为一个整体，它必须被组织起来，形成一种结构。因此我们会谈到软件架构（software architecture）的概念。

M.N.| 在计算机科学中，结构是通过软件架构来定义的。软件架构与哪些方面有关？

M.L.| 它与系统的体系化（structuring）相关：一个系统如何被分为子系统，以及进一步地细分子系统，这些系统与子系统如何相互关联。这就是软件架构的内涵。它是在创造秩序。

M.N.| 那这也是建筑所做的事情。一座城市或一幢建筑是通过同样的方式来构思的——城市通过总体规划和建筑类型组织，建筑通过建造系统和建筑组件组织。

那么，除了刚刚说到的没有场所这一点之外，软件工程与建筑学还有什么区别吗？

M.L.▍ 在我看来，另一个区别在于建筑学的思维过程最终总是要导向某种实实在在的结果。对工程师和建构了整个系统的建筑师而言，他们是通过一系列设计图来推进这种往复过程的。这意味着最终会形成一个模型，以及这个模型的实现。而在软件工程领域，并不存在两者之间的区分。

一方来设计系统，另一方来执行的情况，对软件工程来说并不存在。不过也有类似的尝试，会有基于一个模型实施的情况。最终需要具体、实际写出的一串源代码。从这个角度来说，它可以算是某一系统的模型。

M.N.▍ 这一系统的模型是以怎样的形态出现的呢？

M.L.▍ 目前是“写”的形式。

M.N.▍ 那可以理解为语言吗？

M.L.▍ 确实是的。最终呈现出来的，程序员所能看到的，就是一行行的文字，是用特定的编程语言写的，这样机器就能够识读了。其中包含着编程行为在智识层面的复杂性。程序员工作的本质就是用一种复杂的方式将具有结构的系统写出来。

事实上他们所看到的形式是一行行的源代码，被打包成一个个文件。

问题在于，为了对最基本的复杂性有所控制，需要数千个文件以及其中的数百万行代码来完成。其抽象和控制能力最终决定了一个程序员的真正水平。编程是一种高度的抽象。

弗雷德·布鲁克斯（Fred Brooks）在《人月神话》（*The Mythical Man-Month*）一书中说程序员就像诗人一样，接近于纯粹的思考中。他们仅仅凭借着驰骋自己的想象，来建造架空的“空气城堡”。这段话写于 1975 年。

M.N.▍ 这提供了非常个人化的独到视角。搭建一个庞大系统必须要依赖集体：许许多多人参与其中，这些参与者有着共享的愿景以及共同创造整体系统的目标。从这个角度来说，浪漫的诗人这一隐喻似乎就不那么合适了。

M.L.丨 对于许多人参与的复杂的软件工程项目，其中三分之二——也就是大多数——都会出差错。出错的并不在于技术原因，而在于人所犯的错误。

M.N.丨 是因为这些参与者无法准确充分地传达自己的想法吗？

M.L.丨 是的，出于沟通上的困难——尤其当沟通发生在人与人之间，而非人与机器之间。需要沟通的主题对人来说简直太过抽象了。

于是，人的本性必须作为一种因素被考虑进来。康威定律的观点是，系统的结构受限于设计这个系统的组织的沟通结构。如果处在这个组织当中就能够理解它，反之则不能。

如果一个系统将各种东西组织起来——使各物各归其位，那就是软件架构。

另一个问题在于软件产业中的高周转。程序员频繁跳槽，将他们做的东西遗留给后来者，后来接手的人并没有亲自写这些代码，所以他们得理解。这就好比盖一座房子的过程中换了五任建筑师。

M.N.丨 那么“好的”系统足以克服这一点吗？有没有一个超级系统存在于通常的组织中？

M.L.丨 通常达不到。

M.N.丨 但应该是要有这样一个总括的结构（overarching system），可以充当捕获知识的网。

M.L.丨 这种情况只存在于某些能够负担其成本的组织里。用术语来说这是一种“任务关键型软件”。比方说美国航空航天局（NASA）就是这样运作的。发射火箭的任务要花费几十亿美元。如果采取这种方式，需要投入足够的资金来落实一个近乎完美的系统。不过时间和总成本也会增加。

当代的软件产业中，一切都以市场需求为导向，采取上述做法是不合算的。不是非要写出好用、好看的软件，乃至无可挑剔的软件。哪怕仅仅是在被写出来的软件，就已经是很有意义的了。

1968年，在北约的资助下，首届软件工程大会于加米施举办。自那以后，“软件危机”这个说法成为人们关注的焦点。之所以如此，是因为人们意识到软件产业处于危机之中的事实，确切地说是处于复杂性的危机之中。危机尚未终结。如今它仍然存在，甚至是变得更严重了。这是一种恶性循环：写软件的工具不断改进，系统也变得愈加坚不可摧。

M.N.▎有意思的不是完成一件事的方式，而是完成一件事这个事实。并非关于系统本身内在的美感，而是关于系统被建立的既成事实。可惜，在建筑学中也大体如此。

话说回来：这种美究竟是什么呢？

M.L.▎对我来说，设计软件意味着保留一切本质的东西，舍弃其余一切。

简明就是美的。简单的代码很美。理查德·加布里埃（Richard Gabriel）《软件的模式》（*Patterns of Software*）一书中讲到可居性（habitability）的时候是在一种相似的语境里——软件的可居性。书中他说到有几种不同的系统，有的在编程的过程中令人感到愉悦，有的看上去很宜人，有的则很适合居于其中。

这关乎它是否易于做出调整。系统总是需要调整的。在丑的系统里面，无论做出多小的一个调整都要消耗巨大的精力。在美的系统里面，需要做什么、何时做、如何做，这些事情都一目了然。有一种美体现在语言学的层面上。在那种写得很美的代码里，编程者用了正确的变量，对所有事情都进行了恰当的命名。反之如果要写出那种丑的东西的话，就使用一些无关的错误变量，或使用糟糕的命名方式。一旦这样做整个系统就会变得非常难以理解。

在极端的编程中，“无自我的编程”这一概念也是有的。这意味着编程者的写作不是为了自己，而是为了他人。因此他写代码的方式要尽量地让别人容易理解。

M.N.▎不过我作为一个普通用户，从未看到过程序员写出的东西。他们的成果与我的交互是通过一个界面来实现的，因此是一种完全不同的方式。

M.L.▎ 没错，现在我们谈到的是表皮。它可以简化为所谓的用户界面。系统的这一部分最终被用户所看到。我的意思是即使复杂如 Windows Vista 系统，它实际是八千万行代码，而用户终端所看到的只是视窗、按键以及平面设计仅仅是系统的表皮。

M.N.▎ 通过用户界面来操作一个系统这件事应该是相对新近的事情吧？

M.L.▎ 是的。最早的计算机不是基于用户界面的。最早的用户界面出现在 1960 年代，到了 1970 年代开始多了起来。这是因为此前并没有什么用户。当时能使用计算机的少数人都是计算机方面的专业人士。他们对操作非常熟悉，并不需要用户界面。直到 1980 年代、1990 年代计算机科学成为主流之后才对用户界面产生实际的需求——是为了并不懂编程的人们，也就是广大用户。

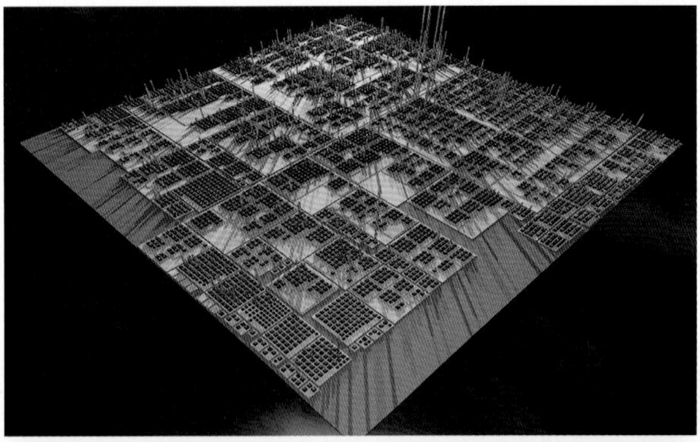

米歇尔·兰扎，对代码以及运用多种计算机语言（Java1,C++,Smarttalk, CSharp）的不同维度矩阵进行可视化。可视化采用了城市的形态，以利于表达综合性，并利于迅速发现潜在的问题。每一个子系统是城市的一个街区，建筑就代表了其中每一个文件。

M.N.❙ 界面和建筑学所说的表皮或者围护结构有可比性。还有一个类比就是剧场——界面就好像是剧场里的舞台，是事件发生的场所。

M.L.❙ 我理解你要说的状态。你的寓喻描绘的是完美的界面。但通常看到的不会是这样。在理想的情况下我们可以使用日常语言而不借助于界面的支撑。但机器还没有那么智能，还做不到。为了达到那样的一种理解力，机器本身就要有智能——但它还不具备。

M.N.❙ 智能是什么呢?

M.L.❙ 自我意识。机器没有自我意识。它不能感知到自身。

M.N.❙ 斯坦利・库布里克（Stanley Kubrick）1968 年的电影《2001 太空漫游》中，在太空船上有那么一台虚构的电脑，HAL9000，它是具有意识的。在电影的架构中这台机器一开始只是一个抽象的技术构造，不过随着电影的发展它逐渐获得越来越清晰的自我意识的感受。

M.L.❙ 在现阶段还不可能有这种情况。有人相信所谓的奇点（singularity），这个概念是指机器可以发展出自我意识的感受。有人说在未来 15 到 20 年将会实现。不过早在 1965 年，同样的预言就有人说过了，也早已过了当时预测的 15 年的时间。在我看来，现在仍然没有什么可能性。

M.N.❙ 关于计算机科学的状况已经说了这么多观点。很显然它和建筑学的发展有并行的地方，不过，这两个学科间的区分也愈加凸显。我们来关注一下这方面吧。

M.L.❙ 与建筑学的另一个区分在于，它不存在任何边界，不存在任何物理的边界。所以没有什么公认法则来决定软件系统必须以何种方式构建。程序员也没有可以遵守或者必须遵守的规则手册。这么说吧，没有什么好和坏的区分。最终用户能够看到的是和系统完全不同的东西。程序员可以把一个系统设计得非常糟糕，不过只要用户界面能令人信服，那这个系统也能令人信服。

M.N.▎ 我这么理解：不存在任何规则或规范。那有没有关于思想、方法或者理论的一些学派呢？

M.L.▎ 有“过程理论”，它和人们如何有条理地按照方法来设计系统有关。在这些领域中也有“模型”。例如，有一种瀑布模型，指的是一件事情在另一件事情之后顺序完成。

“瀑布”所指的是一种方法论。人们经常把软件工程与传统工程或土木工程相类比。在此，往往会用建造桥梁来比喻。整个过程必须协调各方人员。最终，达成了某种程度上对人们有用的结果。

不过两者之间有一个区别使得这个比喻有时候站不住脚：当你开始建造一个系统的时候，整个环境会在非常短的时间内发生变化，而且是持续发生的变化。这就意味着，如果我们用建造一座桥来比喻设计一个软件系统的话，还得附加如下的条件：在这座桥的建造过程中，桥所要连接的两岸陆块一直在漂移变换，如果一成不变地执行初始计划，那么最终这座桥可能根本无法连接两岸。

这个比喻要成立的话，那就只有在一开始就清楚地知道环境并不会发生变化，而且所有要求在一开始就必须明明白白。不过，就这个领域过去50年的状况来看，显然不太可能在一开始对环境做出全面预判。人们注意到，环境是始终在发生变化的。

尽管如此，还有另外一种在1990年代开始出现的途径，即所谓的敏捷软件开发，它包含不同方法论，比如极限编程。这当中意识到了改变是最重要的因素，人不应该试图构建抵抗变化的系统。改变要作为一种既定事实被接受。

自那以后，已经有了各种构建系统的手段。其中大多数遵循洋葱模型——逐层逐层地创建，并通过这样的方式，创建出明确基于原型的交互式的步骤或类型。

这与建筑有什么区别呢？在计算机科学中，原型的制作成本很低，因为它不是物质的。人们可以选取一个原型并持续开发它。在建筑学中，这种做法就好比人们开始建造一栋建筑，是为了弄懂其中错误的建造方式，然后再拆除它，从而能够以正确的方式建造它。

M.N.┃ 建筑中的模型和系统并不是一回事。利用模型可以将原型发展为特定环境下的建筑类型。二维和三维的图像再现以及不同尺度下的建筑模型是模拟的手段，我们用这些手段来尽量避免错误和误解。

除此之外，许多东西的制作过程并不统一，取决于具体的现场或工艺，或工业生产方式的选择。

农村里的房子与它相邻的房子往往是彼此相似的。每座房子都有自己的个性特征，但它与相邻的房子是相关的，且从属于一个更大的整体。同样的道理也适用于组成不同建筑的各个部分。

M.L.┃ 这一点与计算机科学有很大区别。还是引用弗雷德·布鲁克斯的话："在软件系统里不存在两个一模一样的部件。"

建筑中的某些部件实际上是可以完全一样的。正如你刚才所述，不同建筑物基于观念上具有同一性的组件。在计算机科学和软件工程领域，每一行代码都是单独手写的。

M.N.┃ 有没有某种机器或者程序，能在程序员编整段代码的时候提供一些辅助?

M.L.┃ 对，有的，被称为模型驱动工程。人们尝试创建模型，然后机器按一下按钮即可生成源代码。但是整个事情只是一个愿景，实际上并没有真正起作用，这有两个原因：第一个原因是使用此类机器能够生成的东西肯定不完整，人们总是必须手动进行追加改进。可以生成框架程序，但是缺少的部件必须手工插入。另一个原因在于建模语言。它们非常复杂——如此复杂，以至于这个模型本身比它要建的模型还要复杂得多。

M.N.┃ 计算机科学中的模型和程序之间有什么区别?

M.L.┃ 程序由源代码组成。源代码是一种高层次的表现，即表现计算机为了执行任务而在更深一层进行的工作。模型是程序在智识层面的表现。它不是程序本身。但是有人认为程序是模型。还有人认为模型可用于生成程序。

M.N.❙ 对于建筑而言，两种类似的方法可以被识别出来。一方面有功能主义的学说，自 19 世纪末以来它与现代主义密不可分。这一学派的论断是：建筑物的当前用途（在建筑学中我们也称为计划 [the program]）会生成形式。理性主义则对此表示反对，认为计划是形式的结果，因此也是结构的结果。

原本有固定用途的建筑物往往会突然被不同用途占用。我想到的是巴西利卡——罗马人发展出的一种建筑类型。它最初用于大型公开集会，尤其是法律审判的场合。后来，它成为基督徒崇拜上帝的场所，因为其结构类型能容许大规模人群聚集在同一屋顶下。结构的容量决定了建筑物的类型（typology），而不是其功能。

M.L.❙ 这在计算机科学里不是问题，因为它不是物理的——所以软件的成本无法与建造实体相比。从理论上讲不会产生任何损失。

在 1920 年代到 1960 年代，计算机硬件比软件重要得多。据说尼克松（Nixon）曾经问过，将阿波罗 11 号送上月球的软件的重量是多少。从那时起，硬件有了越来越显著的提升，而且其物质层面变得越来越不重要。相比之下，软件则重要得多，事实上其重要性无尽地在提升。人们实际上拥有了无限的空间，在这个无限的空间中来开发系统。

M.N.❙ 我们已经讨论过场所的缺失、结构和系统的含义、表皮作为界面的必要性，以及程序模型的矛盾性。那么，物质性呢？

M.L.❙ 在这一点上，显而易见其关键的区别在于，如前所述，不存在损耗。物质是会损耗的：如果人们在地板上行走了数百年，地板会发生变化。但是，代码不会以相同的方式老化，它永远不会变旧。建筑受制于重力，而软件不受制于重力。

尽管系统仍然会走向瓦解。但这并不是因为系统本身，而是因为系统外部的现实在发生变化。一个永生不朽的系统无法逃脱现实一直在改变的困扰。一个系统如果自行其是并保持这种状态的话，很快就会过时。它将不再满足现实的需求。

系统必须被调适。侵蚀是确实存在的，但它来自外界，而不是来自内部。其元素本身是不会变形的。随着时间的流逝，系统本身会使其过时。

M.N.▎ 现存最古老的系统是什么?

M.L.▎ 系统是什么?在我所想到现代软件里,现存没有什么系统能超过50年。

庞大的银行系统有时候能达到30至40年。对于计算机来说几乎已经是永恒的时间了,背后是许许多多代程序员。

语言也加剧了变化的进程。软件系统是用编程语言编写的。它们是为了能够更轻松地与机器沟通而开发的语言。这些语言一直在不断被发明出来,而许多语言逐渐就灭绝了。当前估计存在大约9 000种编程语言。其

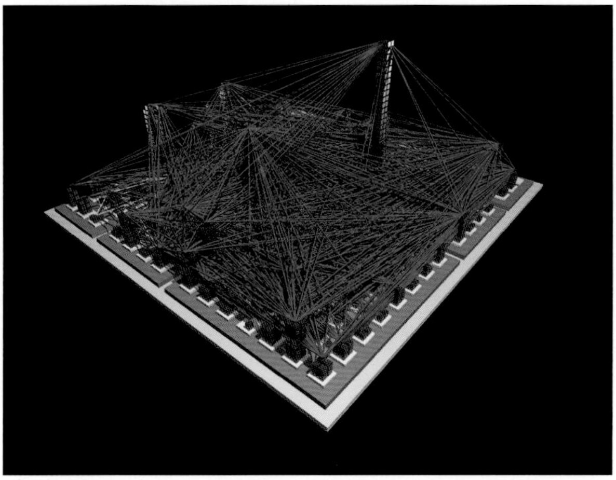

米歇尔·兰扎,使用CodeCity可视化表达的程序,CodeCity是由兰查领导的研究团队开发的可视化系统。那些可能导致程序崩溃的问题被表现为很高的建筑物,远远超出了其他建筑物的通常比例。这类"运行状况地图"指出了程序架构中必须改进的区域。

中，实际使用的大概有 20 或 30 种，而其他则毫无意义。新的编程语言将兴起并取代当今的通用语言。但是系统仍然存在。这也带来人力资源的问题：这些系统有的已使用 30 或 40 年，只有很少的人能理解。

就物质性而言，与建筑的另一个差异与责任制有关。在现代软件工程中，人对于错误的应用程序不需承担任何责任。在建筑中，有人要为损失负责。如果一个软件系统有错误，例如一架飞机因此而坠毁，程序员对此不承担责任。这方面还未建立监管。

M.N.▎ 这是好事吗？

M.L.▎ 这是个好问题。我认为总体而言是一件坏事。在建立专业形象方面，计算机科学领域整体上是失败的。现在，任何人都可以声称自己是计算机从业者。我想并不是所有人都能声称自己是建筑师并合法地开展建造。

M.N.▎ 将那些具有高水平专门知识的人与其他人区分开来仍然不够吗？

M.L.▎ 当一个领域没有边界来定义哪些东西在其范畴之内，哪些在其之外，就很难继续发展。比方说，如果现在需要实现环境可持续发展，那么在建造领域该找谁请教这方面问题，会是很明显的。

当人们试图使计算机科学领域变得更加专业时，大家都不知道该找谁。实际上只有极少数人受过专业方面的教育。我觉得世界上大多数源代码都是由业余者编写的。

M.N.▎ 和建筑没有什么不同。只有极少数的建筑和城市是由建筑师建造的。

M.L.▎ 建筑和软件工程之间有很多相似之处。它们都关乎复杂结构。这些复杂结构是随时间变化的，必然会发生变化，也必然要进行转换。这些结构，最终是为人而建的。我认为建筑只从软件工程中吸收了极少有用的，而与之相对的，软件工程则采纳了建筑中许多有用的方面。我认为这整个领域仍有待耕耘。

建筑的宣言

阿诺・莱德勒

在过去的一百年中，建筑师不喜欢讨论美。他们很难在建筑中处理这种特殊性。一旦所有的东西都变成可以计算，建筑也将具有同样属性。其中功能、目标和经济都具备了可计算的属性。另一方面，美的产生实际上是一种连贯的科学和技术方法作用下的结果。同时，计算本身变成了一种美的典范，尤其是20世纪上半叶，计算赋予了机器美。建筑物模仿了飞行器和车辆的形状，尽管从本质上讲他们之间的机动性是相反的。建筑师也确实很喜欢在他们设计的建筑物前将他们的汽车也纳入照片中。

相较于美学，对量化方法的青睐与当时技术设计师和工程师身价的提升相吻合，这就如同没有文化包袱的新原始野蛮人，成为那个时代的理想形象。

许多建筑师仍然对这一科学和技术概念表示敬意，但将其外表赋予另一层包裹，不愿看到其内在矛盾。人们似乎仍然沉迷于那些令人叹为观止的形式和外墙，就好像重力不存在一样。同时，人们期望一个简单的住宅能成为一个发电站，建筑物再一次成为自由漂浮的殖民空间的理想形象。

对于大家来说，这种建筑很明显将自己与19世纪末之前存在的事物分离开来：维特鲁威传统在很多个世纪以来为建筑提供了连续性。可以肯定的是，虽然相对受过教育的公民可以说出从古代到文艺复兴、巴洛克式，甚至是19世纪后期的折中主义的各种风格之间的区别，但一切都基于汉斯・科普夫（Hans Koepf）对建筑学的广泛了解，以及他在《五千年建筑》（*Baukunst in fünf Jahrtausenden*）中提及的内容[①]。

在建筑理论和建筑批评的激烈争论中涉及以下问题：我们是否应该打破常规，或者我们是否应该回到与现代主义决裂之前所理解的建筑。这与上古以来对建筑师的定义直接相关，并且与工程师相反。工程师直到18世纪才出现，主要是在19世纪发展起来的。

据记载，第一个系统地考虑这一职业的建筑师是罗马建筑作家维特鲁威，他是一位相当普通的建筑师。他将建筑师描述成所有事情都知道一些，而不是知道一些事情的所有。他们似乎经常以未完成的事情得以嘉奖。他所描述的仿佛与许多现实相符。“一个人被自然赋予了如此多

① Hans Köpf: *Baukunst in fünf Jahrtausenden*, Kohlhammer Verlag, Stuttgart, 1997.

的才干、敏锐和记忆力，他们能够全面了解几何、天文学、音乐和其他艺术，超越了建筑师的职能，成为纯粹的数学家。”[2]维特鲁威如果是生在最近两个世纪，我们可以假设他会用工程师代替数学家。

维特鲁威反对一种可量化完美的理想状态：一种人普遍参与的，思想和行动、哲学、艺术和实践技术知识相结合类型。对他来说，将建筑视为解释世界的模型思考，是建筑工作的一部分。行业的这种自我反思，不利于20世纪剧变时期的建筑，甚至是在这时期之后对于建筑的毁灭性破坏。在上个数十年的初期，这种类型的最后一个综合项目是弗里德里希·奥斯坦多夫（Friedrich Ostendorf）的项目，但是项目做到一半的时候，奥斯坦多夫在第一次世界大战中去世，之后项目陷入停滞。直到后现代主义的早期阶段，建筑师才开始将他们的思想写下来。

我们今天所理解的工程师的职业在工业化时期还处于雏形阶段。在工程学的历史中，并没有维特鲁威、阿尔伯蒂和辛克尔。也许，正是在对技术性问题与命题的系统性和理论化的追求与训练中，能引起美学和哲学话语讨论的机会很少[3]。或者也许是目标导向的关系，工程学使用数字和事实，没有留下任何对信念的解释或提问的空间。

对于科学技术不可阻挡的凯歌式前进，建筑学几乎无能为力。让工程师领路的意图是巨大的，他们的行动保证了事情会在前进的道路上继续发展。这当然是一个耀眼的概念：这在医疗进步方面绝对合理；在军事技术发展方面值得怀疑；在日常生活中模棱两可。这如同我们考虑在全国旅行时候乘坐现代的城际特快列车。解决问题的工程师是值得信赖的，最好建筑师也值得信赖。但这是关乎信仰的事情了。

在前现代时代，人们相信的比他们知道的要多，而今天，我们所知道的比相信的要多。

当今社会工程界的一个例子说明了对建筑的作用。例如，我们可以看看在竞赛评审团中是如何决策重大建筑项目的。其中，委派来自各个专业领域的专家、成立委员会作为决策的前提。这些专家汇编可量化细节的列表。楼层平面图和剖面的研究被数字代替，数字可以陈述能量值、紧急出口的宽度和成本等。这些专家关心的不是整体，而是脱离背景的细节。这些细节完全没有反映设计方案的实际质量。

由于该小组不想也无法阅读平面，因此需要第二个决策帮助：可视化。但这还不是全部，而是或多或少的是巧妙的宣传，其插图不过是一种吸引人的方式。它展示了这座建筑物永远不可能真正存在的样子：有蓝天，有轻快的汽车，有快乐的年轻旁观者。

[2] Vitruvius: *Ten Books on Architecture*, Book 1, London, 1914.

[3] 一位工程师完成了他的专业文学作品：1843—1906年的海因里希·塞德尔在柏林设计了搭便车火车站和约克布赖肯。
作为作者，他写了《勒贝里希特·哈兴》（*Leberecht Hühnchen*）一书，讲述了一个谦虚的工程师的生活，他“懂得快乐的艺术”。塞德尔还写了工程师的歌，其中第一句是“对于工程师来说，没有什么难的……”，成为吉罗·吉尔鲁斯的座右铭。

如果图像适合大众的口味并在初步审查中拥有令人满意的价值，那么无论建筑多么糟糕，它都将成为人们的最爱。

用席勒的话来说，品味是判断的问题。然而，判断的能力是需要知识的。获得知识、感觉知识，需要来自多年的学习与工作的经验积累，以及将两者联系起来的相关事务的经验：教育。责任也是判断的一部分，另一方面，将责任委托给专家是一个借口。在这方面，我们可以简单地说，就建筑而言，我们社会的品位是糟糕的。

人们只需要看一下建筑学的课程：学习课程通常包括技术科学、经济学、法律或社会科学的学科。学生们不仅需要学到很多详细的知识，同时还要学习如何设计。例如艺术设计或任何艺术主题、文学、音乐、戏剧，这些我们归入文化类的所有内容都具有不同的价值。显然，这些是人们打算在业余时间获得的知识。

在超过 25 年的时间里，我们拥有出色的机器，旨在减轻和改善建筑师的工作。坦白说，有没有人能够确定这些“福音”是否真的改善了我们建筑和城市？

机器是技术和科学的产物，与主观任意性相对立。1921 年掀起了艺术的审美狂潮，阿道夫·路斯在这之后写了一篇关于我们职业状况的文章 *Fin de Siecle*：“建筑不属于艺术，建筑中只有一小部分属于艺术品：坟墓和纪念碑。凡是为达到目的的事物都应排除在艺术领域之外！”④ 几年后，汉尼斯·迈耶（Hannes Meyer）这样说：“新建筑是工业的产物，因此，这是专家的工作。建筑师曾经是一位艺术家，现在正成为组织方面的专家。”⑤

从那时起，在这种理论的支持下，建筑一直在艺术内容之外讨论。他们的形式创造可以得到可量化的价值，功能、经济和技术的支持。而工程师们已成为所有这些领域的专家，并成为建设城市和建筑物的可信赖的合作伙伴，相对于工程师，建筑艺术（baukunst）在无助地衰落。

效率的保证可作为回报，这结果如何？举一个例子，自 1980 年代以来，建筑辅助成本增加了 30%以上。顺便提一句，最近一份主流日报报道，过去 20 年来，仅建筑成本就上涨了 40%以上。这归因于不断增长的技术需求，例如防火、成本优化和节能——更不用说“智能房屋”的兴起了。

事实证明了这一点吗？这是我们实践中的一个例子：我们于 1979 年成立了工作室。此后不久，我们赢得了位于市中心的居民房屋、分支银行、图书馆和商店的建筑群的竞赛。保守估计，如果按照今天的标准，

④ Adolf Loos: *Trotzdem*, 1900–1930, ed. Adolf Opel, reprint Prachner, Vienna, 1982, p. 78.

⑤ Hannes Meyer: *bauhaus*, *Zeitschrift für Gestaltung,* Dessau, 2, 1928, pp. 12–13.

费用将在 2 500 万至 3 000 万欧元之间。当时，我 32 岁，因为需要钱而不得不卖掉汽车，并以为我拥有一台复印机可以用打字机上打出淡淡颜色复印文本就足够了，这真是太异想天开了。绘图设备是一种真正的奢侈：我们在纽约的夏莱特购买了设备。三位咨询工程师：测量师、结构工程师和机械工程师加入了我们。客户为高昂的辅助费用而感叹，辅助费用相当于今天的标准建筑成本的 18%。但是与我们今天建造的建筑物相比，这些建筑物并没有好坏之分。它只是更便宜，决策更容易，而我们是负责人。

当我们被邀请参与设计项目的工程师和建筑顾问参加会议时，经常有 20 个或更多的人坐在一起，试图达成一致。真正的建筑艺术在于能够超越许多独立的专业知识，而这些专业知识根据其专业语言的力量，提出的必须、应该和想要的内容，都导致了建筑的失败。他们想使建筑文化的概念公正化，但是建筑文化意味着在历史的语境中思考。从维特鲁威的视角来说，这只能由对所有事情都知道一点的人来改善，而不是对一件事情知道很多的人。专家是建筑文化的敌人，建筑文化是属于通才的。

如今，建筑师已不再依赖专家来设计外观。对我们城市贫瘠的批判甚至没有接近尾声，而是在上升，这不奇怪吗？全国有足够多的建筑物，它们运行良好，数据读取效果也很好，但是人们想知道为什么没人真正想住在里面。这是为什么呢？因为建筑不是一个机器。毕竟，人们不会通过看血球数量来寻找生活伴侣。而使用按不同标准排序的图表以从 1 到 6 给出 20 个等级，以计算平均最终成绩的教师和教授不属于学校或大学。

这就是马克斯·弗里施（Max Frisch）的伟大小说《劳动的人》（*Homo Faber*）[6]的主题，该小说描述了工程师沃尔特·法伯（Walter Faber）的命运，他只相信数字和技术进步，但是作为一个人他不幸地失败了。用技术拯救世界的想法是荒谬的。仅凭很多人会选择艺术这点，它就失败了。如席勒在他关于美学教育的文字中所描述的那样，弗里施反对《劳动的人》中的“造物主”（man the maker），也反对《游戏的人》（*Homo Luden*）中的“游戏者”（man at play）。

劳动的人同样依靠游戏的人，因为将所有组件展开为一个有机整体的（美是什么），这给技术带来过重负担，这要求建筑师有想象力和责任感。正如马丁·海德格尔所指出的，如果有一天，“只有计算的思想才得到重视和实践”[7]，那就是一种灾难。

[6] Max Frisch: *Homo faber*, Frankfurt (Suhrkamp), 1977
［注：马克斯·弗里施不是第一个处理工程失败的人。“隧道”是伯纳德·凯勒曼（1879—1951）小说的标题，该小说讲述的是20世纪初的工程师，他想修建一条从欧洲到美国的隧道并将其建成，不仅导致大量人员死亡，也导致了他的毁灭。艾瓦斯（S. 菲舍尔）于1913年出版了该书籍。］

[7] Martin Heidegger: *Gelassenheit*, Messkircher speech 1955

阿尔伯蒂的《建筑十书》曾经是中世纪最重要的建筑理论书籍。第九卷中谈到了建筑专业的严重性和困难：

“毫无疑问，建筑是一门非常高贵的科学，并不适合每个人。他应该是一个才华横溢、能广泛应用所学、受过最好教育、经验丰富的人，尤其是具有敏锐的洞察力和果敢决策的人，他应宣称自己是建筑师。虽然建筑是必需品，但适宜的建筑是具有必需性和实用性的：只有依靠一个博学、明智并且谨慎的艺术家的经验，才能建成一座既被富人称赞也不为穷人责怪的建筑。”[⑧]

而今天？看看由议会通过的法律对德国建筑师和工程师的收费标准。这段文字加上注释，长达数百页。“美学”一词是找不到的。经验和教育也无法区分建筑师，或者他们是明智的艺术家。建筑师根据技术和经济指标获得报酬。建筑是否美丽，是否为城市增添文化价值，是否像保罗・瓦莱里所希望的那样，既不是沉默，也不说话，而是在唱歌，似乎政治和商业对此并无兴趣[⑨]。

如果要把语言与建筑进行比较，也许有人会说，塑造日常生活中面向市场的设计就像编写指导手册一样。有时是散文，很少会是诗歌。诗歌是属于艺术的一种，却很少被珍惜。散文可以是艺术，但大多数时候不是。如果使用说明是以艺术化为目标的，则说明手册将是失败的。

这三个层次始终包含在建筑学中。但诗意已经消失。仅仅基于数字化空间功能和技术支撑下的建筑物，就像普通的说明手册，缺少诠释。相比之下，一首诗是自由的，对解释和结构的表演是开放的，这不是让我们感到高兴的事情吗？

建筑学所提供的解释可能性不止一种。需要诗歌才能使之成为可能，这不能被视为禁忌，这至少让我们可以致力于建造艺术的概念！想想第二个单词（诗歌）！这不是我们的职业真正需要的吗——相反于所有表象的意义？这就是建筑学的宣言。

不久前，当我们向一家大型贸易公司的创始人介绍我们在新公司总部的设计时，参与该项目的众多顾问提出了许多疑虑和思考——他们无所不知的态度是值得肯定的。我们的客户在专心倾听。然后，他结束了这些对话，说自己不在乎这些内容。 对他来说唯一重要的是设计是否合理和美观。从那以后，其中一些专业人士不再参与该项目。这给了我们希望。

⑧ Leon Battista Alberti: *The Architecture of Leon Batista Alberti in Ten Books*, printed by Edward Owen, 1755; Book IX, Chapter X, p. 687.

⑨ Paul Valéry: *Eupalinos: or, The architect.* Oxford University Press, 1932.

弗洛里安·艾舍（Florian Aicher）

1954年出生于德国乌尔姆。曾在斯图加特国立建筑学院学习建筑，自1985年起成为自由建筑师，主要从事改造项目工作。目前在斯皮塔尔/德劳（Spittal/Drau）技术学院从事建筑出版和教学工作。

贾倍思（Jia Beisi）

1965年生，香港大学建筑系教授。先后在南京工学院（后更名为东南大学）和苏黎世联邦理工学院学习建筑学。主要研究方向为瑞士和中国的建筑和居住历史和理论；已出版多项著作。自1996年起在香港大学任教，现为Baumschlager Eberle建筑事务所（香港）负责人，最近的项目是武汉一座建筑面积为370 000㎡的商住中心。

亚当·卡鲁索（Adam Caruso）

出生于加拿大蒙特利尔。毕业于麦吉尔大学建筑学专业。1990年与彼特·圣约翰（Peter St.John）一起创办了一家建筑设计事务所。首次在国际上广受赞誉的项目是1995年完成的在沃尔索尔的新艺术画廊；紧随其后的有英国泰特美术馆，诺丁汉当代美术馆，伦敦、巴黎和香港的高古轩画廊，以及最近的不来梅地方银行等。自1990年起在英国任教，并且在门德里西奥建筑学院研究生院、哈佛大学设计学院和伦敦经济学院担任客座讲师。2011年被任命为苏黎世联邦理工学院建筑与建造教授。

迪特玛·埃伯勒（Dietmar Eberle）

1952年出生于奥地利希蒂绍。曾在奥地利维也纳技术大学（TU Wien）学习建筑学。自1979年起成为自由建筑师。1984年成为Vorarlberger Baukünstler集团和Baumschlager Eberle建筑事务所的联合创始人，该事务所如今已在9个国家设有分支结构。自1983年起从事教学工作，目前在苏黎世联邦理工学院担任教授。美国建筑师协会（AIA）成员。

弗兰齐斯卡·豪泽（Franziska Hauser）

1977年出生于德国卡尔斯鲁厄。曾在卡尔斯鲁厄和门德里西奥学习建筑。自2005年起在Baumschlager Eberle和KCAP事务所担任建筑师。自2009年起，开始担任苏黎世联邦理工学院迪特玛·埃伯勒教授的助理。

米歇尔·兰扎（Michele Lanza）

1973年出生于意大利阿韦利诺。1995–1999：于瑞士伯尔尼学习信息学。1999–2003：攻读计算机科学专业博士，曾获恩斯特·德纳特（Ernst Denert）基金会软件工程奖。2004年：苏黎世大学博士后。2004年至今：在瑞士卢加诺的提契诺大学（USI）担任信息学系创始人和教授，自2013年起任学院院长。

阿诺·莱德勒（Arno Lederer）

1947年出生于斯图加特。曾在斯图加特和维也纳学习建筑。自1970年起成为自由建筑师（现工作于Lederer Ragnarsdóttir Oei建筑事务所），主要从事公共文化建筑、城市开发设计和评审工作。1985–2014年从事教学工作，目前任教于斯图加特大学。

维托里奥·马格纳·兰普尼来尼（Vittorio Magnago Lampugnani）

1951年生。曾于罗马的La Sapienza大学（罗马第一大学）和斯图加特大学建筑系学习，并于1977年毕业。在斯图加特现代建筑与设计基础研究所担任助理职位后，他于1980年至1984年担任柏林国际建筑展（IBA）的科学顾问。1990年，他开始在Domus杂志从事编辑工作，同时指导法兰克福德国建筑博物馆的工作，直到1995年。他曾任哈佛大学设计研究生院教授，并在1994–2016年在苏黎世联邦理工学院任城市发展史教授。他在米兰和苏黎世均开设建筑事务所。目前是柏林高等研究院的研究员，在建筑和城市历史和理论方面发表多项著作。

斯尔瓦尼·马尔福（Sylvain Malfroy）

1955年出生于瑞士洛桑。建筑历史学家，曾在洛桑大学学习哲学。在瑞士的大学和学院从事教学和研究工作，重点研究领域为城市形态、景观美学和建筑设计理论。现为温特图尔市的苏黎世应用科技大学建筑系和纳沙泰尔州的日内瓦音乐大学讲师。

阿德里安·迈耶（Adrian·Meyer）

1942年生，研究建筑学，是巴登的Burkard Meyer事务所的合伙人之一，1994–2008年担任苏黎世联邦理工学院建筑与设计教授，2001–2003年担任darch公司总裁。著有诸多著作，包括《城市与建筑》（*Stadt und Architektur*）、《具象》（*Konkret /Concrete*）、《建筑师：一个主要的视角》（*Architecture:A Synoptic Vision*）。他自2008年以来一直在维也纳工业大学担任客座教授。

马塞洛·纳索（Marcello Nasso）

1974年出生在瑞士德语区，1999–2005年在意大利大学门德里西奥建筑学院学习；2007年在苏黎世创立Marcello Nasso建筑事务所；2009–2015年担任苏黎世联邦理工学院迪特玛·埃伯勒教授的学术助理和高级学术助理；2012年担任卡利亚里大学暑期学校讲师。2013–2015年在米兰Domus事务所工作；2015至今设计了各种居住类建筑项目。

弗里茨·诺伊迈耶（Fritz Neumeyer）

1946年生，在柏林大学攻读建筑专业并于1977年毕业；1986获大学任教资格；1987–1989年担任加州圣塔莫尼卡盖蒂艺术与人文历史中心研究员；1989–1992年担任多特蒙德大学建筑史教授和普林斯顿大学建筑与城市规划学教授；1993–2012年担任柏林工业大学建筑理论教授。出版物包括：《缺少艺术性的文字：密斯·凡·德·罗建造艺术论》（*The Artless Word: Mies van der Rohe on the Building Art*）、《石头的声音》（*Der Klang der Steine*）、《尼采的建筑》（*Nietzsches Architekturen*）、《文字上建立的建筑基础理论》（*Bauen beim Wort genommen -Quellenschriften zur Architekturtheorie*）。

安德拉斯·帕尔菲 (András Pálffy)

1954年出生于布达佩斯，在维也纳工业大学学习建筑；1974–1985年担任建筑学教授；自2002年起任建筑与设计研究所所长；1978–1985年在罗马生活，参与当代艺术展览空间的建设并创立吉尼拉利（Generali）基金会；1994年，首个贾博尼格和帕尔菲（Jabornegg & Pálffy）建筑理念的践行者，并将其发展多年；自1985年起在维也纳从事设计和教学工作；2007–2014年担任维也纳分离派艺术家联盟主席和主任；目前正在规划改造和翻新奥地利议会大厦建筑。

米诺斯拉夫·史克（Miroslav Šik）

1955年生于布拉格，建筑学博士，苏黎世联邦理工学院教授。1968年移民到瑞士；1973–1979年在苏黎世联邦理工学院学习建筑，师从A. Rossiand和M. Campi；1986–1991年创立Analoge Architektur；1988年在苏黎世成立建筑公司；1999年担任苏黎世联邦理工学院教授；2005年获Heinrich Tessenow奖；2012年担任威尼斯建筑双年展瑞士代表。出版作品包括:《类比建筑》(*Analoge Architektur*，1988年)，《新老》（*Old-New*），《奥迪布斯2》（*de Audibus 2*），1987–2001年的随笔和采访（2002年），《模拟旧建筑》[Analoge Altneue Architektur，1983–2016(2018)年]；建筑作品包括：1990–2003年的圣安东尼奥斯天主教中心，1995年的Morges会议和酒店中心，1997年苏黎世音乐家住宅，2007年巴登教堂，2008年Haldenstein中心，2015年Zug老年人住宅，2015年苏黎世Hunzikerareal住宅。

劳伦特·斯塔德（Laurent Stalder）

1970年生，苏黎世联邦理工学院建筑历史与理论研究所建筑理论教授，研究方向为处于技术史十字路口的19–21世纪建筑史与理论。主要著作包括：《赫尔曼·穆西修斯:历史遗迹》（*Hermann Muthesius: Das Landhaus als kulturgeschichtlicher Entwurf*，2009年），Schwellenatlas（2009年），《弗里茨·哈勒：建筑师和研究人员》（*Fritz Haller. Architekt und Forscher*，2015年）。

埃伯哈德·特勒格尔（Eberhard Tröger）

1969年生于瑞士的萨尔霍夫，建筑师、讲师、作家和艺术家；1990–1996年就读于柏林大学建筑学院；1991–2001年就读于苏黎世联邦理工学院；2010年成为威尼斯双年展德国馆总专员；自2013年以来任温特图尔苏黎世应用科技大学（ZHAW）的设计讲师；2014年开始作为空间设计项目的负责人在苏黎世工作。著作：*Sehnsucht*（2010年）、《建筑师的愿望》（*What Architects Desire*，2010年）、《触碰》（*Touch Me!*，2011年）、《密度与氛围》（*Density & Atmosphere*，2014年)，并作为自由艺术家在专业杂志上发表作品。

A

Marc Augé: *Orte und Nichtorte,* Frankfurt, 1994

B

Gaston Bachelard: *Poetik des Raumes,* Munich, 1960

Adolf Behne: *Der moderne Zweckbau,* Berlin, 1964 (1926)

Adolf Behne: *Neues Wohnen, neues Bauen,* Leipzig, 1927

Adolf Behne: *Die Stile Europas,* Leipzig, 1930

Reiner Benham: D*ie Revolution der Architektur,* Hamburg, 1964

Werner Blaser: *Mies van der Rohe,* Zurich, 1965

Gerhard R. Blomeyer, Barbara Tietze: *In Opposition zur Moderne,* Braunschweig/Wiesbaden, 1980

Gernot Böhme: *Architektur und Atmosphäre,* Munich, 2006

Uwe Bresan: *Stifters Rosenhaus,* Leinfelden-Echterdingen, 2016

Gerda Breuer (ed.): *Ästhetik der schönen Genügsamkeit oder Arts and Crafts als Lebensform,* Braunschweig/Wiesbaden, 1998

Lucius Burckhardt: *Wer plant die Planung?,* Kassel, 1980

Lucius Burckhardt: *Der kleinstmögliche Eingriff,* Kassel, 2013

C

Ulrich Conrads: *Programme und Manifeste zur Architektur des 20. Jahrhunderts,* Berlin/Munich, 1964

D

Andreas Denk, Uwe Schröder, Rainer Schützeichel (eds.): *Architektur Raum Theorie,* Tübingen/Berlin, 2016

Werner Durth: *Deutsche Archi-tekten, Biographische Verflechtungen 1900–1970,* Braunschweig/ Wiesbaden, 1986

E

Dietmar Eberle: *Von der Stadt zum Haus. Eine Entwurfslehre,* Zurich, 2007

Dietmar Eberle, Eberhard Tröger: *Dichte Atmosphäre,* Basel, 2015

Bernd Evers (ed.), Christof Thoenes et al.: *Architekturtheorie,* Cologne, 2003

F

Theodor Fischer: *Zwei Vorträge über Proportion,* Munich, 1956

Theodor Fischer: S*echs Vorträge über Stadtbaukunst,* Munich, 2012

Kenneth Frampton: *Die Architektur der Moderne,* Stuttgart, 1983

Kenneth Frampton: *Grundlagen der Architektur,* Munich/Stuttgart, 1993

Kenneth Frampton: *Die Entwicklung der Architektur im 20. Jahrhundert,* Vienna/ New York, 2007

Josef Frank: *Architektur als Symbol,* Vienna, 1931

Eduard Führ et al.: *Architektur im Zwischenreich von Kunst und Alltag,* Münster/New York/Munich/Berlin, 1997

Eduard Führ: *Bauen und Wohnen, Martin Heideggers Grundlegung einer Phänomenologie der Architektur,* Münster/ New York/Munich/Berlin, 2000

G

Hans-Georg Gadamer: *Die Wahrheit des Kunstwerks (1960), Gesammelte Werke*, Tübingen, 1987

Georg Germann: *Einführung in die Geschichte der Architekturtheorie,* Darmstadt, 1987

Johann Wolfgang von Goethe: *Von deutscher Baukunst,* Camburg, 1945

Johann Wolfgang von Goethe: *Anschauendes Denken, Goethes Schriften zur Naturwissenschaft,* Frankfurt, 1981

Walter Gropius: *Architektur. Wege zu einer optischen Kunst,* Frankfurt/Hamburg, 1956

Ute Guzzoni: *Der andere Heidegger,* Freiburg/Munich, 2009

H

Edward T. Hall: *Die Sprache des Raumes,* Düsseldorf, 1976

Martin Heidegger: *Holzwege,* Frankfurt, 1950

Martin Heidegger: *Der Feldweg,* Frankfurt, 1953

Martin Heidegger: "Bauen Wohnen Denken", in: V*orträge und Aufsätze,* Pfullingen, 1954

Martin Heidegger: *Gelassenheit,* Freiburg/Munich, 2014

Agnes Heller: *Das Alltagsleben,* Frankfurt, 1981

I

Lukas Imhof: *Midcomfort,* Vienna, 2013

J

Jane Jacobs: *Tod und Leben großer amerikanischer Städte,* Gütersloh, 1963

Ernst Jünger: *Der Arbeiter,* Hamburg, 1932

K

Hans-Joachim Kadatz: *Seemanns Lexikon der Architektur,* Leipzig, 1994

Emil Kaufmann: V*on Ledoux bis Le Corbusier,* Stuttgart, 1985

Hans Kollhoff: *Über Tektonik in der Baukunst,* Braunschweig/ Wiesbaden, 1993

Hans Kollhoff: *Architektur: Schein und Wirklichkeit,* Springe, 2014

Hans Kollhoff, Helga Timmermann, Fritz Neumeyer, Ivan Němec: *Architektur,* Munich, 2002

Hanno-Walter Kruft: *Geschichte der Architekturtheorie,* Munich, 1986

L

Vittorio M. Lampugnani: *Architektur und Städtebau des 20. Jahrhunderts,* Stuttgart, 1980

Vittorio M. Lampugnani: *Architektur als Kultur,* Cologne, 1986

Vittorio M. Lampugnani, Claus

Baldus: *Das Abenteuer der Ideen. Architektur und Philosophie,* Berlin, 1987

Vittorio M. Lampugnani: *Die Modernität des Dauerhaften,* Berlin, 1995

Alessandra Latour: *Louis I. Kahn – Die Architektur und die Stille.* Basel, 1993

Le Corbusier: *Ausblick auf eine Architektur,* Gütersloh/Berlin, 1969

Henry Lefèbvre: *Die Revolution der Städte,* Munich, 1972

Rudolf zur Lippe: *Neue Betrachtung der Wirklichkeit,* Hamburg, 1974

Adolf Loos: *Trotzdem,* Vienna, 1931

M

Máté Major: *Geschichte der Architektur,* Budapest, 1974

Wolfgang Meisenheimer: *Das Denken des Leibes und der architektonische Raum,* Cologne, 2004

Hannes Meyer: *Bauen und Gesellschaft,* Dresden, 1980

Barbara Miller-Lane: *Architektur und Politik in Deutschland 1918–1945,* Braunschweig, 1986

Ákos Moravánszky: *Architekturtheorie im 20. Jahrhundert,* Basel, 2015

Ákos Moravánszky: *Lehrgerüste,* Zurich, 2015

Ákos Moravánszky (ed.): *Precisions,* Berlin, 2008

William Morris: *Wie wir leben und wie wir leben könnten,* Cologne, 1983

N

Fritz Neumeyer: *Mies van der Rohe. Das kunstlose Wort,* Berlin, 1986

Fritz Neumeyer: *Quellentexte zur Architekturtheorie,* Munich/Berlin/London/New York, 2002

Christian Norberg-Schulz: *Genius Loci. Landschaft, Lebensraum, Baukunst,* Stuttgart, 1991

O

Philipp Oswald et al.: *Bauhausstreit 1990–2009,* Ostfildern, 2009

P

Juhani Pallasmaa: *Die Augen der Haut,* Los Angeles, 2013

Georges Perec: *Träume von Räumen,* Bremen, 1990

Ute Poerschke: *Funktionen und Formen – Architekturtheorie der Moderne,* Bielefeld, 2014

Julius Posener: *Aufsätze und Vorträge,* Braunschweig/Wiesbaden, 1981

R

Aldo Rossi: *Wissenschaftliche Selbstbiographie,* Bern, 1988

Aldo Rossi: *Die Architektur der Stadt,* Düsseldorf, 1973

Colin Rowe, Fred Koetter: *Collage City,* Basel/Boston/Berlin, 1997

Bernard Rudofsky: *Architektur ohne Architekten. Eine Einführung in die anonyme Architektur,* Salzburg, 1993

S

Friedrich Schiller: *Über die ästhetische Erziehung des Menschen in einer Reihe von Briefen,* Munich, 1967

August Schmarsow: *Unser Verhältnis zu den bildenden Künsten,* Leipzig, 1903

Alfred Schmidt: *Der Begriff der Natur in der Lehre von Marx,* Frankfurt, 1962

Paul Schmitthenner, *Baugestaltung,* Stuttgart, 1932

Fritz Schumacher: *Strömungen in deutscher Baukunst seit 1800,* Cologne, 1935

Fritz Schumacher: *Der Geist der Baukunst,* Stuttgart, 1938

Fritz Schumacher: *Grundlagen für das Studium der Baukunst,* Munich, 1947

Fritz Schumacher: *Lesebuch für Baumeister,* Berlin, 1947

Gottfried Semper: *Der Stil in den technischen und tektonischen Künsten,* Vol. I & II, Munich, 1863

Miroslav Šik: *Altneue Gedanken, Texte und Gespräche 1987-2001,* Lucerne, 2002

Camillo Sitte: *Der Städtebau nach seinen künstlerischen Grundsätzen,* Basel/Boston/Berlin, 2001

T

Heinrich Tessenow: *Hausbau und dergleichen,* Berlin, 1920

Stephen Toulmin: *Cosmopolis,* Frankfurt, 1991

Alexander Tzonis: *Das verbaute Leben,* Düsseldorf, 1973

Alexander Tzonis, Liane Lefaivre: *Architektur in Europa seit 1968,* Frankfurt, 1992

U

Oswald Mathias Ungers: *Architekturlehre,* Aachen, 2006

V

Paul Valéry: *Eupalinos oder Der Architekt,* Frankfurt, 1973

Marcus Vitruvius Pollio: *Baukunst,* Zurich/Munich, 1987

Adolf M. Vogt et al.: *Architektur 1940–1980,* Frankfurt/Vienna/Berlin, 1980

W

Anni Wagner: *Von Ädikula bis Zwerggalerie. 100 Begriffe der Architektur in Bildern,* Munich, 1975

Gert Walden: *Baumschlager Eberle Annäherungen,* Vienna, 2010

Maria Welzig: *Josef Frank,* Vienna, 1998

Z

Beatrix Zug: *Die Anthropologie des Raumes in der Architekturtheorie des frühen 20. Jahrhunderts,* Tübingen/Berlin, 2006

Peter Zumthor: *Architektur Denken,* Basel, 2006

原版编辑致谢

作为编辑，弗洛里安·艾切（Florian Aicher）得以在与迪特玛·埃伯勒教授的学业交流中完成这本书的编辑工作，在此要感谢弗兰齐斯卡·豪泽（Franziska Hauser）、帕斯卡尔·霍夫曼（Pascal Hofmann）、斯蒂芬·罗戈（Stefan Roggo）和马蒂亚斯·思特里特（Mathias Stritt）给予的支持。特别感谢与尤特·古佐尼（Ute Guzzoui）、马库斯·科赫（Markus Koch）、马提亚·穆利泽（Matthias Mulitzer）、雷纳·许茨艾歇尔（Rainer Schüzeichel）、托马斯·瓦伦萨（Thomas Valena）对重要信息的充分交流与沟通。

最终成书也是马塞洛·纳索（Marcello Nasso）多年努力的结果，感谢纳索在合作中作出的巨大贡献，若干主题内容正是此合作下的成果，在书中标记为FA/MN；弗洛里安·艾切则负责对其余文字与术语的编辑提升。

客座评委

Jia Beisi | Hubert Bischoff | Elisabeth Blum | Elisabeth Boesch | Roger Boltshauser | Othmar Bucher | Marianne Burkhalter | Adam Caruso | Dalila Chebbi | Beat Consoni | Sabrina Contratto | Jürg Conzett | Zita Cotti | Einar Dahle | Max Dudler | Piet Eckert | Philipp Esch | Carl Fingerhuth | Dietrich Fink | Annette Gigon | Lorenzo Giuliani | Silvia Gmür | Patrick Gmür | Niklaus Graber | Hans-Ullrich Grassmann | Andreas Hagmann | Thomas Hasler | Deborah Hauptmann | Christine Hawley | Hans Hesse | Andreas Hild | Sabina Hubacher | Eduard Hueber | Marius Hug | Lukas Huggenberger | Louisa Hutton | Dieter Jüngling | Johannes Käferstein | Gabriele G. Kiefer | Thomas Kohlhammer | Hilde Leon | Claudine Lorenz | Chris Luebkeman | Paola Maranta | Daniele Marques | Josep Lluís Mateo | Christoph Mathys | Marcel Meili | Adrian Meyer | Quintus Miller | Meinrad Morger | Victorine Müller | Barbara Neff | Bettina Neumann | András Pálffy | Lilian Pfaff | Ivan Reimann | Franz Romero | Alain Roserens | Flora Ruchat-Roncati | Yvonne Rudolf | Arthur Rüegg | Matthias Sauerbruch | Rita Schiess | Christian Schmid | Margherita Spiluttini | Annette Spiro | Volker Staab | Laurent Stalder | Jakob Steib | Erich G. Steinmayr | Petra Stojanik | Marc Syfrig | Hadi Teherani | Peter Thule Kristensen | Philip Ursprung | Paola Viganò | Günther Vogt | Ingemar Vollenweider | Thomas von Ballmoos | Wang Wei Jen | Gesine Weinmiller | Yasky Yuval | Gundula Zach | Marco Zünd

《9×9》翻译组

翻译人员

前言
建筑和建筑教育
翻译：鲍莉
　　陈震、甘羽、王家鑫

建筑
实践与教学
设计方法：观察与洞见
翻译：黄旭升

第1、2、3章
翻译：史永高
　　王佩瑶、吴剑超、刘馨卉

第4、5章
翻译：郭菂
　　张卓然、万洪羽、赖柯帆、张鑫

第6、7章
翻译：朱渊
　　廖若微、常胤

第8、9章
建筑学与计算机科学，计算机科学与建筑学
翻译：王逸凡
建筑设计课的学习行为：教什么及如何学？
翻译：贾倍思

建筑的宣言
翻译：朱渊
　　廖若微、常胤

作者简介
翻译：朱渊
　　郭欣睿、丁瑜

校译人员

建筑
实践与教学
设计方法：观察与洞见
第1、2、3、4、5章
校译：张旭

前言
建筑和建筑教育
第6、7、8、9章
建筑学与计算机科学，计算机科学与建筑学
建筑的宣言
校译：郑钰达

总校核
鲍莉、朱渊

“9×9”教学组

朱渊、黄旭升、郭菂、宋亚程

译后记

在建筑学大类设计基础教育逐渐成为共识与共谋的当下，二年级逐渐成为真正意义上建筑设计的入门。这个阶段是建筑学专业学生逐渐知道做什么、怎么做、为什么，久而久之形成独立的价值判断、方法体系与评价标准的过程。如何针对建筑学的基本问题、内容、方法，以及认知与学习过程，进行有针对性的教学组织，决定了建筑学教育进阶发展的重要基础与潜力。

在迪特玛·埃伯勒教授的带领下，四年多来，东南大学建筑学院“9×9”教学结合《9×9》教材的研究与教学实践，逐渐较为充分地了解与体会到其中的教学方法与主要思路，并尝试通过在地化融入与整合，结合中国实践问题，探索其教学理念的演进与发展。基于此，《9×9》教材中文版的引进与翻译工作，在与设计教学工作的互动中，经过“《9×9》翻译组”两年多的翻译与校对工作，最终出版。

翻译的过程，是对其教学内容全面和深入了解的过程。大家针对部分词汇中文语境下内涵的研讨、斟酌与确定，明确了在教学过程中需要传递的基本信息与拓展意义；由此在共识的国际语境中，得以针对其真实意义进行有效交流。这个过程对于教学和翻译师生来说，是巨大的挑战，也由此得到认识和实践方面的诸多收获。

翻译的过程，是反思与认知其教学方法的过程。对于低年级，特别是二年级的教学来说，基础知识的学习、凝练与转化，需要经历较为长期的过程。从整本教材的行文结构即可看出，在教学过程中，基础知识的分项训练与不断整合的循环反复，让学识不断相互融合与碰撞，由此可逐步提升学生在知识获取、技能掌握与能力延展方面的综合水平。

翻译的过程，是在国际视野下，平行和差异化审视建筑设计教学基本问题的过程。我们在二年级保持了原有设计教学体系的基础上，平行地开展了基于本书的实验性教学，通过四年多的实践、比较与反思，逐渐形成了可以在一定范围内展开讨论的基础。希望翻译研究和教学实践的平行思考，在多元视角的审视下能得到根植当下和面向未来的研讨与推进。

《9×9》中文版新书发布会暨“基于知识的建筑：建筑学低年级（二年级）设计教学方法国际研讨会”将在东南大学建筑学院开幕。一方面，会议将结合本书内容，针对其教学理念与方法进行拓展研讨；另一方面，希望通过中国建筑院校和国际学者之间的对话与思想碰撞，推动建筑学低年级（二年级）建筑设计教学进一步的探索与实践。

“9×9”，仿佛一个开放的网状系统，在基础知识整合、国际视野交流与教学共识反思中，构建出一个动态延展的平台，期待更多学者的关注、参与、实践与研讨。

译文中尚有不完善之处，也希望得到学者们的批评指正。

“9×9”教学组 /《9×9》翻译组
朱渊
2022.10

原版书版权页信息

Library of Congress
Control Number: 2018937456

Bibliographic information published by the German National Library

The German National Library lists this publication in the Deutsche Nationalbibliografie; detailed bibliographic data are available on the Internet at http://dnb.dnb.de.

ISBN 978-3-0356- 0632-4
(Hardcover)

ISBN 978-3-0356- 0633-1
(Softcover)

This publication is also available as an eBook
(ISBN PDF 978-3-0356-1099-4)

and in a German language edition
(ISBN Hardcover 978-3-0356-0621-8,
ISBN Softcover 978-3-0356-0622-5,
eBook 978-3-0356-0662-1).

P.O. Box 44,
4009 Basel, Switzerland
Part of Walter de Gruyter GmbH,
Berlin/Boston

9 8 7 6 5 4 3 2 1
www.birkhauser.com

EDITORS

Dietmar Eberle
Florian Aicher

EDITORIAL TEAM

Franziska Hauser
Pascal Hofmann
Marcello Nasso
Stefan Roggo
Mathias Stritt
ETH Zurich
CH-Zurich

ACQUISITIONS EDITOR

David Marold
Birkhäuser Verlag
A-Vienna

PROJECT AND PRODUCTION EDITOR

Angelika Heller
Birkhäuser Verlag
A-Vienna

TRANSLATION FROM GERMAN INTO ENGLISH

Word Up!

PHOTO EDITOR

Dominique Jahn
CH-Zurich

DESIGN

Gottschalk+Ash Int'l
CH-Zurich

PRINTING

Holzhausen Druck GmbH
A-Wolkersdorf

图书在版编目(CIP)数据

9×9 : 一种设计方法 / (澳)迪特玛·埃伯勒(Dietmar Eberle),(德)弗洛里安·艾舍(Florian Aicher)主编;《9×9》翻译组译. -- 南京:东南大学出版社,2022.11

书名原文:9×9: A Method of Design

ISBN 978-7-5766-0270-8

Ⅰ.①9… Ⅱ.①迪… ②弗… ③9… Ⅲ.①建筑设计 Ⅳ.①TU2

中国版本图书馆 CIP 数据核字(2022)第 191668 号

责任编辑:戴 丽 朱震霞 责任校对:杨 光 责任印制:周荣虎

9×9:一种设计方法

9×9:YIZHONG SHEJI FANGFA

主 编:(奥)迪特玛·埃伯勒(Dietmar Eberle)
  (德)弗洛里安·艾舍(Florian Aicher)

译 者:《9×9》翻译组

出版发行:东南大学出版社

社 址:南京市四牌楼2号 邮编:210096 电话:025-83793330

网 址:http://www.seupress.com

电子邮箱:press@seupress.com

经 销:全国各地新华书店

印 刷:上海雅昌艺术印刷有限公司

开 本:889 mm×1194 mm 1/16

印 张:30.75

字 数:650千字

版 次:2022年11月第1版

印 次:2022年11月第1次印刷

书 号:ISBN 978-7-5766-0270-8

定 价:298.00元

本社图书若有印装质量问题,请直接与营销部联系,电话:025-83791830